Jorden / Schütte
Form- und Lagetoleranzen

W0185088

Walter Jorden / Wolfgang Schütte

Form- und Lagetoleranzen

Handbuch für Studium und Praxis

9., neu bearbeitete Auflage

Mit 181 Bildern, 17 Tabellen, 195 Leitregeln und zahlreichen Praxisbeispielen

HANSER

Univ.-Prof. (em.) Dr.-Ing. Walter Jorden
Universität Paderborn
ehem. Leiter des Laboratoriums für Konstruktionslehre

Prof. Dr.-Ing. Wolfgang Schütte
Fachhochschule Südwestfalen in Iserlohn
Leiter des Labors für Produktentwicklung und Konstruktionslehre

MIX
Papier aus verantwortungsvollen Quellen
FSC® C016439
FSC
www.fsc.org

Bibliografische Information der Deutschen Nationalbibliothek
Die Deutsche Nationalbibliothek verzeichnet diese Publikation in der Deutschen Nationalbibliografie; detaillierte bibliografische Daten sind im Internet über http://dnb.d-nb.de abrufbar.

ISBN 978-3-446-44626-7
E-Book-ISBN 978-3-446-44854-4

Dieses Werk ist urheberrechtlich geschützt.

Alle Rechte, auch die der Übersetzung, des Nachdrucks und der Vervielfältigung des Buches oder Teilen daraus, vorbehalten. Kein Teil des Werkes darf ohne schriftliche Genehmigung des Verlages in irgendeiner Form (Fotokopie, Mikrofilm oder ein anderes Verfahren), auch nicht für Zwecke der Unterrichtsgestaltung, reproduziert oder unter Verwendung elektronischer Systeme verarbeitet, vervielfältigt oder verbreitet werden.

© Carl Hanser Verlag München unveränderter Nachdruck der 9. Auflage von 2017
www.hanser-fachbuch.de
Lektorat: Ute Eckardt
Herstellung: Katrin Wulst
Einbandrealisierung: Stephan Rönigk
Satz: Kösel Media GmbH, Krugzell
Druck und Bindung: Hubert & Co. GmbH & Co. KG BuchPartner, Göttingen

Printed in Germany

Inhalt

Vorwort

Eine technische Zeichnung muss ein Werkstück *vollständig* und *eindeutig* beschreiben. Wenn wir diese einfache Aussage wirklich ernst nehmen, dann geht jedoch der dafür notwendige Aufwand schnell ins Uferlose. Das zeigt sich an der Flut von neuen Normen, die in den letzten Jahren unter dem Oberbegriff „Geometrische Produktspezifikation“ erschienen sind. Und nicht nur ihre Zahl macht es dem Anwender schwer, Übersicht zu gewinnen bzw. zu behalten. Hinzu kommt eine Menge von neuen Begriffen, die im Zuge der internationalen Vereinheitlichung oder Angleichung darin auftauchen.

Eine Neuauflage dieses Buches wird daher für uns Verfasser zunehmend zu einer Gratwanderung. Wie bisher bemühen wir uns, Ihnen zu zeigen, dass Maße und Maßtoleranzen allein niemals ausreichend sein können, ferner wie die notwendige Form- und Lagetolerierung aufgebaut ist, wie sie eingetragen wird und was sie bedeutet, und zwar so klar und einfach wie irgend möglich. Natürlich beruht die Neuauflage auf dem aktuellen Stand der Normung. Dabei ist es jedoch nicht möglich, den Inhalt aller Normen vollständig darzustellen. Teilweise wurden Änderungen sogar bei einer erneuten Neuausgabe wieder rückgängig gemacht. Auch stoßen wir immer wieder auf ungewohnte neue Bezeichnungen, die teilweise sperrig und wenig einleuchtend sind. Wir führen sie zwar auf, mussten uns aber von Fall zu Fall entscheiden, ob wir nicht besser die bisher gewohnten, bekannten und griffigen Namen beibehalten.

Nach wie vor liegt das Grundproblem darin, dass wir Werkstücke mit Maßen und Maßtoleranzen allein nicht hinreichend *vollständig* und *eindeutig* beschreiben können. Diese Tatsache ist häufig ebenso unbekannt wie ihre Folgen. Auch heute noch sind viele Zeichnungen aufgrund unzureichender Form- und Lagetolerierung unvollständig und somit als Grundlage für Fertigung und Qualitätsprüfung unbrauchbar.

Das vorliegende Buch bietet Ingenieuren, Technikern und Zeichnern, Auszubildenden, Studierenden und Lehrenden eine systematische Einführung und fundierte Hilfen. Ohne die wissenschaftliche Exaktheit zu verlassen, haben wir Theorie und Formeln auf ein notwendiges Mindestmaß beschränkt, um das Buch anschaulich, verständlich und übersichtlich zu halten.

Kap. 1 enthält die wesentlichen *Grundlagen*; an seinem Beginn finden Sie, wie bei allen Hauptkapiteln, weitere Hinweise zum Inhalt. In Kap. 2 werden die verschiedenen *Toleranzarten* und ihre Anwendung betrachtet einschließlich der Bildung von *Bezugssystemen*, auf denen die Lagetolerierung aufbaut. Kap. 3 beschäftigt sich mit *Allgemeintoleranzen*, die für alle nicht einzeln tolerierten Elemente gelten, vorwiegend unter dem Gesichtspunkt der Form- und Lagetolerierung. Kap. 4 beleuchtet die teilweise recht unübersichtlichen

Verknüpfungen zwischen mehreren Toleranzen und Toleranzarten; wesentlich sind hier die Nutzung der Toleranzstatistik ohne großen mathematischen Aufwand und die für die Praxis wichtige Maximum-Material-Bedingung. Zusammenfassend bietet Kap. 5 Vorgehensweisen, Leitregeln und Beispiele für die praktische *Anwendung* der Form- und Lagetolerierung; dabei werden die Kosten und die betriebliche Zusammenarbeit einbezogen.

Damit Ihnen das Lesen und Blättern auch ein wenig Spaß macht, haben wir uns um einen trotz präziser Ausdrucksweise lockeren Sprachstil bemüht, verwenden das Wörtchen „wir" für unsere persönlichen Ansichten, setzen über jeden Absatz eine Absatzüberschrift und bieten Ihnen (eingeklammert) zahlreiche Querverweise an.

Hofbieber und Anröchte, im November 2016

Walter Jorden und *Wolfgang Schütte*

Zeichen und Abkürzungen

Bedeutung: *Variable* Größen sind *kursiv* geschrieben. Das Verzeichnis enthält nur die häufiger vorkommenden Zeichen.

Zeichen und Abkürzungen:

C	Mittenmaß
C_p	Prozessfähigkeitswert
f	Abweichung
F	Fertigmaß
G	Grenzmaß
I	Istmaß
IT	Grundtoleranzgrad
K	Kosten
LMB	Minimum-Material-Bedingung
LML	Minimum-Material-Grenzmaß
LMVL	wirksames Minimal-Grenzmaß
MMB	Maximum-Material-Bedingung
MML	Maximum-Material-Grenzmaß
MMVL	wirksames Grenzmaß an der Maximum-Material-Grenze
N	Nennmaß
R	Rohteilnennmaß
RMA	Bearbeitungszugabe
Rz	gemittelte Rautiefe
S	Schließmaß; Passungsspiel
t	Form- oder Lagetoleranz
T	Maßtoleranz
VS	wirksames Istmaß
W	Wertigkeit
σ	Standardabweichung

Indizes:

a	arithmetisch
E	Ebenheit
F	Festwert
FP	Flächenprofil
G	Geradheit
i	Einzelwert
K	Kreisform, Rundheit
KO	Koaxialität, Konzentrizität
L	Lauf, einfacher Lauf
LG	Gesamtlauf
LP	Linienprofil
N	Neigung
P	Parallelität
PS	Position
q	quadratisch
r	rechteckig
R	Rechtwinkligkeit
S	Symmetrie; Schließmaß
V	vergrößert
w	wahrscheinlich
Z	Zylinderform; zusätzlich vergrößert

1 Grundlagen des Tolerierens

Für Leserinnen und Leser: *Das 1. Kapitel hilft Ihnen in anschaulicher Weise, einen Einstieg in das Gebiet des Tolerierens zu finden, sei es als Fundament für die tausend Einzelheiten, die in den Kapiteln 2 bis 4 für die tägliche Arbeit enthalten sind, sei es zur Orientierung für Führungskräfte ebenso wie für Neulinge oder Neugierige. In Kap. 1.1 erfahren Sie, dass die meisten technischen Zeichnungen weder vollständig noch eindeutig sind – ein unhaltbarer Zustand für das Qualitätsmanagement. Was alles die Tolerierung beeinflusst und wesentliche Begriffe dazu stehen in Kap. 1.2. Kap. 1.3 befasst sich mit Maßtoleranzen, der Urform des Tolerierens, und baut mit den Passungen in Kap. 1.3.4 Brücken sowohl zur Zusammenarbeit zwischen Konstruktion, Fertigung und Prüfung als auch zum Verständnis des Tolerierungsgrundsatzes in Kap. 1.4, der in der Praxis immer noch häufig im Dunkel der Unkenntnis liegt. Wenn es Ihnen vornehmlich um die Übersicht geht, sollten Sie mindestens die Kap. 1.1, 1.2, 1.3.4 und 1.4 lesen. Kap. 1.5 erläutert Ihnen dann in möglichst greifbarer Weise den Aufbau der Form- und Lagetolerierung, während Kap. 1.6 darlegt, wie die Toleranzen einzutragen sind, damit eine eindeutige Zeichnung entsteht.*

1.1 Probleme bei der technischen Darstellung von Bauteilen

Aufgaben der Zeichnungsdarstellung: Ein technisches Bauteil (Werkstück) entsteht in der Vorstellung des Konstrukteurs. Er fertigt davon eine technische Darstellung an in Form einer Skizze, eines rechnerinternen Modells mit Bildschirmdarstellung o. Ä. Damit ein anderer das Werkstück fertigen kann, muss die Darstellung sein:

- *vollständig*, d. h., sie muss alle wesentlichen Eigenschaften festlegen, und
- *eindeutig*, d. h., sie darf keine unterschiedlichen Auslegungen zulassen.

Heute wird dazu allgemein (noch) die technische Zeichnung verwendet, obwohl die Umsetzung der geometrischen Eigenschaften in eine Bemaßung und Tolerierung sowie deren Rückübertragung in die Geometrie des realen Werkstücks in gewisser Weise als „Umweg" anzusehen sind. Das soll hier jedoch nicht weiter diskutiert werden.

Die Darstellung muss allen technischen und wirtschaftlichen Anforderungen genügen, d. h., sie muss insbesondere sein:

- *funktionsgerecht* (das ist die wichtigste Anforderung),
- *fertigungsgerecht* (das betrifft vor allem die kostengünstige Herstellung) und
- *prüfgerecht* (das bezieht sich auf das Qualitätswesen).

Eine Zeichnung, die diesen Anforderungen nicht entspricht, kostet in der Fertigung und im Qualitätsmanagement unnötig Zeit und Geld, d. h., sie ist unzureichend.

Vollständigkeit und Eindeutigkeit: Eine Zeichnung, die die Voraussetzungen „vollständig" und „eindeutig" nicht erfüllt, ist als Grundlage für die Fertigung und Qualitätssicherung unbrauchbar, insbesondere heute unter den steigenden Anforderungen an die Qualität und den rechtlichen Folgen aus der Produkthaftung. Eigene Untersuchungen in zahlreichen Industriebetrieben [Süt 95] haben ergeben, dass etwa 80 % aller Zeichnungen nicht vollständig und eindeutig sind. Die folgenden Bilder verdeutlichen das anhand von zwei Werkstücken, die zwar in den Einzelheiten stark vereinfacht sind, aber dadurch die Problematik um so deutlicher herausstellen.

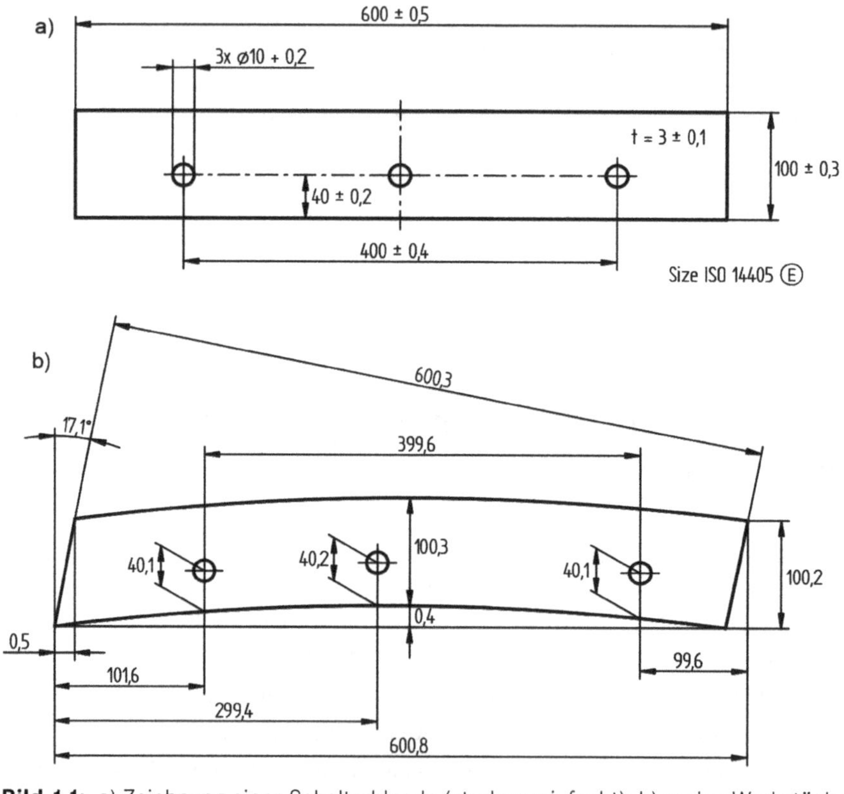

Bild 1.1: a) Zeichnung einer Schalterblende (stark vereinfacht); b) reales Werkstück mit Istmaßen (Abweichungen überhöht dargestellt)

Beispiel „Schalterblende": Häufig enthielten und enthalten technische Zeichnungen im Wesentlichen nur *Maß*angaben. Die Bemaßung und Tolerierung wirkt auf den ersten Blick oft vollständig und eindeutig, ist es aber nicht. *Bild 1.1* stellt die Schalterblende einer Maschine dar, d. h. eine dünne Kunststoffplatte, die in eine entsprechende Trägerplatte eingerastet wird. Bild 1.1 a enthält alle zur Erläuterung notwendigen Zeichnungsangaben. Alle Toleranzen sind hier einzeln eingetragen; Allgemeintoleranzen sollen nicht existieren. Werkstoff- und Oberflächenangaben sind weggelassen.

Bild 1.1 b gibt ein reales Werkstück mit Istmaßen wieder; die Abweichungen sind überhöht dargestellt. Der Vergleich mit den Zeichnungsangaben ergibt Folgendes:

- Alle Abweichungen sind zulässig bis auf eine einzige.
- Die Länge von 600,8 mm ist zulässig. Das Maß 600 ± 0,5 mm bezieht sich auf den Abstand der beiden Seitenkanten voneinander; der beträgt 600,3 mm und hat nichts zu tun mit der Richtung der unteren Längskante.
- Der Abstand der beiden Löcher von 399,6 mm ist in Ordnung. Der Versatz des Lochbildes um 1 mm aus der Mitte (Maße 101,6 und 99,6 mm) ist zulässig, da er überhaupt nicht toleriert ist. Hier fehlt eine Symmetrietoleranz.
- Aus dem gleichen Grund ist der Versatz des mittleren Loches um 1 mm nach links zulässig (Maß 299,4 mm gegenüber 600,8 mm).
- Der Abstand der Bohrungen von der gebogenen unteren Kante (40,1 bzw. 40,2 mm) ist zulässig. Ein Maß ist der Abstand zwischen zwei gegenüberliegenden Punkten; es wird nicht vom anliegenden Lineal o. Ä. aus gemessen (Krümmung 0,4 mm).
- Die Winkelabweichung von 17,1' bzw. 0,5 mm ist zulässig. In der Zeichnung fehlt eine Winkeltoleranz.
- Einzig die in der Mitte gemessene Gesamthöhe von 100,3 mm zuzüglich 0,4 mm = 100,7 mm ist nicht zulässig. Hier wird die Hüllbedingung verletzt. Sie ist gültig, weil auf der Zeichnung „Size ISO 14405 E“ steht.

Wenn Sie jetzt protestieren, weil sich die Schalterblende nicht einbauen ließe, haben Sie höchstwahrscheinlich recht (die Probleme, die beim Zusammenbau mit der Trägerplatte auftreten, werden in Kap. 1.4 behandelt). Wenn Ihnen die obigen Aussagen suspekt erscheinen, dann lohnt es sich für Sie, dieses Buch weiterzulesen. (Die gleiche Platte mit korrekter Tolerierung finden Sie in Kap. 5.4, Bild 5.21.)

Beispiel „Lochplatte“: Eine Sonderwerkzeugmaschine zur Fertigung des Werkstücks in *Bild 1.2 a* (nach [Jor 91a]) war der Anlass zu einem jahrelangen Rechtsstreit zwischen dem Abnehmer und dem Hersteller der Maschine. Das quaderähnliche Werkstück wurde ebenfalls stark vereinfacht; die auf der Zeichnung angeführten Allgemeintoleranzen sind zusätzlich (explizit) eingetragen. Das Bauteil wird zur Bearbeitung auf der rechten Seitenfläche aufgespannt und legt sich dabei mit der unteren Fläche in der Vorrichtung an. Das Problem reduziert sich hier auf die Frage, wie weit die Lage der Bohrungen von der unteren Fläche abweichen darf. Sie lässt sich nicht beantworten, weil die Zeichnung unvollständig ist:

- Teilweise besteht in der Praxis die Vorstellung, man könne die Maßtoleranzen der drei symmetrisch liegenden Maße einfach halbieren und auf die Mitte beziehen, Bild 1.2 b, sodass jede Bohrung und auch die Außenflächen jeweils eine Toleranzzone von ± 0,15 mm relativ zur Mittelebene hätten. Diese Vorstellung ist falsch. Auch wenn die Abstandstoleranz der Löcher bzw. der Flächen voll ausgeschöpft wird, kann ein Mittenversatz auftreten. Hier fehlt wiederum die Symmetrietoleranz.

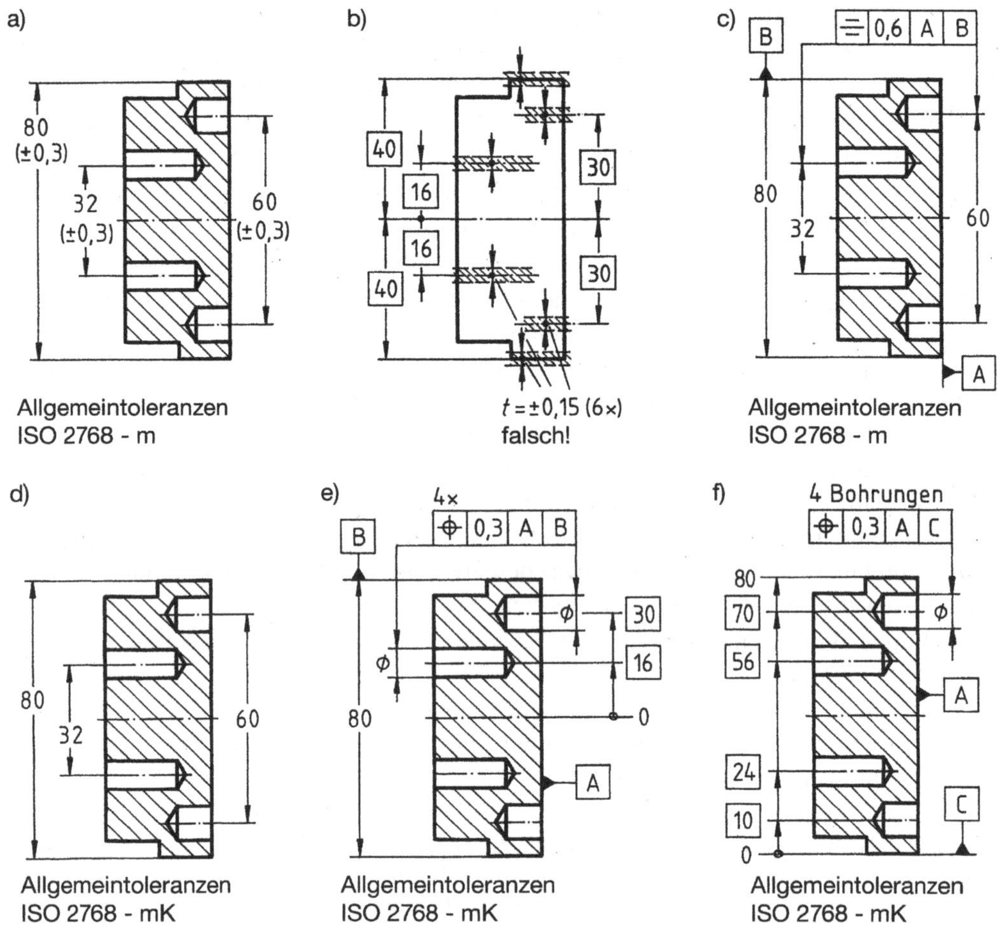

Bild 1.2: Zusammenhang von Maßtoleranzen und Lageabweichungen. a) unvollständige Angaben; b) falsche Toleranzvorstellung zu a; c) zusätzliche Symmetrietolerierung; d) vollständige Allgemeintoleranzangabe; e) Positionstolerierung ähnlich der Vorstellung von b; f) Positionstolerierung entsprechend der Werkstückeinspannung

- Die Symmetrietoleranz lässt sich einführen entweder als Einzelangabe, Bild 1.2 c, wobei die rechte Auflagefläche A und die Mittelebene B als Bezüge dienen (s. Kap. 2.3.4), oder durch eine vollständige Allgemeintoleranzangabe mit dem 2. Kennbuchstaben (hier K) für Form- und Lage-Allgemeintoleranzen (s. Kap. 3.2), Bild 1.2 d.
- Wenn man dagegen die Toleranzzonen etwa so wie bei b jeweils von der Mittelebene ausgehend festlegen will, so ist eine Positionstolerierung der einzelnen Löcher nach Bild 1.2 e erforderlich.
- Der beschriebenen Aufnahme des Werkstücks in der Bearbeitungvorrichtung würde jedoch eher eine Positionstolerierung mit Bezug auf die rechte Auflagefläche A und die untere Fläche C entsprechen, Bild 1.2 f. Die Mittelebene spielt hierbei keine Rolle.

Das Beispiel soll hier nicht mit allen Einzelheiten diskutiert werden. Es dient, wie das vorige, vor allem dazu, das Bewusstsein für die Problematik zu wecken:

1-1 Vollständigkeit und Eindeutigkeit: Eine technische Einzelteilzeichnung muss ein Werkstück vollständig und eindeutig beschreiben. Ohne Form- und Lagetoleranzen ist das nicht möglich.

Weitere Praxisbeipiele: Die Gültigkeit und Bedeutung der Leitregel 1-1 wird durch zahlreiche Fälle aus der Praxis belegt. Dazu hier nur zwei weitere Beispiele:

- Ein Großauftrag für 4000 Ventile mit entsprechendem Preisdruck führte dazu, dass sich ein Betrieb mit den gleichen Zeichnungen eine kostengünstigere Gießerei für die Ventilgehäuse suchte. Bald nach der Auslieferung waren alle Ventile wieder zurück wegen mangelnder Dichtigkeit zwischen den Gummidichtelementen und den entsprechenden unbearbeiteten Gussflächen, obwohl die Gehäuse die Zeichnungsanforderungen erfüllten.
- Immer wieder finden sich in der Praxis Aussagen wie: „Wenn wir die Teile im *eigenen* Hause fertigen, dann passen sie. Lassen wir sie nach denselben Zeichnungen *auswärts* fertigen, dann passen sie nicht."

Das verwundert nicht, wenn die Zeichnungen nicht vollständig und eindeutig sind. Darin zeigt sich die unabdingbare Notwendigkeit, Zeichnungsunterlagen zu schaffen, die den Anforderungen aus der technisch-wirtschaftlichen Verflechtung, aus Qualitätsanforderungen und aus Produkthaftungsansprüchen genügen. Dieses Buch will dazu die Grundlagen liefern.

1.2 Einflussgrößen auf die Toleranzfestlegung

1.2.1 Gestaltabweichungen und ihre Grenzen

Gestaltabweichungen: Wenn ein Konstrukteur ein Werkstück zeichnet oder wenn ein CAD-System es als rechnerinterne Darstellung abspeichert, so gehen beide von einer *geometrisch idealen Gestalt* oder *Nenngestalt* aus. Eine Idealform besteht jedoch nur im Bereich des Geistes bzw. der Information (CAD-Modell). Bei der materiellen Fertigung entstehen immer *Abweichungen* zwischen der *Istgestalt* und der vorgestellten idealen Gestalt. Die Abweichungen können sich auf die folgenden Gestalteigenschaften beziehen, die Bild 1.3 am Beispiel einer Bohrung erläutert:

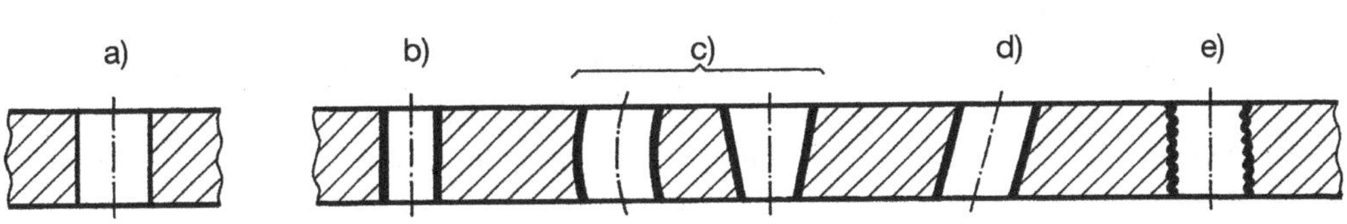

Bild 1.3: Gestaltabweichungen. a) Nenngestalt; Abweichungen von b) Maß, c) Form, d) Lage, e) Oberfläche

a) ***Nenngestalt:*** Sie entspricht der idealen Vorstellung.

b) ***Maß*** (Größe): Die Bohrung kann zu klein oder zu groß sein.

c) ***Form:*** Das Loch kann z. B. krumm (verzogen) sein. Auch wenn das Maß, d. h. der Abstand von jeweils zwei gegenüberliegenden Punkten, stimmt, ist die Funktion der Bohrung nicht gewährleistet. Bei einer konischen Bohrung besteht dagegen ein zwangsläufiger Zusammenhang zwischen Maß und Form.

d) ***Lage:*** Die Bohrung kann z. B. schief oder an der falschen Stelle sitzen. Lageabweichungen werden von Maßtoleranzen nur teilweise eingeschränkt (vergleiche Symmetrieabweichungen in Bild 1.1 und Bild 1.2).

e) ***Oberfläche:*** Die Oberfläche des Lochs kann z. B. rau oder riefig sein. Diese Abweichungen zählen zur *Feingestalt*, die unter b bis d genannten zur *Grobgestalt*. Die Grobgestalt wird über die Spitzen der Rauheit gemessen und daher in diesem Buch überwiegend behandelt. Die Feingestalt kann aber die Messergebnisse beeinflussen; sie wird daher in Kap. 4.6 kurz betrachtet.

Entstehung von Gestaltabweichungen: Form- und Lageabweichungen haben oft andere Ursachen als Maßabweichungen. Bei spanender Fertigung geht z. B. die Einhaltung einer Maßtoleranz meist unmittelbar auf den Bediener (Dreher) oder den Einrichter der Maschine zurück, während Form- und Lageabweichungen maschinen- bzw. prozessbedingt und daher nur mittelbar zu beeinflussen sind. Beispielsweise hängt die Rundheitsabweichung des Drehteils in *Bild 1.4 a* von der Lagerung der Maschinenspindel ab, während die Geradheitsabweichung auf der elastischen Verformung des Werkstücks infolge der Zerspanungsbedingungen beruht; die Koaxialitäts- bzw. Laufabweichung bei b) folgt aus der Ungenauigkeit des Spannfutters. Natürlich gibt es noch zahlreiche andere Ursachen (z. B. Verzug oder Einfallen von Spritzgussteilen).

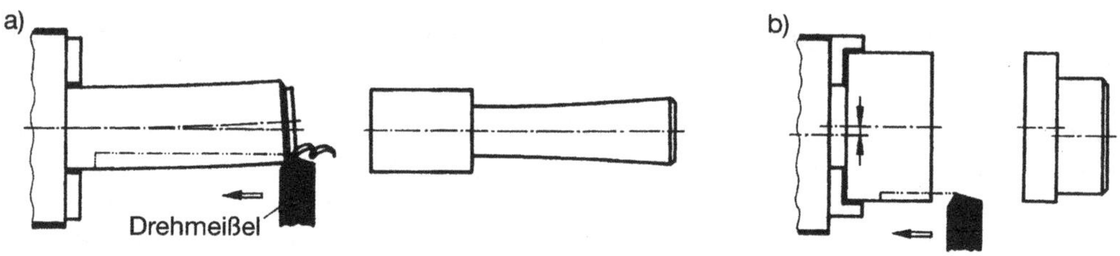

Bild 1.4: Beispiele für die Entstehung von a) Formabweichungen (Geradheit, Zylindrizität), b) Lageabweichungen (Koaxialität, Rundlauf)

Gestalt und Funktion: Jedes Bauteil (das kann ein Werkstück sein, eine Baugruppe, ein Aggregat o. Ä.) hat bestimmte Funktionen zu erfüllen; dafür wird es hergestellt. Die Funktion verlangt in der Regel den Kontakt mit benachbarten Bauteilen, allgemein im Sinne einer *Paarung* (z. B. Einlegen oder Verkleben) oder speziell als *Passung* (z. B. ein Gleitstein in einer Nut).

Die geometrische Funktionsfähigkeit im Sinne der Paarungsfähigkeit wird meist durch das Zusammenwirken mehrerer Arten von Abweichungen bestimmt. Ob beispielsweise ein Mitnehmerbolzen (*Bild 1.5*, hier in geometrisch idealer Form und Lage vorgestellt) in eine zugehörige Bohrung passt, hängt vom *Maß*, von der *Form* und von der *Lage* der Bohrung ab. Der für die Funktion erforderliche Kontakt eines Bauteils zu den benachbarten Teilen wie auch alle Messungen der Bauteilgestalt erfolgen über die *Oberfläche.* Daher müssen auch Oberflächenabweichungen in die Betrachtung einbezogen werden (s. Kap. 4.6).

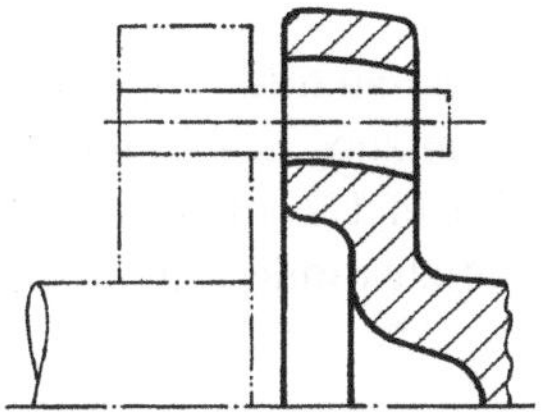

Bild 1.5: Geometrische Funktion einer Bohrung bei der Paarung mit einem (geometrisch idealen) Mitnehmerbolzen

Toleranzbegriffe: Weil Abweichungen unvermeidlich sind, müssen wir für alle Eigenschaften eines Werkstücks Grenzen angeben, innerhalb derer die Abweichungen liegen dürfen. Die dazu notwendigen Begriffe sind z. T. in DIN EN ISO 286 festgelegt. Falls sie noch ungewohnt sind, stellen wir sie den bei uns bislang gebräuchlichen Bezeichnungen (gekennzeichnet durch „früher“) gegenüber. Manchmal lässt es sich nicht vermeiden, noch ein paar zusätzliche Begriffe zu verwenden; die werden entsprechend erläutert. Die wichtigsten Begriffe sind:

- ***Grenzabweichungen*** (früher „zulässige Abweichungen“) sind die Grenzen, innerhalb derer Abweichungen zulässig sind, d. h. die größten zulässigen Abweichungen. Sie legen das „Soll“ fest; der Wortteil „Grenz-“ macht das deutlich. Bei Form- und Lagetoleranzen ist der Name „Grenzabweichungen“ nicht genormt und wurde nicht verwendet. Das kann jedoch zu Mißverständnissen führen. Daher haben wir diesen Begriff hier eingeführt [Jor 92] und benutzen ihn konsequent in diesem Buch. DIN EN ISO 286 behandelt nur Maße und verwendet daher den Begriff „Grenzabmaße“ für die Grenzabweichungen von den Nennmaßen.
- ***Toleranz T*** ist der Bereich zwischen den Grenzabweichungen; letztere zählen noch dazu.
- ***Abweichung f*** ist die Differenz zwischen dem Istwert (z. B. einem gemessenen Istmaß am Werkstück) und seinem Nennwert bzw. idealen Sollwert:

$$f = \text{Istwert} - \text{Nennwert} \tag{1.1}$$

- ***Zulässige Abweichung*** ist jede vorhandene Abweichung, die innerhalb der Grenzabweichungen, d. h. innerhalb der Toleranz liegt; sie stellt einen Istwert dar.
- ***Fehler*** ist eine vorhandene Abweichung, die eine Grenzabweichung überschreitet.

Aufgrund dieser Definitionen muss man z. B. vom „Abweichungsfortpflanzungsgesetz“ statt vom „Fehlerfortpflanzungsgesetz“ sprechen. Aus den obigen Festlegungen und den Erörterungen in Kap. 1.1 folgt:

1-2 Vollständige Grenzangaben: Alle Gestalteigenschaften (Maß, Form, Lage, Oberfläche) müssen vollständig und eindeutig eingegrenzt, d.h. toleriert sein. Das kann geschehen durch

- *Einzeltoleranzen* (meist für funktionswichtige Formelemente) oder
- *Allgemeintoleranzen* (für alle anderen Elemente, s. Kap. 3).

Bei konsequenter Anwendung dieser Leitregel lassen sich funktionswichtige Formelemente auf der Zeichnung anhand der einzeln eingetragenen Toleranzen, insbesondere Form- und Lagetoleranzen, unmittelbar erkennen. Sinngemäß ist Regel 1-2 auch für alle anderen Werkstückeigenschaften wie Werkstoff, Härte, Farbe usw. anzuwenden [Jor 91b]. Für die *Prüfung* gilt generell:

1-3 Toleranzüberprüfung: Eine tolerierte Werkstückeigenschaft hält die Toleranz ein, wenn die vorhandene Abweichung (Istabweichung) die Grenzabweichung(en) nicht überschreitet.

1.2.2 Aufgaben und Bedingungen für Toleranzen

Bedeutung: Die Festlegung von Toleranzen ist nötig zur Erfüllung der in *Bild 1.6* skizzierten und in den Regeln 1-4 bis 1-7 zusammengefassten Aufgaben und Bedingungen.

Größtmögliche Toleranzen: Sind die Abweichungen zu groß, so erfüllt das Bauteil seine vorgegebene Funktion nicht oder lässt sich nicht montieren. Daraus ergeben sich die größtmöglichen Grenzabweichungen bzw. die weitesten Toleranzen. Allerdings existiert hier keine scharfe Grenze (s. Kap. 5.2.1).

1-4 Funktionserfüllung: Jedes Bauteil ist so zu tolerieren, dass es seine vorgegebene Funktion erfüllt, und zwar während der gesamten vorgesehenen Lebensdauer.

Jedes Werkstück wird hergestellt, um bestimmte Funktionen zu erfüllen. Die Funktionserfüllung genießt deshalb in der Regel die höchste Priorität. Bei der Tolerierung sind z.B. die voraussehbare Abnutzung (Verschleiß) und gebrauchsbedingte Werkstoffveränderungen (z.B. Langzeitschwindung) zu berücksichtigen.

1-5 Montierbarkeit: Das Bauteil muss sich montieren lassen, und zwar entweder

- *unbedingt*, d.h., gleiche Teile sind beliebig austauschbar, oder
- *bedingt*, d.h., Teile werden zusortiert und sind dann nur gemeinsam austauschbar.

Beispiel: Die Gewindebohrungen an einem Maschinengestell und die Durchgangsbohrungen am zugehörigen Deckel kann man so tolerieren, dass jeder Deckel zu jedem Gestell passt. Oder man kann die Toleranzen etwas vergrößern, somit billiger produzieren und in Kauf nehmen, dass einmal ein Deckel bei der Montage nicht passt; dann muss man einen anderen, passenden Deckel aussuchen. Der Käufer einer Maschine merkt davon nichts.

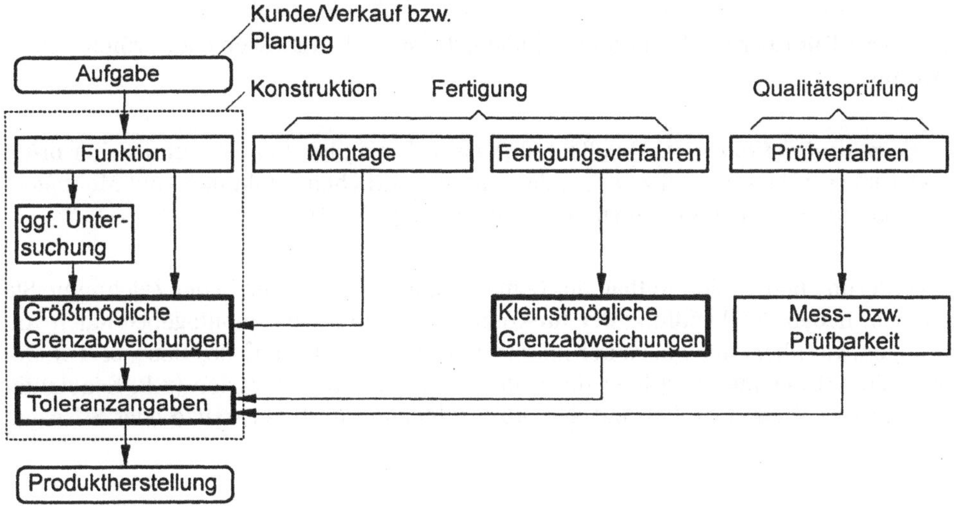

Bild 1.6: Einflussgrößen auf die Festlegung von Toleranzen

Kleinstmögliche Toleranzen: Jedes Fertigungsverfahren hat seine eigenen Genauigkeitsgrenzen; d. h., bestimmte Abweichungen lassen sich damit nicht unterschreiten. Diesseits der kleinsten *technisch möglichen* Abweichungen gibt es einen Bereich mit größeren Toleranzen, innerhalb dessen man *wirtschaftlich* (prozesssicher) fertigen kann. Auch hier lassen sich allgemein keine exakten Grenzen ziehen; sie sind abhängig von der Art der Maschine, von ihrem Zustand und vom Know-how des Betriebs.

1-6 Herstellbarkeit: Das Bauteil muss sich innerhalb der Toleranzen fertigen lassen, und zwar möglichst sicher (prozessfähig) und kostengünstig.

Es sollte selbstverständlich sein, dass die Toleranzen in der Zeichnung nicht kleiner sein dürfen, als es diesen Grenzen entspricht. Dennoch sind Gegenbeispiele in der Praxis nicht selten.

Beispiel: An einem Spritzgussteil aus Polyamid verlangt der Konstrukteur aus Funktionsgründen bei einem Maß von 150 mm Grenzabmaße von ± 0,1 mm. Die Fertigung erklärt das für unerreichbar und fertigt seit Jahren ± 0,3 mm. Praktisch ist das Teil sowohl montierbar als auch funktionsfähig. Das zugehörige Produkt ist auf dem Markt bestens bewährt. Daraus folgt zweierlei:

- Der Konstrukteur hat die funktionsbedingten Grenzabweichungen zu eng gesetzt, sei es aus Vorsicht oder aus Unkenntnis (s. „zur Übergangspassung“ in Kap. 1.3.4). Das ist in der Praxis häufiger zu beobachten. Es führt regelmäßig zu überhöhten Kosten (s. Kap. 5.2.1) und zu innerbetrieblichen Schwierigkeiten (s. Kap. 5.3.3).

- Das Problem liegt hier eher im Bereich der menschlichen als der technischen Toleranzen. Eine dauernde Überschreitung der Toleranzgrenzen bzw. Abweicherlaubnis dürfte vom Qualitätsmanagement niemals hingenommen werden, sondern müsste zu geänderten Festlegungen führen (s. Kap. 5.3.3).

Prüfung von Toleranzen: Zeichnungsangaben, die sich nicht messen oder prüfen lassen, sind wertlos.

1-7 Mess- und Prüfbarkeit: Das Bauteil muss sich möglichst einfach und sicher prüfen oder messen lassen, und zwar so, dass die wesentlichen Funktions- und Montageeigenschaften möglichst direkt erfasst werden (s. Kap. 5.3.1).

Diese Forderung betrifft den Aufbau der Bemaßung und Tolerierung in der Zeichnung. Sie richtet sich, neben der Erfüllung der funktions-, fertigungs- und montagebedingten Anforderungen, vor allem auch nach der messtechnischen Ausstattung des Betriebs. Oft entscheidet die Art der Messung über die Wahl bestimmter Toleranzarten (z.B. Koaxialität oder Rundlauf bei einer Welle) und der Bezugselemente (z.B. Lagersitze oder Stirnzentrierungen).

Festlegung von Toleranzen: Verantwortlich für die Festlegung von Toleranzen ist der Konstrukteur bzw. die Abteilung, die die Einzelteilzeichnungen erstellt und prüft. Wie aus Bild 1.6 hervorgeht, unterliegt jedoch die Tolerierung einer Vielzahl von Einflussgrößen mit teilweise einander widersprechenden Anforderungen:

- Die *Aufgabe* und damit die *Funktion* des Produkts bzw. des Bauteils stammen von einem Auftraggeber. Das kann ein Kunde sein, vertreten durch den Außendienst oder den Vertrieb, oder aber die Produktplanungs- bzw. die Entwicklungsabteilung. Von diesen Stellen sind gegebenenfalls Informationen einzuholen, welche Angaben der Aufgabenstellung wirklich harte *Forderungen* darstellen, welche Angaben etwa aus Vorsicht von den übermittelnden Stellen hineingenommen wurden und welche als *Wünsche* anzusprechen sind, deren Realisierung vom Aufwand abhängig sein sollte. Diese Informationen sollte der Konstrukteur in eine präzise *Anforderungsliste* aufnehmen.
- Kenntnisse und Erfahrungen über die *Herstellung* und die *Montage* der Teile, über Fertigungsverfahren, Maschinen und Kapazitäten sind im Fertigungsbereich, insbesondere in der Arbeitsvorbereitung, vorhanden, und zwar in einem Maße, wie sie ein Konstrukteur naturgemäß nie besitzen kann.
- Entsprechendes gilt für das Qualitätsmanagement bezüglich der Art der Bemaßung und der Tolerierung im Hinblick auf eine optimale *Mess-* und *Prüfbarkeit.*

Daraus folgt, dass die Tolerierung niemals dem Konstrukteur allein übertragen oder zugemutet werden darf. Eine sowohl unter funktionellen als auch unter wirtschaftlichen Gesichtspunkten optimierte Tolerierung setzt unbedingt eine gute, auf das gemeinsame Betriebsziel gerichtete Zusammenarbeit von Konstruktion, Fertigung und Qualitätsmanagement voraus, ggf. unter Einbezug weiterer Abteilungen. In den meisten Betrieben gibt es kaum eine größere Rationalisierungreserve als eine solche Kooperation, bei der die Entscheidungen von den betroffenen Bereichen gemeinsam erarbeitet und verantwortet werden (s. dazu Kap. 5.3.3). Umgekehrt verhindert enges, nur auf die scheinbare Sicherheit der eigenen Abteilung gerichtetes Ressortdenken mit Sicherheit, dass Toleranzen optimal festgelegt werden, und führt damit unweigerlich zu Schwierigkeiten und unnötig hohen Kosten für den Betrieb.

1.3 Maßtoleranzen und Passungen

Bedeutung: Mit Maßtoleranzen hat die Tolerierung begonnen. Sie sind nicht nur die Grundlage der Tolerierung, sondern auch wesentlich für das Verständnis der Form- und Lagetoleranzen. Daher bringt dieses Kapitel vor allem die dazu notwendigen Begriffe und Erläuterungen. Darüber hinausgehende Einzelheiten (z. B. die Ermittlung von Toleranzintervallen – früher „Toleranzfelder" genannt – und Passungstoleranzen) finden Sie in der Fachliteratur bzw. in DIN EN ISO 286.

1.3.1 Maßbegriffe

Normung: Maß- und Toleranzbegriffe sind genormt in DIN EN ISO 286-1 und seit 2011 in DIN EN ISO 14405-1. Erstere hat bereits in der Vorgängernorm DIN EN ISO 286 aus dem Jahr 1990 die DIN 7182 ersetzt sowie, zusammen mit Teil 2, frühere DIN-Normen, die das ISO-Toleranzsystem enthalten (s. Kap. 1.3.3).

Maßdefinition: Ein Maß besteht aus einem Zahlenwert und einer Einheit (z. B. „100 mm"). Es ist üblich, unter „Maß" allgemein ein Längenmaß zu verstehen; alle anderen Maßarten werden speziell benannt (z. B. „Winkelmaß"). ISO 14405-1 schränkt den Begriff „Maß" noch weiter ein. Ein Maß gilt nur als Eigenschaft von bestimmten linearen *Größenmaßelementen*; d. h., es ist entweder der *Durchmesser* eines *Kreiszylinders* bzw. einer *Kugel* oder der *Abstand* von zwei sich gegenüber liegenden *Parallelebenen*. Wir nennen diese Elemente hier meist einfach *Größenmaßelemente* (s. auch Kap. 1.3.2 und 1.4.3).

Nach dieser Norm ist ein Maß eine Eigenschaft, die das Maßelement in sich trägt („intrinsisch" nennt sich das). Es kann in verschiedener Weise ermittelt und ausgewertet werden; damit ergeben sich unterschiedliche *Maßmerkmale*. Die Auswertung wird beschrieben durch sog. *Spezifikationsoperatoren* (s. Kap. 1.3.2). Im Normalfall, d. h., wenn keine zusätzlichen Angaben beim Maß stehen, gilt der *Standardspezifikationsoperator*. Dieses Wortungetüm besagt Folgendes:

> ***1-8 Längenmaß:*** Sofern nicht anders gekennzeichnet, ist ein Maß der *Abstand zwischen zwei gegenüberliegenden Punkten*. Die Maßtoleranz wird daher im Normalfall im Zweipunktverfahren geprüft.

Das bedeutet, dass eine Maßangabe nichts mit der Form des bemaßten Elements zu tun hat, solange nicht zusätzliche Festlegungen getroffen werden (s. Kap. 1.4). Gemessen wird senkrecht zur Hauptrichtung des Elements (Näheres s. Kap. 1.5.4). Nach ISO 14405-1 sind auch andere Maßmerkmale möglich. Sie erfordern jedoch eine besondere Kennzeichnung (s. Kap. 1.3.2).

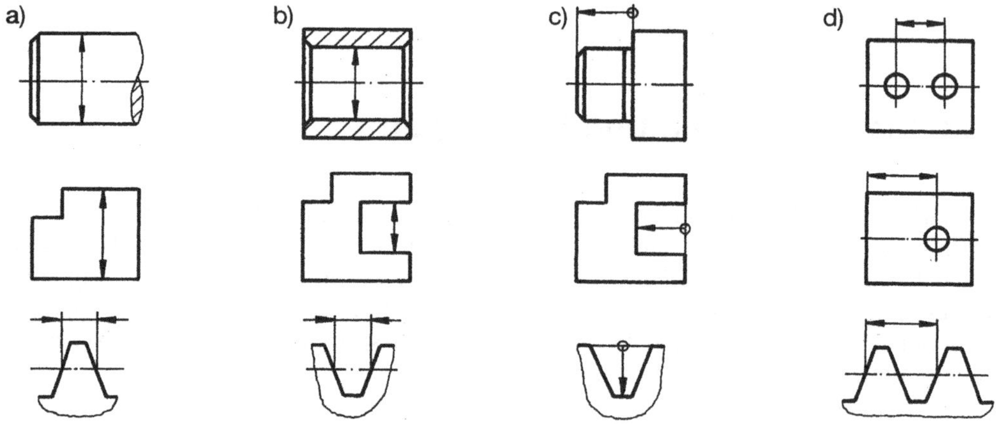

Bild 1.7: Maßgruppen. a) Außenmaße, b) Innenmaße, c) Stufenmaße, d) Abstandsmaße

Maßgruppen: Bei Längenmaßen unterscheidet man vier Maßgruppen, *Bild 1.7:*

a) ***Außenmaße*** (z. B. Wellendurchmesser oder Blechdicke),

b) ***Innenmaße*** (z. B. Bohrungsdurchmesser oder Nutbreite): Diese beiden Gruppen verbinden *gegenüberliegende* Flächen bzw. Elemente derselben Fläche (wie bei einer Zylinderfläche) gemäß der Definition in Regel 1-8.

c) ***Stufenmaße*** (z. B. Absatzlänge oder Nuttiefe): Sie liegen zwischen *gleichgerichteten* Flächen und entsprechen daher nicht der Regel 1-8. Das verursacht messtechnische Probleme. Ein Stufenmaß lässt sich nur mit Hilfsmitteln messen (z. B. mit einem angelegten Lineal). Die Art der Messung sollte durch eine eindeutige Zeichnungseintragung festgelegt werden (s. Kap. 1.5.4).

d) ***Abstandsmaße*** (z. B. Lochmittenabstand oder Teilungsmaß): Sie nehmen insofern eine Sonderstellung ein, als ihre Toleranz genau genommen keine reine Maßtoleranz, sondern eine Lagetoleranz darstellt. (Näheres dazu s. Kap. 1.3.2 unter „Maximum-Material-Grenzmaß“).

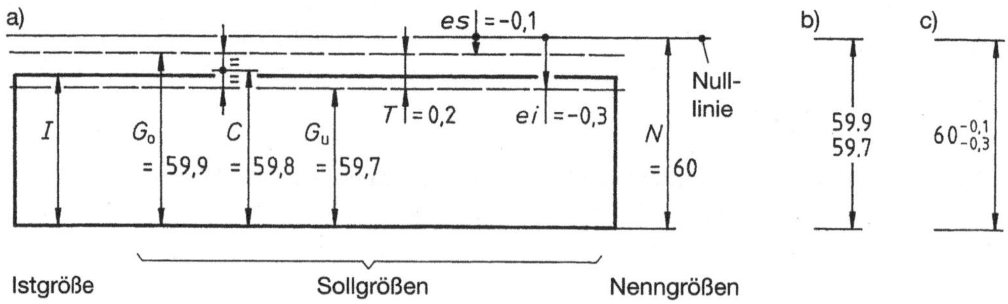

Bild 1.8: a) Maßarten und Toleranzbegriffe, dargestellt als Außenmaße an einer „Frontplatte“; b) Angabe von Grenzmaßen; c) Angabe als toleriertes Maß

Maßarten: Die wesentlichen Maßarten und Toleranzbegriffe sind in *Bild 1.8* am Beispiel eines Außenmaßes (z. B. der Höhe einer „Frontplatte") dargestellt. Sie lassen sich auf die anderen Maßgruppen übertragen.

- ***Örtliches Istmaß I*** (local size) ist eine *gemessene* Größe. Es unterscheidet sich vom tatsächlich vorhandenen Maß dadurch, dass es durch die Art und die Abweichungen der Messung (früher „Messfehler") verändert ist. Messungen an verschiedenen Stellen ergeben in aller Regel verschiedene örtliche Istmaße; darunter gibt es ein *Größtmaß* und ein *Kleinstmaß* (das sind Istgrößen).
- ***Grenzmaße G*** (limits of size) sind die Grenzen für das Istmaß I. Sie werden *Höchstmaß* G_o und *Mindestmaß* G_u genannt (im Beispiel G_o = 59,9 und G_u = 59,7).
- ***Mittenmaß C*** ist der arithmetische Mittelwert zwischen Höchst- und Mindestmaß:

$$C = \frac{G_o + G_u}{2} \qquad (1.2)$$

  Es wird vor allem beim statistischen Tolerieren gebraucht (s. Kap. 4.2.3). Mit dem Nennmaß N (s. u.) hat es nichts zu tun.
- ***Toleranz T*** (tolerance) oder Maßtoleranz (size tolerance), früher auch „Toleranzbreite" oder „-weite", ist die Differenz zwischen Höchst- und Mindestmaß:

$$T = G_o - G_u \qquad (1.3)$$

  Die Toleranz hat kein Vorzeichen, d. h., sie ist immer ein positiver Zahlenwert.

Mit der Angabe von G_o und G_u ist an sich die Tolerierung vollständig. In manchen Ländern schreibt man auch einfach die beiden Grenzmaße untereinander an den Maßpfeil, entsprechend Bild 1.8 b [ASM 94]. Üblich ist aber die Tolerierung über ein *Nennmaß* (c):

- ***Nennmaß N*** (basic size, nominal size) ist eine ideal gedachte Bezugsgröße, oft (aber nicht zwingend) ein runder Zahlenwert. Das Nennmaß wird in der Zeichnung abgebildet, ist die Basis für die rechnerinterne Darstellung von Geometriemodellen und dient ferner zur Gliederung von Maßbereichen (z. B. in Toleranztabellen). N hat selbst keine Abweichungen, sondern dient zur Festlegung der Grenzmaße mittels der *Grenzabmaße* (limit deviations; früher einfach „Abmaße"). In der grafischen Darstellung von Toleranzen wird das Nennmaß meist durch die sog. *„Nulllinie"* (zero line) wiedergegeben.
- ***Oberes Abmaß*** (upper deviation) ***ES*** bzw. ***es*** (früher A_o) liefert immer das *Höchstmaß* G_o:

$$G_o = N + ES \quad \text{(für Innenmaße, kurz „Bohrungen") bzw.} \qquad (1.4)$$
$$G_o = N + es \quad \text{(für Außenmaße, kurz „Wellen")}$$

- ***Unteres Abmaß*** (lower deviation) ***EI*** bzw. ***ei*** (früher A_u) ergibt entsprechend das *Mindestmaß* G_u:

$$G_u = N + EI \quad \text{(für Bohrungen) bzw.} \qquad (1.5)$$
$$G_u = N + ei \quad \text{(für Wellen)}$$

Die internationalen Bezeichnungen für die Grenzabmaße sind vielleicht noch ungewohnt. Man kann sie sich etwa so merken:

- Bohrung - Großbuchstaben
- *E/e* - „extrem“ (im Sinne von Grenze)
- *S/s* - „superior“ (oberes)
- *I/i* - „inferior“ (unteres).

Beide Grenzabmaße sind, wie alle Abmaße, vorzeichenbehaftet. Mit den entsprechenden Vorzeichen ergibt sich die *Toleranz T:*

$$T = ES - EI \quad \text{bzw.} \quad T = es - ei \tag{1.6}$$

1.3.2 Besondere Maßarten

Bedeutung: Die im Folgenden betrachteten Maßarten sind von besonderer Bedeutung für die Paarung bzw. Passung, d. h. für die *Fügbarkeit* von Bauteilen. Darüber hinaus eröffnet ISO 14405 seit 2011 die Möglichkeit, in der Zeichnung die Art der messtechnischen *Ermittlung* eines Maßes eindeutig festzulegen, so wie sie in der Messtechnik seit Langem möglich und üblich ist. Diese *Maßmerkmale* werden hier ebenfalls dargestellt und erläutert.

Maximum-Material-Grenzmaß *MML* (maximum material limit), auch Maximum-Material-Grenze oder Maximum-Material-Maß, ist dasjenige der beiden Grenzmaße, das ein Maximum an Material (Volumen) ergibt, d. h. bei dem das Element seine größte Masse besitzt. Nach *Bild 1.9* ist es

a) beim *Außen*maß („Welle“) das *Höchst*maß,

b) beim *Innen*maß („Bohrung“) jedoch das *Mindest*maß;

c) beim *Abstands*maß gibt es *kein* Maximum-Material-Grenzmaß.

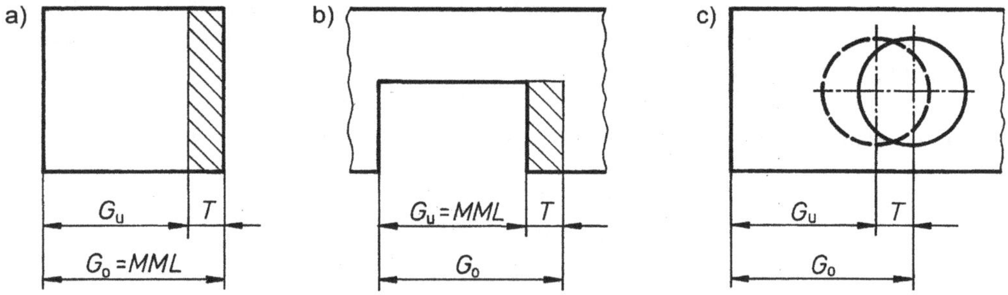

Bild 1.9: Maximum-Material-Grenzmaß *MML* bei a) Außenmaß, b) Innenmaß, c) Abstandsmaß (kein MML)

MML wird in der Praxis auch „Gutgrenze“ genannt; sie entspricht der „Gutseite“ der Prüflehre. Falls es überschritten ist, kann das Werkstück durch Materialabnahme nachgearbeitet werden. Wenn bei einer Passung beide Passelemente auf der Maximum-Material-Grenze liegen, d. h. „Maximum-Material-Zustand“ haben, ergibt sich das kleinste Spiel bzw. das größte Übermaß (s. Kap. 1.3.4).

Beim *Abstandsmaß* ändert sich die Materialmenge nicht, gleichgültig ob das Istmaß beim Höchst- oder beim Mindestmaß liegt. Daran zeigt sich, dass die Toleranz hier einen anderen Charakter besitzt. Sie entspricht einer Lagetoleranz. Das ist wichtig für die Maximum-Material-Bedingung (s. Kap. 4.4).

Beim *Stufenmaß* ist die Maximum-Material-Grenze weniger wichtig. Welches das Maximum-Material-Maß ist bzw. ob überhaupt eins existiert, hängt von der Bemaßung ab.

Minimum-Material-Grenzmaß ***LML*** (**l**east **m**aterial **l**imit) ist das andere Grenzmaß, das die kleinste Stoffmenge ergibt. Es wird auch „Ausschussgrenze“ genannt, weil bei seiner Überschreitung das Werkstück Ausschuss ist.

Wirksames Istmaß ***VS*** (**v**irtual **s**ize), auch ***Paarungsmaß*** M_p (mating size): Das ist das Maß eines geometrisch ideal gedachten *Gegenstücks,* mit dem sich das Geometrieelement gerade noch ohne Spiel paaren lässt, *Bild 1.10.* Es ist entscheidend für die geometrische Funktionsfähigkeit eines Bauteils. Bei einem Bolzen mit Außenpassfläche (a) ist *VS* das Maß einer spiel- und zwangsfrei sitzenden Hülse bzw. eines Futters, bei planparallelen Außenflächen (b) der Abstand von zwei spielfrei anliegenden parallelen Ebenen. Bei einer Bohrung (c) ist das wirksame Maß vorstellbar als Durchmesser eines spiel- und zwangsfrei eingepassten Dorns. Entsprechendes lässt sich auf parallele Nutflächen übertragen. Infolge von Formabweichungen unterscheidet sich das wirksame Istmaß *VS* vom örtlichen Istmaß *I;* beim Außenmaß (a und b) wird es größer, beim Innenmaß (c) kleiner. Nur in dem theoretischen Grenzfall, dass keine Formabweichungen vorliegen, ist $VS = I$. Das geometrisch ideale Gegenstück wird auch *wirksamer Istzustand* genannt. Die Benennung „wirksam“ entspricht dem englischen Wort „virtual“ nicht wörtlich, wohl aber dem Sinn nach, denn so *wirkt* das Geometrieelement beim Fügen.

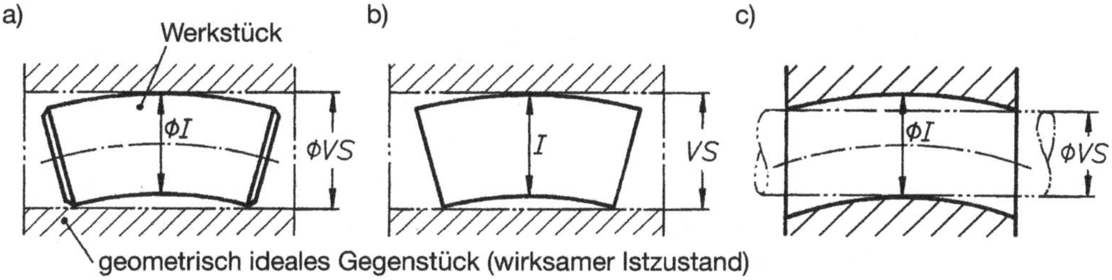

Bild 1.10: Wirksames Istmaß (Paarungsmaß) *VS*. a) und b) bei Außenpassflächen (a) Bolzen, b) planparallele Flächen), c) bei Innenfläche (Bohrung)

Wirksames Grenzmaß ***MMVL*** (**m**aximum **m**aterial **v**irtual **l**imit), auch wirksames Maximum-Material-Maß, stellt in Verbindung mit dem Maximum-Material-Grenzmaß *MML* ein *Grenzpaarungsmaß* dar, d. h. das ungünstigste Paarungsmaß, bei dem das Geometrieelement den *Maximum-Material-Zustand* und zusätzlich die größte zulässige *Formabweichung* (Grenzabweichung) hat, die hier gleich der Formtoleranz t_{Form} ist. *Bild 1.11* erläutert die Zusammenhänge für kreiszylindrische Geometrieelemente, a für einen Bolzen („Welle“), b für eine Bohrung. Beide sollen überall auf der Maximum-Material-Grenze

MML liegen und die Geradheitstoleranz ihrer Achse t_G voll ausnutzen (Näheres s. Kap. 2.2.2). Entsprechendes lässt sich auch für parallele Ebenen ableiten (vgl. Bild 1.10a und b). Das wirksame Grenzmaß *MMVL* ergibt sich nach Bild 1.11 aus dem Maximum-Material-Grenzmaß *MML* und der Formtoleranz *t* (*t* kann ggf. auch eine Lagetoleranz sein, s. Kap. 4.4).

$$MMVL = MML \pm t \text{ (+ für „Welle“, – für „Bohrung“)} \quad (1.7)$$

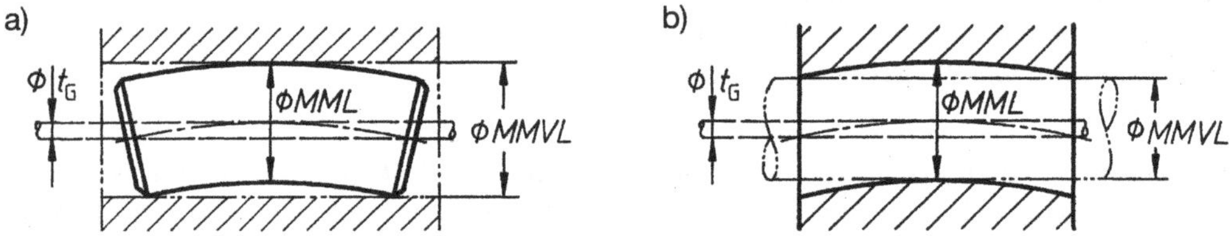

Bild 1.11: Wirksames Grenzmaß MMVL. a) für einen Bolzen, b) für eine Bohrung, jeweils mit Maximum-Material-Grenzmaß *MML* und Formtoleranz t_G für die Geradheit der Achse

Die geometrisch ideal gedachte Begrenzung (Zylinderfläche bzw. Parallelebenenpaar) mit dem wirksamen Grenzmaß *MMVL* ist der *„wirksame Grenzzustand“* bzw. der „wirksame Maximum-Material-Zustand“ des Geometrieelements. Er stellt den größten Raum dar, in dem das Geometrieelement sich erstrecken kann. Er ist insb. wichtig bei der *Maximum-Material-Bedingung* (DIN EN ISO 2692, s. Kap. 4.4).

Anmerkung 1: Die Bezeichnungen und ihre Formelzeichen sind teilweise in verschiedenen Normen unterschiedlich. Wir verwenden für Maße allgemein den Buchstaben *S* (**s**ize), für Grenzmaße aber *L* (**l**imit); für „wirksam“ steht *V* (**v**irtual).

Anmerkung 2: „Wirksame Maße“ gibt es nur bei *Größenmaßelementen* (s. Kap. 1.4.3).

Anmerkung 3: Neben dem wirksamen Maximum-Material-Grenzmaß *MMVL* gibt es auch ein wirksames *Minimum-Material-Grenzmaß LMVL*; es kommt bei der Minimum-Material-Bedingung vor (s. Kap. 4.5).

Größenmaßelemente: Ein Größenmaßelement ist nach ISO 14405 ein Geometrieelement, das durch *eine* einzige Längen- oder Winkelmaßangabe eindeutig beschrieben wird. Ein *Längenmaß* bestimmt bei *lineraren* Größenmaßelementen den Durchmesser eines *Zylinders* oder einer *Kugel* sowie den Abstand von zwei *parallelen*, sich gegenüberliegenden *Flächen* (kurz „Parallelebenen“), während ein *Kegel* oder ein *Keil* durch ein *Winkelmaß* beschrieben werden. Letztere Größenmaßelemente nennt man *Winkel*größenmaßelemente.

Für lineare Größenmaße (Längenmaße) sind nur zwei davon wichtig, der *Zylinder* und die *Parallelebenen*. Wir nennen sie hier einfach *Größenmaßelemente.*

Spezifikationsoperator: Er definiert eine bestimmte Anzahl von Aktionen *(Operationen)*, die in einer definierten *Reihenfolge* durchzuführen sind, um ein bestimmtes Maßmerkmal eines Maßelementes zu ermitteln. Im Folgenden werden die für die Praxis wesentlichen Spezifikationsoperatoren nach ISO 14405 beschrieben (s. *Tabelle 1.1*). Sie stehen hinter der

Maßzahl und deren Toleranz in einer ovalen Kartusche (s. Beispiel unten). Es gibt noch ein paar mehr; dazu verweisen wir auf die Norm.

Tabelle 1.1 Wichtige Maßmerkmale nach ISO 14405 T1 (Auswahl)

Symbol	Bezeichnung	Beschreibung
(LP)	Zweipunktmaß	Standardmethode
(GG)	Gaußmaß	Methode der kleinsten Quadrate
(GN)	Hüllmaß	Kleinstes umschriebenes Element
(GX)	Pferchmaß	Größtes einbeschriebenes Element
(SR)	Maßspanne	Größte zulässige Maßdifferenz

- ***Zweipunktmaß:*** Der *Standard*-Spezifikationsoperator nach ISO 14405 ist das Zweipunktmaß. Das ist ein örtliches Maß, das den Abstand von zwei einander gegenüberliegenden Punkten auf einem Maßelement angibt. Dieser Operator gilt immer, solange kein anderes Spezifikations-Modifikationssymbol angegeben wird (s. Regel 1-8). Er kann aber auch mit dem Symbol LP vorgeschrieben werden.
- ***Gaußmaß (Maß nach der Methode der kleinsten Abweichungsquadrate):*** Bei diesem Spezifikationsoperator wird dem *erfassten Geometrieelement* - das ist die vom Messgerät aufgenommene Punkteschar (s. Kap. 1.5.4) - ein *ideales* Geometrieelement nach der bekannten Methode zugeordnet. Das Gaußmaß gilt als Istmaß dieses zugeordneten Geometrieelementes. Wenn ein Maßelement nach diesem Maßmerkmal ausgewertet werden soll, muss das Spezifikations-Modifikationssymbol GG hinter dem Maß stehen.
- ***Hüllmaß (kleinstes umschriebenes Maß):*** Bei diesem Spezifikationsoperator wird dem erfassten Geometrieelement ein ideales Geometrieelement zugeordnet, das sich von *außen* als ideales Hüllelement mit dem kleinsten möglichen Durchmesser bzw. mit dem kleinsten Abstand an das erfasste Geometrieelement anschließt (s. auch Tabelle 1.4, Kap. 1.4.3). Das Symbol GN zeigt das an. Das Hüllmaß entspricht dem *wirksamen Istmaß* in Bild 1.10 a und b.
- ***Pferchmaß (größtes einbeschriebenes Maß):*** Hierbei wird dem erfassten Geometrieelement ein ideales Geometrieelement zugeordnet, das sich von *innen* als ideales Pferchelement mit dem größten möglichen Durchmesser bzw. Abstand an das erfasste Geometrieelement anlegt. Das Spezifikations-Modifikationssymbol ist GX. Das *wirksame Istmaß* in Bild 1.10 c entspricht dem Pferchmaß für ein Innenelement.
- ***Maßspanne:*** Das ist die größte zulässige *Differenz* aller erfassten Einzelmaße am Maßelement. Sie war bisher nicht genormt und wurde meist mit einem entsprechenden Textzusatz angegeben. Ihr Symbol ist SR.

Anmerkung: Die Bezeichnungen „Gaußmaß“, „Hüllmaß“, „Pferchmaß“ und „Maßspanne“ stehen nicht in der Norm. Wir verwenden sie hier anstelle der teilweise recht sperrigen Normbezeichnungen, um den Sprachgebrauch einfach und griffig zu halten.

Bezeichnungsbeispiel: Eine gehärtete Gleitschiene soll eine Dicke von 16 mm haben. Sie wird auf das sehr formsteife Gestell einer Messvorrichtung aufgeschraubt und passt sich deren Gestalt an. Ihre Dicke wird im Zweipunktverfahren gemessen und darf um 0,2 mm schwanken, aber die Dickenunterschiede dürfen nicht größer als 0,01 sein. Auf der Zeichnung steht daher:

16 ±0,1 (LP) 0,01 (SR)

Die Istmaße dürfen dann innerhalb einer beliebigen Spanne von 0,01 mm zwischen 15,9 und 16,1 liegen, z. B. zwischen 15,9 und 15,91 oder zwischen 16,09 und 16,1 oder zwischen 16,027 und 16,037.

Prüfmaß (testing size) ist ein für die Funktion des Teils wichtiges Maß, das vom Qualitätsmanagement besonders zu beachten ist. Was das im Einzelnen bedeutet, muss betriebsintern festgelegt werden. Nach DIN 406-10 wird es durch eine ovale Kartusche („Blase", „Zeppelin") gekennzeichnet, z. B.: (30 ± 0,05)

Nichttolerierte Maße: Grundsätzlich muss jedes Maß toleriert sein, entweder mit Einzel- oder mit Allgemeintoleranzen. Davon gibt es nur drei Ausnahmen:

- ***Theoretisch genaues Maß*** (einfacher auch theoretisches Maß, ideales Maß; theoretically exact reference size) ist ein Bezugsmaß, mit dem eine Toleranzzone festgelegt wird. Es hat die Bedeutung eines *Nennmaßes*, das ja auch keine Abweichungen kennt (s. Kap. 1.3.1, Bild 1.8). Um das sichtbar zu machen, setzt man es in einen rechteckigen Rahmen, z. B.: [30]

  Ohne den Rahmen wäre es ein „Freimaß" und würde der für die Zeichnung gültigen Allgemeintoleranz unterliegen. Der Rahmen „schützt" also das Maß vor der Allgemeintoleranz. Theoretische Maße im Sinne von Nennmaßen sind z. B. erforderlich bei Positionstoleranzen (Kap. 2.6.2), Profiltoleranzen (Kap. 2.4) und Neigungstoleranzen (Kap. 2.5.4).

  Bezugsstellen und beschränkte Toleranzzonen werden nach ISO 5459 ebenfalls durch theoretisch genaue Maße festgelegt. Auch Messstellen oder die Messrichtung bei Lauftoleranzen (s. Kap. 2.7.2, Bild 2.52) sollten mit theoretischen Maßen gekennzeichnet werden.

- ***Hilfsmaß*** (temporary size) ist ein Maß, das zur geometrischen Bestimmung eines Werkstücks nicht notwendig ist. Es tritt z. B. bei Maßketten als Summe oder Differenz von tolerierten Einzelmaßen auf. Seine Toleranz lässt sich aus den Einzeltoleranzen berechnen; daher kann es keine eigene Toleranz haben (s. Kap. 4.2.1). Hilfsmaße werden in runde Klammern gesetzt, z. B.: (30)

- ***Ungefährmaß*** ist ein Maß, das nur eine grobe Festlegung als Anhaltswert o. Ä. darstellt und somit keine Toleranz enthält (im Allgemeinen sollte man so etwas meiden). Es wird so dargestellt: ≈ 30

1.3.3 ISO-Maßtoleranzsystem

Bedeutung und Aufgaben: Das ISO-Maßtoleranzsystem ist seit Jahrzehnten international verbreitet und genormt. Es dient vor allem dazu,

- die Vielfalt von Tolerierungsmöglichkeiten *überschaubar* zu machen,
- für bestimmte *Funktions*anforderungen die richtige *Maßtoleranz* zu finden,
- zu den Toleranzanforderungen geeignete *Fertigungsmaschinen* auszuwählen,
- mittels Vorzugstoleranzen die notwendige Anzahl von *Prüfeinrichtungen* zu verringern.

Das System wird hier nicht mit allen Einzelheiten erläutert, sondern nur so weit, wie es die Übersicht und die Zusammenhänge mit den Form- und Lagetoleranzen erfordern.

Normung: Grundlage sind DIN EN ISO 286-1 und -2 aus dem Jahr 2010. Bereits die vorangegangenen Versionen aus dem Jahr 1990 haben DIN 7150-1, 7151, 7152, 7160, 7161, 7162 und 7172 ganz oder teilweise ersetzt, ohne dass sich dabei etwas Substanzielles geändert hat. DIN EN ISO 286 enthält auch Nennmaße unter 1 mm, jedoch keine über 3150; für Letztere ist nach wie vor DIN 7172 (1991) gültig.

Aufbau des Systems: Die ISO-Maßtolerierung besteht aus drei Angaben:

1-9 **Das Toleranzintervall wird festgelegt durch**

- das *Nennmaß* (meist als glatter Zahlenwert in mm),
- den *Kennbuchstaben* für die *Lage* des Toleranzintervalls relativ zum Nennmaß bzw. zur Nulllinie und
- einen *Zahlenwert* für den *Grundtoleranzgrad,* der zusammen mit dem Nennmaß die *Grundtoleranz* (d. h. die Maßtoleranz) ergibt.

Beispiele: „Bohrung" **40 H7** oder $\mathbf{40^{H7}}$ (Merkregel: **B**ohrung/gro**ß**/**o**ben)
„Welle" **40 h7** oder $\mathbf{40_{h7}}$

Die Kombination von Kennbuchstabe und Grundtoleranzgrad (z. B. H7) wird „Toleranzklasse" genannt.

1-10 Toleranzinterval zur Nulllinie: Die Toleranzintervalllagen A bis H und a bis h weichen von der Nulllinie zur *Minimum*-Material-Seite hin ab, N bis ZC (K und M meist) sowie k bis zc zur *Maximum*-Material-Seite, *Bild 1.12*. JS und js liegen exakt, J und j etwa symmetrisch zur Nulllinie.

Bild 1.12 enthält eine Auswahl von typischen Toleranzintervallen für Bohrungen (a) und spiegelbildlich dazu für Wellen (b).

1-11 Bohrungen und Wellen: Die Toleranzintervalle von „Bohrungen" (allgemein: Innenmaßen) und „Wellen" (allgemein: Außenmaßen) mit gleichen Kennbuchstaben liegen (meist) spiegelbildlich zur Nulllinie, s. Bild 1.12.

Diese Regel gilt exakt für die Toleranzintervalllagen A/a bis H/h. Bei den übrigen gibt es teilweise geringfügige Änderungen im µm-Bereich, insb. zwischen den Toleranzintervallen K/k bis N/n.

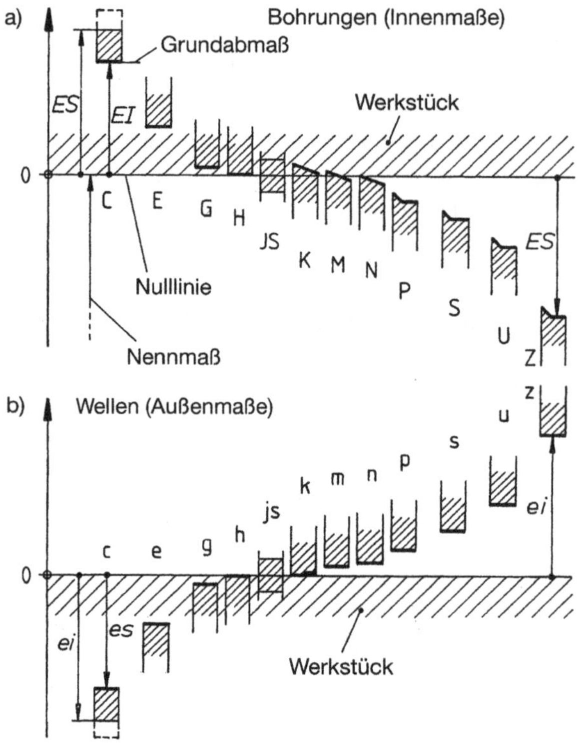

Bild 1.12: Lage einiger ISO-Toleranzintervalle relativ zur Nulllinie, a) Bohrungen (Innenmaße), b) Wellen (Außenmaße). Grundabmaße sind durch breite Linien markiert

1-12 Grundabmaß: Dasjenige Grenzabmaß, das der Nulllinie am *nächsten* liegt, ist (meist) das „Grundabmaß" und verschiebt sich (meist) nicht (bzw. nur wenig), wenn sich der Grundtoleranzgrad ändert.

Die Grundabmaße sind in Bild 1.12 durch breite Linien markiert. Auch diese Regel hat Ausnahmen im µm-Bereich, erkennbar an den schrägen oder geknickten Linien für das Grundabmaß. Teilweise treten sie nur bei kleinen Grundtoleranzgraden auf (geknickte Linien). Bei JS/js existiert kein Grundabmaß (Toleranzintervall symmetrisch zur Nulllinie).

Grundtoleranzgrad (standard tolerance grade) oder auch einfach „Toleranzgrad": Maßtoleranzen werden nach ISO 286 bzw. DIN 7172 in 20 bzw. 18 Grundtoleranzgrade (früher „Qualitäten") eingeteilt, die mit den Ziffern 01 und 0 sowie 1 bis 18 bezeichnet werden.

Der Grundtoleranzgrad legt über alle Nennmaßbereiche ein bestimmtes Genauigkeitsniveau fest (s. Regel 1-16). Je kleiner die Zahl ist, desto enger sind die Toleranzen. Wenn vor der Ziffer kein Kennbuchstabe für die Toleranzintervalllage steht, wird der Toleranzgrad allgemein durch „IT“ gekennzeichnet (z. B. IT 7).

1-13 Stufensprung: Von IT 6 an wächst die Grundtoleranz IT von einem Grundtoleranzgrad zum nächsthöheren etwa um den Stufensprung 1,6 (entsprechend der Normzahlreihe R5, vgl. Tabelle 1.1).

1-14 Große Nennmaße: Bei Nennmaßen über 500 mm sind Grundtoleranzgrade feiner als IT 6 nicht für die übliche Fertigung, sondern nur für experimentelle Zwecke vorgesehen.

Feine Grundtoleranzgrade bereiten mit wachsendem Nennmaß zunehmend messtechnische Schwierigkeiten, weil sich Wärmedehnungen und ungleichmäßige Temperaturverteilungen merkbar auswirken. Das bedeutet, dass man auch bei Nennmaßen, die nicht allzu weit *unter* 500 mm liegen, bereits Vorsicht mit feinen Toleranzklassen walten lassen sollte.

1-15 Bohrungen und Wellen: Bohrungen lassen sich allgemein schwieriger fertigen als Wellen; daher werden Bohrungen bei gleicher Funktionsanforderung (z. B. in einer Passung) meist um *einen* Grundtoleranzgrad *gröber* toleriert als Wellen.

Bei großen Nennmaßen entfällt jedoch dieses Argument, weil sich hier die Messschwierigkeiten stärker auswirken.

Grundtoleranz (standard, fundamental tolerance): Sie ist die Maßtoleranz, die sich aus dem Nennmaßbereich und dem Grundtoleranzgrad ergibt. *Tabelle 1.2* enthält einige Zahlenwerte; ihre Kenntnis kann z. B. im Zusammenhang mit der Hüllbedingung wichtig sein (s. Kap. 1.4.3). Die Grundtoleranz hat vor allem folgende Bedeutung:

1-16 Fertigungsschwierigkeit: Die Grundtoleranz wächst innerhalb *eines* Grundtoleranzgrades nicht proportional zum Nennmaß. Sie wurde so festgelegt, dass für alle Nennmaßbereiche etwa die gleiche Fertigungsschwierigkeit besteht.

Man kann daher vom Grundtoleranzgrad auf geeignete Fertigungsmaschinen und auch in gewisser Weise auf die entstehenden Kosten schließen (s. Kap. 5.2). Bei kleinen und mittleren Nennmaßen wächst die Grundtoleranz etwa mit der 3. Wurzel aus dem Nennmaßbereich, während sie bei großen Nennmaßen (wo die messtechnischen Schwierigkeiten überwiegen) in eine lineare Abhängigkeit übergehen. Daher verändert sich ggf. der Charakter einer Passung, wenn man eine Konstruktion maßstäblich vergrößert oder verkleinert [Rot 92]. Bei der Entwicklung von geometrisch ähnlichen *Baureihen* sind deshalb die Passungen gesondert zu überprüfen.

Tabelle 1.2: Auswahl von Grundtoleranzen IT nach ISO 286 sowie DIN 7172 (für Nennmaße über 3150 mm), mit Hinweisen zur Anwendung

Nennmaßbereich in mm		Grundtoleranz IT in μm für Grundtoleranzgrad							IT in mm		
über	bis	IT4	IT5	IT6	IT7	IT8	IT9	IT10	IT11	IT12	IT13
0	3	3	4	6	10	14	25	40	0,06	0,1	0,14
3	6	4	5	8	12	18	30	48	0,075	0,12	0,18
6	10		6	9	15	22	36	58	0,09	0,15	0,22
10	18	5	8	11	18	27	43	70	0,11	0,18	0,27
18	30	6	9	13	21	33	52	84	0,13	0,21	0,33
30	50	7	11	16	25	39	62	100	0,16	0,25	0,39
50	80	8	13	19	30	46	74	120	0,19	0,3	0,46
80	120	10	15	22	35	54	87	140	0,22	0,35	0,54
120	180	12	18	25	40	63	100	160	0,25	0,4	0,63
180	250	14	20	29	46	72	115	185	0,29	0,46	0,72
250	315	16	23	32	52	81	130	210	0,32	0,52	0,81
315	400	18	25	36	57	89	140	230	0,36	0,57	0,89
400	500	20	27	40	63	97	155	250	0,4	0,63	0,97
500	630		(28)	44	70	110	175	280	0,44	0,7	1,1
630	800		(32)	50	80	125	200	320	0,5	0,8	1,25
800	1000		(36)	56	90	140	230	360	0,56	0,9	1,4
1000	1250		(42)	66	105	165	260	420	0,66	1,05	1,65
1250	1600		(50)	78	125	195	310	500	0,78	1,25	1,95
1600	2000		(60)	92	150	230	370	600	0,92	1,5	2,3
2000	2500		(70)	110	175	280	440	700	1,1	1,75	2,8
2500	3150		(86)	135	210	330	540	860	1,35	2,1	3,3
3150	4000		(105)	165	260	410	660	1050	1,65	2,6	4,1
4000	5000		(130)	200	320	500	800	1300	2	3,2	5
Anwendung (Beispiele)		Messgeräte	Passmaße im Maschinenbau				Gröbere Sitze, Stangenmaterial				
Fertigungsverfahren (Beispiele)		Honen Schleifen, Räumen		Feindrehen, Reiben		Drehen, Fräsen, Hobeln			Bohren, Stanzen		

DIN 7157 Beiblatt (entsprechend ISO/R 1829) empfiehlt einige wenige Toleranzintervalle, *Tabelle 1.3*. Die **fett** gedruckten Toleranzintervalle sollten bevorzugt werden. Die *kursiv* geschriebenen Felder gelten nach DIN 7172 auch für Nennmaße über 3150 mm.

Vorzugsklassen: Aus den 28 möglichen Toleranzintervalllagen und den 20 bzw. 18 Grundtoleranzgraden lassen sich theoretisch für jedes einzelne Nennmaß mehr als 500 verschiedene Toleranzintervalle für Bohrung und Welle bilden und bei einer Passung (s. Kap. 1.3.4) beliebig untereinander kombinieren. Diese Vielfalt wird jedoch in der Praxis keineswegs gebraucht. Schon die Tabellen in DIN EN ISO 286 und DIN 7172 enthalten nur einen Teil der möglichen Toleranzklassen. Aber auch diese sind noch weitaus zahlreicher als notwendig. Wollte man sie in einem Betrieb alle anwenden, so würde z. B. der Aufwand für Prüflehren ins Uferlose gehen.

Tabelle 1.3: Auswahl von Toleranzintervallen (nach DIN 7157 Beiblatt). Fettgedruckt: Vorzugsfelder. Kursiv: Auch für Nennmaße über 3150 (nach DIN 7172)

		Toleranzintervalllage für Wellen																
		a	b	c	d	e	f	g	h	js	k	m	n	p	r	s	t	u
Grund-toleranzgrad IT	5							g5	h5	js5	k5	m5	n5	p5	r5	s5	t5	
	6						*f6*	***g6***	***h6***	***js6***	***k6***	*m6*	***n6***	***p6***	***r6***	***s6***	t6	
	7					*e7*	***f7***		***h7***	*js7*	*k7*	*m7*	*n7*	*p7*	*r7*	*s7*	*t7*	*u7*
	8				*d8*	**e8**	*f8*		*h8*									
	9				***d9***	e9			***h9***									
	10				*d10*													
	11	a11	b11	c11					***h11***									
		Toleranzintervalllage für Bohrungen																
		A	B	C	D	E	F	G	H	JS	K	M	N	P	R	S	T	
	6							*G6*	*H6*	*JS6*	*K6*	*M6*	*N6*	*P6*	*R6*	*S6*	T6	
	7						*F7*	***G7***	***H7***	***JS7***	***K7***	*M7*	***N7***	***P7***	***R7***	***S7***	T7	
	8					*E8*	***F8***		***H8***	*JS8*	*K8*	M8	N8	P8	R8			
	9				*D9*	***E9***	*F9*				***H9***							
	10				***D10***	*E10*			*H10*									
	11	**A11**	**B11**	**C11**	D11				***H11***									

1.3.4 Passungen

Bedeutung und Abgrenzung: Viele funktionswichtige Flächen an Maschinenteilen haben eine geometrische Funktion im Sinne einer Passung. Das bedeutet, dass zwei tolerierte Geometrieelemente (Passflächen) ineinander gefügt sind, sodass ein Element das andere zumindest teilweise umschließt. Im Regelfall sind es kreiszylindrische Passflächen („Rundpassung“) oder planparallele („Flachpassung“). Nur diese werden von den allgemeinen Normen erfasst (insb. von ISO 286). Bei Verwendung von ISO-Kurzzeichen haben die beiden zusammengehörenden Passflächen dasselbe Nennmaß. Andere Geometrieelemente (z. B. Polygonverbindungen oder Vielkeilwellen) haben eigene Passsysteme; sie sind nicht Gegenstand des Buches. Auch Rund- und Flachpassungen werden nur betrachtet, soweit sie für die Zusammenhänge zwischen Maß-, Form- und Lagetoleranzen wesentlich sind.

Passungsarten: Es gibt drei Arten einer Passung (fit), die sich durch ihr Spiel bzw. ihr Übermaß (im ungefügten Zustand) unterscheiden, *Bild 1.13*:

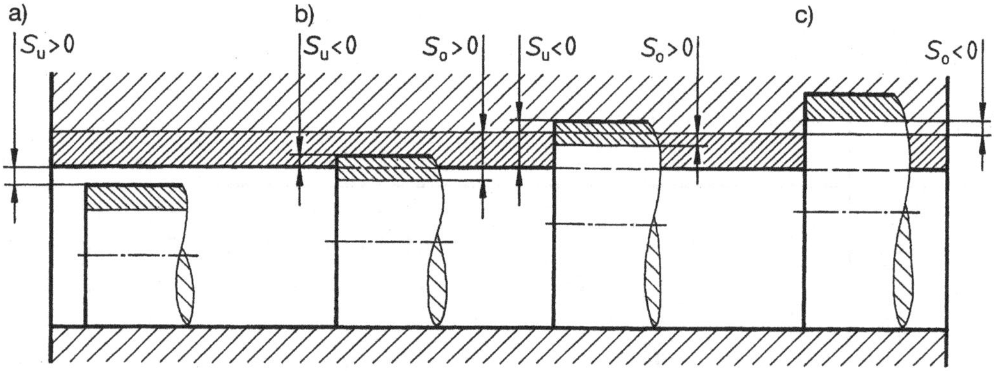

Bild 1.13: Passungsarten. a) Spielpassung, b) Übergangspassung, c) Übermaßpassung

a) ***Spielpassung*** (clearance fit): Die Welle (allgemein: das Innenteil) ist stets kleiner als die Bohrung (das Außenteil). Das *Mindestspiel*

$$S_u = EI - es \tag{1.8}$$

ist stets > 0, im Grenzfall auch = 0 (Grenzabmaße *EI, ES, ei, es* s. Kap. 1.3.1).

b) ***Übergangspassung*** (transition fit): Je nach den Istmaßen von Bohrung und Welle kann entweder Spiel oder Übermaß vorliegen.

c) ***Übermaßpassung*** (interference fit): Die Welle ist vor dem Fügen in jedem Fall größer als die Bohrung, d. h. das *Höchstspiel*

$$S_o = ES - ei \tag{1.9}$$

ist immer negativ. Ein negatives Spiel bedeutet ein Übermaß. Nach dem Fügen herrscht zwischen beiden Elementen eine Flächenpressung; daher wird diese Passung in der Praxis auch als „Presspassung" bezeichnet, unabhängig von der Art des Fügeverfahrens. (Die Zeichen S_o und S_u sind nicht genormt.)

Zur Bedeutung der Übergangspassung: Betrachtet man eine Passung wie in Bild 1.13 b streng „logisch", dann mag sie einem zunächst widersinnig vorkommen, weil ihr Charakter und damit die Funktionsfähigkeit des Sitzes unsicher erscheinen. Bei verschiedenen Paarungen von Wellen und Naben kann einmal Spiel und einmal Übermaß auftreten. In der Praxis sind aber Übergangspassungen (wie etwa H7/js6) durchaus üblich, und ihr

Sitzcharakter ist vorhersehbar. In aller Regel ist weder ein Spiel vorhanden noch braucht man zum Fügen eine hydraulische Presse. Die Diskrepanz zwischen Praxis und „Theorie" liegt darin begründet, dass ein „logischer" Schluss nie besser sein kann als seine Voraussetzungen. Hier wurden stillschweigend Voraussetzungen getroffen, die nicht zutreffen:

- Der Schluss geht von der *ungünstigsten Kombination* der Istmaße aus. Deren Wahrscheinlichkeit ist jedoch äußerst gering (s. Kap. 4.2.2). Je nach Verteilung der Istmaße in einer Serie von Werkstücken liegt die Wahrscheinlichkeit, dass eine Nabe mit Höchstmaß auf eine Welle mit Mindestmaß trifft, in der Größenordnung von 1 : 1 000 000. Es müssten also 1 Million Naben montiert werden, bis der Extremfall einmal vorkommt.
- Die Schlussfolgerung beruht ferner auf der Vorstellung von *geometrisch idealen* Werkstücken. In Wirklichkeit stellen aber weder Nabe noch Welle exakte Kreiszylinder dar, sondern sind z. B. unrund, krumm, wellig und rau, wie es *Bild 1.14* (nach [Ber 80]) andeutet, wenn auch maßstäblich übertrieben. Aufgrund der Formabweichungen berühren sich die Passflächen nur an einzelnen Punkten, die zunächst elastisch nachgeben (vgl. Kap. 4.6). Andererseits ist es ggf. möglich, dass auch dann, wenn nach den Istmaßen Spiel vorhanden sein müsste, einzelne Punkte sich immer noch berühren, nämlich wenn die Passfläche die „Hülle" durchbricht (vgl. dazu Kap. 1.4.3).

Das bedeutet, dass eine auf den Vorstellungen *„ungünstigste Kombination"* (worst case) und *„geometrisch ideale Körper"* basierende Tolerierung im Allgemeinen *zu hohe Genauigkeitsanforderungen* stellt. Sie fordert engere Toleranzen, als es von der Funktion her notwendig wäre, und verursacht damit zu hohe Kosten. Hier sollte man durchaus auf abgesicherte Erfahrungswerte zurückgreifen (wie es bei der Übergangspassung geschieht) und damit Möglichkeiten zur Rationalisierung erschließen (was keineswegs bedeutet, dem „Pfusch" Vorschub zu leisten). Wir weisen auf dieses Beispiel ausdrücklich hin. Wenn Sie die dargelegte Denkweise durchschauen, dann besitzen Sie einen Schlüssel, um ggf. nutzlose Diskussionen zwischen Konstruktion und Fertigung (vgl. das Beispiel in Kap. 1.2.2) zu beenden und stattdessen zu gemeinsamen Lösungen zu kommen.

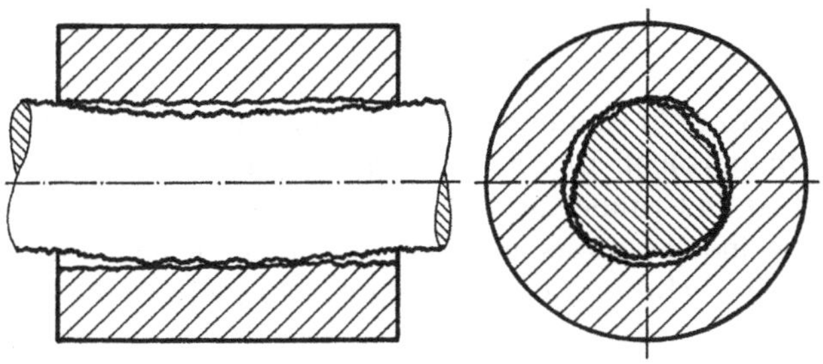

Bild 1.14: Passung wirklicher Flächen mit Formabweichungen und Rauheit (überhöht dargestellt)

Zur Bedeutung der Spielpassung: Das Mindestspiel S_u errechnet sich, wenn die Maße beider Passflächen auf der *Maximum-Material-Grenze MML* liegen (s. Bild 1.13 a). Dieses Spiel ist aber nur dann wirklich vorhanden, wenn die Flächen geometrisch *ideal* sind, d. h., sie dürfen nicht zusätzlich noch krumm oder unrund sein. Diese Betrachtung leitet unmittelbar zu Kap 1.4 „Tolerierungsgrundsatz" über. Sie zeigt, wie eng Maßtoleranzen mit Form- und Lageabweichungen verknüpft sind.

Passungssysteme: Sie sollen helfen, die mögliche Vielfalt von Toleranzklassen (s. Kap. 1.3.3) einzuschränken, d. h. die funktionsbedingt notwendigen Passungsarten mit möglichst wenigen Toleranzklassen abzudecken und damit die Kosten für Fertigungs- und Messeinrichtungen niedrig zu halten. Ein Passungssystem bedeutet, dass entweder alle Bohrungen (Innenmaße) oder aber alle Wellen (Außenmaße) dieselbe Toleranzintervalllage bekommen, und zwar diejenige mit dem Grundabmaß 0, d. h. H bzw. h. Damit fällt bereits fast die Hälfte aller vorhandenen Toleranzklassen weg. Es gibt zwei Passungssysteme:

- ***Einheitsbohrung:*** Alle Bohrungen (Innenpassmaße) haben die Toleranzintervalllage H. Spiel oder Übermaß entsteht jeweils über verschiedene Toleranzintervalllagen der Welle (des Außenpassmaßes), vgl. Bild 1.13.
- ***Einheitswelle:*** Alle Wellen (Außenpassmaße) werden mit der Toleranzintervalllage h versehen; die Toleranzintervalllage der Bohrung wird entsprechend variiert.

„Einheitsbohrung" ist im Maschinenbau und im Fahrzeugbau, insbesondere bei der spanenden Fertigung in mittleren Serien bis zur Einzelfertigung, stärker verbreitet, weil Bohrungen aufwendiger in der Fertigung und teurer in der Messung sind als Wellen. Maßgebundene Fertigungsmittel (z. B. Reibahlen) und Prüfmittel (z. B. Grenzlehrdorne) werden je Durchmesser nur für die Toleranzfeldlage H benötigt. Das System *„Einheitswelle"* tritt dagegen dort auf, wo Außenpassmaße (Wellen) nicht spanend bearbeitet, sondern fertig bezogen werden, z. B. bei blankgezogenem Halbzeug, bei Passfedern oder bei Wälzlager-Außenringen. Das ist häufig bei Hebezeugen, Textilmaschinen oder bei landwirtschaftlichen Maschinen der Fall.

1.4 Tolerierungsgrundsatz

1.4.1 Einführung

Bedeutung: Beim Tolerierungsgrundsatz geht es um den Zusammenhang zwischen *Maßtoleranzen* und *Formabweichungen* (hauptsächlich) bei *Passungen* an kreiszylindrischen und planparallelen Passflächen. Das ist im Grunde gar nicht schwierig und seit Jahrzehnten bekannt. Trotzdem führt die mangelnde Kenntnis in der Praxis immer wieder zu Missverständnissen und Schwierigkeiten [Jor 91a]. Ein einfaches Praxisbeispiel soll deshalb die Zusammenhänge verdeutlichen.

Beispiel „Schalterblende": *Bild 1.15 a* zeigt eine Schalterblende, d. h. eine Kunststoffplatte ähnlich Bild 1.1 a, nur noch stärker vereinfacht. Sie soll in ein Gegenstück, die „Trägerplatte", hineinpassen, Bild 1.15 b. Die Schalterblende hat eine Höhe 100 ± 0,3 mm, während die Trägerplatte ein Innenmaß von 100,7 ± 0,3 mm hat. Daraus ergibt sich ein *Mindestspiel* von 0,1 mm, nämlich dann, wenn beide Teile auf der *Maximum-Material-Grenze MML* liegen (s. Kap. 1.3.2):

- *Höchstmaß* 100,3 mm bei der Schalterblende *(Außenmaß),*
- *Mindestmaß* 100,4 mm bei der Trägerplatte *(Innenmaß).*

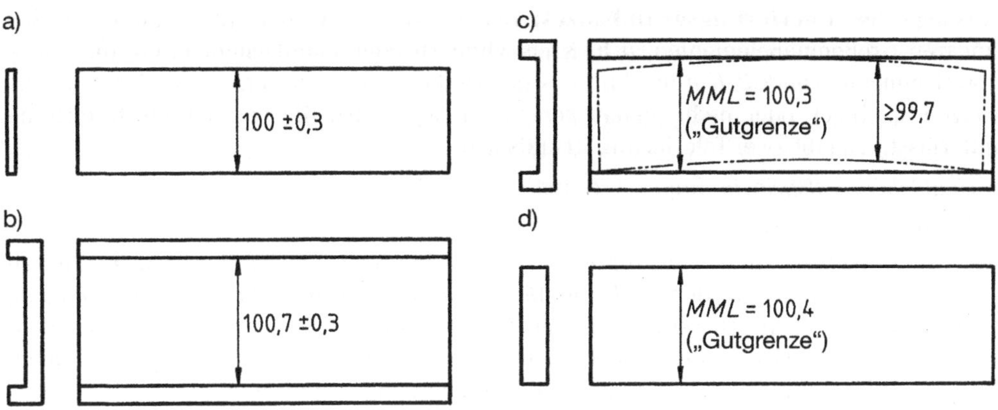

Bild 1.15: Passung zweier Plattenelemente. a) „Schalterblende", b) „Trägerplatte", c) Gutlehre nach dem taylorschen Prüfgrundsatz für die Schalterblende (Außenmaß), d) Gutlehre für die Trägerplatte (Innenmaß)

Taylorscher Prüfgrundsatz: Das Mindestspiel bei Maximum-Material-Grenzmaßen ist nur dann vorhanden, wenn die Teile *nicht* zusätzlich noch *Formabweichungen* haben, z. B. krumm sind. Lange bevor es Form- und Lagetoleranzen gab, erkannte *Taylor* diesen Zusammenhang und begründete 1905 mit seiner Patentanmeldung den taylorschen Prüfgrundsatz:

1-17 Taylorscher Prüfgrundsatz: Die *Gut*prüfung ist eine *Paarungs*prüfung mit einer Lehre, die über das ganze Geometrieelement geht; die *Ausschussprüfung* ist eine *Einzel*prüfung im Zweipunktverfahren.

Die *Gutlehre* ist somit das geometrisch ideale Gegenstück zum tolerierten Geometrieelement mit dessen Maximum-Material-Grenzmaß *MML,* d. h. für die Schalterblende eine „Nut" von 100,3 mm (Bild 1.15 c), für die Trägerplatte eine „Platte" von 100,4 mm (d). Die Gutgrenze ist identisch mit der Maximum-Material-Grenze *MML.* Je weiter das Istmaß von der Maximum-Material-Grenze entfernt ist, desto größer können Formabweichungen werden. *Bild 1.16* zeigt zum Vergleich eine korrekte Prüflehre nach Taylor für *Bohrungen* mit Gut- und Ausschussseite. Die Gutseite dieser Prüflehre verkörpert das, was in den folgenden Kapiteln als *Hülle* bezeichnet wird.

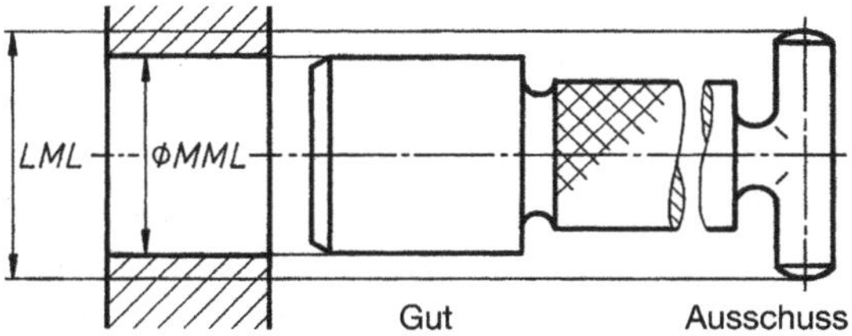

Bild 1.16: Prüflehre nach Taylor für Bohrungen. LML = Minimum-Material-Grenzmaß (Ausschussseite), MML = Maximum-Material-Grenzmaß (Gutgrenze)

Aussage des Tolerierungsgrundsatzes: Der Tolerierungsgrundsatz bestimmt, ob bei linearen Größenmaßelementen, d. h. Kreiszylindern oder Planflächenpaaren, die Formabweichungen *grundsätzlich* im Sinn des taylorschen Prüfgrundsatzes von den Maßtoleranzen abhängen oder nicht (genau genommen wird auch die Parallelitätsabweichung miterfasst). Es gibt zwei Tolerierungsgrundsätze:

- *Unabhängigkeitsprinzip* (Kap. 1.4.2) und
- *Hüllprinzip* (Kap. 1.4.4).

Der Grundsatz wird mindestens für eine ganze Zeichnung, i. d. R. für einen ganzen Betrieb festgelegt. Manchmal werden auch die *Maximum-* und die *Minimum-Material-Bedingung* (s. Kap. 4.4 bzw. 4.5) als weitere Tolerierungsgrundsätze aufgeführt. Das ist aber nicht sinnvoll und nicht richtig, denn sie können lediglich *einzeln* an bestimmten Formelementen eingetragen werden, und zwar bei beiden Tolerierungsgrundsätzen.

1.4.2 Unabhängigkeitsprinzip

Normung und Zeichnungsangabe: Das Unabhängigkeitsprinzip ist in der neuen DIN EN ISO 8015 (2011) als elementarer Grundsatz der Tolerierung international festgelegt und bietet damit eine einheitliche Grundlage für die Interpretation und Prüfung von Toleranzen. In der Vorgängernorm DIN ISO 8015 (1986) ging es allein um das Unabhängigkeitsprinzip. Die neue Norm definiert darüber hinaus grundsätzliche Konzepte, Prinzipien und Regeln der Tolerierung. Entscheidend ist folgender Unterschied:

Nach der alten DIN ISO 8015 (1986) galt das Unabhängigkeitsprinzip nur dann, wenn der Hinweis „Tolerierung DIN ISO 8015“ oder „ISO 8015“ auf der Zeichnung stand. Mit der neuen DIN EN ISO 8015 ist jedoch das Unabhängigkeitsprinzip grundsätzlich *immer* gültig, solange keine anderen Angaben zum Tolerierungsgrundsatz gemacht werden (s. Kap. 1.4.4). Diese Festlegung stand im Widerspruch zur früheren DIN 7167, die wurde deshalb zurückgezogenen.

1-18 Zeichnungseintragung: Seit 2011 gilt *grundsätzlich immer* das *Unabhängigkeitsprinzip*, auch ohne eine besondere Zeichnungseintragung. Wegen der Eindeutigkeit und Klarheit (vor allem weil es in Deutschland früher anders war), *sollte jedoch* auf der Zeichnung im oder am Schriftfeld deutlich stehen: „Tolerierung ISO 8015“ (oder zumindest „ISO 8015“).

Bedeutung: Das Unabhängigkeitsprinzip lautet als einfachste Formel:

1-19 Unabhängigkeit: Jede Toleranz wird *für sich allein geprüft.*

Wenn die betrachtete Toleranz eingehalten ist, so ist das Werkstück bezüglich dieser Eigenschaft in Ordnung, ohne Rücksicht darauf, wie andere Gestaltabweichungen ausfallen. Die zu prüfenden geometrischen Gestalteigenschaften stehen auf der Zeichnung.

(Anmerkung: Die Unabhängigkeit besagt jedoch nicht, dass jede einzelne Gestaltabweichung auch ihre Toleranz immer voll ausschöpfen kann, denn bestimmte Toleranzarten schließen andere implizit ein; s. dazu Kap. 1.5 sowie Kap. 2.)

Zum Verständnis der Unabhängigkeit muss die Standarddefinition für Maße nach ISO 14405-1 hinzugezogen werden, die bereits in Regel 1-8 gebracht wurde (Kap. 1.3.1): *Ein Maß ist der Abstand zwischen zwei gegenüberliegenden Punkten* und wird im Zweipunktverfahren geprüft. Die *Maß*toleranz besagt daher grundsätzlich nichts über die *Form* des bemaßten Elements.

Beispiele: Die Tolerierung der Blechdicke in *Bild 1.17a* schränkt die Ebenheit nicht ein. Das Blech darf uneben sein, auch wenn sein Maß überall auf der Maximum-Material-Grenze *MML* (s. Kap. 1.3.2) liegt (b). Für die Ebenheit fehlt hier die Tolerierung; d.h., die Zeichnung a ist unvollständig. Entsprechend darf der quaderförmige Block c den vollen Wert der Ebenheitstoleranz von 0,1 mm ausnutzen, auch wenn er überall Maximum-Material-Zustand hat (d).

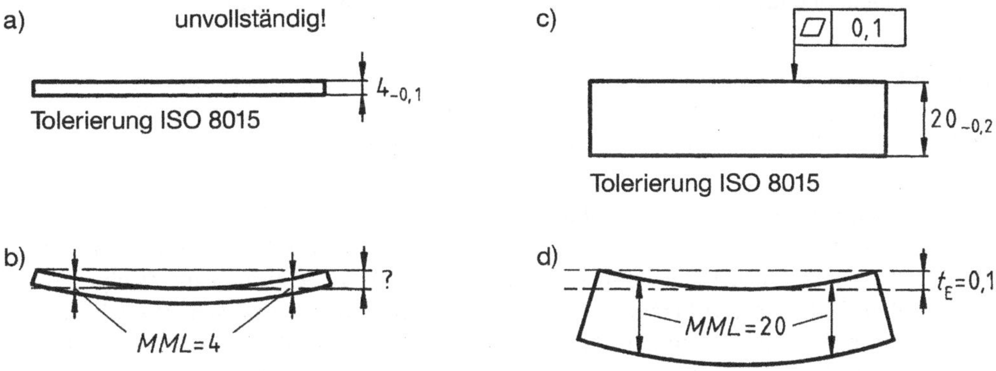

Bild 1.17: Unabhängigkeit der Formabweichung (hier der Ebenheit) vom Istmaß. a) unvollständige Zeichnung eines Bleches, b) Ebenheit nicht eingegrenzt, c) Block, d) zulässige Ausführung

In *Bild 1.18a* ist ein Bolzen zunächst unvollständig gezeichnet. Auch beim Maximum-Material-Zustand darf z.B. die Achse durchgebogen sein (b). Die Angabe einer Durchmessertoleranz besagt ferner nichts über die Kreisform des Querschnitts. Solange der Abstand zweier gegenüberliegender Punkte am Zylindermantel innerhalb der Grenzmaße 20 und 19,8 mm liegt, ist der Bolzen maßlich in Ordnung. Der Querschnitt könnte z.B. im ungünstigsten Fall die Form eines Gleichdicks annehmen (c; Näheres dazu s.u.). Alle diese Formabweichungen sind hier nicht toleriert. Deshalb ist bei d) neben der Maßtoleranz von 0,2 mm zusätzlich eine Rundheitstoleranz von 0,05 mm und eine Geradheitstoleranz von 0,1 mm angegeben. Auch beim Maximum-Material-Zustand der Welle dürfen diese Toleranzen voll ausgeschöpft werden (e).

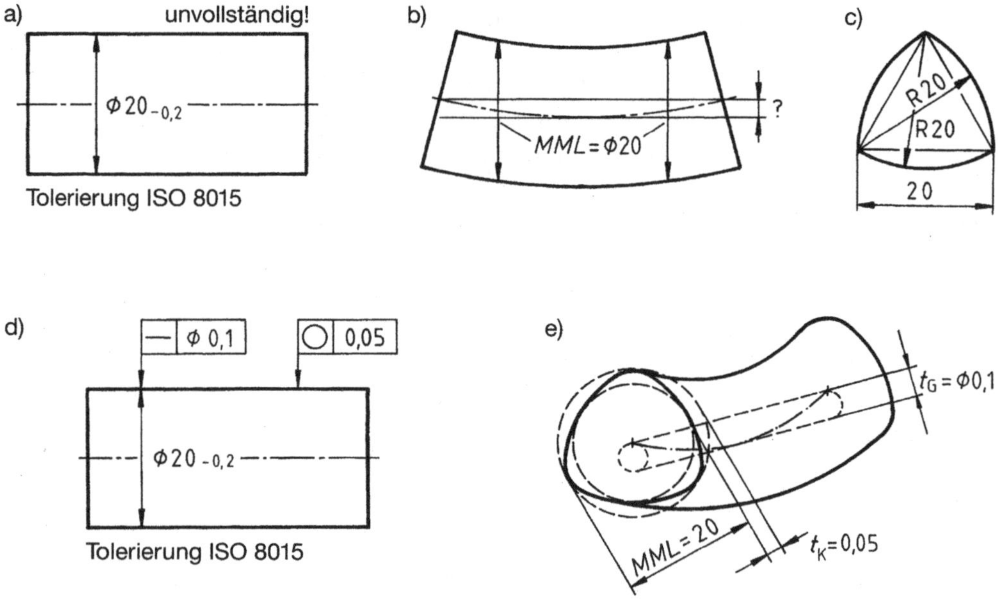

Bild 1.18: Unabhängigkeit von Formabweichungen. a) unvollständige Zeichnung eines Bolzens, b) Durchbiegung (Geradheit nicht eingeschränkt), c) Gleichdickbildung (Rundheit nicht eingeschränkt); d) zusätzliche Formtoleranzen, e) zulässiges Werkstück

Gleichdickformen: Ein ideales Dreibogengleichdick entsteht, indem man von den Ecken eines gleichseitigen Dreiecks jeweils Kreisbögen mit dem Radius der Seitenlänge *a* schlägt, *Bild 1.19a.* Diese Form ist deshalb so tückisch, weil sie beim Prüfen im Zweipunktverfahren überall das Maß *a* bringt, d.h. eine exakte Kreisform vortäuscht (b). Gleichdickförmige Rundheitsabweichungen lassen sich also mittels Messschieber, Bügelmessschraube, Rachenlehre oder Messuhr gegen Planauflage nicht feststellen. Äußerlich verhält sich ein solcher Bolzen etwa wie eine Rolle vom Durchmesser *a.* Aber er passt in eine Bohrung vom Durchmesser *a* (zuzüglich Spiel) nicht hinein, denn sein wirksames Maß beträgt im Grenzfall *MMVL* = 1,1547 a. Qualitativ kann man Gleichdickformen z.B. durch Prüfung im V-Prisma erkennen (Bild 1.19 c).

Gleichdick-Konturen werden bewusst angewendet z.B. im Kreiskolbenmotor oder beim Bohren von Vierkantlöchern (Bild 1.19 d). Unbeabsichtigt können sie immer dort auftreten, wo eine Kreisform zwischen zwei festliegenden Punkten entsteht. Es können auch fünf oder ggf. mehr Bögen (ungeradzahlig) sein (e); meist sind es Äquidistanten zur geometrisch idealen Form (f). Beispiele sind das spitzenlose Rundschleifen (g), wenn die Rundstange zwischen Schleifscheibe und Regelscheibe in Schwingungen gerät, sowie das Bohren von *dünnen* Blechen mittels Spiralbohrer (h), wobei die Teilführung des Bohrers im Bohrloch nur ein Fünfbogengleichdick zulässt. Hier passt ein kreiszylindrischer Bolzen vom Durchmessers des Bohrers nicht hinein, d.h., der wirksame Durchmesser ist kleiner. Erst bei einer dickeren Platte verschwindet das Gleichdick, weil die Wendelung den Bohrer in der Bohrung führt. Gleichdickähnlich fällt auch die fertige Bohrung eines Rohrs aus, das beim Ausdrehen in einem Dreibackenfutter elastisch verformt wurde (i).

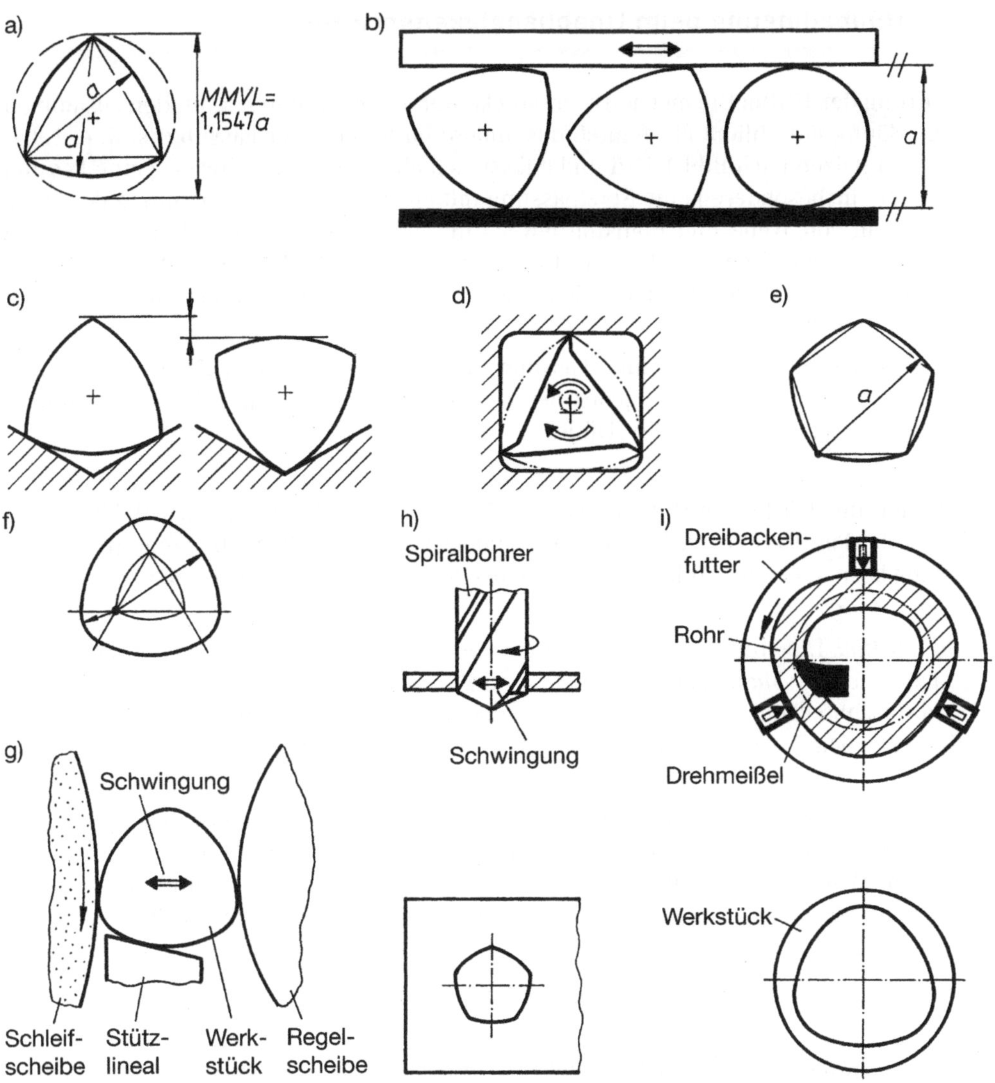

Bild 1.19: Gleichdickformen. a) geometrisches Dreibogengleichdick, b) Zweipunktmessung und Vergleich mit einer Rolle, c) Prüfung im V-Prisma, d) Vierkantbohren mit Dreikantbohrer, e) Fünfbogengleichdick, f) äquidistantes Dreibogengleichdick; g) Gleichdickentstehung beim spitzenlosen Schleifen, h) beim Bohren in ein dünnes Blech, i) beim Ausdrehen eines Rohrs im Dreibackenfutter

Verwindung: Bei *parallelen Ebenen* gibt es kein Gleichdick. Hier ist die Verwindung (Verdrehung) kritisch (s. Bild 2.6, Kap. 2.2.3). Sie entsteht meist durch Verzug und wird von einer Zweipunktmessung nicht erfasst.

1.4.3 Hüllbedingung beim Unabhängigkeitsprinzip

Bedeutung der Hülle: Die meisten Werkstücke werden mit anderen Bauteilen zusammengefügt. Häufig umschließt ein Bauteil das andere im Sinne einer Passung (s. Kap. 1.3.4). Mit einem Bolzen nach Bild 1.18 d und e lässt sich allerdings nur schwierig eine Passung realisieren, insbesondere keine Spielpassung mit engem Spiel. Zur Einhaltung des Spiels müsste man von Welle und Bohrung jeweils die größtmögliche Ausdehnung ermitteln, d.h. das wirksame Grenzmaß (s. Kap. 1.3.2), das sich aus dem Maximum-Material-Grenzmaß und den maximalen Formabweichungen ergibt. Das wäre ziemlich unübersichtlich und umständlich.

Statt dessen greift man bei einer Passung auf den taylorschen Prüfgrundsatz zurück (s. Kap. 1.4.1). Er begrenzt für jedes der beiden Passelemente die größte Ausdehnung. Diese Begrenzung ist jeweils die „Hülle".

Definition der Hülle: Die Hülle entspricht der Maximum-Material-Grenze *MML* (s. Kap. 1.3.2), d.h. dem Grenzmaß, bei dem das Material des Formelements seine größte Ausdehnung besitzt, bei der Welle nach außen, bei der Bohrung aber nach innen:

> ***1-20 Hülle:*** Die Hülle ist das *geometrisch ideale Gegenstück* zum Geometrieelement und hat dessen *Maximum-Material-Grenzmaß MML*. Das Geometrieelement darf sie nicht durchbrechen, um passungsfähig zu sein. Sie verkörpert die Gutseite der Prüflehre nach dem taylorschen Prüfgrundsatz (s. Bild 1.15 u. 1.16).

Ein *Wellen*element darf nur *innerhalb* seiner Hülle bleiben bzw. sie im Grenzfall berühren, eine *Bohrung* nur *außerhalb.* Damit sind die Passungsfähigkeit und die Einhaltung des Maximum-Material-Grenzmaßes *MML* gesichert. Außerdem muss das Minimum-Material-Grenzmaß *LML* eingehalten werden; das wird im Zweipunktverfahren geprüft.

Zeichnungseintragung: Die Funktion von Passungen erfordert:

> ***1-21 Passflächen:*** Beim Unabhängigkeitsprinzip (ISO 8015) ist für alle empfindlichen Passflächen die Hüllbedingung einzeln einzutragen, indem man Ⓔ hinter das tolerierte Passmaß setzt.

(E kommt von „Envelope" = Hülle.) Folgende Schreibweisen sind möglich;

10 f7 Ⓔ oder 10 ± 0,2 Ⓔ oder 10 Ⓔ (mit Allgemeintoleranz).

„Empfindliche Passflächen" gehören zu engen Passungen oder allgemein zu solchen, deren Funktion durch Gleichdickbildung bzw. Verwindung merkbar gestört wird: Bei Spielpassungen wird das Spiel kleiner als das berechnete Mindestspiel; bei *Übergangspassungen* werden Verformungen und Fügekräfte größer und bei Wälzlagern verringert sich das Lagerspiel; bei *Übermaß*passungen wird das Höchstübermaß größer.

Die Eintragung des Ⓔ kann ggf. entfallen, wenn z. B. bei der Fertigung kein Gleichdick zu erwarten ist (wie beim Stanzen).

Größenmaßelemente: Bei einer *kreiszylindrischen* Passfläche ist die Hülle ein idealer Kreiszylinder, *Tabelle 1.4 a* und *b*, bei *Parallelebenen* ein Paar von idealen parallelen Flächen, c und d [Jor 91a]. Beide Passelemente können als *äußere* Elemente (Bolzen a oder Klotz c) wie auch als *innere* (Loch b oder Nut d) auftreten; danach richtet sich, ob das *Maximum-Material-Grenzmaß* gleich dem Höchstmaß G_0 oder dem Mindestmaß G_u ist *(s. Kap. 1.3.2)*. Diese Geometrieelemente nennt man *„Größenmaßelemente"*. Sie sind gekennzeichnet durch *ein einziges Maß* und eine Mittellinie bzw. -ebene.

1-22 Geometrieelemente mit Hülle: Die Hüllbedingung wird nur angewendet auf *lineare Größenmaßelemente,* nämlich *Kreiszylinder* (im Grenzfall Kreise) und *Parallelebenenpaare* (im Grenzfall Kantenpaare) sowie die Kugel, und zwar auf *äußere* („Welle") und *innere* („Bohrung"). Sie gilt jeweils nur für ein *einzelnes* Größenmaßelement.

Tabelle 1.4: Bedeutung der Hülle bei Größenmaßelementen, d. h. kreiszylindrischen und planparallelen Elementen (MML = Maximum-Material-Grenzmaß)

Geometrie-element	Beispiel	Gestalt der Hülle / Beispiel	Erfasste Abweichungen
a) **Kreis-zylinder** (Welle)	Bolzen 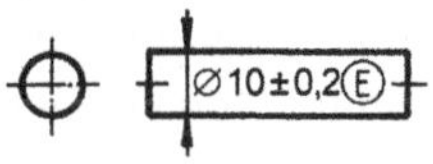	„Hülse" mit Höchstmaß 	Geradheit, Rundheit, Zylinderform; Parallelität
b) **Kreis-zylinder** (Bohrung)	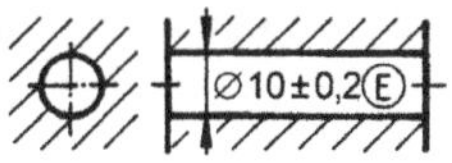	„Dorn" mit Mindestmaß 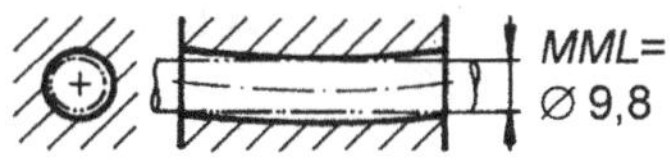	
c) **Parallel-ebenen** (außen)	Klotz 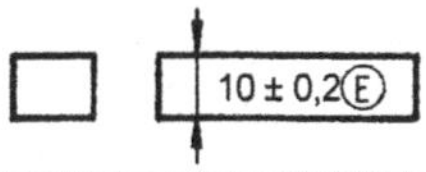	2 Parallelebenen mit Höchstmaß 	Geradheit, Ebenheit; Parallelität
d) **Parallel-ebenen** (innen)	Nut 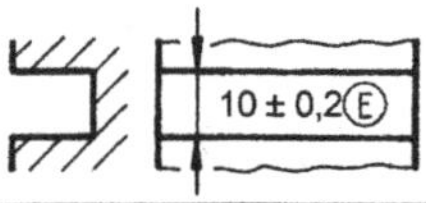	2 Parallelebenen mit Mindestmaß 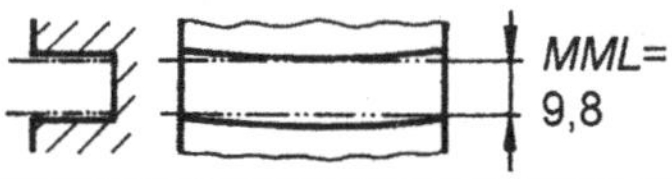	

Ein Grenzfall ist die *Kugel,* die nach DIN EN ISO 14660 auch zu den Größenmaßelementen zählt (angewendet z.B. bei Kugelgelenken). Sie wurde in der alten DIN ISO 8015 (1986) nicht explizit genannt. DIN EN ISO 14405-1 lässt die Anwendung der Hüllbedingung nun aber explizit für lineare Größenmaßelemente und damit auch für eine Kugel zu. Gleiches findet man in [ASM 94]. Für Größenmaßelemente mit Winkelgrößenmaß (Kegel oder Prisma, s. DIN EN ISO 14 660-1) ist jedoch eine Hülle nicht definiert.

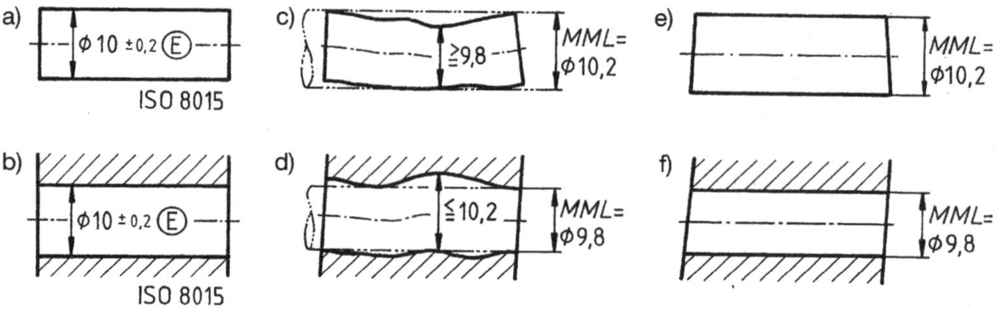

Bild 1.20: Hüllbedingung und Formabweichungen. a) Zeichnung einer „Welle", b) einer Bohrung; c) und d) zulässige Ausführungen dazu, e) und f) zulässige Grenzausführungen mit Maximum-Material-Grenzmaß MML

Maßtoleranz und Formabweichungen: Wenn die Hüllbedingung gilt, darf bei einer „Welle" (Bild 1.20 a) der Werkstoff nur innerhalb, bei der „Bohrung" (b) nur außerhalb der Hülle liegen. Solange das tolerierte Geometrieelement die Hülle nicht durchbricht sowie das Minimum-Material-Grenzmaß an keiner einzelnen Stelle unterschreitet (bei der „Welle") bzw. überschreitet (bei der „Bohrung"), kann es ansonsten beliebige Formabweichungen haben, Bild 1.20 c und d. Wenn es aber Maximum-Material-Zustand aufweist, darf es keine Formabweichungen mehr haben (e und f). Da es in der Praxis kein Werkstück völlig ohne Formabweichungen gibt, kann genau genommen ein Geometrieelement bei Einhaltung der Hüllbedingung niemals an allen Stellen auf der Maximum-Material-Grenze liegen. Je weiter die Istmaße von der Maximum-Material-Grenze entfernt liegen, desto größer können die Formabweichungen werden. Die Hülle begrenzt somit die *Summe* von Maß- und Formabweichungen.

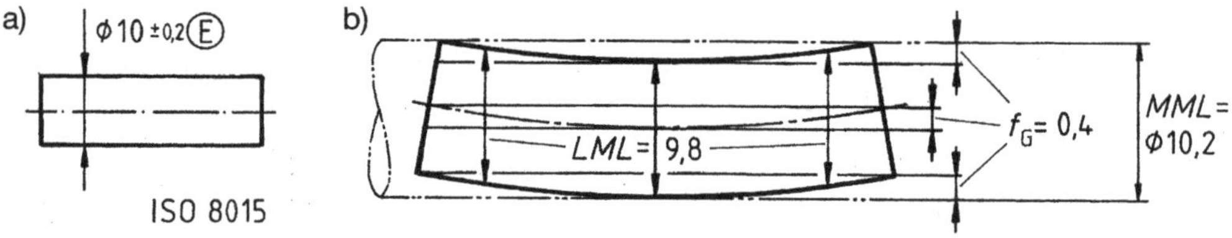

Bild 1.21: Formabweichung und Maßtoleranz an einem Bolzen. a) Zeichnung, b) größte Geradheitsabweichung f_G

Wenn das Istmaß des in *Bild 1.21 a* skizzierten Bolzens überall auf der Minimum-Material-Grenze *LML* = 9,8 mm liegt (b), kann die Geradheitsabweichung f_G der oberen Mantellinie höchstens die Differenz zwischen *MML* = 10,2 mm und *LML* = 9,8 mm betragen; diese Differenz ist die Maßtoleranz *T* = 0,4 mm. Gleiches gilt für die untere Mantellinie und für die Achse. Entsprechendes lässt sich auch für die Rundheits- und die Zylinderformabweichungen ableiten (Näheres s. Kap. 4.3.2) sowie für die Geradheits- und Ebenheitsabweichungen von planparallelen Passflächen. Generell gilt:

1-23 *Formabweichungen:* Bei Gültigkeit der Hüllbedingung können die einzelnen *Formabweichungen* eines Geometrieelements niemals größer sein als seine *Maßtoleranz;* sie können maximal die Maßtoleranz erreichen.

Angenommen, das Istmaß I des Bolzens in Bild 1.21 läge in der Mitte zwischen MML = 10,2 mm und LML = 9,8 mm, d. h. beim Mittenmaß C = 10 mm (vgl. Kap. 1.3.1), dann würde für die Geradheitsabweichung höchstens die *halbe* Maßtoleranz zur Verfügung stehen. Erst wenn überall LML = 9,8 mm vorläge, könnten Formabweichungen die volle Maßtoleranz ausschöpfen (aber nicht alle gleichzeitig).

Die von der Hüllbedingung eingeschränkten Formabweichungen sind in der letzten Spalte von Tabelle 1.3 aufgeführt. (Anmerkung: Ggf. sind bestimmte Einschränkungen des Hüllprinzips zu berücksichtigen, s. Kap. 1.4.4, Regel 1-27.)

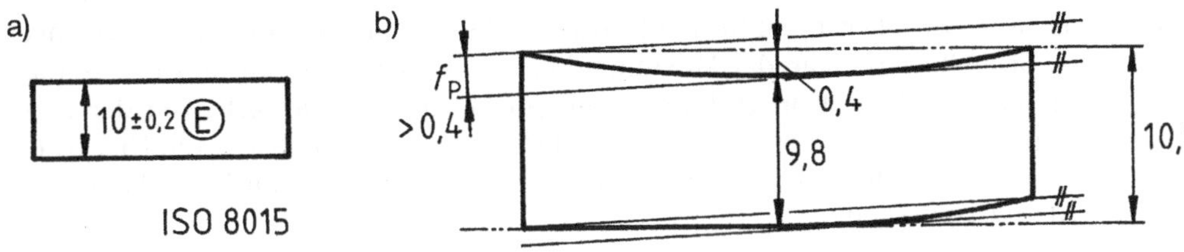

Bild 1.22: Parallelitätsabweichung und Maßtoleranz an einem Blech. a) Zeichnung, b) Parallelitätsabweichung f_P

Maßtoleranz und Lageabweichungen: Die Hülle bezieht sich immer nur auf ein *einzelnes* Geometrieelement; daher kann sie keine *Lage*abweichungen umfassen. Einzige Ausnahme ist die Parallelität. Da 2 Parallelebenen bei der Hüllbedingung ein Größenmaßelement darstellen, ist auch die Parallelitätsabweichung der Flächen zwangsläufig durch die Hülle begrenzt. Entsprechendes gilt für parallele Geraden, z. B. gegenüberliegende Mantellinien eines Kreiszylinders. Im Gegensatz zu den *Form*abweichungen kann die Parallelitätsabweichung f_P größer werden als die Maßtoleranz T; sie bleibt aber unter $2T$. *Bild 1.22* bringt als Beispiel dazu ein Blech mit Maßangaben entsprechend Bild 1.21. Die Parallelitätsabweichung der oberen Kante relativ zur unteren Kante ist deutlich größer als T = 0,4 mm. (Näheres zur Ermittlung der Parallelitätsabweichung s. Kap. 1.5.3.)

Prüfung der Hüllbedingung: Die Beispiele lassen Folgendes erkennen:

1-24 *Prüfung:* Die Hüllbedingung kann nur mit einer *Paarungslehre,* die die Gestalt der Hülle hat, oder mit einem *Messgerät* und entsprechendem Auswerteprogramm (rechnerische Nachbildung der Hülle, auch „virtuelle Hülle“ genannt) geprüft werden.

Eine Prüfung der Hülle mit üblichen Zweipunktmessmitteln ist nicht möglich. Die Prüfung umfasst folgende Schritte:

① Maß des zu prüfenden Formelements auf *Maximum-Material-Grenze MML* setzen.

② *Hüllfläche* bilden: Geometrisch ideales Gegenstück zum Formelement mit *MML*, vorgestellt als geometrisch ideale bzw. ausgeführt als hinreichend genaue Prüflehre.

③ Prüfen, ob das zu prüfende Geometrieelement mit der Hülle *gepaart* werden kann („Spiel 0“ gilt noch als zulässig).

④ Prüfen, ob die *Minimum-Material-Grenze LML* an keiner Stelle unterschritten wird (bei Außenmaßen) bzw. überschritten (bei Innenmaßen), und zwar im Zweipunktverfahren.

Die Vorgehensweise entspricht genau dem taylorschen Prüfgrundsatz (s. Kap. 1.4.1, Regel 1-17).

Auch die Hüllprüflehre hat ihre Toleranzen [DI Lä 02]. Sie liegen so, dass kein Ausschussstück zugelassen wird. Ferner ist für die Paarung mit der Lehre ein zusätzliches geringes Spiel nötig. Deshalb werden an der Maximum-Material-Grenze Werkstücke zu Ausschuss erklärt, die tatsächlich noch in Ordnung sind („die Lehrentoleranz geht von der Fertigungstoleranz ab“). Entsprechendes gilt für die Prüfung mit einem Messgerät. Hier ist die Messunsicherheit von der Toleranz abzuziehen, und zwar doppelt (an jeder Antastseite einmal) [DI Ge 97; WeGa 99].

1.4.4 Hüllprinzip als Tolerierungsgrundsatz

Bedeutung: Der Begriff „Hüllprinzip“ ist nicht genormt, aber in der Praxis gebräuchlich. Darunter versteht man die Festlegung, die man schon lange vor der Einführung der Form- und Lagetolerierung getroffen hatte, um die Passungsfähigkeit von Werkstücken zu sichern:

> ***1-25 Hüllprinzip:*** Für sämtliche lineare Größenmaßelemente, d.h. *Kreiszylinder* und *Parallelebenenpaare*, gilt *prinzipiell* die Hüllbedingung (s. Kap. 1.4.3, bzw. der Taylorsche Prüfgrundsatz; das ist identisch), *ohne* Eintragung von Ⓔ hinter den einzelnen Maßen.

Zu den linearen „Größenmaßelementen“ zählen im Grenzfall auch der Kreis und Paare von gegenüberliegenden geraden Kanten, s.o. Regel 1-22.

Dieses Prinzip oder dieser „Grundsatz“ ist in Deutschland (und einigen Nachbarländern) früher als Grundlage der Tolerierung angesehen worden. Allerdings war dieses „ungeschriebene Gesetz“ nicht eindeutig definiert. Diese Unsicherheit wurde erst 1987 mit DIN 7167 beseitigt. Dort war festgelegt, dass in Zeichnungen, denen DIN-Normen zu Toleranzen und Passungen zugrunde liegen und in denen keine anderslautenden Festlegungen enthalten sind, z.B. der Hinweis auf ISO 8015, die Hüllbedingung ohne Zeichnungseintragung für alle einzelnen Formelemente gilt. Gerade diese Kernaussage stand aber im Widerspruch zur neuen DIN EN ISO 8015 (2011), die festlegt, dass u.a. grundsätzlich der

Grundsatz der Unabhängigkeit gilt. Dabei *kann* der Hinweis auf ISO 8015 enthalten sein, *muss es aber nicht* zwangsläufig.

Daher musste die DIN 7167 nach der Einführung der DIN EN ISO 8015 zurückgezogen werden (s. Kap. 1.4.2). Das bedeutet aber nicht zwangsläufig auch die Abschaffung des Hüllprinzips. Auch wenn es nach unserer Erfahrung nur selten sinnvoll ist, besteht nach wie vor die Möglichkeit, den Grundsatz der Hüllbedingung für alle Größenmaßelemente einer Zeichnung allgemein festzulegen (Hüllprinzip). Allerdings ändert sich die Zeichnungseintragung, da „Tolerierung DIN 7167“ nun nicht mehr möglich ist. Hier kann man mithilfe der DIN EN ISO 14405 die Hüllbedingung als *Standardspezifikationsoperator* (Standardauswertung) für die Maße von Größenmaßelementen (Hüllprinzip) definieren (s. Kap. 1.3.1 und 1.3.2).

(Anmerkung: Die Begriffe „Hüllbedingung“ und „Hüllprinzip“ werden i. A. nicht scharf getrennt; das ist auch nicht unbedingt nötig. Wir verwenden „Hüll*prinzip*“ für den Grundsatz, der für die *ganze* Zeichnung *(„prinzipiell“)* gilt, während die „Hüll*bedingung*“ am *einzelnen* Element wirkt und ggf. mittels Ⓔ einzeln eingetragen wird.)

1-26 Zeichnungsangabe: Wenn für eine Zeichnung das *Hüllprinzip* (s. Regel 1-25) als Tolerierungsgrundsatz gelten soll, *muss* im oder am Zeichnungsschriftfeld „Size ISO 14405 Ⓔ“ angegeben werden.

Wir weisen darauf hin, dass es in der Praxis noch viele Zeichnungen gibt, die vor den Änderungen in der Normung erstellt worden sind und denen das Hüllprinzip zugrunde liegt. Ist diese Festlegung bewusst erfolgt, so hat man in der Regel „Tolerierung DIN 7167“ oder einfach nur „DIN 7167“ im oder am Zeichnungsschriftfeld angegeben. Die Gültigkeit des Hüllprinzips ist für diese Zeichnungen somit klar definiert und unstrittig. Kritischer ist es aber für alte Zeichnungen ohne den Hinweis auf DIN 7167. Nach alter Festlegung galt für diese Zeichnungen auch das Hüllprinzip. Sollen diese Zeichnungen wiederverwendet werden, so empfiehlt es sich, den heute richtigen Hinweis „Size ISO 14405 Ⓔ“ anzugeben, um Missverständnisse zu vermeiden (s. auch nationales Vorwort der DIN EN ISO 14405-1).

Auslegung des Hüllprinzips: An dieser Stelle müssen wir auf einige in der Praxis immer wieder auftauchende Irrtümer hinweisen, die zu Fehlinterpretationen und falschen Schlüssen führen. Die folgenden Fakten stehen eindeutig fest:

- ***Lageabweichungen:*** Die Hülle bezieht sich immer nur auf jeweils ein *einzelnes* Größenmaßelement (s. o. Regel 1-22 und Tabelle 1.3). Zur Definition einer *Lage*abweichung gehören aber mindestens *zwei* Geometrieelemente (Bezugselement und toleriertes Element); daher können Lageabweichungen *nicht* durch eine Hülle begrenzt werden. (Einzige Ausnahme ist die Parallelität, s. Kap. 1.4.3. Das liegt daran, dass *zwei* planparallele Flächen zusammen *ein* Größenmaßelement bilden, das der Hüllbedingung unterliegt.) Deshalb dürfen Rechtwinkligkeits-, Neigungs-, Koaxialitäts-, Symmetrie- und Laufabweichungen unabhängig von den Istmaßen der beteiligten Geometrieelemente auftreten, d. h. auch dann, wenn diese den Maximum-Material-Zustand haben, *Bild 1.23.*

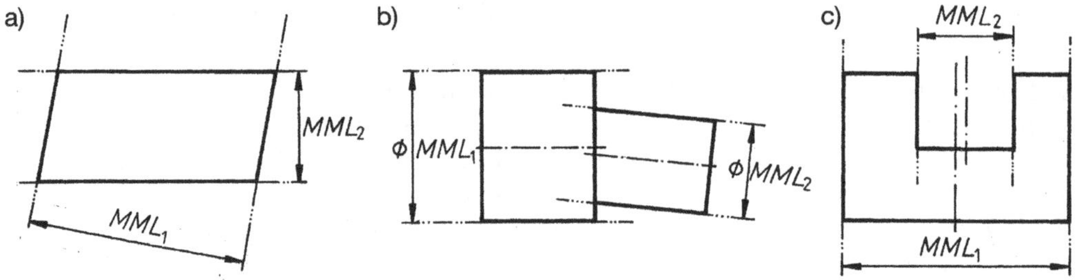

Bild 1.23: Beispiele für zulässige Lageabweichungen beim Hüllprinzip trotz Maximum-Material-Grenzmaßen MML. a) Rechtwinkligkeit, b) Koaxialität, c) Symmetrie

- ***„Hüllkörper":*** Es gibt somit *keinen* geometrisch idealen *Hüllkörper* o. Ä., der mehrere Geometrieelemente umfasst und Lageabweichungen begrenzt, z. B. kein „Hüllrechteck" oder gar einen „Hüllquader" (Bild 1.23 a), keinen „Rotationshüllkörper" über mehrere Kreiszylinder (b) und auch keinen „idealsymmetrischen Hüllkörper", der entsprechend Bild 1.23 c aus den Maximum-Material-Grenzmaßen *MML*, d. h. dem Höchstmaß der Breite und dem Mindestmaß der Nut bestünde. Jedes Größenmaßelement hat seine eigene Hülle; deren Lage zueinander ist nicht festgelegt. (Anmerkung: Falls begrenzende Hüllkörper gebraucht werden, kann man sie mittels der Maximum-Material-Bedingung korrekt beschreiben, s. Kap 4.4.4).
- ***Rechtwinkligkeit:*** Die Zulässigkeit von Rechtwinkligkeitsabweichungen trotz Maximum-Material-Grenzmaßen (s. Bild 1.23 a) war lange umstritten. In der Praxis wurde jedoch die Einhaltung eines „Hüllrechtecks" auch dort nicht geprüft, wo man prinzipiell auf dieser Forderung bestand. Vor allem sollte man sich klarmachen, dass dann auch die dritte Dimension mit erfasst werden müsste im Sinne eines „Hüllquaders". Eine solche Bedingung wäre nicht nur prüftechnisch an realen Werkstücken kaum zu verwirklichen, sondern auch von der Funktion her in der Regel unnötig. (Anmerkung: Geometrisch ideale Körper, von denen aus Toleranzen festgelegt werden, lassen sich über Bezugssysteme aufbauen, s. Kap. 2.3.4.)
- ***Symmetrie und Koaxialität:*** Schon zu Beginn des Maschinenzeichnens lernen wir, die Maße von symmetrischen Geometrieelementen symmetrisch zur Mittellinie einzutragen. Das ist die *Nenngeometrie;* damit sind jedoch die zulässigen *Abweichungen* der symmetrischen Elemente relativ zueinander oder zur Mittellinie in keiner Weise eingegrenzt. Symmetrieabweichungen von Flächenpaaren oder Lochbildern können unabhängig davon auftreten, ob die Istmaße bei der Maximum- oder der Minimum-Material-Grenze liegen. Deren Einschränkung erfordert stets eine Symmetrietolerierung. Entsprechendes gilt für die Koaxialität.
- ***Hülle als Begrenzung:*** Das einzelne Geometrieelement hat nur eine einzige Hülle, und zwar mit dem Maximum-Material-Grenzmaß *MML*. Sie begrenzt die größte Ausdehnung des Materials, d. h. bei der „Welle" zur Außenseite, bei der „Bohrung" zur Bohrungsmitte hin (entsprechend der „Gutgrenze" beim taylorschen Prüfgrundsatz, vgl. Kap. 1.4.1, Bild 1.15 und Bild 1.16). Es gibt aber *keine* zweite Hülle mit Minimum-Material-Grenzmaß, die im Inneren des Materials liegen müsste, ggf. zentrisch zur ersten Hülle, und somit auch keinen „Toleranzraum" zwischen diesen Hüllen. Letzteres würde bedeuten, dass z. B. ein Bolzen mit Minimum-Material-Grenzmaß ebenfalls ideal kreiszylindrisch sein

müsste. Richtig ist jedoch, dass er umso mehr Formabweichungen haben kann, je weiter sein Istmaß von der Maximum-Material-Grenze entfernt liegt, vgl. Bild 1.20 und Bild 1.21. (Anmerkung: In DIN 1680 tauchte allerdings ein solcher Toleranzraum auf, s. Kap. 3.3.2; er entspricht aber nicht der Hüllbedingung. Korrekt lässt er sich verwirklichen über die Minimum-Material-Bedingung, s. Kap. 4.5.)

Einschränkungen des Hüllprinzips: Die Definition der Hülle in den Normen lässt einige Fälle offen, die nicht eindeutig sind und somit zu Unstimmigkeiten und Irrtümern führen können. Anhand von *Bild 1.24* versuchen wir, sie sinngemäß zu interpretieren:

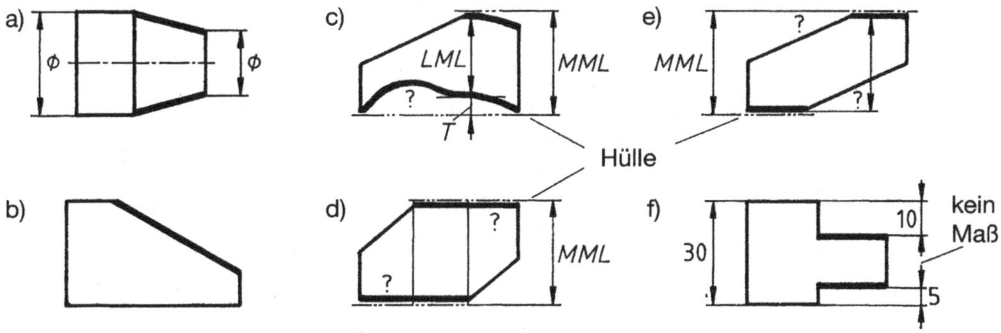

Bild 1.24: Geometrieelemente, deren Formabweichungen nicht durch die Hüllbedingung begrenzt sind. a) Kegel, b) Schrägfläche, c) ungleich lange Blechkanten, Geradheitsabweichung größer *T*, d) versetzte Blechkanten, Hülle nur im Mittelstück definiert (ähnlich c), e) Blech mit nicht gegenüberliegenden Kanten, f) Blechkanten ohne direkte Maßeintragung

- ***Schrägliegende Elemente:*** Für einen Kegel (a) ist keine Hülle definiert. Folglich kann auch die Geradheitsabweichung seiner Mantellinien nicht durch die Hüllbedingung, d.h. durch eine am Kegel vorhandene Maßtoleranz, begrenzt sein. Das Gleiche gilt für die Rundheit seiner Querschnitte sowie für die Ebenheit der Schrägfläche am Block b, die keine parallele Gegenfläche hat.
- ***Ungleich lange bzw. versetzte Elemente:*** Die untere Kante des Bleches c ist länger als die obere. Trotz Einhaltung der Maßtoleranz *T* und der Paarung mit einer Hülle vom Maximum-Material-Grenzmaß *MML* kann die Geradheitsabweichung dieser Kante offensichtlich größer werden als die Maßtoleranz. Entsprechendes ergibt sich auch bei versetzten Flächen (d).
- ***Nicht gegenüberliegende Elemente:*** Wenn zwei Flächen zwar parallel sind, aber sich nicht gegenüber liegen (e), ist das Maß zwischen ihnen ein Stufenmaß (s. Kap. 1.3.1, Bild 1.7). Der Versuch, hier eine Hülllehre zu verwenden, ist sinnlos.
- ***Nicht direkt bemaßte Elemente:*** Zwischen den beiden Flächen rechts (f) ist kein direktes Maß eingetragen. Hier existiert weder Maßtoleranz noch Maximum-Material-Grenze und somit auch keine Hülle.

Aus diesen Beispielen leiten wir folgende Regel ab:

1-27 ***Einschränkung der Hülle:*** Eine Hülle im Sinne der Hüllbedingung bzw. des Hüllprinzips ist nur dort definiert und wirksam, wo sich *zwei direkt bemaßte und tolerierte Geometrieelemente gegenüberliegen* (parallele Ebenen oder Kanten, Mantellinien eines Zylinders, im Grenzfall Punkte am Kreisumfang oder ggf. auf einer Kugel).

Störende Wirkung des Hüllprinzips: Bei Gültigkeit des Hüllprinzips wird erfahrungsgemäß die Hüllbedingung an vielen Größenmaßelementen gar nicht benötigt, nämlich dort, wo keine Passfunktion vorliegt. Die Hüllbedingung kann sich sogar ausgesprochen störend auswirken. Beispielsweise kauft sich ein Betrieb im Zuge der Modernisierung ein Messgerät. Diese erklärt nun plötzlich ein Drittel der wie bisher gefertigten und als funktionstauglich bekannten Werkstücke für Ausschuss, weil irgendwelche Hüllen nicht eingehalten werden.

Beispiel: Ein Schleifer fertigt eine Rundführungssäule aus gehärtetem Stahl mit Ø40 h6 (entsprechend 40 − 0,016 mm) und 600 mm Länge, *Bild 1.25 a.* Bei einem Istmaß I = 39,999 mm hört er auf, denn die „Gutgrenze" ist erreicht. In diesem Fall dürfte die Säule nicht mehr als 0,001 mm krumm sein; bei gehärtetem Material ist das praktisch ausgeschlossen. Selbst beim Minimum-Material-Grenzmaß *LML* = 39,984 mm dürfte die Geradheitsabweichung nicht größer als 0,016 mm sein (b). Von der Funktion her ist in diesem Fall eine Geradheitsabweichung von 0,05 mm zulässig, weil die Säule elastisch nachgibt. Die Hüllbedingung stellt hier bezüglich der Geradheit zu hohe Anforderungen.

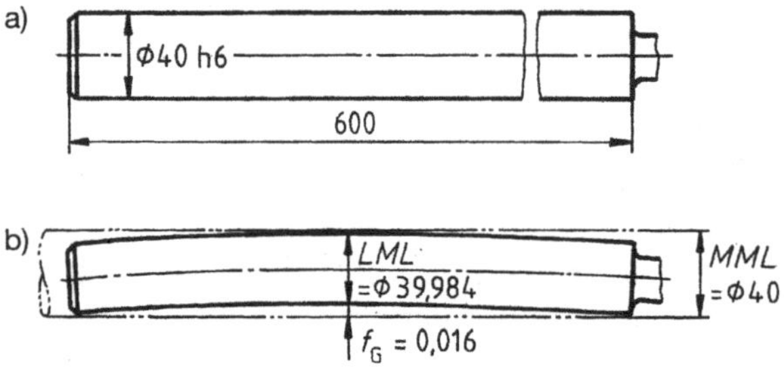

Bild 1.25: Rundführung aus gehärtetem Stahl. a) Zeichnung, b) zulässige Ausführung

Partielle Aufhebung der Hüllbedingung: DIN EN ISO 14405 gibt uns für die Aufhebung der Hüllbedingung heute eine einfache Möglichkeit. Während beim Hüllprinzip die Hüllbedingung als Standardspezifikationsoperator durch den Hinweis „Size ISO 14405 Ⓔ" definiert ist (s. Regel 1-26), kann man an einem einzelnen Größenmaßelement ein Modifikationssymbol hinter dem Maß angeben (z. B. LP) und damit an diesem Element die Hüllbedingung aufheben (s. Kap. 1.3.2). Bei alten Zeichnungen, die früher dem Hüllprinzip nach DIN 7167 unterlagen, war das wesentlich komplizierter und nach unserer Erfahrung den meisten Anwendern nicht bekannt. Da es noch viele alte Zeichnungen gibt, erläutern wir im Folgenden auch die alten Regeln zur partiellen Aufhebung der Hüllbedingung noch einmal.

Im obigen Beispielsfall (Bild 1.25) wird man die Hüllbedingung allein für die Geradheit aufheben müssen, für andere Formeigenschaften (hier die Rundheit) aber bestehen lassen.

Dazu trägt man die Geradheitstoleranz t_G = 0,05 als Einzeltoleranz ein, *Bild 1.26 a.* Solange die Hüllbedingung gilt, wäre diese Angabe sinnwidrig, weil ja die Geradheitsabweichung nicht größer werden kann als die Maßtoleranz (s. Kap. 1.4.3, Regel 1-23). Die eingetragene Geradheitstoleranz kann nur ausgeschöpft werden, wenn man die Hülle durchbricht. In DIN 7167 und ISO 286-1 war daher folgende Möglichkeit enthalten:

1-28 Partielle Aufhebung der Hüllbedingung: Wenn die Hüllbedingung als *Standardspezifikationsoperator* definiert ist (Regel 1-26), kann sie an einzelnen Größenmaßelementen durch ein Spezifikationsmodifikationssymbol wie LP aufgehoben werden. Wenn in *alten* Zeichnungen bei Gültigkeit des Hüllprinzips nach DIN 7167 eine einzeln eingetragene Formtoleranz größer ist als die zugehörige Maßtoleranz desselben Geometrieelements, dann wird für *diese* Formeigenschaft die Hüllbedingung aufgehoben; d. h., diese Formtoleranz darf auch dann voll ausgenutzt werden, wenn das Geometrieelement Maximum-Material-Zustand hat. Für andere Formabweichungen bleibt jedoch das Hüllprinzip gültig.

Diese Regel wird fast nur auf abgeleitete Geometrieelemente (s. Kap. 1.5.1) angewendet, d. h. auf die Geradheit von Achsen und die Ebenheit von Mittelebenen.

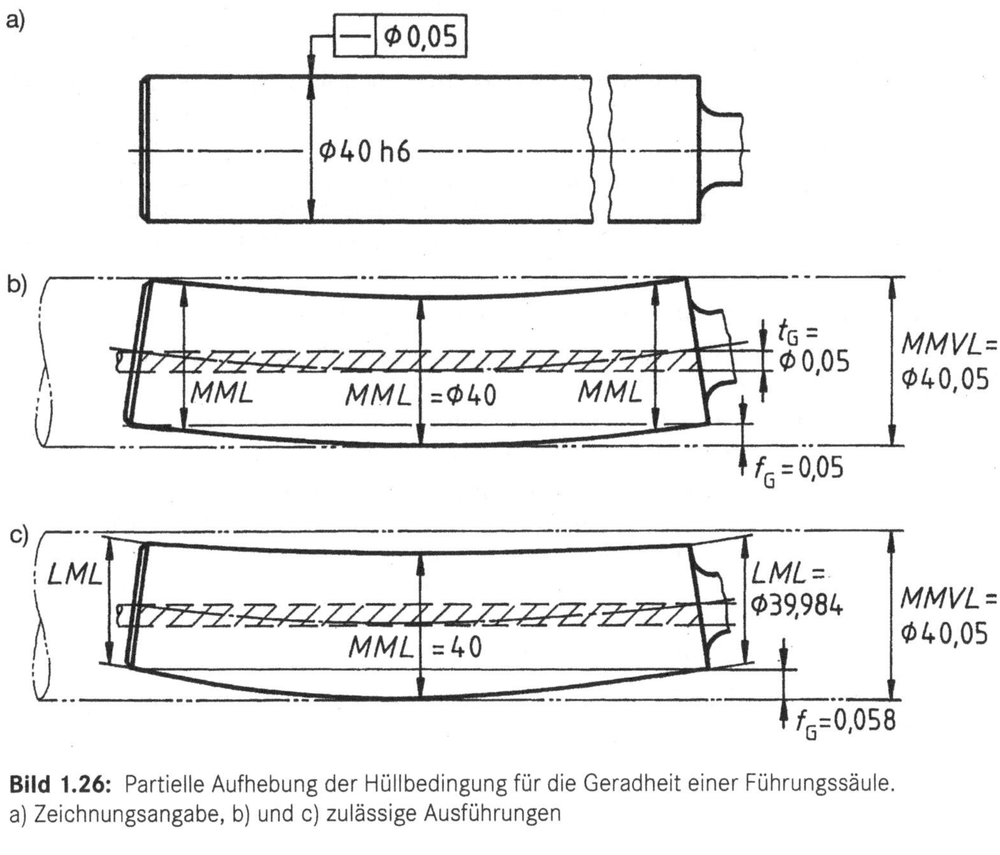

Bild 1.26: Partielle Aufhebung der Hüllbedingung für die Geradheit einer Führungssäule. a) Zeichnungsangabe, b) und c) zulässige Ausführungen

Partielle Aufhebung bezüglich Geradheit: Regel 1-28 bedeutet, dass die Achse der Führungssäule in Bild 1.26 ohne Rücksicht auf das Istmaß des Durchmessers eine Geradheitsabweichung von 0,05 mm haben kann. Daraus ergeben sich folgende Konsequenzen, die zwar logisch, aber zunächst schwer überschaubar sind:

- Zwangsläufig wird damit auch die Geradheitsforderung für alle *Mantellinien* aufgehoben; denn wenn sie weiterhin auf 0,016 mm gerade sein müßten, so könnte die Achse diesen Wert auch nicht überschreiten.
- Die größte Ausdehnung des Geometrieelements berechnet sich aus dem Maximum-Material-Zustand (Ø40 mm) und der größtzulässigen Formabweichung (0,05 mm), Bild 1.26b. Daraus ergibt sich als neue Begrenzung der *wirksame Grenzzustand* mit dem wirksamen Grenzmaß *MMVL* = Ø40,05 mm (s. Kap. 1.3.2). Die Geradheitsabweichung der *Achse* muss innerhalb von 0,05 mm bleiben, denn dieser Wert ist eingetragen. Einzelne *Mantellinien* können diesen Wert ggf. überschreiten, wie die untere Mantellinie in Bild 1.26c.
- Als Folge der zulässigen Geradheitsabweichungen muss auch die *Zylindrizitätsabweichung* aus der Begrenzung durch die Maßtoleranz herausfallen (s. Kap. 2.2.5).
- Nicht betroffen ist jedoch die *Rundheitsabweichung.* Die Rundheit jedes einzelnen Querschnitts unterliegt nach wie vor dem Hüllprinzip; d. h. der Querschnitt darf den Hüllkreis von 40 mm Durchmesser nicht durchbrechen, und die Rundheitsabweichung kann nicht größer werden als die Maßtoleranz von 0,016 mm.

Partielle Aufhebung der Hüllbedingung bezüglich Ebenheit: Die soeben auf die Geradheit angewendete Vorgehensweise lässt sich auf die Ebenheit übertragen. Wenn z. B. die Dicke einer Blechtafel mit 10 – 0,1 mm toleriert ist und das Hüllprinzip gilt, dürfte die Ebenheitsabweichung der gesamten Tafel nur zwischen 0 und 0,1 mm liegen – eine wenig realistische Forderung. In *Bild 1.27a* hat die Mittelebene der Platte (zur Darstellung s. Kap. 1.6.1) eine Ebenheitstoleranz t_E = 0,5 mm; sie ist größer als die Maßtoleranz T = 0,1 mm. Daraus folgt, entsprechend Bild 1.26:

- Die Blechdicke muss an allen Stellen zwischen 10 und 9,9 mm liegen.
- Die aus den beiden Außenflächen abzuleitende Mittelfläche darf Ebenheitsabweichungen bis zu 0,5 mm haben, unabhängig von den Istmaßen (b).
- Die beiden Außenflächen können ggf. Ebenheitsabweichungen aufweisen, die über 0,5 mm liegen (hier maximal $t_E + T/2$ = 0,55 mm), ähnlich wie oben in Bild 1.26c.

Eine solche Tolerierung ist meist nur im Zusammenhang mit der Maximum-Material-Bedingung sinnvoll; dort muss der wirksame Zustand (hier mit *MMVL* = 10,5 mm) eingehalten werden (s. Kap. 4.4). Andernfalls ist es mühsam, die Ebenheit der Mittelfläche zu prüfen. Daher ist auch die Tolerierung einer wirklichen Fläche nach Bild 1.27 c vorstellbar. Hierbei gilt entsprechend:

- Die Blechdicke muss an allen Stellen zwischen 10 und 9,9 mm liegen.
- Die tolerierte Fläche darf bis zu 0,5 mm uneben sein.
- Die Ebenheitsabweichung der Gegenfläche kann ggf. größer sein (hier maximal $t_E + T$ = 0,6 mm).

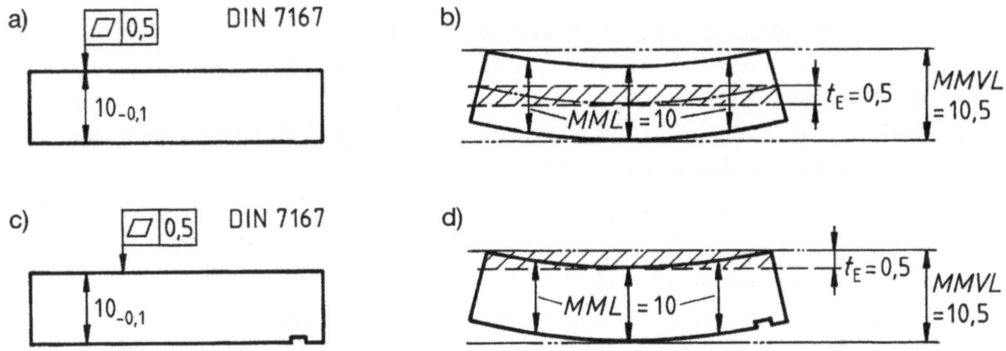

Bild 1.27: Partielle Aufhebung der Hüllbedingung an einer Platte. a) Zeichnung mit Ebenheitstoleranz für die Mittelebene, b) zulässiges Werkstück; c) und d) entsprechend mit Ebenheitstoleranz für die obere Fläche

Die Schreibweise für die Aufhebung der Hüllbedingung war wenig übersichtlich: Man musste bei Gültigkeit des Hüllprinzips zunächst den Zusammenhang zwischen der Maß- und der Formtoleranz erkennen, feststellen, dass die Formtoleranz größer ist als die Maßtoleranz, und aus diesem scheinbaren Widerspruch folgern, dass hier die Hüllbedingung nicht galt. Es gab aber keine andere Möglichkeit, um etwa eine unerfüllbare und gar nicht nötige Hüllbedingung zu streichen, ohne das Hüllprinzip generell zu verlassen. Dies ist ein weiteres Argument dafür, das Unabhängigkeitsprinzip als Standardtolerierungsgrundsatz festzulegen, so wie es jetzt durch die DIN EN ISO 8015 geschehen ist.

1.4.5 Anwendung der Tolerierungsgrundsätze

Übersicht: Vor einer Abschätzung der Anwendbarkeit von Unabhängigkeits- und Hüllprinzip sollen die wesentlichen Merkmale der beiden Tolerierungsgrundsätze stichwortartig zusammengefasst werden. Voraussetzung ist, dass Passflächen nur dann ihre Funktion erfüllen, wenn sie der Hüllbedingung (Kap. 1.4.3) bzw. dem taylorschen Prüfgrundsatz (Kap. 1.4.1) unterliegen.

1-29 Unabhängigkeitsprinzip:

- Standardtolerierungsgrundsatz; gilt immer, wenn keine anderen Angaben gemacht sind.
- Jede Toleranz wird für sich allein geprüft.
- Size ISO 14405 und Tolerierung ISO 8015 *sollten* auf der Zeichnung stehen.
- Bei *Passungen* wird die *Hüllbedingung* durch Ⓔ beim Passmaß einzeln eingetragen.

1-30 Hüllbedingung (beim Unabhängigkeitsprinzip):

- Sie gilt nur für jeweils ein *einzelnes Größenmaßelement,* d. h. *Kreiszylinder, Parallelebenenpaar* oder *Kugel;*
- die Hülle hat die *geometrisch ideale Gestalt* des Gegenstücks zum Größenmaßelement und sein *Maximum-Material-Grenzmaß;*
- sie beschränkt *nur Formabweichungen,* keine Lageabweichungen (außer der Parallelität);
- sie ist identisch mit dem *taylorschen Prüfgrundsatz;*
- ihre *Prüfung* erfordert eine Paarungslehre oder ein Messgerät.

1-31 Hüllprinzip als Tolerierungsgrundsatz:

- Für *alle linearen* Größenmaßelemente, d. h. Kreiszylinder und Parallelebenenpaare, gilt die Hüllbedingung entsprechend Regel 1-30, aber ohne Ⓔ.
- *„Size ISO 14405* Ⓔ*"* muss auf der Zeichnung stehen.
- Die Hüllbedingung kann ggf. durch Einzeleintragung eines Spezifikations-Modifikationssymbols (z. B. LP) an Größenmaßelementen aufgehoben werden.

Vergleich der Tolerierungsgrundsätze: Die Regeln 1-29 bis 1-31 lassen erkennen:

- Bezüglich *Lageabweichungen* besteht fast *kein Unterschied* zwischen den Tolerierungsgrundsätzen, denn Lageabweichungen werden nie durch eine Hülle beschränkt (ausgenommen die Parallelität).
- *Beide* Tolerierungsgrundsätze brauchen für *Passflächen* die *Hüllbedingung.* Beim *Unabhängigkeitsprinzip* wird sie mittels Ⓔ einzeln eingetragen. Damit ist für das Qualitätswesen unmittelbar erkennbar, wo die Hüllbedingung geprüft werden muss. Beim *Hüllprinzip* dagegen gilt sie für alle linearen Größenaßelemente durch eine allgemeine Angabe (s. Regel 1-26). Die Passfunktion und die notwendige Prüfung sind aus der Zeichnung nicht erkennbar.

Der wesentliche Unterschied zwischen den beiden Tolerierungsgrundsätzen liegt somit in der Frage, ob solche Größenmaßelemente, die *keine* Passfunktion haben, auch der Hüllbedingung unterliegen müssen oder nicht. Die Antwort kann nur „nein" heißen. Die allgemeine Gültigkeit der Hüllbedingung stellt an die Fertigung wie an die Prüfung im Grunde genommen nutzlose Anforderungen und ist damit unnötig teuer. Eine gezielte partielle Aufhebung des Hüllprinzips (s. Kap. 1.4.4) ist nicht nur umständlich, sondern lässt auch gerade dort eine Einzeleintragung in der Zeichnung erscheinen, wo *keine* Passfunktion besteht.

Folgerungen: Mangelnde Kenntnis der Zusammenhänge und die Problematik des Hüllprinzips führen in der Praxis sehr oft dazu, dass die Hülle gar nicht geprüft wird, auch dort nicht, wo die Funktion es erfordert. Damit bewegt man sich aber auf gefährlichem Boden.

Beispiel: Ein Betrieb fertigt Steuerkolben für elektrohydraulische Servoventile, deren kreiszylindrischer Schaft spitzenlos geschliffen, anschließend pneumatisch im Zweipunktverfahren auf 1 µm genau gemessen und der entsprechenden Bohrung so zusortiert wird, dass ein Spiel von 2 bis 3 µm entsteht. Trotzdem kommt es ab und zu vor, dass ein Kolben klemmt - eine Erschütterung im Gebäude kann genügen, um eine gleichdickförmige Rundheitsabweichnung von 3 µm hervorzurufen, die das Spiel zu null macht. Das Maß ist eingehalten, aber die Hülle nicht (vgl. Kap. 1.4.2, Bild 1.19 g).

Die eindeutige Kennzeichnung von Geometrieelementen mit Passfunktion und die daraus resultierende Übereinstimmung zwischen Funktion, Zeichnung und Prüfung sprechen klar für das Unabhängigkeitsprinzip. Hinzu kommt, dass es als Standardtolerierungsgrundsatz international genormt ist (ISO 8015). Wenn man die Hülle nicht prüft, arbeitet man de facto nach dem Unabhängigkeitsprinzip. Es stellt sich damit als eine selbstverständliche Grundlage heraus, während das Hüllprinzip eine Hilfskonstruktion ist, die aus der Zeit stammt, als man keine andere Möglichkeit hatte, die Passungsfähigkeit von Werkstücken zu sichern.

Einwände gegen das Unabhängigkeitsprinzip: Wiederholt hören wir aus der Praxis kritische Fragen und Einwände gegen das Unabhängigkeitsprinzip. Auf die wichtigsten wollen wir kurz eingehen:

- *„Wir fürchten, dass unsere Teile beim Unabhängigkeitsprinzip nicht mehr passen."* - Dahinter kann nur ein Missverständnis in der Bedeutung des Hüllprinzips stecken, insb. bezüglich Lageabweichungen (vgl. Bild 1.23), oder aber die Sorge, dass das Ⓔ bei Passteilen vergessen wird.
- *„Beim Unabhängigkeitsprinzip müssen wir Ⓔ eintragen; damit werden unsere Teile teurer."* - Das kann nur bedeuten, dass bisher keine Hülle geprüft wurde, ein ggf. riskantes Verhalten (s. obiges Beispiel).
- *„Können wir nicht das Hüllprinzip beibehalten und zusätzlich Ⓔ eintragen, wo die Hülle zu prüfen ist?"* - Genau das und nichts anderes tut das Unabhängigkeitsprinzip. Was soll dann noch das Hüllprinzip bewirken?

Innerbetriebliches Vorgehen: Viele Betriebe sind sich nicht im Klaren darüber, welchen Tolerierungsgrundsatz sie derzeit anwenden (im Zweifelsfalle war es vor September 2011 das Hüllprinzip und ist nun ohne besondere andere Kennzeichnung das Unabhängigkeitsprinzip), und noch weniger, wie sie künftig verfahren sollten. Deshalb raten wir dringend:

> ***1-32 Tolerierungsgrundsatz:*** Wenn ein Betrieb sich noch nicht restlos klar ist über den Tolerierungsgrundsatz, dann sollte er das *Unabhängigkeitsprinzip* offiziell und gezielt (ggf. mit Schulung) einführen.

Selbst wenn Sie sich dazu nicht durchringen können, empfehlen wir folgende *Schritte:*

① ***Istzustand:***

- Was ist über den Tolerierungsgrundsatz bekannt?
- Was wird tatsächlich geprüft?
- Wo müsste von der Funktion her die Hülle geprüft werden?

② ***Entscheidung:***

- Welcher Tolerierungsgrundsatz wird künftig verwendet?
- Wann wird er ggf. eingeführt?
- Welche Maßnahmen sind bis dahin zu ergreifen?

③ ***Information bzw. Schulung der Mitarbeiter:***

- Angabe des Tolerierungsgrundsatzes auf der Zeichnung (Entwicklung/Konstruktion, Normung, EDV).
- Beim Unabhängigkeitsprinzip Angabe von Ⓔ bei Passmaßen (Entwicklung/Konstruktion).
- Bedeutung und Prüfung der Hülle (Qualitätsmanagement, Prüfwesen, Fertigung).

Allgemeintoleranzen: Eine weitere Folgerung aus der Auseinandersetzung mit dem Tolerierungsgrundsatz, d. h. dem Zusammenhang von Form- und Parallelitätsabweichungen mit Maßtoleranzen, ist die Erkenntnis, dass zur vollständigen geometrischen Tolerierung eines Werkstücks Allgemeintoleranzen für Längen- und Winkelmaße (früher „Freimaßtoleranzen“) nicht ausreichen:

1-33 Allgemeintoleranzen für Form und Lage: Bei beiden Tolerierungsgrundsätzen sind hinreichend vollständige Allgemeintoleranzen für Form und Lage erforderlich, auch beim Hüllprinzip.

Fast alle Allgemeintoleranznormen haben Lücken bezüglich der Form- und Lagetoleranzen. Näheres darüber steht in Kap. 3, insbesondere Kap. 3.3.1.

1.5 Aufbau der Form- und Lagetolerierung

1.5.1 Grundbegriffe

Bedeutung: Die Form- und Lagetolerierung bereitet dem Verständnis in der Praxis häufig Schwierigkeiten, weil sie kompliziert und insbesondere für den Neuling unübersichtlich ist. Kap 1.5 will Ihnen deshalb in möglichst anschaulicher und knapper Weise zeigen, wie die Tolerierung aufgebaut ist, damit Sie die Scheu davor verlieren und feststellen, dass die Zusammenhänge logisch und einsehbar sind. Aus diesem Grunde verzichten wir hier lieber auf umfassende Definitionen und auf die Interpretation von Details und Sonderfällen; das finden Sie dann in Kap. 2.

Geometrieelemente: Der bei der Form- und Lagetolerierung früher übliche Begriff *Formelement* (feature) heißt heute nach DIN EN ISO 17450-1 „Geometrieelement“ (geometric element). Da „Formelement“ einfacher ist und keine Verwechselungsgefahr besteht, haben wir den früheren Begriff in diesem Buch nicht restlos verbannt. Die Norm unterscheidet u.a. *wirkliche* Geometrieelemente (real), die wir auch „reale" nennen können, und *abgeleitete* (derived). *Wirkliche* Geometrieelemente, Tabelle 1.5, sind am Werkstück verkörpert und können z.B. angetastet werden. *Abgeleitete* Elemente wie Achsen oder Mittelebenen werden aus wirklichen Elementen messtechnisch nach bestimmten Vorschriften abgeleitet (s. z.B. Kap. 2.2.2).

Tabelle 1.5: Geometrieelemente (Formelemente)

Art	**Wirkliche** Geometrieelemente (z. B.)	**Abgeleitete** Geometrieelemente
Fläche	Ebene, Kreiszylinderfläche, Kugelfläche, 2 gegenüberliegende Parallelebenen	Symmetrieebene, Mittelebene
Linie	Kante, Mantellinie	Achse, Symmetrielinie
Punkt	Ecke, Spitze	Mittelpunkt

Zwei *Parallelebenen* können sowohl als *zwei* Geometrieelemente auftreten (z.B. bei einer Ebenheitstolerierung) als auch als *ein* Größenmaßelement mit einer gemeinsamen Mittelebene als abgeleitetes Element. Entsprechendes gilt auch für parallele Geraden.

Toleranzzone: Das System der Form- und Lagetolerierung nach DIN EN ISO 1101 basiert auf der Festlegung von Toleranzzonen:

1-34 Toleranzzone: Die Toleranzzone ist ein Bereich (ein Raum bzw. auch eine Fläche), innerhalb dessen sich das *gesamte* tolerierte Geometrieelement befinden muss. Sie wird begrenzt von zwei *Grenzebenen* (bzw. -linien), die der *idealen Gestalt* des Geometrieelements entsprechen; ihr *Abstand* ist die *Toleranz,* d.h. der eingetragene Zahlenwert im Toleranzrahmen.

Die häufigsten Arten von Toleranzzonen sind der Raum zwischen zwei Ebenen (zur Tolerierung einer Fläche) und der Raum innerhalb eines kreiszylindrischen „Röhrchens" (zur Tolerierung einer Achse). Innerhalb der Toleranzzone kann das tolerierte Formelement beliebige Formabweichungen haben (z.B. krumm, wellig, stufig, geknickt).

Die Bedeutung dieser Festlegung wird im Folgenden an zwei einfachen Beispielen dargelegt. Sie enthalten alle wichtigen Grundlagen der Form- und Lagetolerierung. Ein Problem liegt darin, dass die Toleranzzone eine theoretische Vorstellung ist, die in ein entsprechendes Mess- oder Prüfverfahren umgesetzt werden muss [AbBM 90]. Ein Blick auf praktikable Messverfahren (auch ohne Messgerät!) erleichtert daher das Verständnis.

1.5.2 Formtolerierung am Beispiel „gerade Kante"

Bedeutung: Für die obere Kante des Blechs in *Bild 1.28 a* ist eine Geradheitstoleranz von 0,1 mm eingetragen. Das Blech ist so dünn, dass die Dickendimension keine Rolle spielt; das erleichtert die zweidimensionale Darstellung. Die Begriffe und Regeln, die anhand des Beispiels dargelegt werden, lassen sich sinngemäß auch auf andere Formtoleranzen übertragen.

Formtoleranz: Eine Formtoleranz bezieht sich nur auf *ein* Geometrieelement, hier auf *eine* Kante. Die *Toleranzzone* entspricht der geometrisch idealen Gestalt des tolerierten Geometrieelements, d. h. hier der geraden Kante.

1-35 Formtoleranzzone: Die Toleranzzone für Geradheit ist im Normalfall der Bereich zwischen 2 (idealen) parallelen Geraden im Abstand t_G (t_G = Geradheitstoleranz). Steht ein Durchmesserzeichen vor dem Toleranzwert t_G, so ist die Toleranzzone ein Kreiszylinder mit dem Durchmesser t_G.

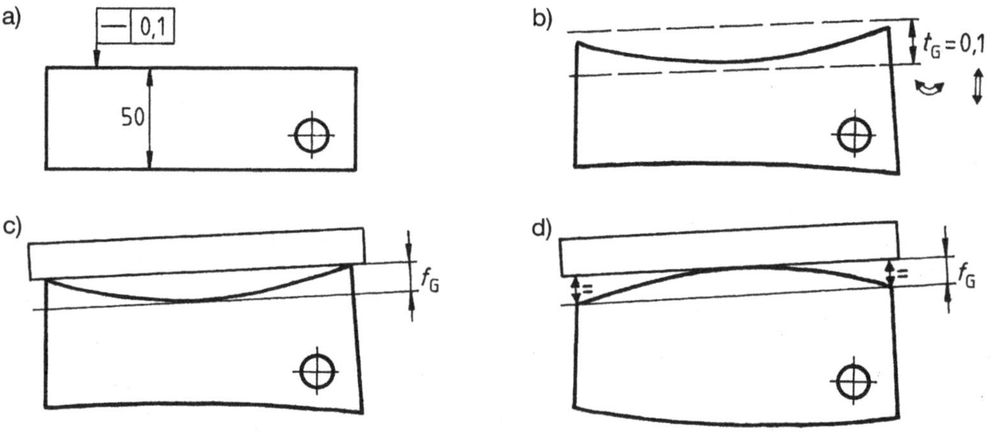

Bild 1.28: Formtolerierung einer geraden Kante. a) Zeichnung, b) Toleranzzone, c) Geradheitsabweichung, d) Ermittlung der Geradheitsabweichung nach der Minimumbedingung

Die tolerierte Kante ist in Ordnung, wenn sie auf ganzer Länge zwischen den begrenzenden Geraden liegt und diese allenfalls berührt. Um das festzustellen, kann die Toleranzzone relativ zum Werkstück beliebig verschoben oder gedreht werden, Bild 1.28 b, d. h., die Lage der Toleranzzone ist in keiner Weise gebunden.

Formabweichung und Minimumbedingung: Statt dieser etwas theoretischen Vorgehensweise wird man in der Praxis feststellen, wie groß die Formabweichung der tolerierten Kante ist. Für die Geradheit ist die Formabweichung allgemein definiert als der Abstand von zwei parallelen (bzw. gleichabständigen) idealen Flächen oder Linien, die das Geometrieelement soeben einschließen und so ausgerichtet sind, dass ihr Abstand ein Minimum wird. In Bild 1.28 c sind die beiden eingrenzenden Geraden eingezeichnet. Die äußere kann man hier durch ein von außen anliegendes Lineal realisieren. Die im Innern des Werkstücks liegende Grenzlinie braucht man genau genommen nicht einzutragen, denn ihre Lage wird offensichtlich durch den am weitesten vom Lineal entfernten Punkt bestimmt:

1-36 Formabweichung: Die Geradheitsabweichung f_G ist der größte Abstand zwischen der wirklichen Kante und der anliegenden idealen Geraden (etwa realisiert durch ein hinreichend genaues Lineal).

In diesem Fall ist die Lage des anliegenden Lineals eindeutig. Das ist nicht immer so, z. B. bei einer konvexen Formabweichung, Bild 1.28 d. Generell gilt für die Ermittlung von Formabweichungen die *Minimumbedingung* (mathematisch definiert als „Tschebyschew-Kriterium"). Im vorliegenden Beispiel heißt das:

1-37 Minimumbedingung: Die anliegende Gerade ist so auszurichten, dass die Abweichung f_G ein Minimum wird.

Bei der Geradheit ist das der Fall, wenn der Abstand der *beiden* von der anliegenden Geraden am *weitesten* entfernten Punkte gleich groß ist.

Prüfung der Formabweichung: Bei der Prüfung wird stets die *vorhandene* Abweichung mit der *größten zulässigen* Abweichung verglichen; letztere bezeichnen wir als *Grenzabweichung:*

1-38 Toleranzprüfung: Das Formelement ist in Ordnung, wenn die vorhandene *Abweichung f* die *Grenzabweichung* nicht überschreitet.

Die Form der geraden Kante kann liegen zwischen der Istabweichung $f_G = 0$ (d. h. keine Formabweichung, ideale Gerade) und f_G = Grenzabweichung, d. h. größte zulässige Formabweichung. Hier ist die Grenzabweichung gleich der Geradheitstoleranz t_G.

(*Anmerkung:* Der Begriff „Grenzabweichung" ist nicht genormt, aber zweckmäßig [Jor 92]. Generell ist bei Form- und Lagetoleranzen die Grenzabweichung gleich der Toleranz *t*, ausgenommen bei Ortstoleranzen, s. Kap. 2.6, und ggf. bei Profiltoleranzen, s. Kap. 2.4.)

1.5.3 Lagetolerierung am Beispiel „parallele Kanten"

Beipiel: Ähnlich wie oben werden die Grundbegriffe durch ein einfaches Beispiel veranschaulicht, nämlich das dünne Blech in *Bild 1.29 a.* Eingetragen ist eine Parallelitätstoleranz t_P = 0,2 mm für die obere Kante relativ zur unteren Kante. Die Parallelität ist eine Richtungsangabe; es handelt sich daher um eine Richtungstolerierung (s. Kap. 2.5).

Bezugselement: Zu jeder Lagetolerierung gehören (mindestens) zwei Geometrieelemente, nämlich ein *Bezugs*element und ein *toleriertes* Element. Die Lagetoleranz begrenzt die Lageabweichungen des tolerierten Elements relativ zum Bezugselement.

1-39 Bezugselement: Das Bezugselement, gekennzeichnet durch das Bezugsdreieck und einen Großbuchstaben im quadratischen Rahmen, ist ein *wirkliches* Geometrieelement, d. h., es hat Formabweichungen (Bild 1.29 b, untere Kante).

Bezug: Aus dem Bezugselement wird der Bezug gebildet. In Bild 1.29 geht es um die Richtung der unteren Kante. Eine Richtung kann nur durch eine ideal gedachte Gerade angegeben werden. In der Vorstellung geht man davon aus, welche Richtung die Kante einnimmt, wenn sie sich an ein Gegenstück anlegt (z. B. beim Einbau). Dieses Gegenstück muss hier jedoch *ideal* gerade gedacht werden, um eindeutige und reproduzierbare Ergebnisse zu ermöglichen. Daraus folgt für den Bezug:

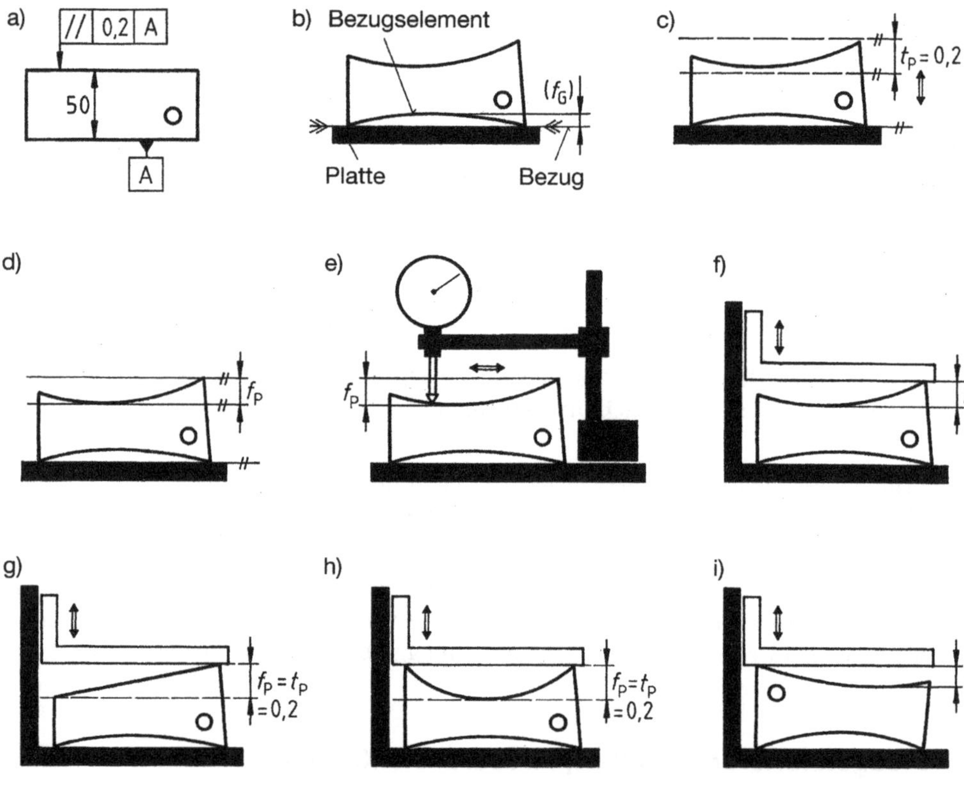

Bild 1.29: Lagetolerierung am Beispiel „Parallelität". a) Zeichnung eines dünnen Blechs, b) Bezugsermittlung, c) Toleranzzone; d) Parallelitätsabweichung f_p, e) Messung mit Messuhr, f) Prüfung mit Parallelführung; g) größte zulässige Abweichung infolge Schräglage, h) infolge Krümmung; i) Vertauschung von Bezugs- und toleriertem Element

1-40 Bezug: Der Bezug vertritt das *am Bezugselement anliegende Nachbarbauteil in idealer Gestalt.* In Bild 1.29 b ist das eine ideale Gerade, realisiert durch ein hinreichend genaues Lineal oder eine Prüfplatte.

Das Lineal, die Platte o. Ä. wird auch „Hilfsbezugselement“ genannt Der Bezug stellt hier die *Richtung* der Bezugskante dar. Zur Ermittlung wird die anliegende Gerade so dicht wie möglich an das Bezugselement herangeführt. Daher wird hier ebenfalls die Minimumbedingung gemäß Regel 1-37 und Bild 1.28 d (s. o.) angewendet. Der größte Abstand zwischen der anliegenden Geraden und der Bezugskante ist nebenbei die Geradheitsabweichung der Bezugskante. Aber danach ist hier nicht gefragt; diese Abweichung spielt in diesem Fall keine Rolle und ist auch nicht toleriert.

Toleranzzone: Der Bezug bestimmt die Lage der Toleranzzone. Hier heißt das:

1-41 Lagetoleranzzone: Die Toleranzzone für Parallelität ist der Bereich zwischen zwei (idealen) Geraden im Abstand t_P (t_P = Parallelitätstoleranz), die *parallel* zum *Bezug* liegen. Das tolerierte Element muss vollständig innerhalb der Toleranzzone liegen.

Die Toleranzzone mit $t_P = 0{,}2$ mm kann parallel verschoben werden; nur ihre *Richtung* liegt durch den Bezug fest („Richtungstoleranz“). Die obere wirkliche Kante muss zwischen den beiden gestrichelten Grenzgeraden liegen, Bild 1.29 c.

Lageabweichung: Die Richtungsabweichung im Beispiel ergibt sich, indem zwei zum Bezug parallele Geraden an die tolerierte Kante herangeschoben werden, eine von außen und eine von innen. Ihr Abstand ist die Parallelitätsabweichung f_P, Bild 1.29 d. Diese Festlegung ist messtechnisch dadurch entstanden, dass man das Blech auf eine Messplatte (sie verkörpert den Bezug) aufgestellt und mit einer Messuhr abgetastet hat. Die größte Differenz der Anzeigewerte ist die Parallelitätsabweichung f_P, Bild 1.29 e. Die äußere Gerade lässt sich auch durch ein zum Bezug parallel geführtes Lineal o. Ä. verwirklichen. Die Parallelitätsabweichung ist dann gleich dem größten verbleibenden Abstand zwischen diesem Lineal und der tolerierten Kante, Bild 1.29 f:

1-42 Richtungsabweichung: Die Parallelitätsabweichung f_P, ist der größte Abstand zwischen der realen Kante und einer anliegenden (idealen) Geraden, die *parallel* zum *Bezug* liegt.

Die größte zulässige Abweichung oder *Grenzabweichung* lässt sich gewinnen, indem wir die Toleranzzone von der Breite $t_P = 0{,}2$ mm an die von außen anliegende parallele Gerade anhängen, Bild 1.29 g und h. Die tolerierte Kante könnte im Extremfall 0,2 mm schräg liegen (g); dabei ist eine Parallelitätsabweichung von 0,2 mm sofort einzusehen. Das tolerierte Element könnte andererseits um 0,2 mm durchgebogen sein (h) und somit ebenfalls die Toleranz voll ausschöpfen. Auch hier müssen wir gemäß Regel 1-42 eine Parallelitätsabweichung von 0,2 mm feststellen, obwohl das Blech z. B. beim Einbau zwischen zwei Nachbarbauteilen gar keine Richtungsabweichung aufweist; es hat nur eine *Form*abweichung.

Folgerungen: Aus den Darlegungen ergeben sich einige grundlegende Feststellungen, die für die Form- und Lagetolerierung wesentlich sind.

Die gemessene Lageabweichung (hier Richtungsabweichung) hängt nicht allein von der *Richtung* der Kante ab, sondern auch von ihrer *Form*:

1-43 Lageabweichung: Die gemessene Lageabweichung entsteht durch Überlagerung von *Form*abweichung (hier Krümmung) und reiner *Lage*abweichung (hier Schräglage).

Das tolerierte Formelement muss gänzlich innerhalb der Toleranzzone liegen. Da die Kante in Bild 1.29 c zwischen zwei Geraden mit dem Abstand 0,2 mm liegen muss, kann ihre Geradheitsabweichung auch nicht größer als 0,2 mm werden:

1-44 Einbeschlossene Formtolerierung: *Jede* Lagetolerierung (hier Parallelität) enthält implizit (d. h. einbeschlossen) *auch* eine *Form*tolerierung (hier Geradheit). *Welche* das ist, hängt von der Gestalt der Toleranzzone ab.

Daher ist es wichtig, sich die Gestalt der Toleranzzone vorzustellen oder sie ggf. zu skizzieren.

Diese Feststellungen ergeben sich zwingend aus der Definition der Toleranzzonen in ISO 1101. Die Folgen daraus sind zwiespältig zu sehen:

- Die Messung der Überlagerung von Lage- und Formabweichung kann sich nachteilig auswirken, wenn die Toleranz überschritten ist. Das Ergebnis allein sagt dann nicht aus, in welcher Weise der Fertigungsprozess korrigiert werden kann, denn Schrägstellung und Krümmung können ganz verschiedene Ursachen haben (z. B. ungenaue Führung eines Maschinenschlittens und Verzug).
- Vorteilhaft ist, dass mit der Lagetolerierung bereits auch eine Formtolerierung gegeben ist. Sie erspart häufig die zusätzliche Eintragung einer Formtoleranz und sorgt dafür, dass Formabweichungen nicht größer als die Lagetoleranz werden können. Es wäre sicher widersinnig, eine Parallelitätstoleranz z. B. von 0,02 mm zu verlangen, dabei aber eine Geradheitsabweichung von 0,2 mm zuzulassen.

Unterschied zwischen Bezugs- und toleriertem Element: Bei der *Lage*prüfung wird die *Form*abweichung der *tolerierten* Kante in Bild 1.29 erfasst; die Formabweichung der Bezugskante fällt jedoch bei der *Bezugs*ermittlung nach der Minimumbedingung (s. Regel 1-37) heraus und wird nicht mitgeprüft. Daraus folgt:

1-45 Messung „auf Umschlag“: Wenn bei der Messung das Bezugselement und das tolerierte Element vertauscht werden, erhält man in der Regel unterschiedliche Messergebnisse, vgl. Bild 1.29 f und i.

Im Gegensatz zur Lagetolerierung ist in der *Bezugsangabe* keinerlei Formtoleranz enthalten. Im Vorgriff auf Kap. 2.3 weisen wir hier bereits darauf hin, dass ein Bezugselement in irgendeiner Weise eine Formtoleranz braucht.

1.5.4 Zusammenhang zwischen Maß- und Lagetolerierung

Zweipunktmessung: Die Richtungstoleranz in Bild 1.29 a legt nur die *Richtung* des tolerierten Elements fest. Sein *Ort* (Abstand) ergibt sich aus dem Maß 50, dem in *Bild 1.30 a* die Maßtoleranz ± 0,3 hinzugefügt wurde. Sie bewirkt ebenfalls eine Art von Parallelitätstolerierung zwischen den beiden Kanten. Bei dieser Maßeintragung wird das Maß nach DIN EN ISO 14 660-2 jeweils zwischen zwei gegenüberliegenden Punkten wie folgt gemessen, Bild 1.30 b (vgl. Regel 1-8, Kap. 1.3.1):

① ***Wirkliches Geometrieelement:*** Es besteht hier aus den beiden bemaßten Kanten und hat Form- und Lageabweichungen.

② ***Erfasstes Geometrieelement:*** Vom Messgerät aufgenommene Punkteschar.

③ ***Zugeordnetes Geometrieelement:*** Das Messgerät berechnet zwei ideale parallele Geraden, die das erfasste Element optimal annähern. Nach der „Default-Regel“ (d. h. „wenn nichts anderes angegeben ist“) geschieht das nach der Methode der kleinsten Abweichungsquadrate (gaußsches Ausgleichselement).

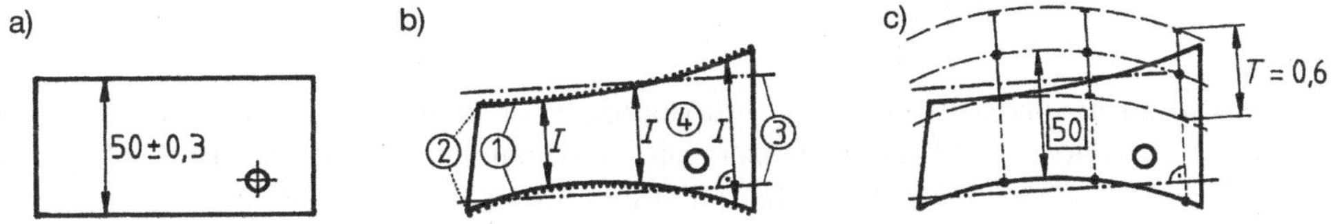

Bild 1.30: Übliche Maßeintragung. a) Zeichnung, b) Prüfung, c) „Toleranzzone“

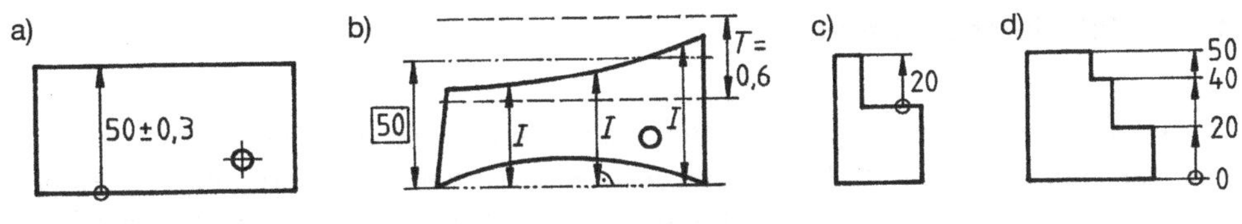

Bild 1.31: Bezugsbemaßung. a) Zeichnung, b) Prüfung, mit „Toleranzzone“, c) Stufenmaß, d) steigende Bemaßung

④ ***Örtliche Istmaße I:*** Sie werden am erfassten Element jeweils zwischen zwei Punkten *senkrecht* zum zugeordneten Element gebildet, bei kreiszylindrischen Elementen durch die Mittellinie gehend.

Diese Messmethode kennt keine geradlinige Toleranzzone, Bild 1.30 c, und ist mit der Prüfung von *Lage*toleranzen nicht kompatibel. Es geht aber auch anders, s. Bild 1.31.

Bezugsbemaßung: Die Maßeintragung in *Bild 1.31 a* (nach DIN 406-10) besagt:

1-46 Bezugsbemaßung: Wenn eine Maßlinie an einem Ende statt einer Pfeilspitze einen kleinen Ursprungs*kreis* trägt, wird das zugehörige Geometrieelement wie ein *Bezugselement* (s. Regel 1-40) behandelt; d.h. jetzt wird vom *anliegenden* Hilfsbezugselement (Lineal o.Ä.) aus gemessen (vgl. Bild 1.29), in der Richtung senkrecht zum Bezug, Bild 1.31 b.

DIN 406-10 stellt das zwar nicht ganz klar heraus, aber der Hinweis auf ISO 5459 lässt keine andere Deutung zu. *Diese* Prüfung ist mit einer Lagetolerierung verträglich. Daher sollten wir diese Eintragung bevorzugen. Sie liefert bei Stufenmaßen, Bild 1.31 c (vgl. Bild 1.7 c, Kap. 1.3.1) eine eindeutige Prüfvorschrift und ergibt als „steigende Bemaßung" (DIN 406-11) eine einfachere und übersichtlichere Maßdarstellung als die übliche „Maßharfe" mit nebeneinander liegenden Einzelmaßen, Bild 1.31 d. Vor allem wenn ein Werkstück Bezüge für Lagetoleranzen hat, sollten Maße möglichst von dort aus mit einer Bezugsbemaßung eingetragen werden.

1.6 Zeichnungseintragung

Bedeutung: Die korrekte Zeichnungseintragung ist entscheidend für die eindeutige Interpretation von Form- und Lagetoleranzen. Die Ausgaben der Grundnorm DIN EN ISO 1101 aus den Jahren 2008 und 2014 enthalten einige Änderungen; mehrere bisherige Darstellungen wurden gestrichen. Da sie sich noch in zahlreichen Zeichnungen finden, haben wir sie im Folgenden unter „nicht mehr gültig" aufgeführt und in den Skizzen durchgestrichen.

1.6.1 Toleriertes Element

Toleranzrahmen: Form- und Lagetoleranzen werden durch einen Toleranzrahmen gekennzeichnet, *Bild 1.32*. Er heißt aufgrund der besseren Übereinstimmung mit der englischsprachigen Ursprungsnorm zukünftig *Toleranzindikator*. Da aber der Begriff „Rahmen" in der Praxis bekannt und wesentlich einleuchtender ist, bleiben wir hier beim „Toleranzrahmen". Der Rahmen (a) ist rechteckig und hat mindestens zwei und höchstens fünf Felder:

- Im 1. Feld (b) in Leserichtung steht das Symbol der *Toleranzart* bzw. des tolerierten geometrischen Merkmals;
- im 2. Feld (c) wird der *Toleranzwert* in mm eingetragen, d.h. der Abstand der Toleranzgrenzen (andere Einheiten, z.B. Winkelgrade, sind nicht vorgesehen; lediglich bei ausländischen Zeichnungen, die in Inch bemaßt sind, stehen hier Inch-Werte); generell können im 2. Feld weitere Angaben gemacht werden, die die Toleranzzone sowie das tolerierte Geometrieelement näher spezifizieren;
- das 3. und weitere Felder (d) enthalten bei Lagetoleranzen Kennbuchstaben für *Bezüge*.

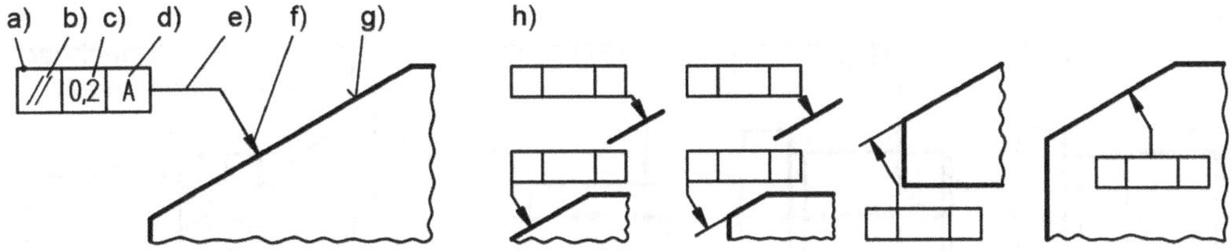

Bild 1.32: Angaben am tolerierten Element: a) Toleranzrahmen, b) Symbol der Toleranzart, c) Toleranzwert, d) Kennbuchstabe für Bezug, e) Hinweislinie, f) Toleranzpfeil, g) toleriertes Element; h) verschiedene Stellungen des Toleranzpfeils (nicht genormt)

Der Toleranzrahmen wird behandelt wie Schrift, d. h. er soll von unten bzw. rechts lesbar sein. Je nach Platzverhältnissen kann er gedreht werden; oft steht er waagerecht wegen der einfacheren Lesbarkeit. Der Rahmen wird über eine *Hinweislinie* e mit dem *Toleranzpfeil* f verbunden. Mit „Toleranzpfeil" bezeichnen wir hier generell das Ende der Hinweislinie mit der Pfeilspitze. Die Hinweislinie wird i. d. R. links oder rechts mittig aus dem Toleranzrahmen herausgeführt und nach Bedarf abgewinkelt. Das wird durch die Konfiguration der meisten CAD-Systeme schon vorgegeben und steht heute auch so in der Norm. In den älteren Ausgaben der DIN EN ISO 1101 wurde dazu keinerlei Festlegung getroffen. In der Praxis finden sich deshalb auch andere Anbindungen der Hinweislinie an den Rahmen, s. Bild 1.32 h. Das ist u. E. durchaus zulässig, weil die Anbindung keinerlei Aussage hat. Wir haben daher in diesem Buch die anders geführten Hinweislinien beibehalten.

Toleranzpfeil: Die Regeln für die Hinweislinie und den Toleranzpfeil haben sich geändert. Da früher der Toleranzpfeil die Richtung der Ausdehnung der Toleranzzone festlegte, war damit auch die senkrechte Richtung des Toleranzpfeils zum tolerierten Element (Bild 1.32 g) festgelegt (s. u.). Diese klare Regel gibt es heute nicht mehr. Das liegt in erster Linie daran, dass mit der Einführung der Darstellung von Spezifikationen in 3D-Modellen, die in der Ausgabe der DIN EN ISO 1101 aus dem Jahr 2014 neu aufgenommen wurde, eine klare Darstellung der Richtung nicht mehr grundsätzlich möglich ist. In der 2D-Darstellung ist die Befolgung der bisherigen Regeln aber nach wie vor dringend zu empfehlen, da sie die Übersichtlichkeit und vor allem die Verständlichkeit deutlich erhöht. Die Stellung des Toleranzpfeils ist für die korrekte und eindeutige Toleranzangabe daher sehr hilfreich. Dazu dienen die folgenden Regeln.

1-47 Toleranzpfeil: Der Toleranzpfeil steht i. d. R. *senkrecht* auf dem tolerierten Geometrieelement.

Er zeigt an, in welcher Richtung die Abweichung gemessen wird. Damit steht er grundsätzlich auch senkrecht auf der gezeichneten Körperkante des Elements (Ausnahmen hiervon gibt es noch bei der Rundheit von Kegeln u. Ä. in der Seitenansicht, Kap. 2.2.4, sowie bei festgelegter Messrichtung von Lauftoleranzen, s. Kap. 2.7.2). Der Toleranzpfeil kann das Geometrieelement von außen oder von innen her berühren, entsprechend einem Maßpfeil (und nicht wie ein Oberflächenkennzeichen, das immer von außen her auf die Oberfläche weist), s. Bild 1.32 h.

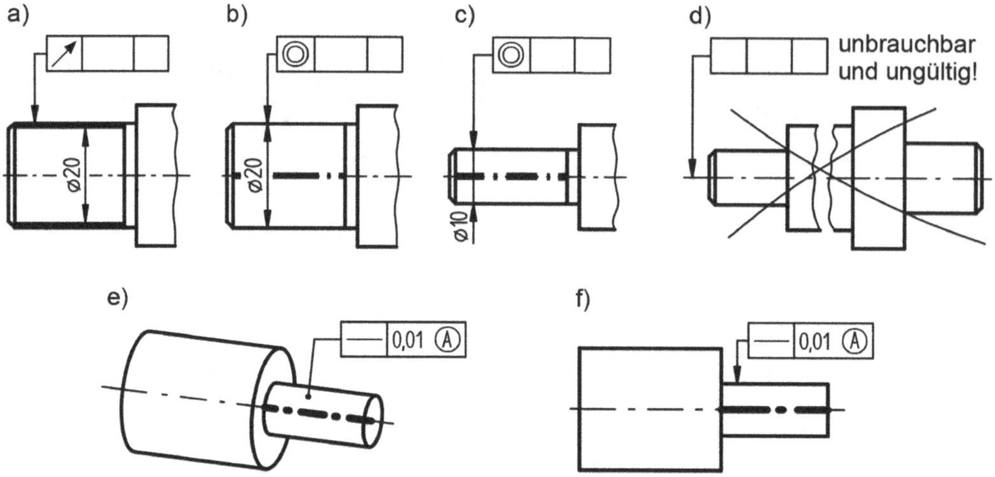

Bild 1.33: Bedeutung der Stellung des Toleranzpfeils. a) wirkliches Geometrieelement toleriert (z. B. Rundlauf), b) und c) abgeleitetes Geometrieelement (Achse) toleriert (z. B. Koaxialität), d) nicht eindeutig, nicht mehr gültig, e) Zusatzsymbol zur Kennzeichnung des abgeleiteten Geometrieelementes (Achse) als toleriertes Element im 3D-Modell und f) in der 2D-Zeichnung

Der Übersichtlichkeit halber sollte der Toleranzpfeil in der Nähe des Maßpfeils stehen, der das entsprechende Geometrieelement bemaßt. Zwei Fälle sind zu unterscheiden:

1-48 Wirkliches Geometrieelement: Wird ein wirkliches Geometrieelement (Fläche, Kante) toleriert, dann steht der Toleranzpfeil erkennbar vom entsprechenden Maßpfeil entfernt, *Bild 1.33 a* (z. B. mindestens 4 mm).

1-49 Abgeleitetes Geometrieelement: Wird ein abgeleitetes *Geometrieelement* (Achse, Symmetrieebene o. Ä.; s. Tabelle 1.4) toleriert, so steht der Toleranzpfeil unmittelbar in der Verlängerung der Maßlinie („auf dem Maßpfeil"), die das *Geometrieelement* bemaßt, von dem die Achse abzuleiten ist (b). Er kann auch mit dem Maßpfeil zusammenfallen (c).

Bei der direkten Tolerierung im 3D-CAD-Modell kann die Toleranz auch mit einer Hinweislinie mit dem tolerierten Element verbunden werden (Bild 1.33 e). Da im 3D-Modell dann aber nicht unbedingt die Bemaßung angegeben ist, muss hier mit dem Symbol A im Kreis hinter dem Toleranzwert verdeutlicht werden, dass hier die Achse und nicht die Mantellinie das tolerierte Element ist. Diese Angabe ist auch in einer 2D-Zeichnung zulässig (Bild 1.33 f), wir empfehlen jedoch die bisher übliche und mehrheitlich angewendete Kennzeichnung gemäß Regel 1-49.

Auf keinen Fall darf der Toleranzpfeil direkt auf einer Achse oder Mittellinie stehen (d), wie es die frühere Ausgabe der Norm ISO 1101 zuließ. Diese Angabe ist in den meisten Fällen nicht eindeutig und oft sinnwidrig. Im Fall d müsste eine gemeinsame Achse aus allen dazu rotationssysmmetrisch liegenden Elementen gebildet werden – ein mühsames Unterfangen, das keinen funktionalen Sinn hat. Es gibt nicht einfach *die* Achse einer

Welle; vielmehr ist exakt anzugeben, aus welchem Geometrieelement die Achse zu bilden ist.

Toleranzzone: Für die Gestalt und Ausdehnung der Toleranzzone gilt, *Bild 1.34*:

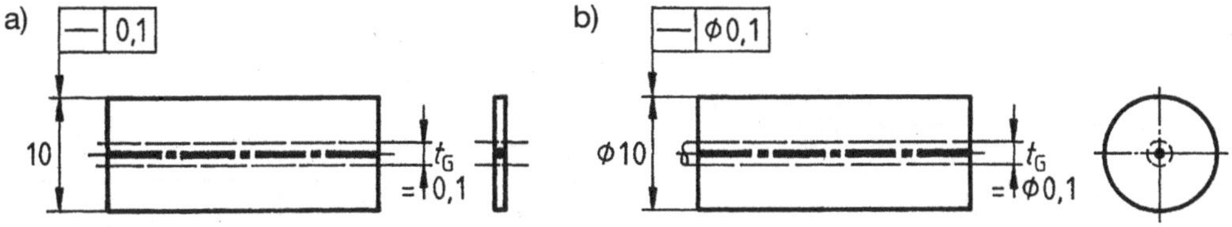

Bild 1.34: Gestalt von Toleranzzonen, hier zur Tolerierung einer Mittellinie bzw. Achse. a) ebenflächig begrenzt, b) kreiszylindrisch (röhrchenförmig)

1-50 Richtung: Die Toleranzzone steht i. d. R. *senkrecht* zum Toleranzpfeil (a).

Diese Regel folgt unmittelbar aus Regel 1-47. Sie ist wichtig zur eindeutigen Eintragung in die Zeichnung.

1-51 Ausdehnung: Die Toleranzzone erstreckt sich grundsätzlich nach allen Richtungen so weit, wie das tolerierte Geometrieelement reicht.

Bei einer ebenflächig begrenzten Toleranzzone gilt das natürlich auch senkrecht zur Zeichenebene. Die Mittellinie in Bild 1.34 a ist also in der Richtung senkrecht zur Zeichenebene (nach vorn und hinten) nicht eingeschränkt. Die Toleranzzone ist gestrichelt angedeutet (unmaßstäblich, wie in allen Darstellungen).

1-52 Kreiszylindrische Toleranzzone: Ein Ø-Zeichen vor dem Toleranzwert (Zahlenwert) besagt, dass die Toleranzzone kreiszylinderförmig („röhrchenförmig") ist (Bild 1.34 b), im Grenzfall kreisförmig.

Eine solche Toleranzzone findet man nur bei Achsen bzw. Mittelpunkten. Das wirkliche Geometrieelement, von dem die Achse abgeleitet ist, muss selbst nicht unbedingt kreiszylindrisch sein, ist es aber meistens (es könnte aber z. B. auch stabförmig oder konisch sein). Eine solche Achse ist nach allen Querrichtungen eingegrenzt.

Zusätzlich gibt es eine *kugelförmige* Toleranzzone vor, die durch SØ (sphärisch) vor dem Zahlenwert bezeichnet wird. Sie kommt bei der Positionstolerierung von Kugelmittelpunkten vor (vgl. Bild 2.48 c).

1-53 Einschränkungen: Abweichend von Regel 1-51 kann die Ausdehnung der Toleranzzone durch zusätzliche Angaben eingeschränkt werden, *Bild 1.35.*

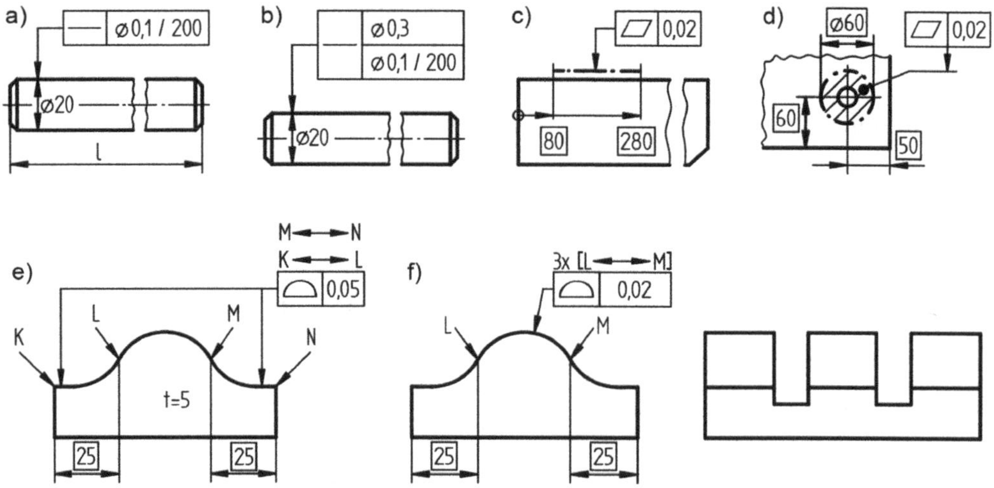

Bild 1.35: Einschränkungen der Toleranzzone. a) Geradheit auf 200 mm an beliebiger Stelle, b) zusätzliche Geradheit auf ganzer Länge; c) und d) Ebenheit im bemaßten Bereich; e) Profiltoleranz für begrenze Bereiche; f) Angabe der Profiltoleranz für einen Satz von gleich tolerierten Nocken

In Bild 1.35 a darf die *Geradheits*abweichung der Stangenachse auf einer beliebigen Strecke von 200 mm an beliebiger Stelle den Wert 0,1 mm nicht überschreiten. Sinnvoll ist diese Angabe nur, wenn die Gesamtlänge *l* wesentlich größer ist als 200 mm. Die Geradheitsabweichung der ganzen Stange ist nicht toleriert. Das kann z. B. bei sehr langen Stangen sinnvoll sein. Bei b ist dagegen zusätzlich die Geradheitsabweichung über die Gesamtlänge mit 0,3 mm toleriert. Die *Ebenheits*toleranz der oberen Fläche des Werkstücks c gilt nur in dem Bereich, der durch die breite Strichpunktlinie mit Bemaßung gekennzeichnet ist, hier jedoch über die ganze Tiefe des Werkstücks. Bei d ist die Toleranzzone kreisförmig und liegt in der sichtbaren Fläche. Diese begrenzten Toleranzzonen werden mit einer schraffierten Fläche, die durch eine breite Strichpunktlinie begrenzt wird, gekennzeichnet. Begrenzte Toleranzzonen können darüber hinaus auch durch Buchstaben oberhalb des Toleranzrahmens wie in Bild 1.35 e angegeben werden. Hier werden zwei begrenzte, aber unabhängige Toleranzzonen zwischen K und L sowie zwischen M und N definiert. Das *„zwischen"*-Symbol ist dabei eine Linie mit beidseitigem Pfeilende zwischen den Buchstaben. Beim Werkstück f wird der Bereich zwischen L und M an allen drei Nocken unabhängig voneinander toleriert (vgl. hierzu Bild 1.38). Die Lage der Toleranzzonen bei c bis f wird durch theoretische Maße (s. Kap. 1.3.2) festgelegt.

Projizierte Toleranzzone: Manchmal ist es von der Funktion her sinnvoll, dass die Toleranzzone nicht das Formelement am Werkstück selbst eingrenzt (Regel 1-51), sondern außerhalb liegt, wo die Paarung mit anderen Teilen sie tatsächlich erfordert:

1-54 Projizierte Toleranzzone: Die Toleranzzone kann mittels des Zeichens Ⓟ in einen Bereich außerhalb des Geometrieelements vorgeschoben (projiziert) werden. Ⓟ steht dabei sowohl *hinter* dem Toleranzwert im Toleranzrahmen als auch *vor* dem Maß, das die Lage der Toleranzzone festlegt.

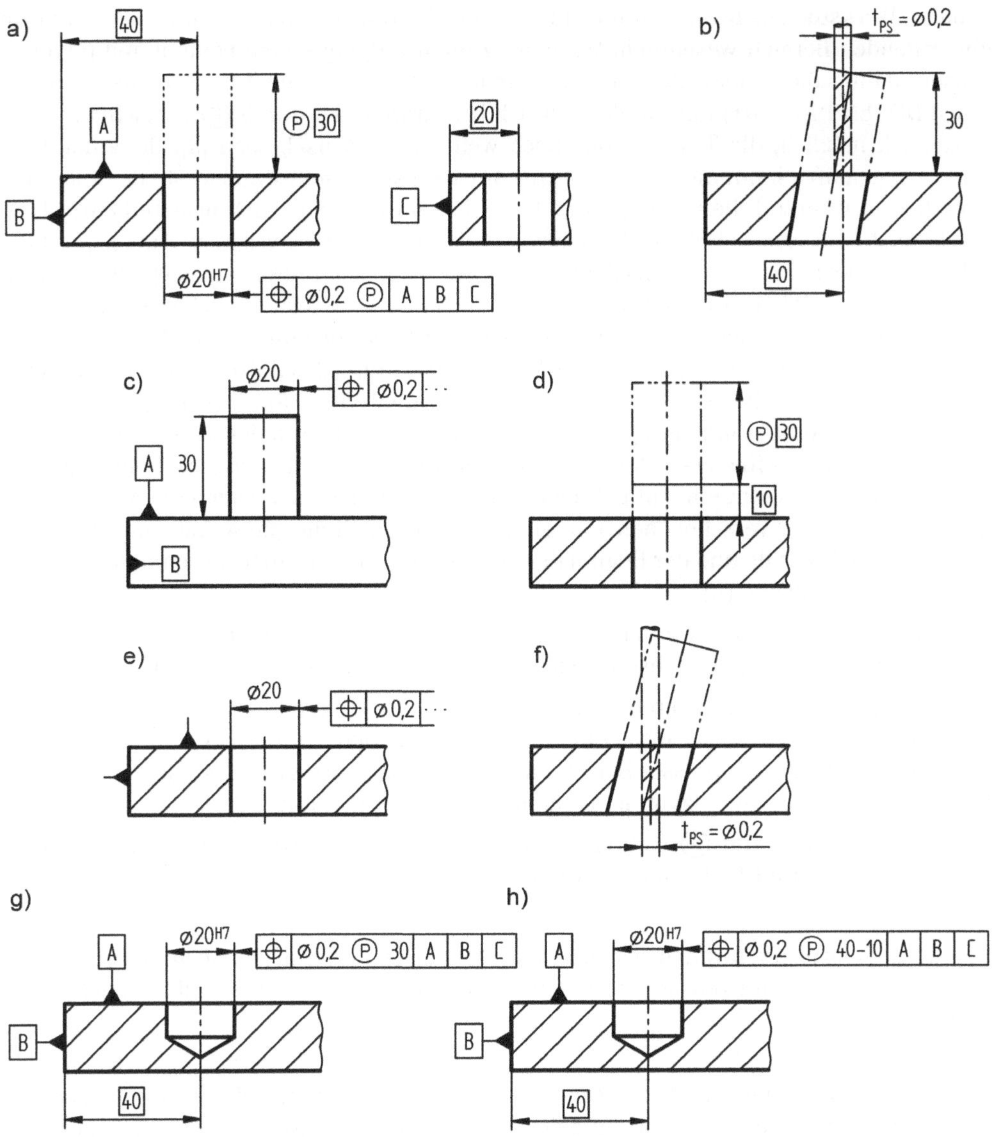

Bild 1.36: Projizierte Toleranzzone bei einer Positionstolerierung. a) Zeichnung, b) Toleranzzone und zulässige Lage der Bohrungsachse, c) Feinguss-Massivteil zum Vergleich, d) noch weiter verschobene Toleranzzone, e) Positionstolerierung der Bohrung ohne projizierte Zone, f) zulässige Lage der Bohrung dazu, g) indirekte Angabe der Länge der projizierten Toleranzzone im Toleranzrahmen, h) indirekte Angabe der Länge und Position einer noch weiter verschobenen Toleranzzone gemäß d

Beispiel: In eine Bohrung, *Bild 1.36,* wird ein Mitnehmerbolzen eingepresst, der in ein benachbartes Teil eingreifen soll. Die Toleranzzone der Positionstoleranz (a), ein Kreiszylinder am theoretisch genauen Ort (zur Positionstoleranz s. Kap. 2.6.2, zu den Bezügen Kap. 2.3.4), liegt dort, wo sich später der Bolzen befindet (b). Die Lage der Achse der Bohrung im Werkstück selbst hat für die Funktion des Bolzens keine Bedeutung. Sie ist nur im eingreifenden Bereich wesentlich. Wäre der Zapfen z.B. bei einem Feingussteil (c) angegossen, dann könnte man ihn ohnehin nur hier tolerieren. Die Toleranzzone ist daher (nach DIN EN ISO 1101) nur auf den Bereich beschränkt, der durch Ⓟ bezeichnet ist. Es wäre auch möglich, die Toleranzzone noch weiter herauszuschieben (d). Bei einer Toleranzzone gemäß a kann die Bohrungsachse im Werkstück selbst außerhalb der Toleranzzone liegen, während die verlängerte Bolzenachse im funktionswichtigen Teil darin liegt (b), ähnlich wie z.B. bei einem Feinguss-Massivteil mit angegossenem Zapfen (c). Eine solche Tolerierung ist daher funktionsgerecht. Sie lässt sich mittels eines spielfrei sitzenden Dorns auch leicht prüfen. Dagegen kann bei einer Tolerierung nach e die Bohrungsachse in der Toleranz liegen, während die Bolzenachse herausfällt (f). Das Werkstück wäre hier - bei Ausnutzung der zulässigen Richtungsabweichung des Bolzens - nicht funktionsfähig. DIN EN ISO 1101 erlaubt auch die indirekte Angabe der Länge der projizierten Toleranzzone im Toleranzrahmen (g). Die Toleranzzone beginnt dann dort, wo das betrachtete Geometrieelement eine erste Referenzebene schneidet. Bei Durchgangsbohrungen ist diese Angabe aber nicht eindeutig. Daher empfiehlt sich in diesen Fällen die Angabe nach (a). Auch bei weiter verschobenen Toleranzzonen ist eine indirekte Angabe möglich. Dort werden dann das Ende und der Beginn der projizierten Toleranzzone getrennt durch einen Bindestrich angegeben (h).

Projizierte Toleranzzonen werden nur bei Ortstoleranzen und nur bei abgeleiteten Geometrieelementen, insb. bei Achsen, angewendet, z.B. bei Gewindebohrungen.

Anmerkung 1: Die zu projizierende Achse kann nur ideal gerade gedacht sein. Bei einer Bohrung wird sie durch die Achse eines spielfrei sitzenden Prüfdorns nachgebildet, denn so wird der später eingepresste Bolzen auch sitzen. Das entspricht der Lage des größten Innenzylinders oder Pferchzylinders (vgl. Bezugsermittlung, Kap 2.3.3).

Anmerkung 2: Das beim Ⓟ stehende Maß 30 und das Maß 10 sind theoretische Maße ohne Toleranz (s. Bild 1.35 c und d sowie Kap. 1.3.2).

Zeichnungsvereinfachungen: Oft lassen sich mehrere Toleranzangaben zusammenfassen. Das sollte man nutzen, wenn die Darstellung dadurch einfacher und übersichtlicher wird, *Bild 1.37.*

1-55 Mehrere Angaben für 1 Geometrieelement: Wenn für dasselbe Geometrieelement mehrere Toleranzangaben gelten, dann zeichnet man die Toleranzrahmen im Block und verbindet den Block mit dem Geometrieelement durch einen gemeinsamen Toleranzpfeil (a und b).

Die Skizzen a und b besagen das Gleiche, nämlich dass die obere Fläche auf 0,3 mm parallel zu einem Bezugselement A sein soll und zusätzlich für sich allein eben innerhalb 0,1 mm. Die Zusammenfassung von Toleranzrahmen ist nur möglich, wenn es sich wirklich um dasselbe tolerierte Element handelt. Sie ist aber nicht zulässig, wenn sich z.B. bei einem Kreiszylinder (Bild 1.37 c) die eine Toleranz (Rundheit) auf die Mantelfläche, die andere (Geradheit) auf die Achse bezieht. Dann sind getrennte Toleranzpfeile nötig.

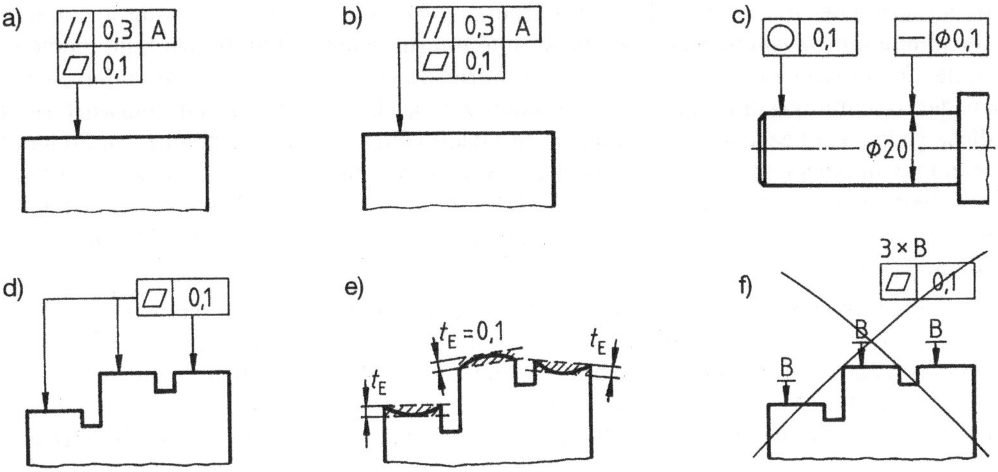

Bild 1.37: Zeichnungsvereinfachungen. a) und b) mehrere Toleranzangaben für dasselbe Geometrieelement; c) getrennte Angaben für Mantelfläche und Achse; d) gleiche Toleranzangabe für mehrere einzelne Elemente, e) separate Toleranzzonen dazu; f) früher gleiche Bedeutung wie d, nicht mehr zulässig

1-56 Gleiche Tolerierung für mehrere Geometrieelemente: Wenn dieselbe Angabe für mehrere Geometrieelemente gelten soll, so können von einem Toleranzrahmen aus *mehrere* Hinweislinien und Toleranzpfeile an verschiedene Geometrieelemente geführt werden, oder die Hinweislinien können *verzweigt* werden (Bild 1.37 d).

Die Darstellung f war früher gleichbedeutend mit d; sie wurde aber wegen mangelnder Übersichtlichkeit aus der Norm gestrichen und ist nicht mehr gültig.

Gemeinsame Toleranzzone: Die Toleranzzonen der einzelnen Geometrieelemente in Bild 1.37 d sind voneinander unabhängig (e). Im Beispiel der Ebenheitstoleranz wird jede einzelne Fläche für sich nach der Minimumbedingung geprüft (s. Kap. 1.5.2, Regel 1-37). Die einzelnen Flächen können im Rahmen ihrer Maßtoleranzen gegeneinander versetzt sein. Wenn dagegen mehrere ebene Flächen eine *gemeinsame* Ebene bilden sollen (z. B. mehrere Anschlussflansche eines Auspuffkrümmers, die an eine ebene Dichtfläche am Motorblock angeschraubt werden), dann ist das im Toleranzrahmen zu vermerken, *Bild 1.38*:

1-57 Gemeinsame Toleranzzone: Wenn mehrere gleichartige Geometrieelemente wie ein einziges, nur konstruktiv unterbrochenes Element wirken sollen, dann wird im Toleranzrahmen der Zusatz CZ („common zone") hinter den Toleranzwert gesetzt.

Vom Toleranzrahmen aus werden, ähnlich Bild 1.37 d, mehrere Toleranzpfeile zu allen beteiligten Formelementen gezogen, Bild 1.38 a und b; beide Darstellungen sind gleichwertig. Die Skizze c zeigt die durchgehende Toleranzzone. Der in der früheren Ausgabe von DIN ISO 1101 benutzte Zusatz „gemeinsame Toleranzzone" *am* Toleranzrahmen,

Bild 1.38 d, oder die gebräuchliche Abkürzung „GTZ“ sind nicht mehr gültig. Die Kennzeichnung mit CZ ist einfacher, deutlicher und international. Zukünftig wird die „gemeinsame“ Toleranzzone voraussichtlich „kombinierte“ Toleranzzone heißen. Das ändert nichts an der Zeichnungseintragung CZ (combined zone), aber ein neuer Normentwurf sieht diese geänderte Bezeichnung vor, da sie in vielen Fällen letztlich treffender ist. So kann man in dem Beispiel in Bild 1.38 tatsächlich von *einer* gemeinsamen Toleranzzone für die Ebenheit sprechen, in Bild 2.30 b (s. Kap. 2.4.3) hingegen wird deutlich, dass es sich eher um eine neue besondere Toleranzzone handelt, die aus *vier kombinierten* Ebenheitstoleranzzonen gebildet wird.

Manchmal findet sich auch noch die Darstellung e, bei der die beiden Geometrieelemente durch eine Maßhilfslinie verbunden sind und der Toleranzpfeil auf dieser Hilfslinie steht. Diese Angabe ist weder normgerecht noch eindeutig und daher nicht zu empfehlen. Falls sie aber in dieser Form auftritt, sollten wir sie als „gemeinsame Toleranzzone“ deuten. Diese Interpretation liegt auf der sicheren Seite und entspricht häufig dem Praxisgebrauch.

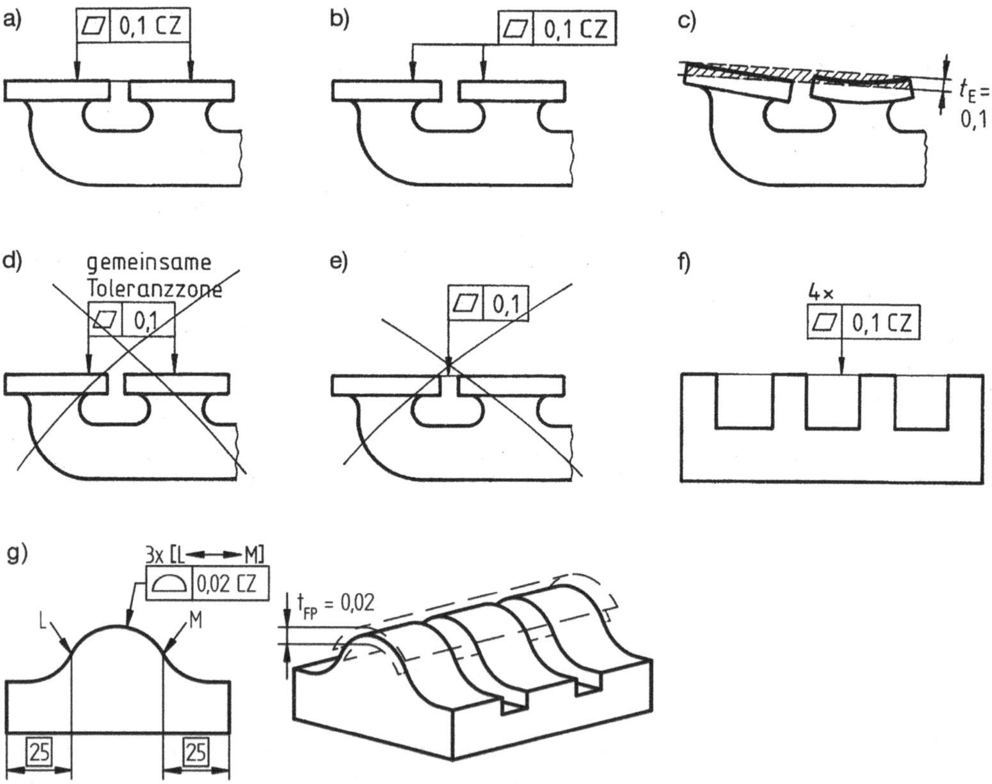

Bild 1.38: Gemeinsame Toleranzzone an Rohrflanschen. a) und b) korrekte Zeichnungsangabe, c) Toleranzzone dazu, d) veraltete Angabe, nicht mehr gültig, e) nicht normgerecht, f) mit Anzahl bei mehr als 2 Flächen; g) gemeinsame Toleranzzone für 3 Nocken

Wenn *mehr als zwei* Geometrieelemente eine gemeinsame Toleranzzone bilden, Bild 1.38 f, dann können wir, statt mehrere Toleranzpfeile zu zeichnen, vereinfacht auch die Flächen mit einer durchgehenden Maßhilfslinie verbinden, darauf nur *einen* Toleranzpfeil setzen und die Zahl der beteiligten Flächen über den Toleranzrahmen setzen (z.B. „4 ×"). Im Bild 1.38 g sind die drei Nocken aus Bild 1.35 f nun in einer gemeinsamen Toleranzzone festgelegt, die sich über alle drei Nocken erstreckt; die Toleranzzonen sind damit nicht mehr unabhängig voneinander.

Zusätzliche Kennzeichen: DIN EN ISO 1101 definiert einige zusätzliche Kennzeichen mit Großbuchstaben, die über bzw. unter den Toleranzrahmen (ggf. auch an den Bezugsrahmen) gesetzt werden können und das tolerierte Geometrieelement näher spezifizieren:

UF ***Vereinigtes Geometrieelement*** (**U**nited **F**eature): Mehrere Geometrieelemente, die vom Grundsatz her unabhängig sind, werden mit dieser Zusatzangabe oberhalb des Toleranzrahmens wie *ein* vereinigtes Geometrieelement behandelt. Das kann Auswirkungen auf die Form der Toleranzzone haben. So ist im Bild 2.29 e (s. Kap. 2.4.2) die Toleranzzone an den Ecken bzw. Kanten „abgerundet" (gleicher Abstand von der Nominalkontur des vereinigten Geometrieelementes), während sie eckig ist, wenn anstelle des UF-Indikators an Toleranzrahmen die Angabe CZ hinter der Toleranz im Toleranzrahmen angegeben wäre. Dabei werden dann nämlich die Toleranzzonen der Einzelelemente kombiniert.

LD ***Innendurchmesser*** (**l**ower **d**iameter),

MD ***Außendurchmesser*** (**m**ajor **d**iameter),

PD ***Flankendurchmesser*** (**p**itch **d**iameter):

} Sie bezeichnen für *Gewinde, Keilwellen* u. Ä. das Element, das für die Prüfung maßgeblich ist (Beispiel für Gewinde s. Bild 5.23, Kap. 5.4.1).

ACS ***Jeder beliebige Querschnitt*** (**a**ny **c**ross-**s**ection): Wird verwendet für die Konzentrizität (s. Kap. 2.6.3) einzelner Querschnitte in einem rohrförmigen Werkstück, das nicht gerade zu sein braucht (z.B. Strangpressprofil).

1.6.2 Bezugselement

Bedeutung: Ein Bezugselement dient bei Lagetoleranzen zur Festlegung der Toleranzzone (s. Kap. 1.5.3). Es ist ein wirkliches, d.h. ein am Werkstück verkörpertes Geometrieelement, aus dem der Bezug gebildet wird (Näheres dazu s. Kap. 2.3).

Kennzeichnung: Die für das tolerierte Geometrieelement aufgestellten Regeln (s. Kap. 1.6.1) gelten sinngemäß auch für das Bezugselement, *Bild 1.39.*

1-58 Kennzeichnung: Das Bezugselement wird durch ein *Bezugsdreieck* gekennzeichnet, ferner durch einen *Bezugsbuchstaben* (Großbuchstaben) in einem quadratischen Bezugsrahmen.

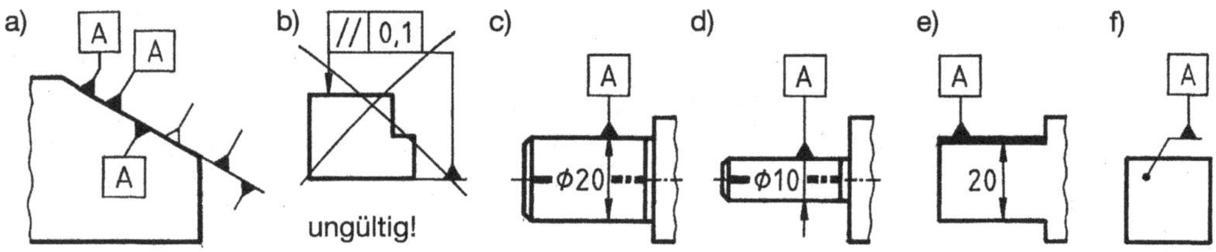

Bild 1.39: Angabe von Bezügen. a) verschiedene Formen und Stellungen des Bezugsdreiecks mit Kennbuchstaben, b) Bezugsdreieck direkt am Toleranzrahmen, nicht mehr gültig; c) und d) Achse als Bezug; e) obere, f) vordere Fläche als Bezugselement

Das Bezugsdreieck ist gleichseitig und kann geschwärzt oder leer sein (a); geschwärzt fällt es in der Zeichnung besser auf. Es kann von außen oder von innen auf eine Körperkante oder auf eine Maßhilfslinie gezeichnet werden; es „haftet" wie ein „Saugnapf" auf der Linie. Die Bezugslinie am Bezugsdreieck steht *senkrecht* auf dem Bezugselement (entsprechend wie beim Toleranzpfeil). Früher war es auch zulässig, das Bezugsdreieck ohne Bezugsbuchstaben direkt mit dem Toleranzrahmen zu verbinden (b); das ist aber seit der Neuausgabe von ISO 1101 nicht mehr gültig.

1-59 Stellung des Bezugsdreiecks: Das Bezugsdreieck wird sinngemäß so wie der Toleranzpfeil verwendet (s. Kap 1.6.1, Regeln 1-48 und 1-49). Wenn der Bezug ein *abgeleitetes* Element, d.h. eine Achse, Mittellinie oder Mittelebene ist, dann steht das Bezugsdreieck unmittelbar *auf* dem Maßpfeil, der das Bezugselement bemaßt, Bild 1.39c.

Das Bezugsdreieck kann auch selbst statt eines Maßpfeils verwendet werden, Bild 1.39d. Steht es dagegen *nicht* auf dem Maßpfeil, sondern deutlich daneben, dann ist das *wirkliche* Geometrieelement als Bezugselement gekennzeichnet (z.B. die obere Planfläche bei e).

Früher war es formal zulässig, das Bezugsdreieck auch unmittelbar auf eine Achse oder Mittellinie zu setzen. In den allermeisten Fällen ist aber eine solche Darstellung nicht eindeutig (s. Bild 1.40). Die Neuausgabe ISO 1101 hat sie daher aus gutem Grund gestrichen. Dagegen enthält Letztere eine zusätzliche Darstellung. Bisher konnte man das Bezugsdreieck nur dort eintragen, wo das Bezugselement ganz oder zumindest teilweise *senkrecht* zur Zeichenebene steht und mit einer Körperkante sichtbar ist (Bild 1.39a bis e). In der Darstellung f wird jedoch eine in der *Ansicht* gezeichnete Fläche als Bezug gekennzeichnet. Das ist nützlich, wenn es eine zusätzliche Seitenansicht erspart. Das Bezugs*dreieck* wird auf jeden Fall mitgezeichnet und steht auf der Hinweislinie.

Gemeinsamer Bezug: Oft kommt es vor, dass ein gemeinsamer Bezug aus mehreren gleichberechtigten Bezugselementen gebildet wird, z.B. eine gemeinsame Achse aus zwei (oder auch mehr) Lagersitzen oder eine Aufstellfläche aus mehreren Fußflächen. Hier gibt es keine Eintragung entsprechend dem „CZ" der gemeinsamen Toleranzzone (s. Kap 1.6.1). Stattdessen sind (meist) mehrere Bezugsbuchstaben zu verwenden, *Bild 1.40a* und *c*:

1-60 Gemeinsamer Bezug: Wenn *ein* Bezug aus mehreren *gleichberechtigten* Bezugselementen zu bilden ist, so wird in der Regel jedes einzelne Bezugselement mit einem Bezugsdreieck und einem eigenem Buchstaben gekennzeichnet (z. B. A und B). Der gemeinsame Bezug heißt dann (z. B.) A-B.

Gleichberechtigte Bezugselemente sind in der Regel von *gleicher Art und Richtung.* Der Bindestrich bei A-B *verbindet* sie zu *einem* Bezug. Dieser heißt nicht AB (so hieß er früher einmal, nach der alten DIN 7184) und auf keinen Fall |A|B| (das wäre ein Bezugssystem, aus getrennten, nicht gleichberechtigten Bezugselementen, s. Kap. 2.3.4).

Gemeinsame Achse: Wenn Sie statt der Darstellung in Bild 1.40 a das Bezugsdreieck direkt auf die Achse setzen (b), dann hat das auf den ersten Blick scheinbar dieselbe Bedeutung. Bei der Prüfung bleibt im Fall b jedoch ganz unklar, wie die Achse zu bilden ist, d. h., ob die Welle zwischen Spitzen, in den Lagerstellen oder im Wellenabschnitt Ø 30 aufzunehmen ist. Im Gegensatz zu c ist bei d nicht ersichtlich, ob auf der linken Seite die größere oder die kleinere Bohrung als Bezugselement heranzuziehen ist. Selbst wenn dort nur ein einziger Durchmesser vorliegt (e), ist diese Darstellung unsicher, denn bei der nächsten Zeichnungsänderung könnte jemand eine Senkung wie bei d hinzufügen, ohne an die Bezugsachse A zu denken.

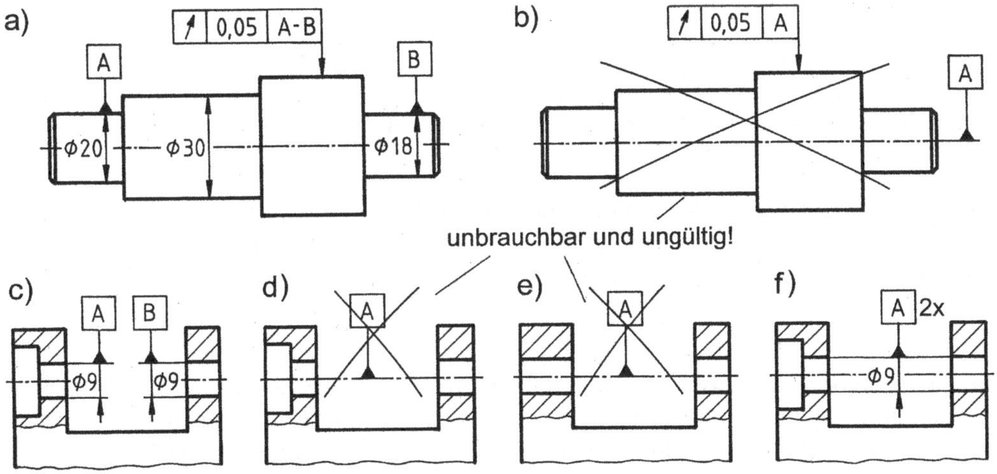

Bild 1.40: Gemeinsame Achse von zwei Lagersitzen. a) Wellenabsätze, b) unklare Angabe dazu (nicht mehr gültig); c) Bohrungen, d) unklare Angabe dazu; e) zweifelhafte Angabe (d und e nicht mehr gültig); f) brauchbare Version

Daher sind diese Darstellungen nicht mehr gültig; ein Bezugsdreieck gehört grundsätzlich nicht auf eine Achse oder Mittellinie. (Eine Ausnahme gibt es beim RPS-System, s. Kap. 2.3.4, Bild 2.27 c bis e). Erlaubt ist dagegen die Variante f, bei der die Maßhilfslinien durchgezogen sind, allerdings nur, wenn das Bezugsdreieck *zwischen zwei* beteiligten Elementen steht und der Zusatz 2 × rechts neben dem Bezugssymbol steht. Voraussetzung dafür ist, dass die beiden Bezugelemente denselben Nenndurchmesser haben. Die Angabe des gemeinsamen Bezuges im Toleranzrahmen erfolgt dann grundsätzlich durch die doppelte Verwendung des Bezugsbuchstaben, getrennt durch einen Bindestrich (z. B. A-A).

Anmerkung: Bei der Tolerierung einer gemeinsamen Achse ist zusätzlich für die hinreichende Fluchtung (Koaxialität) der Bezugselemente zu sorgen; Näheres s. Kap. 2.3.3, Bild 2.22.

Bezug aus mehreren ebenen Bezugsflächen: Häufig ist eine Bezugsebene aus mehreren einzelnen Flächen zu bilden, z. B. eine gemeinsame Auflagefläche aus zwei oder mehreren Fußflächen. In der Zeichnung lässt sich das auf verschiedene Weise eintragen, *Bild 1.41*:

- *Einzelne Kennbuchstaben* für jede Einzelfläche (a), entsprechend Regel 1-60.
- *Kennbuchstabe* auf einer *Maßhilfslinie:* Diese Darstellung (b) findet man in der Praxis häufig. Sie ist aber nicht zu empfehlen, da sie nicht eindeutig ist. In diesem Fall muss man zumindest die Anzahl der Bezugflächen vermerken, Bild 1.41 c (nach ISO 5459).
- *Bemaßte Einzelflächen* mit dicker Strichpunktlinie und Einzelbuchstaben (d), entsprechend Bild 1.35 c für eine eingeschränkte Toleranzzone.
- *Bezugsstellenangabe* (s. u., Bild 1.42).

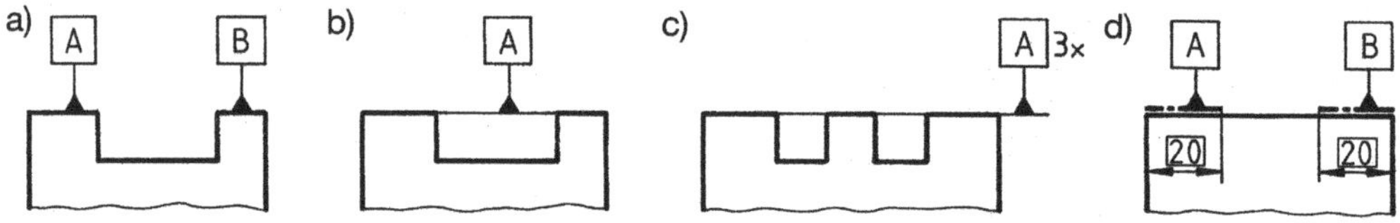

Bild 1.41: Gemeinsamer Bezug aus mehreren ebenen Flächen. a) zwei gesondert bezeichnete Bezugselemente, b) nicht eindeutige Kennzeichnung, c) drei Bezugselemente mit korrekter Kennzeichnung der Anzahl der Bezugselemente, d) einzelne bemaßte Teilflächen

Bezug aus mehreren Löchern: Ein gemeinsamer Bezug kann auch aus mehreren gleichberechtigten Bohrungen o. Ä. gebildet werden, die zusammen ein Lochbild darstellen. Sie können mit einem einzigen Bezugsbuchstaben angegeben werden (s. Bild 4.30 c und Bild 4.31, Kap. 4.4.4).

Bezugsstellen: Es kann zweckmäßig sein, ein größeres Bezugselement, z. B. eine Bezugsebene, nicht ganzflächig auf dem Gegenelement (dem Hilfsbezugselement) aufliegen zu lassen, sondern nur an einzelnen Stellen, die funktions- bzw. fertigungswichtig sind. Das ist beim Bau von Fertigungs- und Prüflehren üblich, z. B. für rohe Schmiedeflächen oder Blechflächen. Dazu dient ein Bezugsstellenrahmen nach ISO 5459, s. Bild 1.42:

1-61 Bezugsstellenangabe: Die einzelne Bezugsstelle wird – zusätzlich zur Bezugsangabe mit Bezugsdreieck und Bezugsbuchstabe nach den Regeln 1-58 und 1-59 – durch einen quergeteilten Kreisrahmen mit einem Hinweispfeil bezeichnet. Im *unteren* Feld steht der Kennbuchstabe des Bezugs und eine fortlaufende Nummerierung der Bezugsstellen dieses Bezugs. Im *oberen* Feld *kann* die Gestalt und die Größe der Auflagefläche eingetragen werden.

Die Auflage auf dem Hilfsbezugselement kann verschieden sein, Bild 1.42:

a) *Flächig* (z.B. auf der Stirnseite eines Stifts), eingezeichnet mit einer schraffierten Fläche, die von einer schmalen Strich-Zweipunkt-Linie umrandet ist;

b) *linienförmig* (z.B. an einer Zylinderrolle oder an einer gerundeten Kante), dargestellt durch eine Strich-Zweipunkt-Linie, jeweils zwischen zwei Kreuzen;

c) *punktförmig* (z.B. an einer Kugel oder einem Pilz), gezeichnet als Kreuz.

Bei b und c entfällt die Angabe im oberen Teil des Bezugsrahmens, weil (theoretisch) keine Auflage*fläche* vorhanden ist. Auflagestellen mit Flächenberührung (a) sind dort notwendig, wo größere Kräfte (z.B. Spann- oder Zerspanungskräfte) zu übertragen sind.

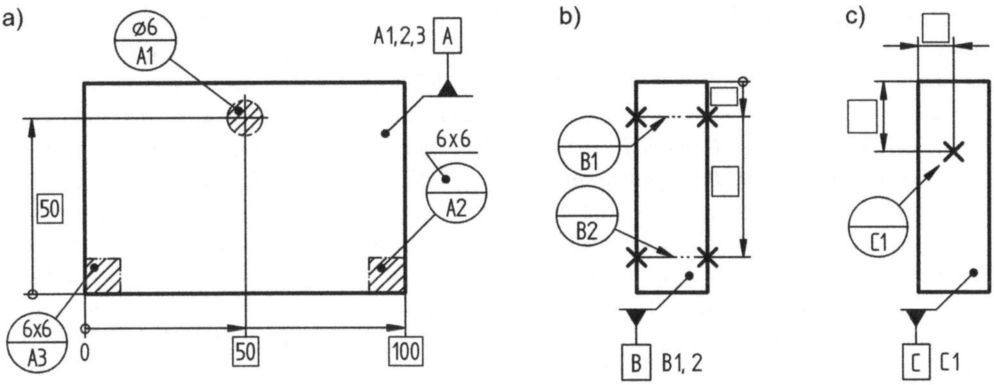

Bild 1.42: Möglichkeiten zur Bezugsstellenangabe. a) Flächenauflage an 3 Bezugsstellen, b) Linienauflage an 2 Linien, c) Punktauflage an 1 Punkt

Die *Lage* der Bezugsstellen wird bemaßt, und zwar mit *theoretischen Maßen*, wie in Bild 1.42a. Falls es die Übersichtlichkeit erfordert, können Bezugsstellen auch mehrfach in verschiedenen Ansichten und Schnitten eingetragen werden.

Die Bezugsstellenrahmen ersetzen keinesfalls die übliche Bezugsangabe mit Bezugsdreiecken und Bezugsbuchstaben im quadratischen Rahmen, sondern ergänzen sie; Letztere bilden immer die Grundlage zur Orientierung in einer Zeichnung mit Lagetoleranzen. (Auch sie können ggf. in mehreren Schnitten oder Ansichten eingetragen werden.) ISO 5459 vermerkt neben dem Bezugsrahmen die Benennung und die Zahl der Bezugsstellen. In Bild 1.42 wird der Bezug A gebildet aus A 1, 2, 3, ebenso B aus B 1, 2 und C nur aus C 1. Das macht die Zeichnung übersichtlicher und sollte immer so ausgeführt werden. Wenn es nur eine Bezugsstelle für einen Bezug gibt, erlaubt ISO 5459 auch die vereinfachte Kennzeichnung der Bezugsstelle durch ein Bezugsdreieck auf einer Hinweislinie zur Bezugsstelle oder entsprechend Bild 1.41d direkt auf die Bezugsstelle (Dort sind es allerdings zwei Bezugsstellen).

Bilden von Bezügen: Die obigen Erläuterungen betreffen vorwiegend die zeichnerische Darstellung. Die Bildung von Bezügen und Bezugssystemen wird eingehend in Kap. 2.3 behandelt.

2 Toleranzarten und Bezüge

***Für Leserinnen und Leser:** Dieses Kapitel betrachtet die einzelnen Arten von Form- und Lagetoleranzen in systematischer Weise, unterstützt durch Leitregeln und garniert mit Beispielen. Dem kurzen Überblick in Kap. 2.1 folgen zunächst in Kap. 2.2 die Formtoleranzen, die die Gestalt von einzelnen Geometrieelementen eingrenzen. Zu einer Lagetolerierung dagegen gehören mindestens zwei Geometrieelemente. Das wichtige Kap. 2.3 erläutert Ihnen, wie aus bestimmten Flächen bzw. Bezugselementen am Werkstück Bezüge und Bezugssysteme gebildet werden, auf denen die Lagetolerierung und ihre Prüfung aufbauen. Kap. 2.4 beschäftigt sich mit Profiltoleranzen, die als Zwitter sowohl Form- als auch Lagetoleranzen sein können. In den Kap. 2.5 bis 2.7 werden dann die Lagetoleranzen in den drei großen Gruppen der Richtungs-, Orts- und Lauftoleranzen beleuchtet. Weil viele Fakten untereinander zusammenhängen, wimmelt es im ganzen Kap. 2 von Querverweisen. Wir haben sie in Klammern gesetzt, um die Lesbarkeit nicht zu sehr zu stören. Daher können Sie die Klammern einfach überlesen und brauchen nur dann zu blättern, wenn Sie speziell zu dem betreffenden Punkt weitere Informationen suchen.*

2.1 Überblick

Gruppen: ISO 1101 enthält 14 Toleranzarten, *Tabelle 2.1*. Sie gliedern sich in zwei große Gruppen: *Form*toleranzen beziehen sich auf ein *einzelnes* Geometrieelement. Von einer *Lage* aber kann man nur sprechen, wenn mindestens *zwei* Geometrieelemente beteiligt sind. Daher *bezieht* sich in der Regel die Lage des tolerierten Elements auf das *Bezugs*element; man spricht hier auch von *bezogenen* Toleranzen.

Profiltoleranzen können jedoch entweder als reine Formtoleranzen auftreten oder mit Bezugselementen, d.h. als Lagetoleranzen. DIN EN ISO 1101:2006 führt sie daher dreimal auf, jeweils unter Form-, Richtungs- und Ortstoleranzen. Der Übersichtlichkeit halber belassen wir sie aber als eigene Gruppe.

Die Untergliederung der Formtoleranzen in *„flache"* und *„runde"* steht nicht in der Norm. Wir halten sie aber für zweckmäßig, weil diese Gruppen stark unterschiedliche Merkmale aufweisen (s.u.).

Tabelle 2.1: Übersicht der Form- und Lagetoleranzarten

Art	Gruppe	Symbol	Bezeichnung	Zeichen für		Toleranzzone	Tolerierte Geometrieelemente
				Tol.	Abw.		
Formtoleranzen	„Flach"	⏤	**Geradheit**	t_G	f_G	Geradlinig[1]	Alle (d. h. sowohl wirkliche als auch abgeleitete)
		⏥	**Ebenheit**	t_E	f_E	Zwischen 2 Ebenen (geradlinig)	
	„Rund"	○	**Rundheit** (Kreisform)	t_K	f_K	Zwischen 2 Kreisen (ringförmig)	Fast nur wirkliche
		⌭	**Zylindrizität** (Zylinderform)	t_Z	f_Z	(ringförmig)	
Profiltol.	Profiltoleranzen	⌒	**Profil** einer beliebigen **Linie**	t_{LP}	f_{LP}	Beliebig; mittig (±) zum idealen Profil	Meist wirkliche
		⌓	**Profil** einer beliebigen **Fläche**	t_{FP}	f_{FP}		
Lagetoleranzen	Richtungstoleranzen	∥	**Parallelität**	t_P	f_P	Geradlinig[1]; nur Richtung festgelegt; „Flachform" implizit enthalten (meist)	Alle
		⊥	**Rechtwinkligkeit**	t_R	f_R		
		∠	**Neigung**	t_N	f_N		
	Ortstoleranzen	⌖	**Position**	t_{PS}	f_{PS}	Meist geradlinig[1]; symmetrisch (±) zum idealen Ort[2]; Richtung und „Flachform" implizit enthalten (meist)	Alle
		◎	**Koaxialität/ Konzentrizität**	t_{KO}	f_{KO}		Meist Achsen (auch der Bezug)
		⌯	**Symmetrie**	t_S	f_S		Meist abgeleitete
	Lauftoleranzen	↗	**Lauf** (Rund-, Plan-, allg. Lauf)	t_L	f_L	Ringförmig	Nur wirkliche (Bezug: nur Achsen)
		⌰	**Gesamtlauf** (Rund-, Plan-)	t_{LG}	f_{LG}		

[1] Zwischen 2 Ebenen bzw. 2 Geraden oder röhrchenförmig [2] Grenzabweichung = ± halbe Toleranz!

Toleranzzonen: Die Toleranzzonen der verschiedenen Toleranzarten haben generell die ideale Gestalt des tolerierten Geometrieelements. Letzteres muss vollständig in der Toleranzzone liegen (s. Kap. 1.5.1). Von ihrer Gestalt her dominieren zwei verschiedene Arten von Toleranzzonen:

- *Geradlinige* Toleranzzonen sind entweder von zwei Ebenen (im Grenzfall zwei Geraden) oder von einem Kreiszylinder („Röhrchen") begrenzt. Sie kommen vor bei den „flachen" Formtoleranzen, bei Richtungs- und bei Ortstoleranzen. Tolerierte Geometrieelemente sind daher Geraden (wirkliche Geraden sowie Achsen) und Ebenen (ebenfalls wirkliche sowie Mittelebenen).
- *Ringförmige* Toleranzzonen liegen zwischen konzentrischen Kreisen, koaxialen Kreiszylindern u. Ä. Sie treten auf bei „runden" Formtoleranzen und Lauftoleranzen, und

zwar praktisch nur bei wirklichen Geometrieelementen mit (zumindest teilweise) kreisförmigem Querschnitt.

Daher bestehen zwischen den genannten Toleranzgruppen enge Beziehungen. Sie werden in den folgenden Kapiteln erläutert.

Kurzzeichen: Für Form- und Lagetoleranzen verwenden wir den Buchstaben *t*, für die entsprechenden Abweichungen *f*. Die einzelnen Toleranzarten werden durch Indizes gemäß Tabelle 2.1 gekennzeichnet. All diese Zeichen sind nicht genormt. Sie stimmen mit dem Beuth-Kommentar über die Prüfung von Form- und Lagetoleranzen [AbBM 90] überein. Da *Maß*toleranzen aufgrund ihrer Definition den Abstand zweier gegenüberliegender Punkte spezifizieren (vgl. Kap. 1.3), gibt es dort keine von idealen Flächen oder Linien eingegrenzte Toleranzzone, s. Kap. 1.5.4). Daher verwenden wir für Maßtoleranzen den Buchstaben *T*.

2.2 Formtoleranzen

2.2.1 Übersicht

Toleranzarten: Die Formtoleranzen im vorliegenden Kapitel betreffen nur sog. „einfache" Geometrieelemente, nämlich *Geraden* und *Ebenen* sowie *Kreise* und *Kreiszylinder*. Dementsprechend werden folgende Toleranzarten behandelt:

- *Geradheit* (Kap. 2.2.2),
- *Ebenheit* (Kap. 2.2.3),
- *Rundheit* (Kreisform; Kap. 2.2.4),
- *Zylindrizität* (Zylinderform; Kap. 2.2.5).

Die Form anderer Geometrieelemente wird im Rahmen des Systems von ISO 1101 mit *Profiltoleranzen* toleriert, s. Kap. 2.4.

Bedeutung: Eine Formtoleranz (form tolerance) soll dafür sorgen, dass ein Geometrieelement von der gedachten Idealform nur innerhalb bestimmter Grenzen abweichen darf, z.B. dass eine Blechkante, die als Anschlag dient, hinreichend gerade ist oder dass ein Wälzlagersitz hinreichend kreiszylindrisch ist. Solange wir nach dem *Unabhängigkeitsprinzip* (s. Kap. 1.4.2) arbeiten, bedingt die *Maß*toleranz des Formelements keine Einschränkung von Formabweichungen. Geometrieelemente, deren Funktion eine bestimmte Formgenauigkeit erfordert, müssen daher mit einer entsprechenden Formtoleranzangabe versehen werden. Bei Gültigkeit der *Hüllbedingung* (einzeln eingetragen mittels Ⓔ, s. Kap. 1.4.3, oder generell beim *Hüllprinzip*, Kap. 1.4.4) dürfen zwar Formabweichungen den Betrag der Maßtoleranz nicht überschreiten, können ihn aber erreichen. Soweit diese Abweichungen für die Einhaltung der Funktion des Geometrieelements zu groß sind, muss zusätzlich zur Maßtoleranz eine engere Formtoleranz eingetragen werden.

Beispiel: Ein Nadellager-Innenring verträgt in einem speziellen Fall eine Maßtoleranz des Wellensitzes von 40 js6 = 40 ± 0,008 Ⓔ (d. h. mit Hüllbedingung). Wenn der Wellenzapfen genau kreiszylindrisch ist, dehnt sich der Innenring je nach dem Istmaß des Zapfens etwas mehr oder weniger, aber immer gleichmäßig auf; das beeinträchtigt die Lagerfunktion nicht wesentlich (nur das Spiel verändert sich). Ohne zusätzliche Zylindrizitätstoleranz dürfte der Zapfen aber auch z. B. innerhalb von 0,016 mm kegelig oder gleichdickförmig-unrund sein. Das würde dazu führen, dass einzelne Stellen des Lagerrings beim Überrollen erhöhte Pressung bekämen; damit würde die Lebensdauer des Lagers sinken. Aus diesem Grunde verlangt der Wälzlagerhersteller (entsprechend DIN 5425) eine Formtoleranz für die Zylindrizität, die etwa bei 1/3 der Maßtoleranz liegt.

Formabweichungen: Das Verständnis und die Erläuterung der einzelnen Toleranzarten gehen immer von der *Toleranzzone* aus. Wir erinnern hier an die Einführung in Kap. 1.5.2 mit den Regeln 1-35 bis 1-38 für die Toleranzzone, die Formabweichung, die Minimumbedingung und die Grenzabweichung. Für alle *Form*toleranzen (einschließlich der *Profil*toleranzen ohne Bezüge, s. Kap. 2.4) gelten folgende Regeln:

2-1 Minimumbedingung: Die Formabweichung (Istabweichung) ergibt sich nach der Minimumbedingung (mathematisch: „Tschebyschew-Kriterium"), indem Grenzflächen bzw. -linien so an das tolerierte Geometrieelement herangeschoben werden, dass sie es einschließen und ihr Abstand ein Minimum wird; dieser Abstand ist die Formabweichung f.

Die Grenzflächen bzw. -linien sind

- bei *Geradheit* zwei parallele Geraden (s. Kap. 1.5.2), bzw. bei kreiszylindrischer Toleranzzone ein Kreiszylinder (Röhrchen) mit minimalem Durchmesser,
- bei *Ebenheit* zwei parallele Ebenen,
- bei *Rundheit* zwei konzentrische Kreise,
- bei *Zylindrizität* zwei koaxiale Kreiszylinder.

2-2 Grenzabweichung: Bei allen Formtoleranzen ist die Grenzabweichung (d. h. die größte zulässige Abweichung) gleich der Toleranz t. Das Geometrieelement ist in Ordnung, wenn die Formabweichung f nicht größer ist als die Grenzabweichung, d. h. $f \leq t$.

Angaben zur *Prüfung* von Abweichungen beziehen wir nur insoweit ein, als sie zum Verständnis der Toleranzzone und zur Anwendung der Toleranzarten förderlich sind; Vollständigkeit ist hier nicht angestrebt.

Bezüge: Die Formtoleranz betrifft jeweils nur ein einziges Geometrieelement. Daher wäre die Angabe eines Bezugs auf ein anderes Geometrieelement i. A. sinnlos:

2-3 Bezüge bei Formtoleranzen: Eine Formtoleranz hat in der Regel keinen Bezug.

Daher treten hier hier keine Bezugsbuchstaben auf. In Ausnahmefällen kann allerdings bei *Geradheit* zwecks eindeutiger Prüfung ein Bezug nötig sein (s. Anmerkung zu Bild 2.3 a). Bei *Linienprofiltoleranzen* kommt das häufiger vor, auch wenn sie als Formtoleranzen wirken (s. Bild 2.29, Kap. 2.4.2).

2.2.2 Geradheit

Bedeutung und Symbol: Eine Geradheitstoleranz (straightness tolerance) sorgt dafür, dass ein Geometrieelement, das geometrisch ideal eine gerade Linie darstellt, bei der Ausführung am Werkstück eine bestimmte Geradheitsabweichung nicht überschreitet (umgangssprachlich: „dass eine Linie hinreichend gerade ist"). Das *Symbol* dafür ist eine waagerechte gerade Linie im linken Feld des Toleranzrahmens, s. Bild 2.1.

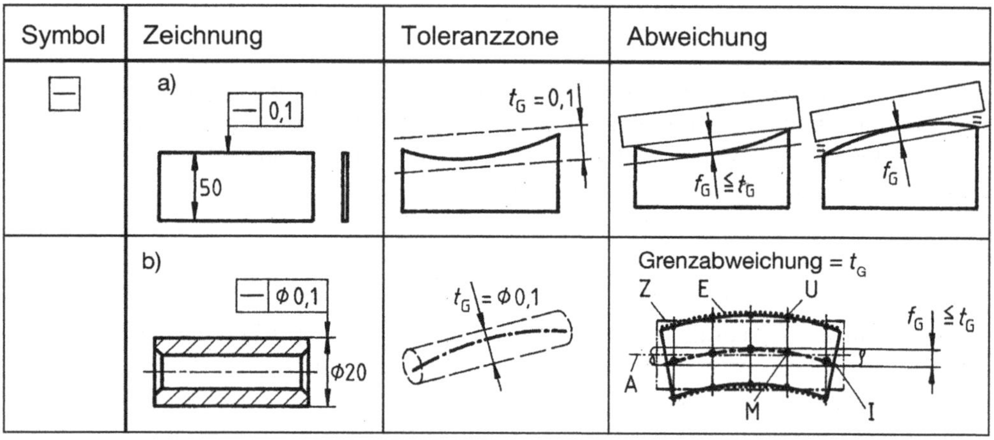

Bild 2.1: Standardbeispiele zur Geradheitstolerierung. a) wirkliche Kante bzw. Linie, b) Achse einer Kreiszylinderfläche (Erläuterung im Text)

Tolerierte Geometrieelemente: *Bild 2.1* bringt zwei typische Anwendungsfälle (Varianten dazu enthalten die Bilder 2.3 und 2.4):

a) ***Wirkliche Gerade***, hier eine schmale *Blechkante*. Das Beispiel wurde eingehend in Kap. 1.5.2 mit Bild 1.28 erläutert.

b) ***Abgeleitete Gerade***, hier die Achse des Außenmantels (nicht die der Bohrung). Die Istachse wird messtechnisch aus dem Geometrieelement abgeleitet, auf dessen Maßpfeil der Toleranzpfeil steht (s. Kap. 1.6.1). Dazu berechnet das Messgerät aus dem punktweise *erfassten* Geometrieelement E (gepunktet dargestellt; s. Kap. 1.5.4) das *zugeordnete* Element Z, hier einen idealen Kreiszylinder, der das erfasste Element optimal annähert. Senkrecht zu dessen Achse A werden in hinreichend vielen Schnittebenen die Umfangslinien U des erfassten Elements E gebildet und daraus die Mittelpunkte M berechnet. Deren Verbindungslinie ist die *abgeleitete mittlere Linie* oder *Istachse* I. Sie muss innerhalb der Toleranzzone liegen.

Toleranzzone: Sie ist begrenzt durch zwei parallele *Grenzgeraden* (ggf. auch Grenzebenen) im Abstand der Geradheitstoleranz t_G (Bild 2.1 a) oder durch einen *Grenzzylinder* mit Ø t_G (b; s. dazu Kap. 1.6.1, Bild 1.34). Die Toleranzzone ist bei allen Formtoleranzen relativ zum Werkstück frei verschiebbar und drehbar. Im Prinzip steht sie immer senkrecht zum Toleranzpfeil (s. Kap. 1.6.1, Regel 1-50); ihre wirkliche Ausrichtung folgt jedoch der Minimumbedingung (s. Kap. 1.5.2, Regel 1-37). Die tolerierte Gerade muss auf ganzer Länge innerhalb dieser Grenzen liegen, d. h., sie darf diese berühren, aber nicht durchbrechen.

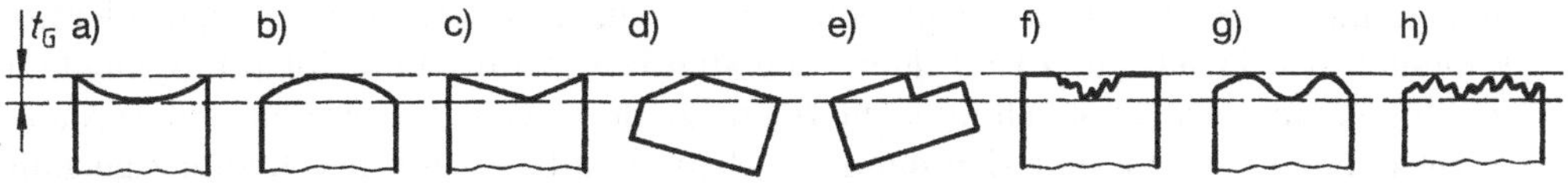

Bild 2.2: Verschiedene Geradheitsabweichungen, die die Geradheitstoleranz t_G ausschöpfen (Erläuterung im Text)

Geradheitsabweichungen: Innerhalb der Toleranzzone darf eine tolerierte Gerade nach Bild 2.1 a beliebige Abweichungen aufweisen, *Bild 2.2.* Sie kann z. B. infolge Verzug gebogen sein, konkav (a) oder konvex (b), oder abgeknickt (c und d), z. B. durch Verschleiß (das kommt bei der Prüfung von gebrauchten Teilen vor, etwa bei aufgearbeiteten Kraftfahrzeug-Aggregaten). Sie kann versetzt sein (e), etwa infolge Formversatz, schartig (f) wegen stumpfer Werkzeuge, wellig (g) oder einfach unregelmäßig (h).

Grenzabweichungen und Prüfung: Die Formabweichung der tolerierten Geraden ist der kleinste Abstand zwischen zwei parallelen Linien, die das tolerierte Element soeben einschließen (Minimumbedingung, s. Kap. 1.5.2, Regeln 1-36 und 1-37, und Kap. 2.2.1, Regel 2-2); sie ist am einfachsten vorstellbar als der verbleibende größte Abstand zwischen der Kante und einem so nah wie möglich anliegenden Lineal (s. Bild 1.28 in Kap. 1.5.2). Bei einer röhrchenförmigen Toleranzzone ist die Geradheitsabweichung f_G der Durchmesser des kleinsten Kreiszylinders, der die Istachse einschließt (Bild 2.1 b). Die *Grenzabweichung ist* gleich der Geradheitstoleranz t_G (s. Bild 2.1 und 2.2).

Geradheitstolerierung für wirkliche Geraden: Diese Tolerierung wendet man an, um die Geradheit einer bestimmten schmalen Zone am Werkstück zu sichern, deren Funktion den unmittelbaren Kontakt zu anderen Teilen bedingt, z. B. als Rollbahn, als Anschlag mit Linienberührung o. Ä. Bevor dazu die Beispiele in *Bild 2.3* erläutert werden, müssen wir einige Neuerungen der ISO 1101 vorstellen.

a) **Tolerierung im 3D-CAD-Modell:** Die wesentliche Änderung der DIN EN ISO 1101 aus dem Jahr 2014 gegenüber der Vorgängerausgabe aus dem Jahr 2008 besteht darin, dass nun erstmals die Möglichkeit gegeben wird, die Bauteilspezifikation direkt im 3D-CAD-Modell vorzunehmen, ohne dass eine 2D-Zeichnungsableitung zwingend erforderlich ist. Inwiefern die CAD-Systeme alle Voraussetzungen dafür bereitstellen und diese Arbeitsweise sinnvoll und praktikabel ist, soll hier nicht diskutiert werden. Die Umsetzung in der industriellen Praxis steckt hier – wenn überhaupt – auch sicher noch in der Anfangsphase.

Dennoch liefert die neue ISO 1101 die formalen Regeln dafür. Eine reine Darstellung der geometrischen Toleranzen im 3D-Modell führt aber dazu, dass bisherige Regeln, die nicht zuletzt auf einer 2D-Zeichungsableitung beruhen, ersetzt bzw. ergänzt werden müssen.

b) **Schnittebenen:** Die Einführung von Schnittebenen wird bei der Spezifikation im 3D-Modell erforderlich, um das tolerierte Linienelement eindeutig zu definieren. Dazu führt ISO 1101 ein neues Symbol ein, den Schnittebenenindikator (s. Bild 2.3 f und g). Dabei handelt es sich um einen rechts vom Toleranzrahmen anzuordnenden ergänzenden Rahmen, dessen linke Seite mit einer rechteckigen Dreieckspitze auf den Toleranzrahmen weist. Er hat nur zwei Felder. Im ersten Feld definiert ein Toleranzsymbol die Richtung einer gedachten Schnittebene relativ zu dem Bezug im zweiten Feld. Das tolerierte Linienelement ergibt sich dann aus dem Schnitt des mit der Toleranz gekennzeichneten Geometrieelementes und der gedachten Schnittebene.

c) **Orientierungsebenen:** Bei der Tolerierung von Mittellinien und Mittelpunkten und in speziellen Fällen auch bei Kanten ist es im 3D-Modell notwendig, die Ausrichtung bzw. Orientierung der Toleranzzone eindeutig festzulegen. Hierzu verwendet ISO 1101 nun einen Orientierungsebenenindikator (s. Bild 2.3 h und i sowie Bild 2.34 g und h in Kap. 2.5.2). Wie beim Schnittebenenindikator handelt es sich auch hier um einen ergänzenden Rahmen, der rechts vom Toleranzrahmen angeordnet wird. Der Unterschied zum Schnittebenenindikator liegt darin, dass hier auf beiden Seiten des ergänzenden Rahmens ein rechteckiges Dreieck angebracht ist. Anders als beim Schnittebenenindikator geht es hier aber nicht um die eindeutige Definition des tolerierten Linienelementes, sondern um die eindeutige Definition der Orientierung bzw. Ausrichtung der Toleranzzone.

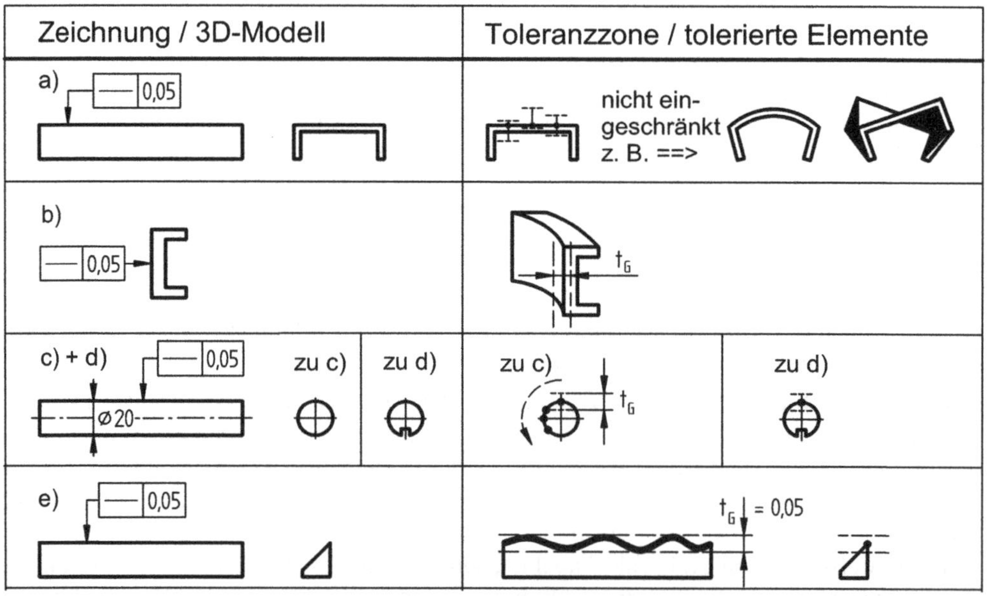

Bild 2.3: Geradheitstolerierung wirklicher Geraden. a) und b) Geraden innerhalb einer ebenen Fläche, c) alle Mantellinien, d) oberste Mantellinie, e) Kante

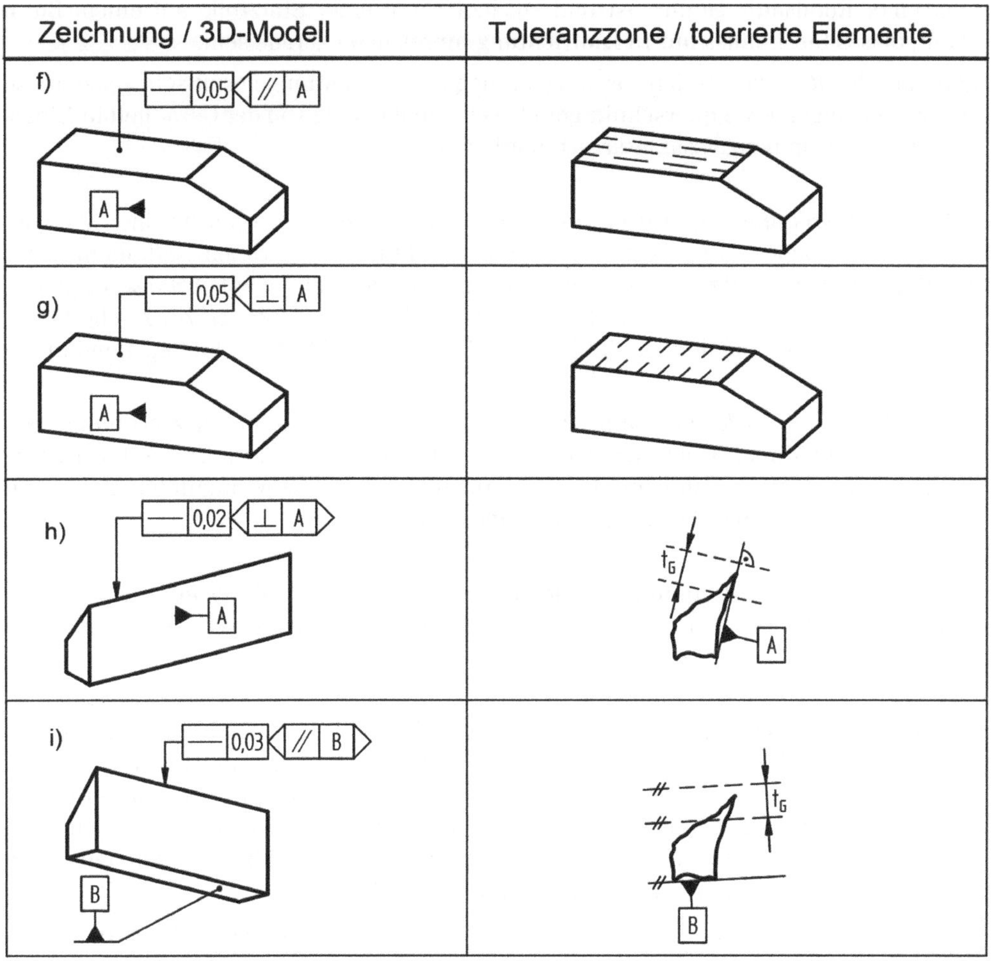

Bild 2.3 (Fortsetzung): f) und g) Geradheitstoleranz mit Schnittebenenindikator, h) und i) Geradheitstoleranz mit Orientierungsebenenindikator

Bild 2.3 bringt für die Geradheitstolerierung von wirklichen (realen) Geraden folgende Beispielfälle:

a) ***Geraden innerhalb einer Ebene:*** Jede einzelne Gerade, die parallel zur Zeichenebene in der Ansicht liegt, wo die Geradheitstoleranz eingetragen ist (d. h. hier links), muss für sich allein gerade sein. Die obere Fläche könnte z. B. gewölbt oder verwunden sein (Skizze ganz rechts); das würde durch die eingetragene Geradheitstoleranz nicht eingeschränkt. Zum Prüfen könnte man z. B. ein Haarlineal in verschiedenen Positionen, aber immer in Richtung der Zeichenebene mit der Eintragung, aufsetzen. (Wäre das nicht so, dann müsste man im Fall d auch quer und diagonal prüfen; damit wäre so etwas wie Ebenheit toleriert.) Sinnvoll ist eine solche Angabe nur, wenn die Funktion der Fläche lediglich die Geradheit einzelner Linien in bestimmter Richtung, aber nicht die Ebenheit der ganzen Fläche verlangt. Ein Beispiel ist der Carrier (Läufer) eines Druckers, der mit einer Rundsäule geführt ist und zusätzlich mit einer Stützrolle auf einem Blech läuft; dieses Blech muss nur in Laufrichtung hinreichend gerade sein.

b) ***Entsprechend a:*** Das Profil b – es mag stranggepresst oder umgeformt sein – soll nur in jedem beliebigen Profilquerschnitt gerade sein, unabhängig von der Geradheit in Längsrichtung. Zusammengefasst lässt sich merken:

2-4 Geradheitstolerierung innerhalb einer ebenen Fläche: Wenn in einer ebenen Fläche die Geradheit nur in einer bestimmten Richtung toleriert sein soll, dann liegt die Prüfrichtung *parallel* zu der Zeichenebene, wo der Toleranzpfeil *eingetragen* ist (Bild 2.3 a und b); die tolerierte Fläche liegt dabei in der Regel senkrecht zur Zeichnungsebene. (Kennzeichnung mit Schnittebenenindikator im 3D-Modell s. Bild 2.3 f und g)

c) ***Mantellinien eines Kreiszylinders:*** Toleriert ist zunächst die in der Zeichnung oben liegende Mantellinie. Da das Werkstück aber rotationssymmetrisch ist, lässt sich diese Linie nicht einzeln bestimmen, d. h., die Angabe erfasst alle Mantellinien und damit implizit auch die Achse des Zylinders. Grundsätzlich gilt:

2-5 Geradheit von Mantellinien und Achse: Die Geradheitsabweichung der Achse eines Kreiszylinders kann nicht größer sein als die größte Geradheitsabweichung bei den Mantellinien.

d) ***Mantellinien eines unterbrochenen Kreiszylinders:*** Bei dem genuteten Kreiszylinder ist die tolerierte Mantellinie genau festgelegt; daher gilt die Geradheitstoleranz hier nur für die oben liegende Mantellinie. (Das könnte z. B. sinnvoll sein, weil die einseitige Nut einen stärkeren Verzug in Richtung der Nutmittelebene hervorrufen kann.) Wenn dagegen sämtliche Mantellinien toleriert sein sollen, muss man der Eindeutigkeit halber den Zusatz „alle Mantellinien“ an den Toleranzrahmen schreiben.

e) ***Schmale Kante:*** Die Geradheit der Prismenkante ist nur in der Richtung senkrecht zum Toleranzpfeil eingeschränkt, aber nicht quer dazu (z. B. bei einer seitlichen Krümmung des Prismas). Man kann sich daher die Toleranzgrenzen als Ebenen (anstatt Linien) vorstellen; oder man denkt sich die tolerierte Kante auf die in der Zeichenebene liegenden Toleranzgrenzen projiziert.

f) ***Geradheitstoleranz mit Schnittebenenindikator:*** Bei der Tolerierung der Geradheit im 3D-Modell gibt es keine „Zeichenebene“ mehr. Daher wird hier mit dem Schnittebenenindikator hinter dem Toleranzrahmen festgelegt, welche Linienelemente toleriert werden. Im Bild 2.3 f sind das alle Linienelemente, die sich durch den Schnitt der oberen Ebene mit Schnittebenen *parallel* zu A ergeben.

g) ***Entsprechend f:*** Hier werden alle Linienelemente toleriert, die sich durch den Schnitt der oberen Ebene mit Schnittebenen *senkrecht* zu A ergeben.

h) ***Geradheitstoleranz mit Orientierungsebenenindikator:*** Bei der Tolerierung der schmalen Kante im 3D-Modell kann der Toleranzpfeil auch als Hinweislinie ohne klare Richtung angegeben werden. Daher ist nicht mehr eindeutig festgelegt, in welche „Richtung“ die Geradheit der Kante toleriert ist, und es muss hier mithilfe des Orientierungsebenenindikators angezeigt werden, wie die Geradheitstoleranzzone, die man sich hier wie zwei *parallele* Ebenen im Abstand von 0,02 mm vorstellen kann, ausgerichtet wird. Streng genommen gilt das auch für die Tolerierung in einer 2D-Zeichnung (e), da die Lage der Seitenfläche A und der Basisfläche B nie exakt rechtwinklig zueinander ist. Da die Unterschiede im Regelfall aber sehr klein sein werden und eher im Bereich der Messunsicherheit liegen, ist die Angabe der Orientierungsebenen in der 2D-Zeichnung zwar nötig, um mathematische Exaktheit zu erzielen, für die praktische Überprüfung der Tolerierung aber ohne Bedeutung.

i) ***Geradheitstoleranz mit Orientierungsebenenindikator:*** Wie bei h, nur mit einer Toleranzzone, die aus zwei Ebenen *parallel* zu B gebildet wird.

Geradheitstoleranz für Achsen und Mittellinien (abgeleitete Elemente): Diese Tolerierung dient dazu, einem rotations- oder auch spiegelsymmetrischen Geometrieelement insgesamt die Geradheit in seiner Längsrichtung zu sichern. Zur eindeutigen Kennzeichnung muss der *Toleranzpfeil auf dem Maßpfeil* stehen, der das Formelement bemaßt, von dem die Achse bzw. Mittellinie abzuleiten ist (s. Kap. 1.6.1). Die folgenden Beispiele, *Bild 2.4,* beziehen sich auf Außenelemente („Wellen"). Sie gelten entsprechend genauso für Innenelemente („Bohrungen").

a) ***Achse eines Kreiszylinders:*** Hierbei ist nur die Geradheitsabweichung der Achse eingeschränkt, nicht aber die der Mantellinien. Der Zylinder könnte z. B. ballig sein, auch wenn die Achse gerade ist. Meist wird verlangt, dass die Geradheit der Achse in *allen* Richtungen toleriert ist. Dann setzt man vor den Toleranzwert ein Durchmesserzeichen. Damit liegt die Toleranzzone nicht mehr zwischen parallelen Geraden bzw. Ebenen, sondern bildet einen Kreiszylinder vom Durchmesser t_G. Die tolerierte Achse muss in ihrer ganzen Länge innerhalb dieses Zylinders liegen. Würde man das Durchmesserzeichen vor dem Toleranzwert 0,1 weglassen, so würde sich am Ergebnis an sich nichts ändern; denn infolge der Rotationssymmetrie müsste man die Geradheit in *allen* Richtungen prüfen. Der Eindeutigkeit halber sollte man aber stets das Durchmesserzeichen setzen.

b) ***Achse eines unterbrochenen Kreiszylinders:*** Ist der Kreiszylinder, dessen Achse toleriert ist, unterbrochen o. Ä. (z. B. durch eine Nut oder ein Querloch), dann ist das Durchmesserzeichen unbedingt notwendig, damit die Geradheitstoleranz nach *allen* Richtungen (rundum) gilt (vgl. Bild 2.3 c). Die Istachse wird aus dem vorhandenen Teil der Zylinderfläche abgeleitet.

c) ***Gemeinsame Achse mehrerer Kreiszylinder:*** Sehr oft stellt sich die Aufgabe, die „Fluchtung" oder auch „Koaxialität" von Wellenabschnitten (bzw. genauso von Bohrungen) relativ zueinander festzulegen, z. B. von zwei Lagersitzen. Die einfachste Tolerierung dafür ist die Eintragung einer Geradheitstoleranz mit kreiszylindrischer „gemeinsamer Toleranzzone" (s. Kap. 1.6.1, Regel 1-57). Vom Toleranzrahmen gehen zwei (bzw. mehrere) Toleranzpfeile aus, die jeweils auf dem Maßpfeil der zugehörigen Maßangabe stehen. Der Toleranzpfeil darf keinesfalls auf der Achse selbst stehen. Man kann nicht einfach von „der Achse" einer Welle sprechen, die aus mehreren Geometrieelementen besteht, sondern man muss definieren, aus welchen Elementen diese Achse abzuleiten ist. Die Angabe einer gemeinsamen Toleranzzone („CZ" im Toleranzrahmen) ist unbedingt erforderlich, weil andernfalls die Geradheitstoleranz jeweils nur für die einzelnen Wellenabschnitte gelten würde, ohne gemeinsame Fluchtung. (Anmerkung: Ähnliches ist auch mit einer Koaxialitätstolerierung zu erreichen, s. Kap. 2.6.3).

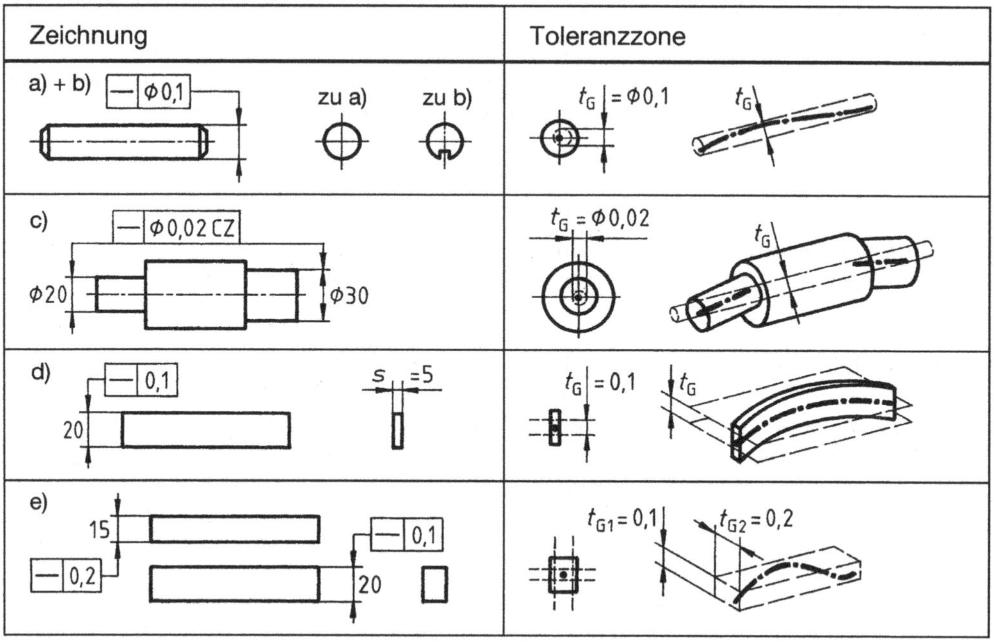

Bild 2.4: Geradheitstolerierung von abgeleiteten Linien. a) Achse eines Kreiszylinders, b) Achse eines unterbrochenen Kreiszylinders, c) gemeinsame Achse von zwei Wellenzapfen, d) Mittellinie eines Profilstreifens, e) Achse eines Profilstabs

d) ***Mittellinie eines Profilstreifens:*** Diese Angabe ist nur für relativ dünne Profile sinnvoll, d. h. solche, deren Dicke *s* klein ist gegenüber ihrer Länge. Somit kann man von *einer* Mittellinie sprechen. Eine seitliche Verbiegung des Streifens ist hier nicht eingeschränkt (vgl. auch Bild 2.3 a).

e) ***Achse eines Profilstabs:*** Will man – anders als bei d – die Geradheit der Achse in *zwei* Richtungen festlegen, dann kann man in den entsprechenden Ansichten zwei Geradheitstoleranzen eintragen. Sie können auch verschieden groß sein, z. B. um unterschiedlichen Verzug zu berücksichtigen. Daraus ergibt sich eine Toleranzzone in Form eines „Rechteckrohrs“. Praktisch wird die Geradheit in beiden Koordinatenrichtungen getrennt geprüft; eine röhrchenförmige Toleranzzone ist deshalb hier nicht sinnvoll. Auch diese Tolerierung eignet sich, wie bei d, nur für schlanke Profile.

Aus den Beispielen können wir zusammenfassen:

2-6 Geradheitstolerierung von Achsen: Wenn die Achse von *Rotationselementen* (d. h. solchen mit ganz oder überwiegend kreisförmigem Querschnitt) gerade sein soll, dann muss die Geradheitstoleranz in aller Regel *rundum* (d. h. in allen Richtungen) gelten und somit die Toleranzzone röhrchenförmig sein (Ø-Zeichen vor dem Toleranzwert). Umgekehrt gilt: Mit einer röhrchenförmigen Toleranzzone kann man ausschließlich Achsen tolerieren.

2.2.3 Ebenheit

Bedeutung und Symbol: Die Ebenheitstoleranz (flatness tolerance) erweitert die Geradheitstoleranz um eine Dimension. Die Einschränkung von Ebenheitsabweichungen ist bei vielen Geometrieelementen notwendig, z. B. bei Aufspann- oder Auflageflächen von Werkstücken, bei Teilungsflächen von Gehäusen oder bei Dichtflächen mit Flachdichtungen. Häufig ist eine Ebenheitstolerierung bei Bezugsflächen nötig (s. Kap. 2.3.2). Das *Symbol* ist ein Parallelogramm, sozusagen ein „Rechteck in Schrägansicht", *Bild 2.5.*

Tolerierte Geometrieelemente: Die Ebenheitstoleranz kann sich, wie die Geradheitstoleranz, nicht nur auf *wirkliche* Ebenen (Bild 2.5 a), sondern auch auf *abgeleitete* Ebenen (Mittel-, Symmetrieebenen) beziehen (b). Das findet sich jedoch meist nur im Zusammenhang mit der Maximum-Material-Bedingung (s. Kap. 4.4).

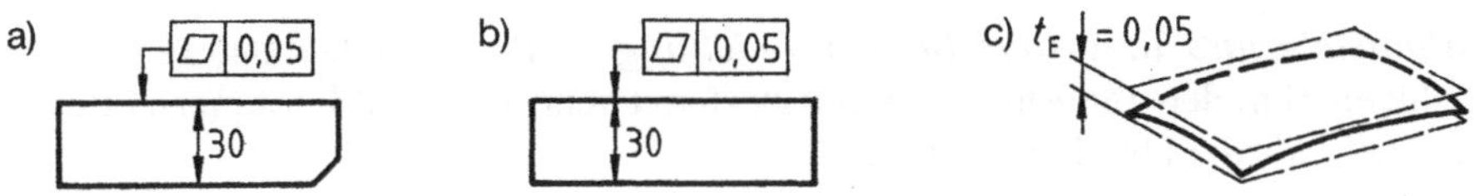

Bild 2.5: Ebenheitstolerierung. a) wirkliche Fläche, b) Mittelebene toleriert; c) Toleranzzone zu a

Toleranzzone: Die Toleranzzone ist der Raum zwischen zwei parallelen Grenzebenen im Abstand der Ebenheitstoleranz t_E, s. Bild 2.5 c. Solange keine zusätzlichen Einschränkungen angegeben werden (s. Kap. 1.6.1, Bild 1.35 c), erstreckt sie sich über die gesamte tolerierte Fläche.

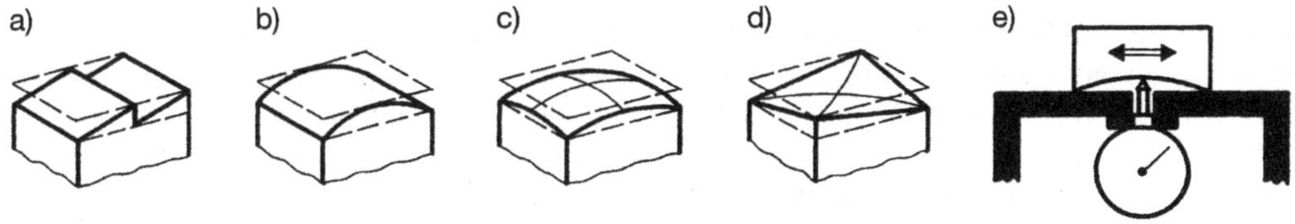

Bild 2.6: Ebenheitsabweichungen. a) stufig, b) gekrümmt, c) gewölbt, d) verwunden; e) mechanische Messung der Ebenheitsabweichung mittels Platte und Messuhr

Ebenheitsabweichungen: Innerhalb der Toleranzzone darf die tolerierte Fläche beliebige Abweichungen zeigen. Typische Ebenheitsabweichungen können den Geradheitsabweichungen von Bild 2.2 entsprechen, z. B. stufig, *Bild 2.6 a,* oder gekrümmt (b); hinzu kommen räumliche Ebenheitsabweichungen wie die Wölbung (c) und die Verwindung (d), die z. B. beim Verzug von nicht genügend torsionssteifen Bauteilen auftritt. Wenn die Krümmung bzw. Wölbung konvex ist (wie bei b und c skizziert) oder die Ebene verwunden ist (d), dann „wackelt" die Fläche bei der Auflage auf eine ebene Gegenplatte. Solche Elemente sind als Bezugsflächen meist unbrauchbar (s. Kap. 2.3.2).

Grenzabweichung und Prüfung: Die Grenzabweichung ist gleich der Ebenheitstoleranz t_E. Entsprechend wie bei der Geradheit (s. Kap. 1.5.2, Bild 1.28) ist die Ebenheitsabweichung (nach der Minimumbedingung, s. Kap. 2.2.1) definiert als der kleinstmögliche Abstand zwischen zwei parallelen Grenzebenen, die die tolerierte Fläche zwischen sich einschließen. Sie ist vorstellbar als der größte verbleibene Abstand zwischen der tolerierten Ebene und einer so dicht wie möglich anliegenden Prüfplatte. Ihre Messung verursacht jedoch größere Schwierigkeiten als bei der Geradheit. Ein Messgerät muss hinreichend viele Punkte abtasten, um die höchsten und die tiefsten Stellen erfassen zu können. Ohne Messgerät lassen sich nur solche Flächen hinreichend genau prüfen, die beim Auflegen auf eine Prüfplatte nicht „wackeln". Die Prüfvorrichtung dazu besitzt z. B. eine in die Platte eingelassene Messuhr, Bild 2.6 e.

Einbeschlossene Formabweichungen: Die Gestalt der Ebenheitstoleranzzone lässt erkennen:

2-7 Ebenheitstoleranz und Geradheitsabweichungen: Die Geradheitsabweichung jeder beliebigen Geraden innerhalb der tolerierten Ebene kann in Toleranzrichtung nicht größer sein als die Ebenheitstoleranz.

Dieser Satz lässt sich nicht umkehren. Die Ebenheitsabweichung kann sehr wohl größer sein als die größte in der Ebene zu ermittelnde Geradheitsabweichung (das ist bei Verwindung der Fall, vgl. Bild 2.6 d).

2.2.4 Rundheit (Kreisform)

Bedeutung und Symbol: Der Kreis ist neben der Geraden die zweite geometrische Grundfigur in der gesamten Technik. Die Einhaltung der Rundheit (roundness) von kreisförmigen oder kreiszylindrischen Teilen hat daher elementare Bedeutung. Die Kreisform selbst besagt jedoch nichts über die Lage des Mittelpunkts bzw. die Abhängigkeit von einer Achse. Das *Symbol* der Rundheitstoleranz ist der Kreis, *Bild 2.7.*

Toleranzzone: Die Toleranzzone ist die Fläche zwischen zwei konzentrischen Kreisen. Die Rundheits- oder auch *K*reisformtoleranz t_K ist der *radiale* Abstand der beiden Kreise, Bild 2.7 c. Weder die Durchmesser noch der (gemeinsame) Mittelpunkt der Kreise sind festgelegt; sie richten sich vielmehr im Sinne der Minimum-Bedingung (s. Kap. 1.5.1) nach der zu prüfenden Kreiskontur. Wenn eine Rundheitstoleranz für ein kreiszylindrisches Geometrieelement eingetragen ist, dann betrifft sie jeden beliebigen Querschnitt einzeln. Sie schränkt daher z. B. weder die Geradheit der Mantellinien oder der Achse noch eine Kegeligkeit des Zylinders ein, Bild 2.7 d. Bei längeren Teilen ist die Rundheit in angemessen vielen Querschnitten zu prüfen, damit man sicher ist, dass die Toleranz überall eingehalten wird.

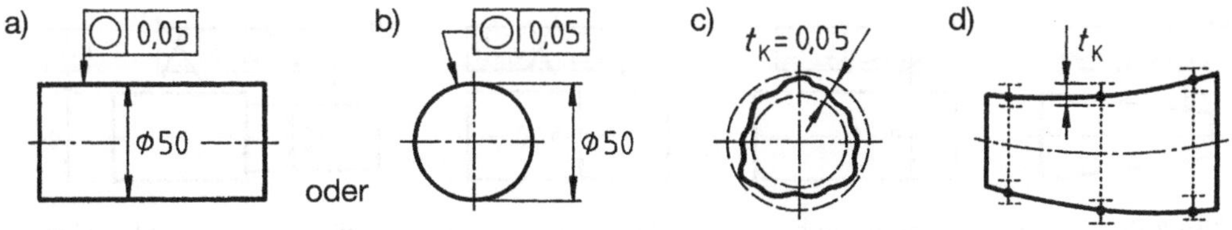

Bild 2.7: Rundheitstolerierung. a) und b) Zeichnung, c) und d) Toleranzzonen

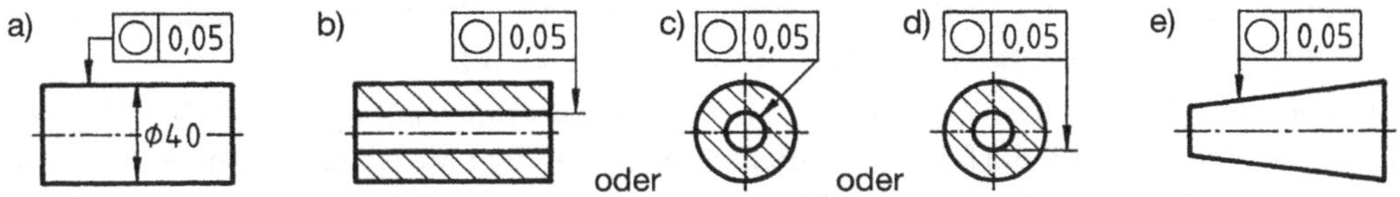

Bild 2.8: Rundheitstolerierung an verschiedenen Geometrieelementen. a) kreiszylindrisches Außenelement (Welle); b), c) und d) Innenelement (Bohrung), Darstellungen gleichbedeutend; e) Kegel

Tolerierte Geometrieelemente: Eine Rundheitstoleranz bezieht sich in aller Regel nur auf einen *wirklichen* Kreis bzw. Kreisquerschnitt. (Eine einsame Ausnahme bildet ggf. die Rundheit der Mittellinie eines dünnen Rings.) Der Kreis kann ein *Außenelement* (Welle) sein, *Bild 2.8 a,* oder ein *Innen*element (Bohrung, b bis d). Da die Rundheitstoleranz nur den radialen *Abstand* t_K der beiden Grenzkreise festlegt, nicht aber ihren Durchmesser, kann man auch Kegel und andere Rotationsformen mit Kreisquerschnitt so tolerieren, Bild 2.8 e. Gemessen wird jeweils nur die Umfangslinie eines einzelnen Querschnitts in einem Schnitt senkrecht zur Achse des zugeordneten Geometrieelements (s. ISO 12 181; vgl. Bild 2.1 b). (Anmerkung: Kegel haben eigene Toleranzsysteme, die hier nicht behandelt werden; s. DIN ISO 3040 und DIN 7178; Kegeltolerierung mit Profiltoleranzen s. Kap. 2.4.3, Bild 2.31).

Toleranzeintragung: Der Toleranzpfeil steht in der Regel senkrecht auf dem tolerierten Geometrieelement bzw. auf der Toleranzzone (s. Kap. 1.6.1, Regeln 1-47 und 1-50). Die Rundheitstolerierung kann daher sowohl in der Seitenansicht als auch in der Stirnansicht eingetragen werden. Die Darstellungen in Bild 2.7 a und b sind gleichwertig, ebenso wie in Bild 2.8 b bis d. Bei Bild 2.8 e scheint der Toleranzpfeil entgegen der Regel nicht senkrecht auf dem tolerierten Element zu stehen, aber der Schein trügt. Die schrägliegende *Mantellinie* hat mit der Rundheitstolerierung nichts zu tun. Die Toleranzzone ist ein Kreisring senkrecht zur *Achse;* auf diesem steht der Toleranzpfeil senkrecht (vgl. Bild 2.7 b). Der Pfeil symbolisiert sozusagen die Abtastrichtung. *Bild 2.9* enthält zur Warnung einige sinnwidrige bzw. falsche Eintragungen:

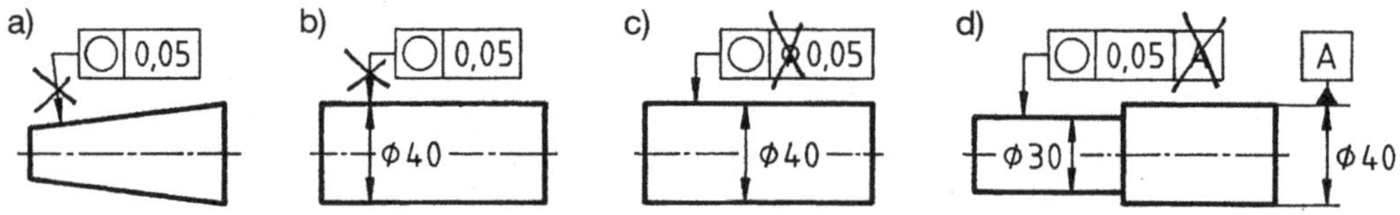

Bild 2.9: Sinnwidrige Toleranzeintragungen für Rundheit. a) Toleranzpfeil nicht senkrecht zur Toleranzzone, b) auf dem Maßpfeil; c) kreiszylindrische Toleranzzone; d) Bezugsangabe

a) *Toleranzpfeil:* Ein auf der Kegelmantellinie senkrecht stehender Toleranzpfeil ist sinnwidrig. Eine Messung in dieser Richtung würde nicht die korrekte Rundheitsabweichung ergeben (s. Formel (2.5) am Schluss von Kap. 2.7.2).

b) *Toleriertes Element:* Rundheit bezieht sich praktisch immer auf ein wirkliches Geometrieelement. Deshalb darf der Toleranzpfeil nicht auf dem Maßpfeil stehen, denn damit würde der Kreismittelpunkt toleriert (s. Kap. 1.6.1, Regel 1-49).

c) *Toleranzzone:* Ein Ø-Zeichen vor den Toleranzwert ist unsinnig, denn damit würde die Toleranzzone zum Kreis bzw. zum Kreiszylinder (Röhrchen) erklärt (s. Kap. 1.1, Regel 1-52). Sie ist aber ein Kreisring.

d) *Bezug:* Bei Rundheit ist eine Bezugsangabe sinnlos. Die Form des Zylinders Ø 30 hat mit dem Abschnitt Ø 40 nichts zu tun. Die Prüfrichtung ergibt sich aus dem zugeordneten Element Ø 30 (vgl. Bild 2.1 b, Kap. 2.2.2).

Die Fälle b bis d gelten ebenso für die Zylindrizitätstolerierung (s. Kap. 2.2.5).

Rundheitsabweichungen: Sie sind meist durch die Werkzeugmaschine bedingt. Typische, in *Bild 2.10* idealisiert dargestellte Abweichungen können sein: *Elliptisch* (a), *einseitig abgeflacht* (b, z. B. infolge Verschleiß im Gebrauch), *gleichdickförmig* mit 3 oder auch mehr Erhebungen (c, s. Kap. 1.4.2, Bild 1.19; hierbei kann z. B. der äußere Grenzkreis größer sein als der eingetragene Höchstdurchmesser), *polygonförmig* (d) oder *wellig* (e, z. B. infolge Schwingungen der Maschine oder unrunder Schleifscheibe). Die unangenehmste Rundheitsabweichung ist oft das Gleichdick (c).

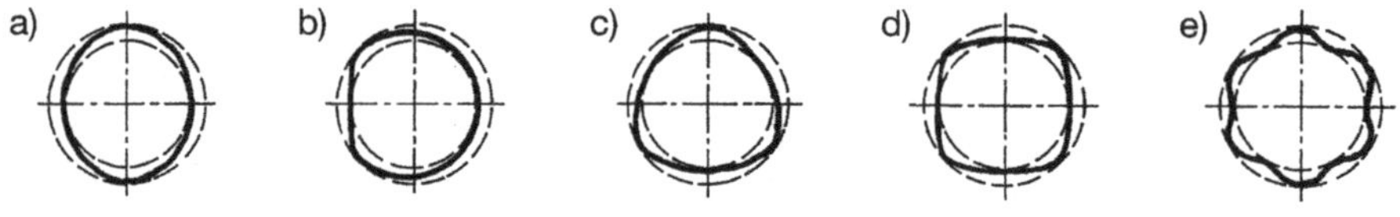

Bild 2.10: Typische Rundheitsabweichungen. a) elliptisch (oval), b) einseitig abgeflacht, c) gleichdickförmig, d) polygonförmig, e) wellig

Grenzabweichung und Prüfung: Die Grenzabweichung ist gleich der Rundheitstoleranz t_K. Eine direkte Prüfung der Rundheit ist nur sehr selten möglich, z. B. bei dünnen Scheiben mit großen Toleranzen auf dem Profilprojektor. Man kann dabei - im Gegensatz zur Geradheit - nicht von einem anliegenden Element ausgehen, d. h. weder vom kleinsten Außenkreis noch vom größten Innenkreis (Pferchkreis) des Istprofils (s. dazu Kap. 2.3.3, Bild 2.19); vielmehr müssen zwei konzentrische Kreise, die das Profil einschließen, so verschoben werden, dass ihr radialer Abstand ein Minimum wird (s. Kap. 2.2.1, Regel 2-1). Wenn Bild 2.10 Istprofile wiedergibt, dann ist deren Rundheitsabweichung der Abstand der gestrichelten Kreise. Die Praxis verwendet in aller Regel Messgeräte wie Formprüfer oder Dreikoordinatenmessgeräte [KeDu 07, WeGa 99]. Formprüfgeräte ermitteln die Rundheitsabweichungen in der Regel über eine Rund*lauf*messung (s. Kap. 2.7.2).

2.2.5 Zylindrizität (Zylinderform)

Bedeutung und Symbol: Die Zylindrizitätstoleranz (cylindricity tolerance) erweitert die Rundheitstoleranz um eine Dimension, nämlich um die Länge. Die Einschränkung von Zylinderformabweichungen ist bei zahlreichen rotierenden Bauteilen von der Funktion her nötig, z. B. bei Getriebeelementen. Das Symbol ist ein Kreis mit zwei Schrägstrichen, vorstellbar als Hinzufügung von parallelen Mantellinien zur Kreisform, *Bild 2.11.* Vieles, was unter Rundheit (Kap. 2.2.4) erläutert wurde, gilt sinngemäß auch für die Zylindrizität.

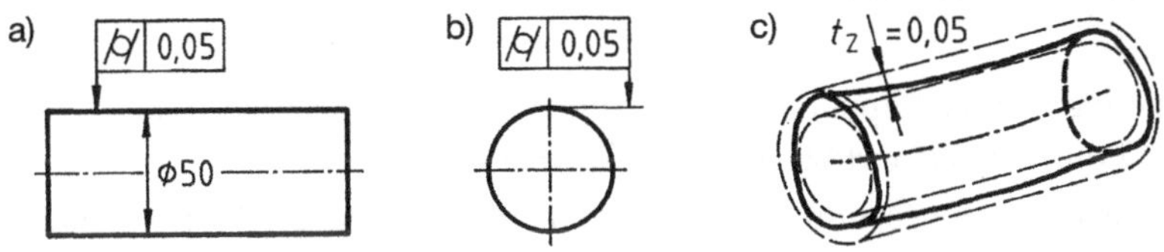

Bild 2.11: Zylindrizitätstolerierung. a) und b) Zeichnungseintragung (gleichwertig), c) Toleranzzone

Tolerierte Geometrieelemente: Die Zylindrizitätstoleranz kann praktisch nur für *wirkliche* Kreiszylinder (Außen- oder Innenzylinderflächen) vorgeschrieben werden, nicht aber für abgeleitete Elemente. Der Toleranzpfeil darf daher nicht *auf* dem Maßpfeil für den Durchmesser des Zylinders stehen (s. Kap. 1.6.1).

Toleranzzone: Sie ist der Raum zwischen zwei (idealen) koaxialen Kreiszylindern mit dem radialen Abstand der Toleranz t_Z. Weder die (gemeinsame) Achse noch die absolute Größe der Zylinder ist festgelegt.

Einbeschlossene Abweichungen: Die Toleranzzone der Zylindrizität gleicht in der Stirnansicht der für Rundheit und in der Seitenansicht der für Geradheit, Bild 2.11 c. Daraus folgt:

2-8 Zylindrizitätstoleranz und einbeschlossene Abweichungen: Die *Rundheits*abweichung f_K jedes einzelnen Querschnitts sowie die *Geradheits*abweichung f_G jeder Mantellinie und damit auch die der Zylinderachse können nicht größer werden als die Zylinderformtoleranz t_Z. Die *Parallelitäts*abweichung f_P der Mantellinien zur Achse kann den Wert t_Z, die von gegenüberliegenden Mantellinien $2t_Z$ erreichen.

Die Parallelitätsabweichung ist eine Lageabweichung (s. Kap. 2.5.2). Die größte Parallelitätsabweichung entsteht, wenn der tolerierte Kreiszylinder kegelig ausfällt (s. Bild 2.12 a).

Zylinderformabweichungen: Man kann sich Zylindrizitätsabweichungen vorstellen als Überlagungen von Rundheits-, Geradheits- und Parallelitätsabweichungen. Je nach Herstellverfahren werden bei kurzen Zylindern häufig die Kreisformabweichungen, bei schlanken Zylindern eher die Abweichungen in der Längsform überwiegen. Für Letztere typisch sind folgende (idealisierte) Formabweichungen, *Bild 2.12:*

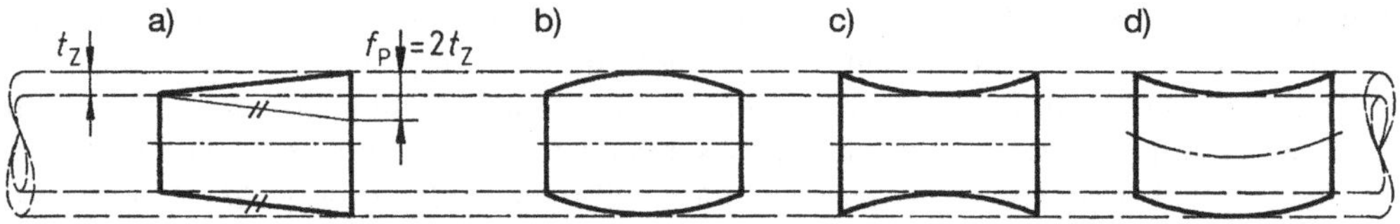

Bild 2.12: Typische Zylinderformabweichungen. a) kegelig (mit einbeschlossener Parallelitätsabweichung), b) ballig, c) doppelglockenförmig, d) krumm

a) *Kegelig,* z. B. infolge ungenauer Supportführung beim Spanen oder (etwa) infolge elastischer Verformung eines einseitig eingespannten Werkstücks.

b) *Ballig,* z. B. durch elastische Verformung beim Spanen mit beidseitiger Werkstückeinspannung.

c) *Doppelglockenförmig,* z. B. beim Härten oder Galvanisieren.

d) *Gebogen* (krumm), z. B. durch Verzug beim Härten oder beim einseitigen Abspanen von kaltgezogenem Material.

Form d hat als einzige eine ungerade Achse. Durch Überlagerung mit Rundheitsabweichungen, z. B. bei Maschinenschwingungen, können schraubige Körper u. a. m. vorkommen.

Grenzabweichung und Prüfung: Die Grenzabweichung ist gleich der Zylindrizitätstoleranz t_Z. Eine korrekte Messung der Zylindrizitätsabweichung f_Z unter Beachtung der Minimumbedingung ist mit konventionellen Messmitteln kaum möglich. Es gibt Annäherungen über die Ermittlung von Geradheits-, Rundheits- und Maßabweichungen [AbBM 90]; aber sie können je nach Art, Größe und Lage der verschiedenen Abweichungen zu erheblich verfälschten Ergebnissen führen. Die einzelnen Abweichungen überlagern sich nicht einfach additiv. Mit nur minimaler Überschreitenswahrscheinlichkeit gilt [Smi 98]:

$$f_Z \leq f_K + \frac{f_G + f_P}{2} \tag{2.1}$$

(Bezeichnungen s. Regel 2-8.) Korrekt lässt sich die Zylinderformabweichung nur mit Messgeräten bzw. Formprüfgeräten feststellen. Wenn kein solches Gerät zur Verfügung steht oder das Werkstück darauf nicht aufgenommen werden kann, sollte man lieber funktionsgerechte Angaben zur Rundheit, Geradheit und Parallelität eintragen. Ein anderer Ausweg ist eine Tolerierung mit Gesamtrundlauf (s. Kap. 2.7.3), vorausgesetzt dass dafür die Messeinrichtung vorhanden ist.

2.3 Bezüge und Bezugssysteme

2.3.1 Grundlagen und Übersicht

Bezugselement, Bezug und Hilfsbezugselement: Der Bezug (datum) ist die Grundlage für die Lagetolerierung von Geometrieelementen und für deren Prüfung. Praktisch jedes Bauteil steht mit benachbarten Bauteilen in Berührung. Die Flächen, die diesen Kontakt bewirken, sind entscheidend für die Funktionsfähigkeit des Bauteils. Eine oder mehrere davon werden als *Bezugselemente* (datum features) festgelegt, und zwar in der Regel solche, von denen die Lage des Bauteils relativ zu den Nachbarteilen abhängt, z. B. eine Passung, eine Führung oder eine Anlagefläche. Die Lage wird dadurch bestimmt, wie sich das Bezugselement an das Nachbarbauteil anlegt. Damit sie eindeutig ist, muss man sich das anliegende Nachbarelement geometrisch ideal bzw. hinreichend genau verkörpert vorstellen. Aus ISO 5459 folgt daher (sinngemäß), was schon in Kap. 1.5.3 mit den Regeln 1-39 und 1-40 formuliert wurde:

2-9 Bezugselement, Bezug und Hilfsbezugselement: Das *Bezugselement* ist eine *wirkliche* Fläche oder auch Linie am Werkstück; es hat stets *Formabweichungen*. Der *Bezug* wird daraus ermittelt; er vertritt das am Bezugselement *anliegende Nachbarbauteil in idealer Gestalt*. Die Verkörperung des Bezugs (z.B. als Prüfplatte, Prüfdorn u.Ä.) wird auch *Hilfsbezugselement* genannt.

Das Hilfsbezugselement *hilft*, den *Bezug* zu verkörpern. Die Auflagestellen in einer Prüfvorrichtung sind immer Hilfsbezugselemente; von ihnen aus wird geprüft.

Tolerierung von Bezugselementen: In der Zeichnung wird ein Bezugselement durch das Bezugsdreieck mit einem Bezugsbuchstaben gekennzeichnet (s. Kap. 1.6.2). Hiermit ist jedoch keinerlei Tolerierung verbunden. Damit Bezugselemente ihre Funktion erfüllen können, müssen sie untereinander in ihrer Lage toleriert sein; außerdem muss jedes einzelne hinreichend formgenau sein:

2-10 Lagetolerierung von Bezugselementen: Wenn ein Werkstück *mehrere* Bezugselemente hat, dann müssen sie in aller Regel untereinander lagetoleriert sein, insbesondere wenn sie ein Bezugssystem bilden (s. Kap. 2.3.4). Der Lagetoleranzwert sollte - als Anhaltswert - *nicht größer* sein als die *kleinste Lagetoleranz, die sich auf die Bezugselemente bezieht.*

Ein Beispiel dazu sind die drei rechtwinklich zueinander stehenden Bezugsflächen in Bild 2.28, Kap. 2.3.4.

2-11 Formtolerierung eines Bezugselements: Ein Bezugselement erfordert in aller Regel eine Formtolerierung. Der Formtoleranzwert sollte – als Anhaltswert – nicht *größer* sein als die *kleinste Lagetoleranz, die sich auf das Bezugselement bezieht.* Die Formtoleranz kann sein:

- *Einzeln eingetragen* oder
- in einer vorhandenen *Lagetoleranz einbeschlossen* (s. Regel 2-10) oder
- in der *Hüllbedingung* enthalten (s. Kap. 1.4.3) oder
- in der *Allgemeintolerierung* enthalten (s. Kap. 3).

Es empfiehlt sich, alle Bezugselemente einzeln auf Formtolerierung durchzusehen und, bevor eine Formtoleranz einzeln eingetragen wird, die drei anderen Möglichkeiten zu überprüfen (s. dazu Bild 2.15, Kap. 2.3.2, und Bild 2.20, Kap. 2.3.3).

Arten von Bezügen: Bezüge können unterschiedlich ausgebildet sein. Die wichtigsten *einzelnen* Bezüge sind

- anliegend an einer *wirklichen Ebene* oder *Geraden* (Kap. 2.3.2) oder
- *abgeleitet* als eine *Achse* oder *Mittelebene* (Kap. 2.3.3).

Mehrere Bezüge können auftreten

- *gleichberechtigt* (gemeinsamer Bezug, z. B. gemeinsame Achse oder mehrere Bezugsstellen, s. Kap. 1.6.2) oder
- als *Bezugssystem* mit getrennten, in Rangfolge geordneten Bezügen (z. B. in den Koordinatenrichtungen, s. Kap. 2.3.4).

Die verschiedenen Bezüge werden im Folgenden betrachtet. Manches wird erst im Zusammenhang mit bestimmten Lagetoleranzarten anschaulich werden; dazu finden Sie entsprechende Querverweise.

2.3.2 Bezüge aus wirklichen Geraden oder Ebenen

Bedeutung: Viele Bauteile liegen an ebenen Flächen oder entlang gerader Linien am Nachbarbauteil an. Eine reine *Linie* ist eine theoretische Vorstellung. In Wirklichkeit hat sie immer eine endliche Breite, d. h., sie stellt eine schmale Fläche dar (z. B. infolge elastischer Abplattung einer Mantellinie am Zylinder). Umgekehrt kann man z. B. die Seitenfläche eines Blechteils vereinfacht als Kante oder Linie ansehen, wenn die Blechdicke klein ist im Verhältnis zur Länge. Die *Fläche* erweitert die Linie um eine Dimension. Die meisten Zusammenhänge lassen sich übersichtlich anhand der geraden Linie darstellen und sinngemäß auf eine Fläche übertragen.

Wirkliche Gerade als Bezugselement: Das Hilfsbezugselement als Verkörperung des Bezugs (s. o. Regel 2-9) ist ein Lineal oder auch eine Prüfplatte. Es wird so nah wie möglich an das Bezugselement herangeschoben; das entspricht (nach ISO 5459) der Minimumbedingung, wie sie auch zur Ermittlung von Formabweichungen angewendet wird

(s. Kap. 1.5.2, Regel 1-37, und Kap. 2.2.1, Regel 2-1). In einigen Grenzfällen erweist sich die Minimumbedingung jedoch als zweifelhaft. *Bild 2.13* erläutert typische Fälle von geradlinigen Bezugselementen mit Formabweichungen:

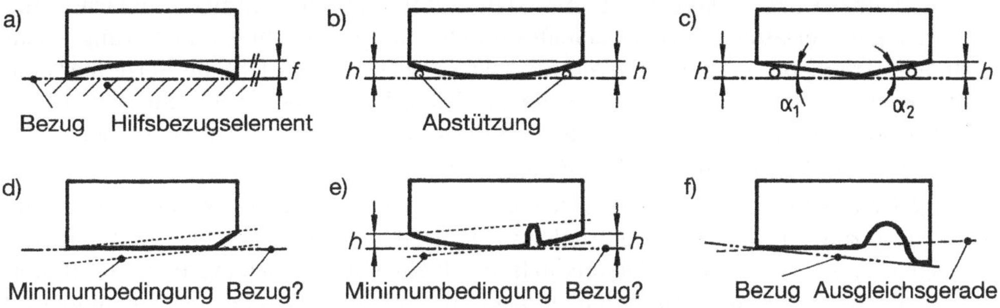

Bild 2.13: Ermittlung des Bezugs aus einer wirklichen geraden Kante. a) konkav verformtes Bezugselement, b) konvex gekrümmt, c) konvex geknickt, d) angeschrägte Ecke, e) konvex mit Scharte; f) Ausgleichsgerade (Gauß) und Bezug

a) ***Konkav verformte Linie:*** Setzt man ein konkav gekrümmtes oder geknicktes Bezugselement auf eine Prüfplatte o. Ä. auf, dann nimmt die Platte von selbst die korrekte Lage des Hilfsbezugselements ein, d. h., sie verkörpert die Richtung und den Ort des Bezugs. Der verbleibende größte Abstand *f* zwischen Kante und Platte ist hierbei minimal. Dieser Abstand *f* stellt gleichzeitig die Formabweichung des Bezugselements dar. Sie wird durch die Bezugsangabe aber weder eingeschränkt (s. o. Regel 2-11), noch wirkt sie sich auf die Bezugsermittlung aus. (Anmerkung: Zur Kennzeichnung des Bezugs in erläuternden Bildern verwenden wir meist eine Strich-Zweipunkt-Linie im Sinne des anliegenden Elements.)

b) ***Konvex gekrümmte Linie:*** Alle konvex verformten Bezugselemente sind ungünstig und meist unbrauchbar, weil das Hilfsbezugselement keine eindeutige Lage findet. Die Minimumbedingung ist erfüllt, wenn die beiden äußeren Enden der Kante den gleichen Abstand *h* vom Hilfsbezugselement haben. Zur Messung wird man das Werkstück entsprechend abstützen müssen. Eine Reproduzierbarkeit ist dadurch nicht gewährleistet; man kann die Unsicherheit der Bezugsermittlung nur um eine Größenordnung gegenüber der Formabweichung $f = h$ vermindern.

c) ***Konvex geknickte Linie:*** Es gilt das gleiche wie bei b). Auch hier müssen die Endhöhen *h* gleich sein, nicht etwa die beiden Winkel α_1 und α_2.

d) ***Angeschrägte Ecke:*** Dieser Fall geht nahtlos in c) über, verhält sich aber ganz anders. Solange die Länge der Anschrägung „klein" ist gegenüber der Gesamtlänge der Kante (wir sehen 10 bis 15 % als obere Grenze an), bietet die Kante beim Einbau wie bei mechanischer Messung eine stabile Auflage. Das entspricht wohl der Funktion, aber nicht der Minimumbedingung. Da im *Zweifelsfall* Letztere nach der derzeitigen Norm ISO 5459 gültig ist, gibt es derzeit eine Diskussion über die allgemeine Praxistauglichkeit der Minimumbedingung. Wohl wissend, dass es sich hier aber wieder um eine eher akademische Frage in Grenzfällen handelt, hat man sich darauf verständigt, die Minimumbedingung weiter als grundsätzliche Regel zu verwenden, solange kein anderes Annäherungsverfahren nachweislich bessere und stabilere Ergebnisse liefert.

e) ***Konvexe Linie mit Scharte:*** Wenn eine Kante ähnlich Bild 2.13 b zusätzlich eine Scharte o. Ä. aufweist, die tiefer ist als h, dann liegt die Minimumrichtung (gepunktet dargestellt) ebenfalls anders, als es der Funktion der Bezugskante entsprechen dürfte. Daher ist es sinnvoll, die Scharte zu unterdrücken, solange ihre Breite „klein" ist. DIN EN ISO 5459 definiert daher, dass für die Assoziation (Bildung) eines Bezuges zunächst eine Filterung des erfassten Bezugselementes durchzuführen ist. Ohne die Filterung genau zu definieren (soll in einer späteren Ausgabe erfolgen), beschreibt die Norm hier eine Art „konvexe Hülle", bei der jeweils die „höchsten Punkte des realen integralen Geometrieelementes beibehalten werden". Aus dieser konvexen Hülle wird dann der Bezug nach der Minimumbedingung gebildet (assoziiert).

f) ***Ausgleichsgerade:*** Ist aus einer wirklichen Geraden mit Formabweichungen eine ideale Gerade abzuleiten, so ist das im Zweifelsfall (nach der Default-Regel, s. Kap. 1.5.4) eine Ausgleichsgerade, die nach der Methode der kleinsten Abweichungsquadrate (Gauß-Methode) berechnet wird. Das gilt aber *nicht* für die Bildung von Bezügen, denn hier ist aus gutem Grund nach ISO 5459 für Geraden und Ebenen die *Minimumbedingung* festgelegt. Die Ausgleichsgerade nähert die vorhandene Linienkontur in optimaler Weise an. Sie *schneidet* sie daher in aller Regel. Der Bezug aber kann das Bezugselement niemals schneiden, sondern *liegt daran an.* In Bild 2.13 f stimmt weder die Richtung noch der Ort der Ausgleichsgeraden mit der geometrischen Funktion des Bezugs überein. Gaußsche Ausgleichselemente sind daher zur Bezugsbildung vom Prinzip her ungeeignet. Trotzdem werden sie auch hierfür verwendet, aus folgenden Gründen:

- Die Ermittlung eines Gauß-Elements ist rechentechnisch erheblich sicherer als die eines Bezugselements, das nur an wenigen Stellen anliegt; messtechnische Ausreißer wirken sich viel weniger aus.
- Wenn ein Bezug nicht einfach aus einer Geraden, sondern aus mehreren Elementen gebildet wird, die – im konstruktiven Sinne – als „statisch unbestimmt" anzusehen sind (z. B. mehrere Rundsäulen), so bleibt oft keine andere Möglichkeit (s. das Beispiel einer Viersäulenpresse, Bild 5.23, Kap. 5.4.1).

Wirkliche Ebene als Bezugselement: Die Planfläche ist neben dem Kreiszylinder das häufigste Bezugselement. Die Ebene erweitert die Gerade um eine Dimension. Die oben anhand von Bild 2.13 dargelegten Zusammenhänge gelten sinngemäß auch für ebene Bezugselemente, mit folgenden Ergänzungen:

- Eine *verwundene* Fläche (s. Kap. 2.2.3, Bild 2.6 d) führt zum Kippen ähnlich wie in Bild 2.13 c. Hier kann man noch an eine Abstützung mit zwei gleichen Abständen *h* denken, um die Minimumbedingung zu erfüllen.
- Eine räumlich konvex gewölbte Bezugsfläche ist in aller Regel unbrauchbar.

Zusatzangaben für eindeutige Bezüge: Aus den obigen Überlegungen zu Bild 2.13 ergibt sich folgende praxisgerechte Leitregel:

2-12 Eindeutiger Bezug aus einer wirklichen Geraden bzw. Ebene: Wenn man das Bezugselement auf eine Prüfplatte als Hilfsbezugselement aufsetzt und es hat dort eine eindeutige stabile Lage, dann verkörpert die Platte in aller Regel *Richtung* und *Ort* des

Bezugs. *Konvexe* Bezugselemente ergeben aber keine eindeutige Auflage. Dieser Effekt kann *vermieden* bzw. *reduziert* werden durch

- eine angemessene Formtolerierung (Geradheit bzw. Ebenheit), *Bild 2.14*; oder
- eine Beschränkung der Auflage auf einzelne *Bezugsstellen* (s. Kap. 1.6.2, Bild 1.42, sowie Kap. 2.3.4, Regel 2-24).

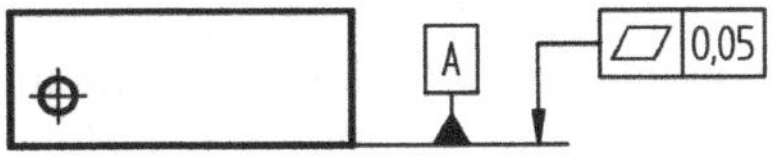

Bild 2.14: Formtolerierung des Bezugselementes

Früher gab es den Zusatz „NC" (nicht konvex) am Toleranzrahmen. Die Spezifikation gibt es nicht mehr, da diese Eigenschaft mathematisch nicht eindeutig definiert ist. Die praktische Anforderung ist u. E. erfüllt, wenn das Bezugselement nicht „wackelt" (das steht nicht in der Norm). Bei größeren ebenen Bezugsflächen sollte man die Angabe von Bezugsstellen bevorzugen.

Gemeinsamer Bezug aus mehreren Ebenen: Oft liegt ein Bauteil gleichzeitig auf mehreren Ebenen auf, z. B. ein Schlitten auf zwei Gleitbahnen. Hier handelt es sich um *gleichberechtigte* Elemente, die *gemeinsam* wie *ein* Bezug wirken (im Gegensatz zum Bezugssystem, s. Kap. 2.3.4). *Bild 2.15* enthält drei typische Fälle:

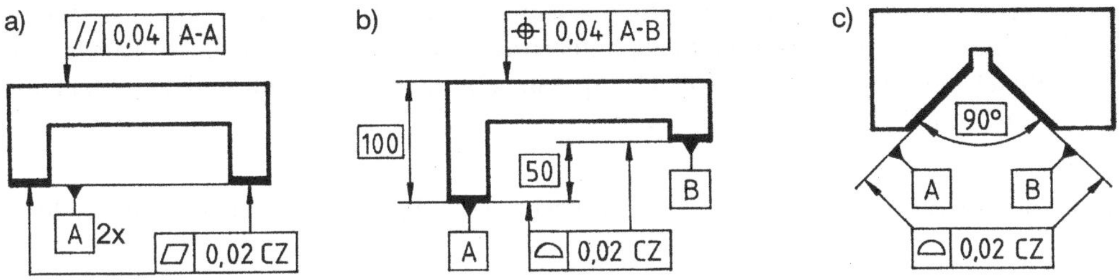

Bild 2.15: Gemeinsamer Bezug aus zwei ebenen Bezugselementen mit Form- und Lagetolerierung. a) fluchtende, b) versetzte, c) geneigte Ebenen

a) ***Fluchtende Bezugsebenen:*** Der gemeinsame Bezug ist hier mit A und einer Maßhilfslinie gekennzeichnet; er könnte auch mit getrennten Buchstaben A-B angegeben werden wie bei b (s. dazu Kap. 1.6.2, Bild 1.41). Die Fluchtung erfordert (gemäß Regel 2-10 und 2-11 in Kap. 2.3.1) eine Ebenheitstoleranz mit gemeinsamer Toleranzzone (CZ, s. Kap. 1.6.1, Bild 1.38). Damit ist sowohl die Form der einzelnen Flächen als auch ihre Lage zueinander toleriert. Als Beispiel ist hier eine darauf bezogene Parallelitätstoleranz eingezeichnet (s. Kap. 2.5.2).

b) ***Versetzte Bezugsebenen:*** Die Flächen A und B bilden gemeinsam den Bezug A-B. Die anliegenden Gegenflächen des Hilfsbezugselements (s. Kap. 2.3.1) sind um das theoretische Maß 50 mm gegeneinander versetzt. Zur Sicherung ihrer Lage benötigen A und

B das theoretische Maß und in der Regel eine Flächenprofiltoleranz (s. Kap. 2.4.3) mit gemeinsamer Toleranzzone; darin ist hier auch ihre Ebenheit enthalten. Als Beispiel dient eine Positionstoleranz mit dem Bezug A-B (s. Kap. 2.6.2). (*Anmerkung*: Statt Flächenprofil wäre auch eine Positionstolerierung denkbar, wobei z. B. die Fläche A den Bezug für B abgibt. Mit zunehmendem Abstand der beiden Flächen ergibt sich jedoch ein Problem entsprechend der Koaxialitätstolerierung zweier Achsen, s. dazu Kap. 2.3.3, Bild 2.22. Wir raten daher davon ab.) Denkbar ist aber auch eine Positionstolerierung ohne Bezug (schwimmende Tolerierung, vgl. Kap. 2.6.2) nach ISO 5458. Sie entspricht der Flächenprofiltoleranz mit gemeinsamer Toleranzzone.

c) ***Geneigte Bezugsebenen:*** Die beiden Flächen der Prismenführung bilden den gemeinsamen Bezug A-B. Zur Tolerierung ihrer Form und Lage dient auch hier eine Flächenprofiltoleranz mit gemeinsamer Toleranzzone, wie bei b. (Der Einfachheit halber ist hier keine auf A-B bezogen Lagetolerierung eingetragen.)

2.3.3 Achsen oder Mittelebenen als Bezüge

Bedeutung: Neben dem Bezug, der an einer Ebene bzw. Geraden anliegt, ist die Achse eines Kreiszylinders, der eine „Bohrung" oder eine „Welle" bzw. ein Wellenzapfen sein kann, ein Standardfall der Bezugsbildung. Die Achse wird aus der Mantelfläche *abgeleitet*; das *Bezugsdreieck* steht daher immer auf dem Maßpfeil, der den Durchmesser des Elements bemaßt, aus dem die Achse abzuleiten ist (s. Kap. 1.6.2, Regel 1-59). Der *Bezug* vertritt (nach Regel 2-9, Kap. 2.3.1) das anliegende Nachbarbauteil in idealer Gestalt; hier ist das die *Achse* dieses Nachbarbauteils.

Die Fakten, die am Kreiszylinder („Rundpassung") erläutert werden, lassen sich sinngemäß auch auf andere abgeleitete Bezüge übertragen wie auf die Achse eines *Kegels* oder die Mittelebene von *Parallelebenen* („Flachpassung"). Daher werden diese Bezugselemente hier gemeinsam betrachtet.

Bohrung als Bezugselement: *Bild 2.16 a* macht deutlich, dass eine Bohrung *zwei* Achsen hat:

2-13 Achsen einer Bohrung: Die *Ist*achse (erfasste Achse) wird aus einzelnen Querschnitten abgeleitet und hat Formabweichungen (s. Kap. 2.2.2, Bild 2.1 b). Die *Bezugs*achse ist die Achse eines spiel- und zwangsfrei in der Bohrung sitzenden, ideal gedachten Dorns; sie ist daher *exakt gerade.*

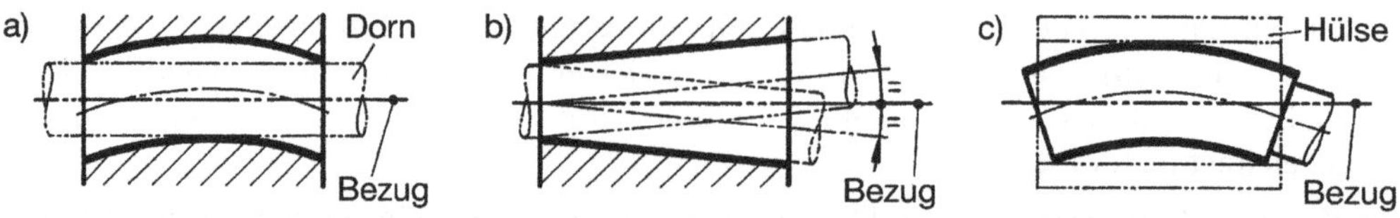

Bild 2.16: Bezugsachsen aus kreiszylindrischen Bezugselementen. a) krumme Bohrung, b) kegelige Bohrung, c) krummer Wellenzapfen

Der Dorn kann durch einen hinreichend genauen Prüfdorn (z. B. einen aufdehnenden Dorn) verkörpert werden. Wenn die Bohrung konisch ist (Bild 2.16 b), dann „wackelt“ der Dorn auch bei Spielfreiheit noch. Ein solches Bezugselement ist ebenso wenig brauchbar wie eine konvexe Kante oder Ebene (s. Kap. 2.3.2, Bild 2.13 b und c). Hier bleibt derzeit nach ISO 5459 nichts anderes übrig, als die mittlere Winkelstellung zwischen den möglichen Endlagen zu suchen; sie stellt den Bezug dar. Die Kegeligkeit einer Bezugsbohrung muss daher in der Regel durch eine Formtolerierung eingeschränkt werden:

2-14 Formtolerierung eines kreiszylindrischen Bezugselements: Sie erfordert

- die *Hüllbedingung*, damit das Nachbarbauteil passt (s. Kap. 1.4.3), zusammen mit einer hinreichend engen Maßtoleranz,
- ggf. zusätzlich eine *Zylinderformtoleranz*, die kleiner ist als die Maßtoleranz.

Ohne die Zylindrizitätstoleranz kann die Zylinderformabweichung maximal die Größe der Maßtoleranz erreichen (s. Kap. 1.4.3, Regel 1-23).

Wellenzapfen als Bezugselement: Hierauf lässt sich sinngemäß alles übertragen, was oben für die Bohrung ausgeführt wurde. Der *Bezug* ist die Achse einer spielfrei sitzenden Hülse, Bild 2.16 c, verkörpert z. B. durch ein Prüffutter, entsprechend Regel 2-13. Die Regel 2-14 ist wörtlich gültig.

Parallelflächenpaar als Bezugselement: Solche Bezugselemente finden sich z. B. bei Gleit- oder Wälzführungen. Sie kommen häufig bei einer Symmetrietolerierung vor (s. Kap. 2.6.4). Die beiden Ebenen wirken gleichberechtigt als *ein* Größenmaßelement (s. Kap. 1.4.3). Der *Bezug* ist die Mittelebene (Symmetrieebene) zwischen den Flächen. Bild 2.16 kann man sich auf Parallelflächenpaare übertragen vorstellen:

2-15 Mittelebenen von Parallelflächen: Die *Ist*ebene (erfasste Ebene) wird punktweise als Mitte gegenüberliegender Punkte abgeleitet. Die *Bezugs*ebene ist beim Innenelement (Nut, entsprechend Bild 2.16 a und b) die Mittelebene eines spiel- und zwangsfrei sitzenden, idealen Klotzes, beim *Außen*element (Klotz, entspr. Bild 2.16 c) die Mittelebene von zwei anliegenden Parallelflächen (z. B. Backen eines Prüfschraubstocks).

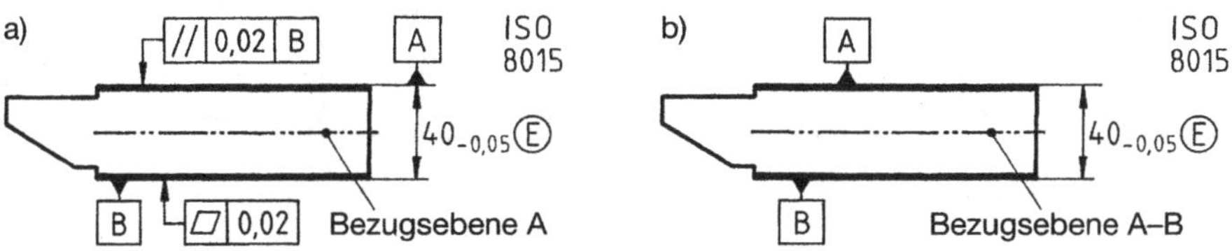

Bild 2.17: Bezug aus zwei Parallelebenen. a) Bezugsdreieck auf dem Maßpfeil, mit zusätzlicher Tolerierung; b) getrennte Bezeichnung der Bezugsebenen, gleichbedeutend mit a, zusätzliche Tolerierung hier weggelassen

Zur Sicherung der Funktion braucht das Parallelflächenpaar in der Regel eine Tolerierung nach *Bild 2.17 a:*

2-16 Tolerierung eines Parallelflächen-Bezugselements: Sie erfordert

- die *Hüllbedingung* mit *Maß*toleranz,
- ggf. zusätzlich eine *Ebenheits*toleranz für die eine Fläche und eine *Parallelitäts*toleranz für die andere, beide mit einem Toleranzwert kleiner als die Maßtoleranz.

Häufig genügt allein die Hüllbedingung mit einer hinreichend kleinen Maßtoleranz (b). Ohne die beiden zusätzlichen Einzeltoleranzen kann die Ebenheitsabweichung maximal die Größe der Maßtoleranz und die Parallelitätsabweichung fast den doppelten Wert erreichen (s. Kap. 1.4.3, Bild 1.22). In der Parallelitätstoleranz ist eine Ebenheitstoleranz mit gleichem Toleranzwert einbeschlossen (s. Kap. 2.5.1).

Der Bezug kann auf zwei Arten in der Zeichnung eingetragen werden, Bild 2.17 (ihre Bedeutung ist identisch):

a) Als Bezug A auf dem Maßpfeil, der die Bezugsflächen bemaßt. Das ist die einfachste und übersichtlichste Weise, entsprechend wie beim Kreiszylinder.

b) Die beiden Bezugselemente sind einzeln mit A und B gekennzeichnet. Sie sind gleichberechtigt, daher heißt der Bezug hier A-B (nicht | A | B |, s. dazu Kap. 2.3.4).

Kegel als Bezugselement: Fast alles, was zuvor über kreiszylindrische Bezugselemente erörtert wurde, lässt sich auch auf andere rotationssymmetrische Elemente übertragen, z. B. auf die Kugel (s. u.) oder den Kegel (Innen- wie Außenkegel):

2-17 Achsen eines Kegels: Die *Ist*achse (erfasste Achse) wird aus einzelnen Querschnitten abgeleitet, wie beim Kreiszylinder. Die *Bezugs*achse ist die Achse des anliegenden idealen Gegenkegels mit Nennkegelwinkel bzw. -neigung.

Die Handhabung z. B. eines Kegeldorns als Hilfsbezugselement für eine Kegelbohrung ist einfach, weil sich die spielfreie Anlage durch axiales Verschieben ergibt.

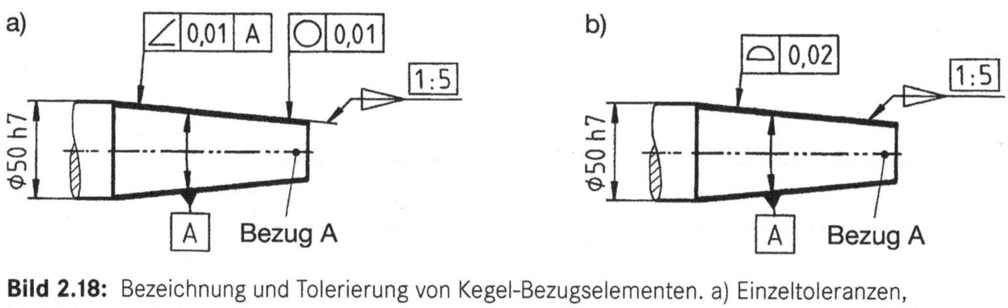

Bild 2.18: Bezeichnung und Tolerierung von Kegel-Bezugselementen. a) Einzeltoleranzen, b) Flächenprofiltoleranz

Die *Formtolerierung* von Kegeln ist auf verschiedene Arten möglich (s. DIN ISO 3040 und DIN 7178). Mittels Form- und Lagetoleranzen ist üblich, *Bild 2.18:*

a) Tolerierung der *Rundheit* der Querschnitte (Kap. 2.2.4) sowie der *Neigung* (Kap. 2.5.4) der Mantellinien (deren *Geradheit* ist darin enthalten).

b) *Flächenprofil*tolerierung statt der Einzelangaben aus a (s. Kap. 2.4.3; in Bild 2.30 ist die Kegeltolerierung näher besprochen).

Eine Hülle bzw. Hüllbedingung existiert für Kegel nicht. Zur *Kennzeichnung* der Bezugsachse A verwendet man eine gebogene Maßlinie. Darauf kann der Nenn-Kegelwinkel als theoretisches Maß stehen. Wenn er jedoch als Kegelverhältnis (hier 1:5) angegeben ist, bleibt die Maßlinie ohne Maß stehen („offener" oder „blinder Maßpfeil"). Auf keinen Fall gehört das Bezugsdreieck auf die Achse selbst (s. Kap. 1.6.2, Regel 1-59).

Keilflächenpaar als Bezugselement: Hierauf lassen sich die Ausführungen zu *Kegeln* und zu *Parallelebenen* sinngemäß übertragen; zur Tolerierung s. Bild 2.15 c.

Kugel als Bezugselement: Sie liefert als Bezug nur einen *Punkt*. Er ist der Mittelpunkt der anliegenden idealen Gegenkugel. Zur Formtolerierung kann man die Hüllbedingung (Kap. 1.4.3) oder eine Flächenprofiltolerierung (Kap. 2.4.3) heranziehen.

Bestimmung des Mittelpunkts von Kreisquerschnitten: Die Darstellungen von rotationssymmetrischen Bezugselementen in Bild 2.16 und 2.18 zeigen die anliegenden idealen Gegenelemente in der Längsansicht. Um die Bildung von Bezugsachsen zu verstehen, ist zusätzlich eine Betrachtung im Querschnitt nötig. *Bild 2.19* enthält vier verschiedene Methoden (nach DIN EN ISO 12 181), um aus einem Kreisquerschnitt mit Rundheitsabweichungen den Mittelpunkt zu *ermitteln* (sie lassen sich durch Hinzufügen der Tiefendimension auf Kreiszylinder erweitern):

a) ***Größter Innenkreis***, *größter einbeschriebener Kreis* MICI (**m**aximum **i**nscribed **ci**rcle) oder *Pferchkreis*. Er entspricht dem Prüfdorn, der spielfrei in der Bohrung anliegt.

b) ***Kleinster Außenkreis***, *kleinster umschriebener Kreis* MCCI (**m**inimum **c**ircumscribed **ci**rcle), *einhüllender Kreis* oder *Hüllkreis* (er hat aber nichts zu tun mit der „Hülle" bei der Hüllbedingung, s. Kap. 1.4.3). So etwa sitzt eine Prüfhülse auf dem Wellenzapfen.

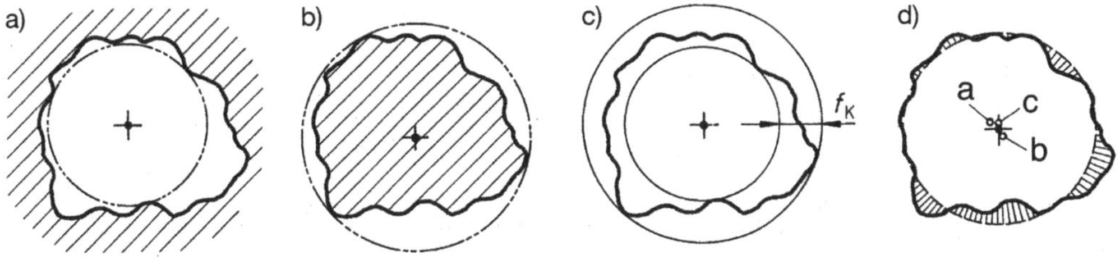

Bild 2.19: Bestimmung des Mittelpunkts von Kreisquerschnitten. a) größter Innenkreis (Pferchkreis), b) kleinster Außenkreis (Hüllkreis), c) Minimumbedingung, d) Ausgleichskreis (Gaußkreis), mit den Mittelpunkten aus a), b) und c)

c) ***Minimumbedingung***, *Kreise kleinster Ringzone* MZCI (**m**inimum **z**one **c**ircles), identisch mit dem *Tschebyschew-Kriterium*. Sie dient zur Ermittlung der Rundheitsabweichung f_K (s. Kap. 2.2.4, Bild 2.10) und der Zylindrizitätsabweichung f_Z (Kap. 2.2.5).

d) ***Ausgleichskreis***, *Kreis der kleinsten Abweichungsquadrate* LSCI (**l**east **s**quare **ci**rcle), berechnet nach der *Gauß*-Methode. Sie ist durch Rechnersoftware gut unterstützt und wird weniger als andere Methoden durch eine Filterung und die Messwertstreuung beeinflusst [KeDu 07, WeGa 99].

Die nach diesen Methoden berechneten Mittelpunkte weichen in der Regel voneinander ab, s. Bild 2.19 d. Wenn wir von dieser Querschnittsbetrachtung aus übergehen auf kreiszylindrische Geometrieelemente, so ist es leicht einzusehen, dass nur die Fälle a und b der Funktion von Bezugsachsen nach ISO 5459 entsprechen. Die Bezugsachse einer Bohrung ist die Achse des (idealen) Pferchzylinders (a); bei Wellenzapfen ist es die Achse des kleinsten Außenzylinders (b). Nur bei diesen beiden Methoden können die Ergebnisse mit denen von mechanischen Messungen übereinstimmen und funktionsgerecht ausfallen.

Anmerkung 1: Die wirkliche Lage von Bauteilen zueinander ist noch erheblich komplizierter zu ermitteln, denn hier spielen die Istabweichungen beider Teile, deren Lage zueinander und ihre elastischen Verformungen mit hinein.

Anmerkung 2: Wenn man die Methoden a, b oder d benutzt, um die Rundheits- oder die Zylinderformabweichung zu berechnen, dann ergeben sich diese meist etwas größer als bei c, aber nie kleiner. Die Abweichung ist bei a und b der Abstand des am weitesten vom Kreis entfernten Punktes, bei d die Summe der größten Abstände nach außen und nach innen.

Arten von Bezugsachsen: In Bild 2.16 wurden die Bezugsachsen jeweils aus einem einzigen Bezugselement abgeleitet. Das ist gut möglich, wenn die *Länge l* des Kreiszylinders mindestens etwa so lang ist wie sein *Durchmesser d*. Dann sitzt z. B. ein Prüfdorn eindeutig und reproduzierbar in der Bohrung. Ist aber die Bohrung viel kürzer als ihr Durchmesser, z. B. bei einem Loch in einem dünnen Blech, dann findet der Dorn keine eindeutige Lage. Auch wenn er spielfrei aufgedehnt wird, kann er unterschiedlich schräg stehen. Um eine eindeutige Tolerierung zu ermöglichen, unterscheiden wir vier verschiedene Arten von Bezugsachsen:

2-18 Arten von Bezugsachsen:

a) *„Lange" Achse:* $l \geq d$; ein einzelnes Bezugselement genügt (s. o. Bild 2.16 und Regel 2-13).
b) *„Kurze" Achse:* $l << d$; sie erfordert ein *Bezugssystem* aus Anlagefläche (A) und Zentrierbund (B), s. u. Bild 2.20. Die Achse heißt dann | A | B |.
c) *Gemeinsame* Achse aus zwei (oder auch mehr) gleichberechtigten *Lagersitzen* (A und B, s. u. Bild 2.22). Die Achse heißt A-B.
d) *Gemeinsame* Achse aus zwei *Stirnzentrierungen* (Sonderfall von c), s. u. Bild 2.23.

Die Fälle b bis d werden im Folgenden betrachtet. Die Begriffe „lange" und „kurze" Achse stammen von uns und sind nicht genormt.

„Kurze" Achse: Ein typisches Beispiel ist der Getriebedeckel in *Bild 2.20.* Er wird mit der Flanschfläche A am Getriebegehäuse befestigt und mit dem Bund B zentriert; der Wälzlagersitz Ø 60 H6 soll zur Zentrierung „laufen" (s. Kap. 2.7). In der Praxis findet sich oft eine Tolerierung wie in Bild 2.20 a. Die ist aber unbrauchbar, denn allein aus dem Bund B lässt sich keine Bezugsachse bilden, weder mit einem Messgerät noch mit einer mechanischen Einspannung. Wenn ein Kreiszylinder, dessen Länge l kleiner ist als $d/4$, in ein Futter eingespannt wird, dann richtet er sich nicht mehr nach der Futterachse aus. Die Unsicherheit, d. h., der Bereich der kurzen Achse, beginnt etwa bei $l \leq d/2$. Bei $l \geq d$ ist die Bildung der Bezugsachse problemlos („lange" Achse).

Die *Richtung* einer „kurzen" Achse wird von der Flanschfläche, ihr *Ort* dagegen vom Zentrierbund festgelegt. Diese beiden Bezugselemente haben unterschiedliche Funktionen und sind nicht gleichberechtigt. Es ist möglich, das Werkstück zunächst allein nach der Flanschfläche A auszurichten, nicht aber allein nach dem Zentrierbund (s. o.). Beispielsweise legt man den Deckel zunächst an den Plananschlag eines Dreibackenfutters an; der Anschlag verkörpert damit den Primärbezug A. Erst dann spannt das Futter den Zentrierbund fest und realisiert den Sekundärbezug B. Beide Bezüge bilden daher ein *Bezugssystem,* wobei die Flanschfläche A *den primären* Bezug liefert, der die Hauptausrichtung des Bauteils bestimmt (s. dazu Kap. 2.3.4; wir müssen hier darauf vorgreifen).

Bild 2.20 b enthält vollständige Angaben (einschließlich einer zusätzlichen Zylinderformtoleranz für den Lagersitz Ø 60 H6, die - in Anlehnung an DIN 5425 - etwa 1/3 bis 1/2 der Maßtoleranz betragen soll):

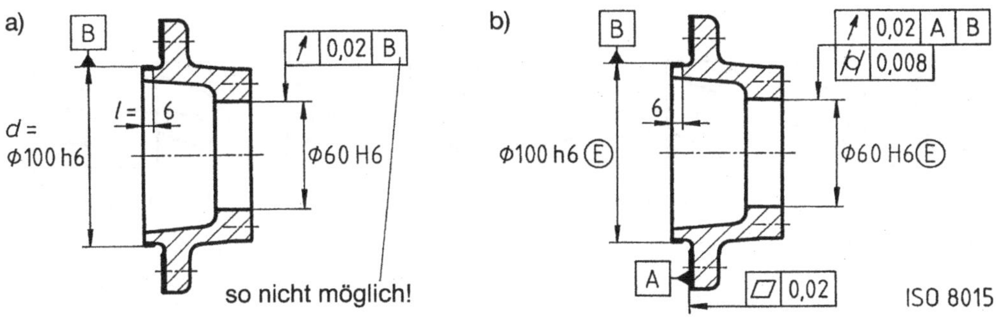

Bild 2.20: „Kurze" Bezugsachse an einem Getriebedeckel. a) unvollständige Angaben; b) Bezugssystem sowie vollständige Form- und Lagetolerierung

2-19 ***Aufbau und Tolerierung einer „kurzen" Bezugsachse:*** Ein Bezugselement mit $l << d$ erfordert die Anlagefläche (Flansch) als *primären* Bezug und die Zentrierung (Bund) als *sekundären* Bezug. Die *Form*genauigkeit braucht eine Ebenheitstoleranz für den Flansch (s. Kap. 2.3.1, Regeln 2-10 und 2-11) und die *Hüllbedingung* für den Bund; in dieser ist meist eine hinreichende Rundheits- und Zylinderformtolerierung enthalten (s. Kap. 1.4.3).

An sich legt *Lage*genauigkeit der Bezugselemente hier eine Rechtwinkligkeitstoleranz nahe (s. Kap. 2.5.1). Da die Zentrierung hier jedoch sehr „kurz" ist, kann darauf verzichtet werden. Die vorhandene Abweichung ist i. d. R. sehr klein, messtechnisch kaum zu ermitteln und bei so kurzen Elementen praktisch nicht relevant.

Das Prinzip dieser Tolerierung lässt sich ebenso auf „kurze" *Bohrungen* als Bezugselemente übertragen. Generell sollte der Konstrukteur den Bereich zwischen „langen" und „kurzen" Achsen, d. h. zwischen $l \approx d$ und $l \approx d/4$, möglichst meiden, damit die Bauteillage statisch bestimmt ist.

Gemeinsame Achse aus zwei Lagersitzen: Häufig wird die Lage eines Bauteils durch zwei fluchtende Lagersitze bestimmt, z. B. die Lage einer Getriebewelle durch zwei Wälzlagersitze oder die Lage einer Klappe durch zwei Scharnierbohrungen. Die Eintragung der Bezüge wurde in Kap. 1.6.2 behandelt (Regel 1-60 und Bild 1.40). Beide Bezugselemente sind hier gleichberechtigt, die gemeinsame Achse *verbindet* sie zu *einem* Bezug (daher der Bindestrich zwischen den Bezugsbuchstaben), im Gegensatz zum Bezugssystem (s. Kap. 2.3.4).

Die Bezugsachse ist bei zwei Lagerbohrungen die gemeinsame Achse der beiden größten koaxialen Innenzylinder (Pferchzylinder), *Bild 2.21 a.* Man kann sie sich z. B. als zwei verbundene Dehndorne vorstellen. Je nach den Nenn- und den Istmaßen können beide Dorne unterschiedlichen Durchmesser haben. Dagegen ist die Vorstellung eines einzigen durchgehenden Pferchzylinders auch bei maßgleichen Bohrungen nicht funktionsgerecht (b); seine Achse repräsentiert offenbar nicht die gemeinsame Bezugsachse.

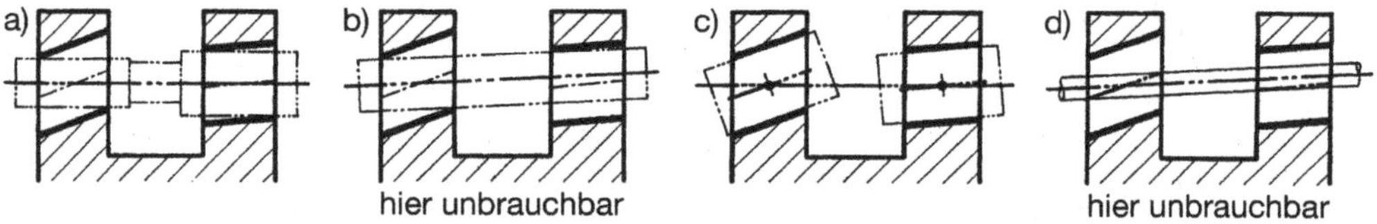

Bild 2.21: Ableitung einer gemeinsamen Bezugsachse aus zwei Bohrungen. a) Achse von zwei koaxialen Pferchzylindern; b) gemeinsamer Pferchzylinder (nicht funktionsgerecht), c) Verbindung der Mitten zweier Pferchzylinder, d) kleinster Hüllzylinder um die Achsen der Pferchzylinder nach c oder auch um die Istachsen (beides nicht funktionsgerecht)

Sind die Bohrungen relativ kurz gegenüber ihrem Abstand (was häufig ist), dann wird die Funktion der gemeinsamen Achse am besten angenähert, wenn man aus beiden Bohrungen zunächst zwei einzelne Bezugsachsen über die Pferchzylinder ermittelt und dann die Mitten beider Einzelachsen verbindet (c) oder beide Einzelachsen durch eine gaußsche Ausgleichsgerade ersetzt. In beiden Fällen stimmt das Ergebnis mit dem von a) meist gut überein. Dagegen ist die Achse des kleinsten gemeinsamen Hüllzylinders um die Pferchachsen nach c) oder auch um die Istachsen der beiden Bezugsbohrungen, Bild 2.21 d, ebenso wenig funktionsgerecht wie im Fall b.

Entsprechende Überlegungen gelten für zwei *Wellenzapfen* als gemeinsame Bezugselemente. Zwei koaxiale Futter sind allerdings mechanisch kaum zu realisieren. Andere Hilfsbezugselemente, wie Prismenstücke oder Rollböcke, versagen bei unrunden und bei taumelnden Zapfen. Bei mangelnder Fluchtung bilden *kurze* (Schneiden-)Prismen in der *Mitte* der Zapfen gemäß Bild 2.21 c noch die beste Annäherung.

Fluchtung von Lagersitzen: Die beiden Bezugselemente müssen (gemäß Regel 2-10, Kap. 2.3.1) relativ zueinander hinreichend lagegenau sein, d. h. fluchten bzw. koaxial sitzen; ferner müssen sie formgenau sein (Regel 2-11). *Bild 2.22* bringt einige Möglichkeiten dazu am Beispiel einer *Welle;* für *Bohrungen* gilt sinngemäß das Gleiche:

a) *Geradheitstoleranz* mit gemeinsamer Toleranzzone (CZ). Das ist die einfachste Art. Näheres dazu s. Kap. 2.2.2, Bild 2.4 c.

b) *Koaxialitätstoleranz* mit derselben Bezugsachse A-B, die aus den Bezugselementen A und B abgeleitet wird. Das sieht auf den ersten Blick merkwürdig aus, ist aber sinnvoll, insb. wenn das Messgerät die Achse A-B ohnehin ermitteln muss. Näheres dazu steht in Kap. 2.6.3 zu Bild 2.49 d.

Beide Methoden unterscheiden sich in ihrer Auswirkung nicht wesentlich. Beide erfordern bei den Lagersitzen die Hüllbedingung (s. Kap. 1.4.3) und oft zusätzlich eine Zylinderformtoleranz (bei sehr kurzen Sitzen kann auch eine Rundheitstoleranz genügen). Bei Wälzlagersitzen soll die Zylinderformtoleranz t_Z nach DIN 5425 etwa ein Drittel der Maßtoleranz T betragen; Ähnliches gilt auch für Gleitlagerstellen. Dabei kommen teilweise sehr enge Toleranzwerte heraus. In der Praxis sollte man daher von $t_Z \approx (1/2 \text{ bis } 1/3) \cdot T$ ausgehen. In Bild 2.22 ist $T = 16\,\mu\text{m}$ (bei 40 bzw. 50 h6, s. Kap. 1.3, Tabelle 1.1), d. h., die Zylinderformtoleranz sollte etwa bei 6 bis 8 µm liegen. Die gemeinsame Geradheitstoleranz t_G bzw. die Koaxialitätstoleranz t_{KO} sollten diesen Wert nicht wesentlich überschreiten, denn ein Taumeln der Sitze wirkt sich ähnlich negativ auf die Lagerlebensdauer aus wie die Formabweichungen der Sitze. Daher wurde hier t_G bzw. t_{KO}= 0,01 mm eingesetzt.

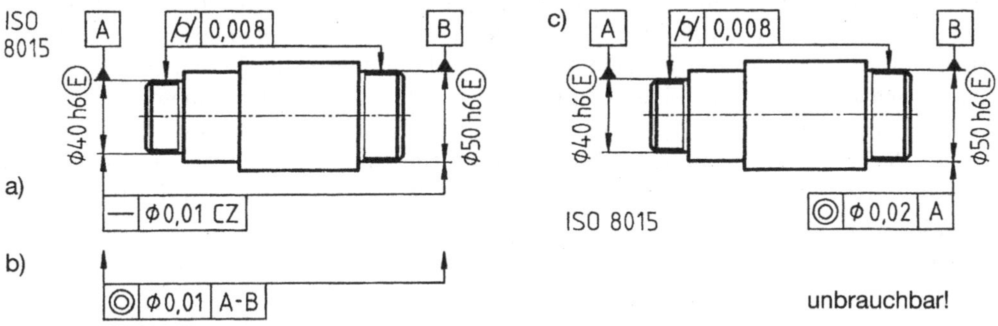

Bild 2.22: Tolerierung für zwei Lagesitze A und B als Bezugselemente. a) gemeinsame Geradheit, b) Koaxialität mit gemeinsamer Bezugsachse; c) nicht funktions- und prüfgerechte Koaxialitätstolerierung

In der Praxis findet sich immer wieder eine Tolerierung nach Bild 2.22 c. Der eine Lagersitz wird als Bezug gewählt, der andere dazu koaxial toleriert. Das sieht – im Gegensatz zur Angabe b – vernünftig aus, ist es aber überhaupt nicht. Diese Variante ist weder funktions- noch prüfgerecht; Sie sollten sie *auf keinen Fall* benutzen (warum, steht in Kap. 2.6.3 zu Bild 2.49 e).

Gemeinsame Achse aus drei oder mehr Lagersitzen: Manche Wellen haben mehr als zwei radiale Lagerstellen, z. B. Kurbelwellen. Darauf lassen sich die obigen Überlegungen sinngemäß übertragen. Für die Bildung der Bezugsachse z. B. aus drei Bohrungen können wir - in Übereinstimmung mit ISO 5459 (2011) - von einer Vorstellung entsprechend Bild 2.21 a ausgehen (natürlich ist das nur rechnerisch möglich).

Für drei Bohrungen stellen wir uns einen „Dorn" vor mit drei koaxialen idealen Zylindern, deren einzelne Durchmesser so angepasst (d. h. berechnet) werden, dass der verbleibende größte Abstand zwischen irgendeinem der Zylinder und seiner entsprechenden realen Gegenfläche insgesamt ein Minimum wird.

Wenn die Einzelbezugselemente z. B. A, B und C benannt sind, heißt die gemeinsame Achse A-B-C. *Wellen* kann man sinngemäß entsprechend behandeln.

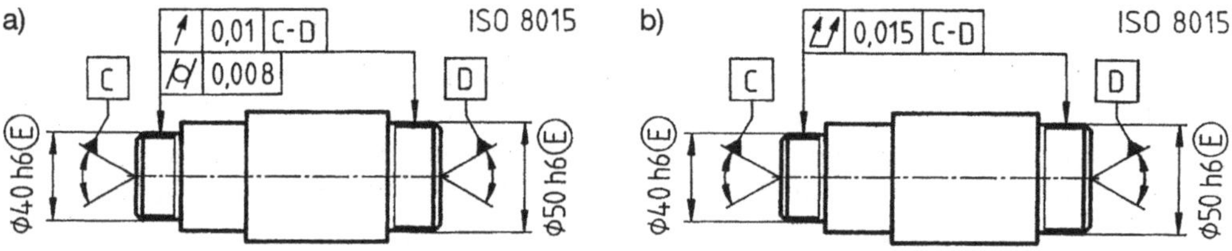

Bild 2.23: Tolerierung für zwei Lagersitze über die gemeinsame Achse von Stirnzentrierungen. a) einfacher Lauf, b) Gesamtlauf

Gemeinsame Achse aus Stirnzentrierungen: Ein Sonderfall der gemeinsamen Achse von Wellen wird aus zwei stirnseitigen Zentrierungen gebildet. Darin wird bei der Fertigung das Werkstück zwischen Spitzen gespannt, ebenso bei mechanischer Prüfung (insb. bei der Laufmessung, s. Kap. 2.7). Die Messung über die Zentrierungen ist daher sowohl *fertigungsgerecht* als auch *prüfgerecht.* Dagegen ist sie *nicht so funktionsgerecht,* denn die Stirnzentren haben bei der fertigen Welle keine Funktion mehr. Zwischen der gemeinsamen Achse C-D aus den beiden Zentrierungen, *Bild 2.23,* und der gemeinsamen Achse der über diese Zentrierungen gefertigten Lagersitze - sie repräsentiert die Funktion der Welle - bestehen immer gewisse Abweichungen. Hier sollten die beteiligten Abteilungen (s. Kap. 1.2.2) gemeinsam abwägen und festlegen, wie geprüft wird, und die Tolerierung entsprechend eintragen.

Da die Zentrierungen jeweils eine Kegelfläche bilden, empfiehlt es sich für die Zeichnungseintragung - wie in Bild 2.18, in Anlehnung an ISO 5459 - das Bezugsdreieck auf einen gebogenen Maßpfeil ohne Maßeintragung zu setzen. Gesonderte Toleranzangaben sind für die Zentrierungen nicht erforderlich.

Die *Fluchtung* von Wellenabschnitten kann über die Zentren in verschiedener Weise toleriert werden, s. Bild 2.23:

a) In der *Lauftoleranz* sind die Koaxialität (mit Vorbehalt) und die Rundheit einbeschlossen (s. Kap. 2.7.2, Regeln 2-49 bis 2-53), aber nicht die Zylindrizität; diese ist daher zusätzlich einzeln einzutragen.

b) Die *Gesamtlauftoleranz* enthält Koaxialität (mit Vorbehalt) und Zylindrizität (s. Kap. 2.7.3). Hier ist jedoch eine Differenzierung der einzelnen Toleranzarten nicht möglich.

Jede einzelne kann im Grenzfall die Gesamtlauftoleranz t_{LG} erreichen; t_{LG} umfasst sie alle und sollte daher nicht ganz so eng sein wie die Einzeltoleranzen.

Gemeinsame Mittelebene aus Paaren von Parallelebenen: Darauf lässt sich alles übertragen, was oben über gemeinsame Achsen ausgeführt wurde. Zur Sicherung der Fluchtung bietet sich eine Ebenheitstoleranz für die Mittelebene mit gemeinsamer Toleranzzone an.

2.3.4 Bezugssysteme

Bedeutung: Ein Bezugssystem besteht i. d. R. aus zwei oder drei Bezügen, die nicht gleichberechtigt sind, sondern in einer Rangfolge *(hierarchisch)* geordnet sind. Es dient dazu, eine eindeutige Aufnahme des Werkstückes zur Prüfung (und auch zur Fertigung) festzulegen. Theoretisch betrachtet muss man mit einem vollständigen Bezugssystem alle Freiheitsgrade des Werkstückes festlegen. Bei einem *starren* Werkstück sind die 6 Freiheitsgrade durch ein vollständiges Bezugssystem mit drei Bezügen definiert. Bei einigen Werkstücken, die in ihrer Gesamtheit nicht starr sind, können auch mehr Bezüge zur vollständigen Festlegung notwendig sein. Dies ist aber eher eine seltene Ausnahme und wird daher hier nicht weiter vertieft.

Zeichnungen, die nur Maßtoleranzen enthalten, sind nicht eindeutig (s. Kap. 1.1). Die Denkweise für die Bildung von Bezugssystemen ist überhaupt nichts Neues; Fertigungs- und Prüfvorrichtungen werden seit jeher so gebaut. Neu ist ggf. nur, dass die Aufnahme in der Zeichnung eingetragen wird. Früher, als im selben Haus konstruiert und gefertigt wurde, war die Funktion des Werkstückes bekannt; Fertigungs- und Prüfvorrichtungen wurden stillschweigend funktionsgerecht entworfen. Das ist heute nicht mehr tragbar. Die Bildung eines geeigneten Bezugssystems ist die wichtigste Aufgabe bei der Lagetolerierung eines Bauteils. Sinnvollerweise sollte zukünftig für jedes Werkstück ein vollständiges Bezugssystem definiert werden. Diesem Grundsatz folgt auch die Normung immer mehr. Daher wird der Aufbau von Bezugssystemen hier eingehend behandelt.

Beispiel mit zwei getrennten Bezügen: Bezugssysteme kommen oft bei Positionstoleranzen vor (s. Kap. 2.6.2); deshalb benutzen die folgenden Beispiele diese Toleranzart. *Bild 2.24 a* zeigt ein Blechteil mit einer Bohrung, die zunächst mit Maßtoleranzen festgelegt ist. Da ein Maß der Abstand zwischen zwei gegenüberliegenden Punkten ist (s. Kap. 1.3.1), muss die Lage der Bohrungsachse vom entsprechenden Punkt der betreffenden Kante aus geprüft werden (b; s. Kap. 1.5.4). Die Gestalt der Toleranzzone hängt somit von der Istform der beiden Kanten ab.

Bild 2.24 c überträgt die Maßtolerierung in eine entsprechende Positionstolerierung (s. Kap. 2.6.2). Die Bezüge A und B sind hier voneinander unabhängig. Die Positionstoleranz wird – im Gegensatz zu b – vom *anliegenden* Element aus geprüft, Bild 2.24 d. Wenn der Winkel zwischen den Bezügen von 90° abweicht, verschiebt sich die Toleranzzone zum Parallelogramm.

Bezugssystem mit zwei Bezügen: Bild 2.24 e hat die gleichen Bezugselemente A und B wie bei c. Im Toleranzrahmen aber stehen beide in getrennten Feldern hintereinander. (In diesem Fall wurde eine kreiszylindrische Toleranzzone gewählt, s. Kap. 1.6.1 sowie 2.6.2.) Die Eintragung bedeutet:

2-20 Bezugssystem: Wenn in *einem* Toleranzrahmen *mehrere* Bezüge in *getrennten* Feldern (d. h. durch senkrechte Striche getrennt) zusammenstehen, bilden sie für die Prüfung der Lagetoleranz in *diesem* Rahmen ein Bezugssystem. Der *erste* Buchstabe in Leserichtung kennzeichnet den *primären* Bezug; nach diesem wird das Werkstück *zuerst ausgerichtet.* Dann wird es an den *sekundären,* zuletzt ggf. an den *tertiären* Bezug herangeschoben. Bezüge, die ein Bezugssystem bilden, stehen in *exakten Winkeln zueinander.*

Aus Bild 2.24 f geht hervor, dass die Bezüge A und B zur Prüfung der Positionstoleranz einen exakten rechten Winkel bilden; denn sie vertreten jetzt gemeinsam das anliegende Nachbarbauteil in idealer Gestalt (s. Kap. 2.3.1). Das Werkstück wird zunächst nach dem primären Bezug (hier A) ausgerichtet (nach der Minimumbedingung, s. dazu Kap. 2.3.1 und 2.3.2) und dann an den sekundären Bezug (hier B) herangeführt.

Bild 2.24 g hat dieselben Bezugselemente; nur im Toleranzrahmen sind A und B vertauscht, so dass B jetzt den Primärbezug bildet. Folglich wird das Werkstück nun zuerst nach B ausgerichtet (Bild 2.24 h). Während die Istachse der Bohrung bei f innerhalb der Toleranzzone liegt, befindet sie sich bei h weit außerhalb. Der Vergleich mit den Skizzen b, d und f macht deutlich, dass das Ergebnis der Prüfung je nach Bezugsangabe unterschiedlich ausfällt.

Vollständiges Bezugssystem: Die Bezugssysteme in Bild 2.24 e und g sind noch nicht vollständig. Wenn das Blech relativ dünn ist, so ist es gar nicht möglich, das Werkstück allein nach den Flächen A und B auszurichten. Selbstverständlich gehen wir dann davon aus, dass es zunächst einmal auf der Hauptfläche aufliegt, wie es z. B. auch beim Bohren des Loches geschieht. Diese Fläche bestimmt die Ausrichtung des ganzen Werkstücks und ist der wirkliche primäre Bezug, in Bild 2.24 i mit C bezeichnet. Die beiden anderen Bezüge werden damit sekundär (hier A) bzw. tertiär (hier B). Das Werkstück wird zur Prüfung zuerst auf C aufgelegt und ggf. nach der Minimumbedingung ausgerichtet, Bild 2.24 j, dann an A und zuletzt an B herangeschoben. Gemessen wird von A und B aus; die kreiszylindrische Toleranzzone mit Ø 0,2 mm steht exakt senkrecht auf C (hier nicht mehr eingezeichnet).

Mit den drei Bezügen ist die Lage des Werkstückes im Raum eindeutig festgelegt. Das in Bild 2.24 j strichpunktierte Bezugssystem kann man sich z. B. als Prüfplatte mit Anschlagflächen verkörpert vorstellen. Nach diesem Prinzip werden Fertigungs- und Prüfvorrichtungen schon immer gebaut. Wir brauchen uns das lediglich bewusst zu machen und die Hauptauflage als Primärbezug einzutragen. Vollständige Bezugssysteme werden insb. bei Positions- und Profiltoleranzen gebraucht, aber auch für andere Lagetoleranzen (s. u. Regel 2-22).

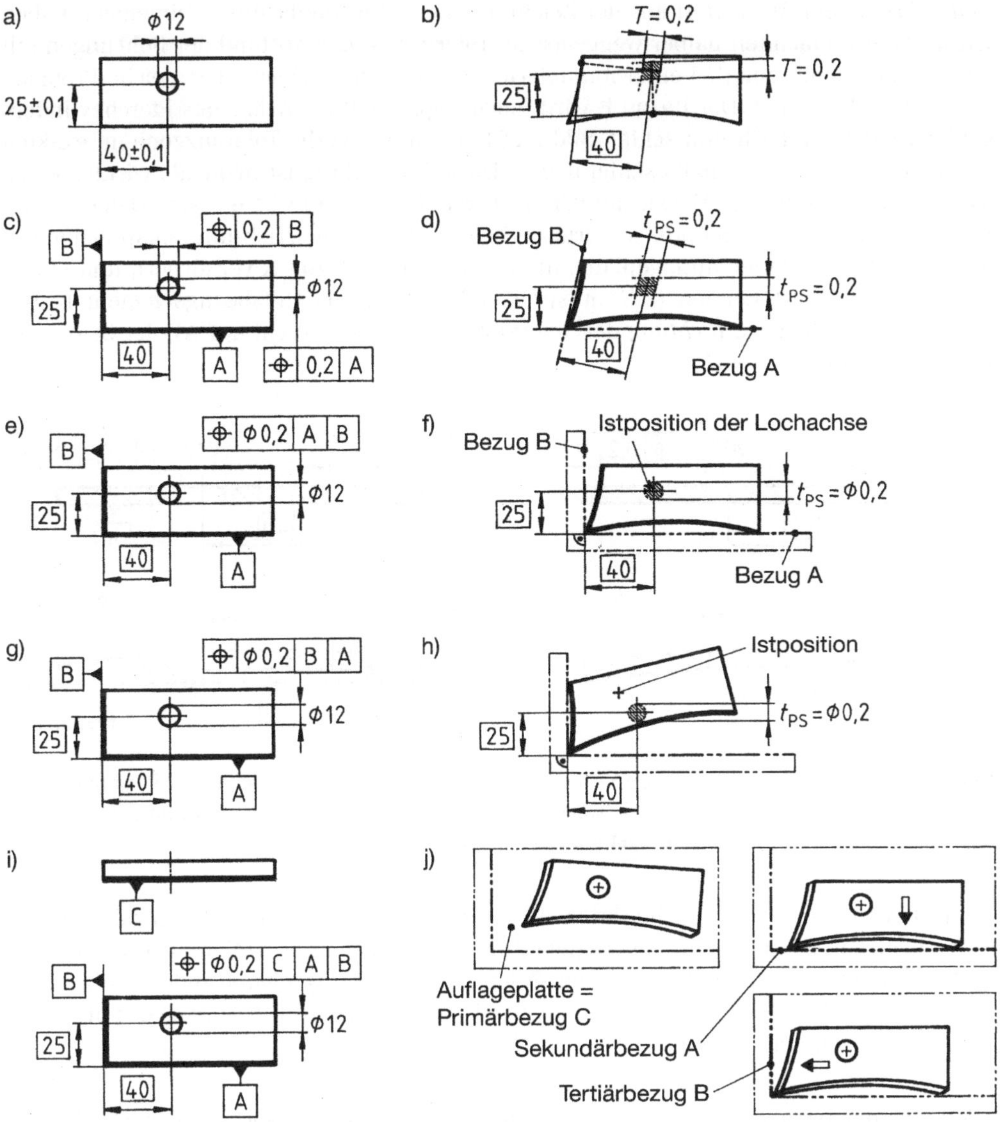

Bild 2.24: Aufbau von Bezugssystemen. a) Zeichnung eines Lochblechs mit zwei Maßen, b) Istwerkstück mit Abweichungen und Toleranzzone dazu; c) zwei unabhängige Positionstoleranzen entsprechend a, d) Bezüge und Toleranzzone dazu; e) Bezugssystem mit zwei Bezügen, f) Aufnahme des Werkstücks zur Prüfung dazu; g) wie e, aber mit vertauschten Bezügen, h) entsprechend f; i) vollständiges Bezugssystem mit drei Bezügen, j) Aufnahme des Werkstücks zur Prüfung

Bedeutung des Primärbezugs: Vielleicht erscheint Ihnen die Angabe eines primären Bezugs wie in Bild 2.24 i umständlich und überflüssig, eben weil sie selbstverständlich ist. Wir wollen daher an einem einfachen Beispiel zeigen, was geschieht, wenn Sie den Primärbezug weglassen.

Bild 2.25 a ist ein Ausschnitt aus der Zeichnung eines Blechteils; die 3. Dimension haben wir hier der Einfachheit halber weggelassen. Toleriert ist der Abstand der Bohrungen mit einer Positionstoleranz (bei einer *Maß*tolerierung entsteht übrigens das gleiche Problem, vgl. Bild 2.24 a und c). Der Bezug B wird (nach Kap. 2.3.3) als Achse des Pferchzylinders gebildet. Sitzt das Loch nun schief, Bild 2.25 b, dann würde die Toleranzzone im exakten Abstand von 40 mm ebenfalls schief liegen. Diese Vorstellung ist mehr als wirklichkeitsfremd. Jeder vernünftige Messtechniker wird „parallel zum Blech" messen. Daher ist der Primärbezug A in der Hauptfläche erforderlich (c). Die Prüfvorrichtung entsprechend d) besteht damit aus einer Auflageplatte, die den primären Bezug A verkörpert, und einem darauf senkrecht stehenden (z. B. aufspreizenden) Dorn als Hilfsbezugselement B. Der Primärbezug A legt die *Richtung* der Toleranzzone fest (senkrecht auf A); der Sekundärbezug B bestimmt ihren *Ort.*

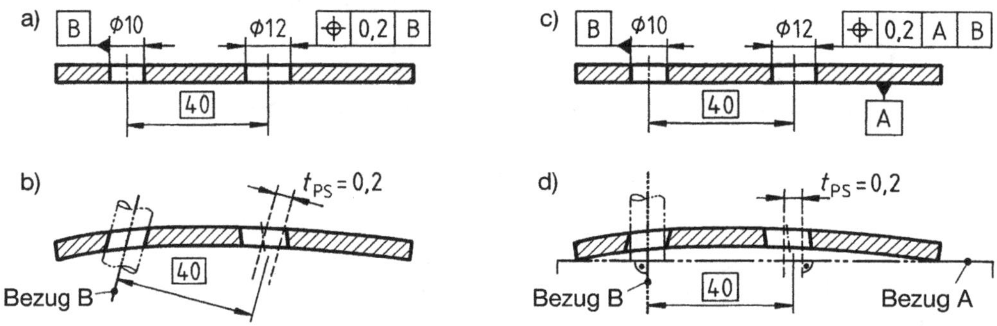

Bild 2.25: Auswirkung des primären Bezugs A. a) Zeichnung eines Lochblechs mit Positionstolerierung und einfachem Bezug, b) Istwerkstück mit Abweichungen, Bezug und Toleranzzone dazu; c) ähnlich a, aber mit Bezugssystem, d) Prinzip der Prüfung zu c

Dem Messtechniker, der die Funktion des Werkstücks kennt, mag die Angabe in Bild 2.25 a vielleicht genügen. Ein auswärtiger Zulieferer kennt die Funktion aber meist nicht, und einem Messgerät bleibt bei einer Zeichnung gemäß a) nichts anderes übrig, als Unsinn gemäß b) zu messen. Das ist der Grund, warum wir uns die Angabe des primären Bezugs angewöhnen müssen:

2-21 Primärbezug: Das Geometrieelement, das die Lage des Werkstückes wesentlich bestimmt, z. B. als Auflagefläche bei der Funktion bzw. als Spannfläche bei der Fertigung (oder auch als Hauptachse, s. u. Regel 2-23), sollte als primärer Bezug angegeben werden.

Daraus lassen sich die Art der Prüfung sowie der Aufbau von Fertigungs- und Prüfvorrichtungen entnehmen. Um ein Umspannen des Werkstücks sowie die Bildung von Toleranzketten (s. Kap. 4.1) möglichst zu vermeiden, sollte man zusätzlich beachten:

2-22 Durchgehender Primärbezug: Wenn ein Bauteil mehrere Lagetoleranzen hat, sollte man für alle *denselben* Primärbezug vorgeben, soweit die Funktion das zulässt.

Man sollte sich angewöhnen, aus Gründen der Übersichtlichkeit den Primärbezug generell A zu nennen; das lässt sich aber nicht immer durchführen.

Aufbau von vollständigen Bezugssystemen: Die Festlegung eines vollständigen Bezugssystems ist der wichtigste Schritt bei der Lagetolerierung. Häufig enthält z. B. die übliche Zeichnung eines komplizierten Werkstücks ein Achsenkreuz, von dem aus die verschiedenen Geometrieelemente bemaßt sind (s. Beispiele in Kap. 5.4). Bei der Prüfung eines gefertigten Teils bleibt aber unklar, wo diese Achsen am Werkstück zu finden sind, d. h. aus welchen Geometrieelementen sie abzuleiten sind bzw. wie das Werkstück zur Prüfung aufzunehmen ist.

Jedes Werkstück ist im Raum in 6 „Freiheitsgraden" beweglich. Es kann sich in 3 aufeinander senkrecht stehenden Koordinatenrichtungen *verschieben* und um 3 entsprechende Achsen *drehen.* Ein Bezugssystem ist dann vollständig, wenn es dem Werkstück *keinen* Freiheitsgrad mehr lässt. *Bild 2.26* zeigt typische Beispiele. Mit Ausnahme von i sind es plattenförmige Teile, deren Primärbezug A an der vorn liegenden Fläche anliegt. Sie enthalten als tolerierte Elemente jeweils Bohrungen mit Positionstolerierung (Näheres s. Kap. 2.6.2); im Toleranzrahmen steht das Bezugssystem.

a) ***3 wirkliche Ebenen:*** Das System entspricht Bild 2.24 i. Bei Auflage auf dem Primärbezug A bleiben von den 6 Freiheitsgraden noch drei übrig, 2 Verschieberichtungen und eine Drehrichtung. Wird das Werkstück an den Sekundärbezug B herangeschoben, so hat es nur noch eine Verschiebemöglichkeit (nach oben/unten). Der Tertiärbezug C nimmt diesen letzten Freiheitsgrad weg.

b) ***Ebene + 2 nicht gleichberechtigte Löcher:*** Der Sekundärbezug B lässt nur noch eine Drehung frei. Sie wird durch das Langloch C festgelegt. Auch wenn C kein Langloch ist, wirkt der Bezug C nur senkrecht zur Verbindungslinie der Löcher B und C. Wir sollten ihn daher auch in dieser Wirkrichtung eintragen (in [ASM 94] wird das generell so verlangt). Bei B ist dagegen die Eintragung beliebig; der Sekundärbezug wirkt „rundum".

c) ***Wie zuvor,*** aber mit *beliebiger* Lage des tertiären Bezugselements. Stimmt die Verbindungslinie zwischen B und C nicht mit der Koordinatenrichtung (Bezugsrichtung) überein, so gibt man zweckmäßig den Winkel zwischen diesen Richtungen als theoretischen Winkel an. Die theoretischen Maße gehen wie bei b von den eingezeichneten Bezugsebenen aus. (Es ist auch möglich, zwischen den Bezugsbohrungen statt des Winkels theoretische Maße in den Bezugsrichtungen anzugeben; das Messgerät muss daraus den theoretischen Winkel berechnen.)

   Anmerkung: Alternativ können wir bei b) und c) den Tertiärbezug auch mit B-C bezeichnen; das ist die Richtung von B zu C. Das Bezugssystem heißt dann A | B | B-C. Das ist gleichbedeutend und vielleicht sogar noch einleuchtender.

d) ***Ebene + 2 gleichberechtigte Löcher:*** Das Bauteil ist symmetrisch. Der Sekundärbezug B wird gemeinsam aus 2 Löchern gebildet; sie legen die Höhe und die Richtung der Bezugsebene B fest. Der Tertiärbezug C gibt an, woraus die Lage der vertikalen Symmetrieebene abzuleiten ist. Hier ist es die Mitte zwischen denselben Löchern (Eintragung „auf dem Maßpfeil", s. Kap. 1.6.2).

e) ***Wie zuvor,*** aber mit Langlöchern. Der Sekundärbezug ist hier mit 2 getrennten Buchstaben B-C bezeichnet (das ist gleichbedeutend mit d, s. Kap. 1.6.2). Der Tertiärbezug D wird ebenfalls aus einem Langloch gebildet. (Er könnte z. B. auch aus der Mitte der beiden Seitenkanten abgeleitet werden. Bei einem unsymmetrischen Teil könnte das Loch D auch woanders liegen.)

f) ***Ebene + Rundzentrierung + Drehanschlag:*** Gerade bei runden Teilen ist es wichtig, exakt anzugeben, durch welches Geometrieelement das Achsenkreuz festgelegt wird. Hier ist es die Achse der Bohrung B („kurze" Achse, s. Kap. 2.3.3). Damit bliebt nur noch 1 Drehfreiheitsgrad übrig. Er wird hier durch die Mitte der Nut C weggenommen (Es könnte z. B. auch eine Bohrung sein, ggf. mit Winkelangabe wie bei c.)

g) ***Wie zuvor,*** aber mit Drehanschlag an einer *wirklichen* Fläche. Hier ist beim Tertiärbezug C das theoretische Maß anzugeben. Es wird bei der Verkörperung des Bezugs in einer Messvorrichtung mit Lehrengenauigkeit realisiert.

h) ***Wie zuvor,*** aber mit einer durchgehenden wirklichen Fläche oder Linie als Drehbegrenzung. Die Beschränkung des Drehfreiheitsgrades erfordert hier nur noch eine Richtung. Daher wirkt hier nur die *Richtung* der Fläche C, nicht aber ihr *Abstand* von der Drehachse B. (Die Bohrung ist hier alternativ mit Radius und Winkel bemaßt. Für das Bezugssystem spielt das keine Rolle.)

i) ***Drehachse + Axialanschlag + Drehanschlag:*** Im Gegensatz zu den vorangegangenen Beispielen ist dieses Werkstück keine Platte, sondern eine Welle. Die Hauptrichtung ist die Längsachse; sie wird zum Primärbezug. Er wird hier als gemeinsame Achse (s. Kap. 2.3.3) aus den beiden Lagersitzen A und B gebildet. Damit bleiben noch 2 Freiheitsgrade übrig, 1 Verschiebung und 1 Drehung. Sie werden durch C und D begrenzt. (Wenn ein Bauteil völlig rotationssymmetrisch ist, kann der Tertiärbezug entfallen.)

In Bild 2.26 ist wegen der Übersichtlichkeit die Form- und Lagetolerierung der Bezugselemente weggelassen (s. u. Regel 2.25 sowie Kap. 2.3.1 und die Beispiele in Kap. 5.4). Zusammenfassend ergibt sich:

2-23 Vollständige Bezugssysteme: Ein vollständiges Bezugssystem – vorstellbar als Prüfvorrichtung – legt ein Werkstück im Raum eindeutig fest. Es definiert letztlich *drei aufeinander senkrecht stehende Bezugsebenen* (im Sinne eines rechtwinkligen Koordinatensystems), von denen aus Lagetoleranzen festgelegt und geprüft werden (z. B. Positionstoleranzen mit theoretischen Maßen).

Jeder Bezug kann gleichzeitig Teil eines Bezugssystems sein und zusätzlich auch als Einzelbezug z. B. für eine andere Lagetoleranz verwendet werden.

Anzahl von Bezugsstellen: Häufig sollen ebene Bezugselemente nicht vollflächig aufliegen, sondern nur an einzelnen Bezugsstellen (s. Kap. 1.6.2, Bild 1.42), z. B. bei der Aufnahme von Rohteilen. Für die Anzahl gilt:

2-24 Anzahl von Bezugsstellen: Wenn ein Bezugssystem gemäß Bild 2.26a aus *ebenen* Bezugselementen besteht, dann brauchen

- der *primäre* Bezug *drei,*
- der *sekundäre* Bezug *zwei* Bezugsstellen und
- der *tertiäre* Bezug (soweit vorhanden) *eine* Bezugsstelle.

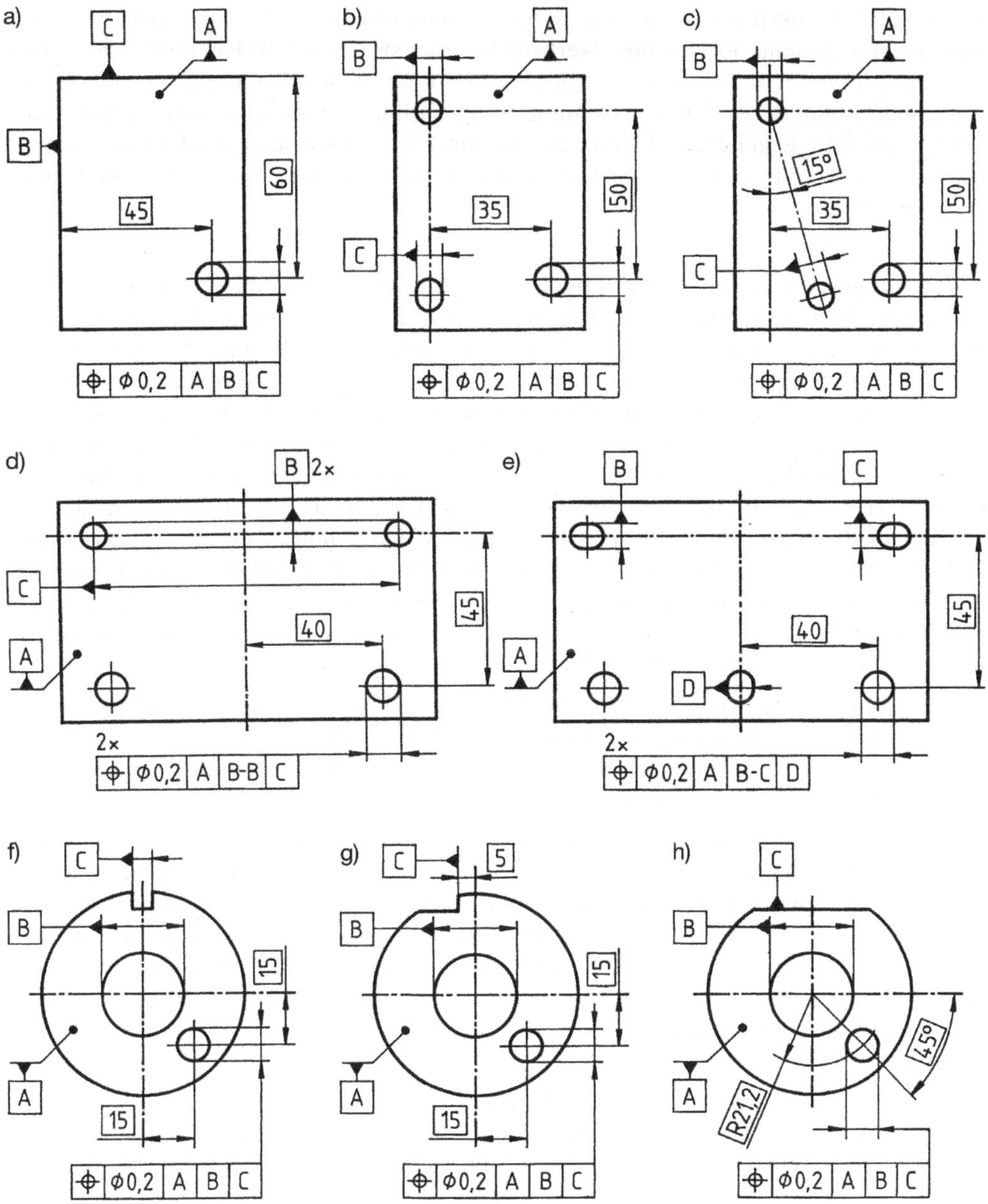

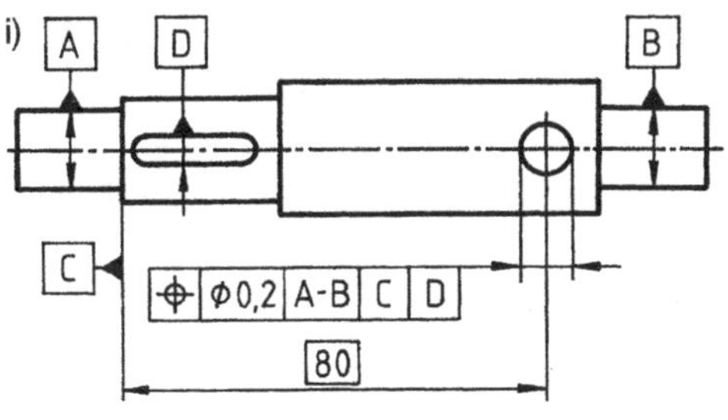

Bild 2.26: Beispiele für vollständige Bezugssysteme. a) 3 wirkliche Ebenen; b) und c) Platten mit 2 nicht gleichberechtigten Löchern; d) und e) Platten mit 2 gleichberechtigten Löchern; f) bis h) Platten mit Rundzentrierung; i) schlankes Rotationsteil

Diese Regel, die nach der Anzahl der Bezugsstellen auch „Regel 3-2-1“ genannt wird, gilt nur für hinreichend formstabile Werkstücke, die sich beim Aufspannen bzw. unter Montagekräften nicht wesentlich verformen. (Nicht formstabile Teile, z. B. aus Blech oder Kunststoff, können bei der Aufspannung mehr Auflagestellen benötigen, s. dazu Kap. 5.3.1, Regel 5-9). Regel 2-24 gilt zunächst nur für das Bezugssystem „3 wirkliche Ebenen“ nach Bild 2.26 a. Inwieweit sie auch auf andere Systeme übertragbar ist, wird im Folgenden erörtert.

Darstellungsformen von vollständigen Bezugssystemen: In Bild 2.26 stehen die Bezugsbuchstaben A, B usw. mit dem Bezugsdreieck direkt an den wirklichen Bezugselementen, aus denen die Bezüge zu bilden sind, nach der Vorstellung des „anliegenden Nachbarbauteils in idealer Gestalt“ (Regel 2-9). Der Schlüssel zum Verständnis des Systems liegt in den jeweils verbleibenden Freiheitsgraden für das Werkstück. Lagetoleranzen werden jedoch so geprüft, wie die theoretischen Maße *eingetragen* sind, d. h. meistens von den rechtwinklig aufeinander stehenden Bezugsebenen aus, die hier im Bild durch etwas stärkere Strichpunktlinien betont sind (das ist nebenbei nicht zeichnungsüblich). Das Verständnis des Systems wird erschwert, wenn, wie in Bild 2.26 c, ein Bezugselement nicht direkt auf der Bezugsebene liegt. Es gibt deshalb alternative Darstellungsformen, die in ihrer Bedeutung identisch, aber ggf. leichter verständlich sind, *Bild 2.27.* Die Bilder a bis c entsprechen Bild 2.26 b; dort bestimmt Loch B den Schnittpunkt der Bezugsebenen, während Loch C deren Richtung festlegt.

a) Die Zeichnung hat, wie Bild 2.26 b, zwei gleich große Bezugslöcher. Bezug B geht durch die beiden Lochmitten und bestimmt damit die Richtung und den Ort der vertikalen Bezugsebene. Der Ort der horizontalen Bezugsebene ergibt sich durch die Lochmitte C. (Der Aufbau des Systems ist verwandt mit Bild 2.26 d.)

b) Wenn die beiden Bezugslöcher nicht gleich groß sind, lassen sich keine durchgehenden Maßhilfslinien verwenden wie bei a). Daher werden hier die beiden Löcher - ähnlich Bild 2.26 e - mit eigenen Buchstaben B und C bezeichnet; der Sekundärbezug heißt nun B-C. Der Tertiärbezug D liegt wieder beim oberen Loch; dieses trägt jetzt *zwei* Bezugsbuchstaben. Das erscheint ggf. etwas verwirrend und ist nur zu gebrauchen, wenn die Bezüge streng nach ihrer Wirkungsrichtung eingetragen sind. (Wenn wir stattdessen das D weglassen und das Bezugssystem A | B-C | B nennen, wäre das auch richtig, aber keineswegs klarer.)

c) Hier stehen die *Bezugsdreiecke* direkt *auf den Bezugsebenen;* diese sind somit klar zu erkennen. Das widerspricht allerdings Regel 1-59 (Kap. 1.6.2), nach der ein Bezugsdreieck nie auf einer Achse oder Mittellinie stehen soll. Eindeutigkeit entsteht erst, wenn für die Bezüge Bezugsstellen angegeben werden (s. Regel 1-61, Kap. 1.6.2), hier *zwei* (B 1, 2) für den sekundären und *eine* (C 1) für den tertiären Bezug. Neben den Rahmen mit den Bezugsbuchstaben sind - gemäß ISO 5459 - die jeweiligen Bezugsstellen vermerkt, um die Übersichtlichkeit zu verbessern. Wie bei b) bildet das obere Loch hier 2 Bezugsstellen.

d) und e) sind entsprechend c) aufgebaut und bedeutungsgleich mit Bild 2.26 c bzw. f, aber ggf. leichter verständlich.

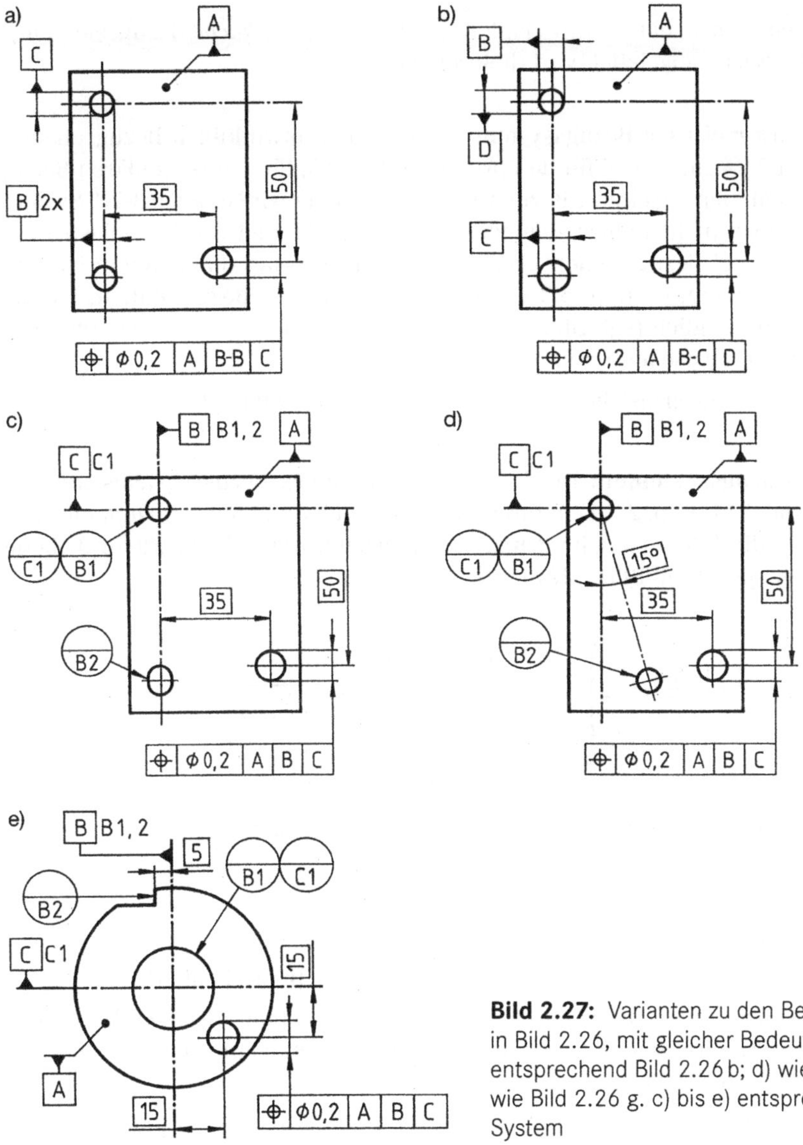

Bild 2.27: Varianten zu den Bezugssystemen in Bild 2.26, mit gleicher Bedeutung. a) bis c) entsprechend Bild 2.26 b; d) wie Bild 2.26 c; e) wie Bild 2.26 g. c) bis e) entsprechen dem RPS-System

RPS-System: Die Bezugsangaben in Bild 2.27 c bis e entsprechen dem sog. RPS-System (**R**efenz**p**unkt-**S**ystem, reference point system), das insb. in der Automobilindustrie verwendet wird. Es ist kein eigenständiges System, sondern eine spezielle Bezugseintragung, die bisher in den Normen nicht verankert, aber damit kompatibel ist:

2-25 RPS-System: Die *Bezugsbuchstaben* stehen mit den Bezugsdreiecken auf den *Strichpunktlinien* für die Bezugebenen, die den *Nullpunkt* für die theoretischen Maße von Ortstoleranzen (u. a.) bilden. Jeder derartige Bezug muss eindeutig gemacht werden durch *Bezugsstellenrahmen*, deren Hinweispfeil jeweils auf das *wirkliche* Bezugselement zeigt, aus dem der Bezug abgeleitet wird (Referenzpunkte).

Das RPS-System wird meist bei Bezugssystemen mit drei rechtwinkligen Bezugsebenen benutzt. Nach Regel 2-24 sind dabei für den primären Bezug 3, für den sekundären Bezug 2 Bezugsstellen und für den tertiären 1 Bezugsstelle nötig. Daher wird es auch 3-2-1-System genannt. Das ist jedoch nicht immer zwingend. In Bild 2.27 c und d müssten wir dem Primärbezug A noch drei Bezugsstellen zuordnen; bei nicht formstabilen Teilen können auch mehr erforderlich sein (s. Kap. 5.3.1). Wenn eine *Achse* als Bezug auftritt, ist das Prinzip 3-2-1 oft nicht möglich (vgl. Bild 2.26 i mit „langer“ Achse als Primärbezug oder Bild 2.26 h mit „kurzer“ Achse als Sekundärbezug).

(*Anmerkung:* Weitere „schwierige“ Bezugssysteme s. Kap. 2.5.2, Bild 2.33.)

Tolerierung von Bezugssystemen: Die Bezugselemente eines Bezugssystems müssen (nach Regel 2-10 und 2-11, Kap. 2.3.1) in ihrer *Lage* zueinander und in ihrer *Form* toleriert werden. Häufig wird die Tolerierung im Prinzip so aufgebaut, wie es *Bild 2.28* für 3 ebene Bezugselemente (entsprechend Bild 2.26 a) erläutert:

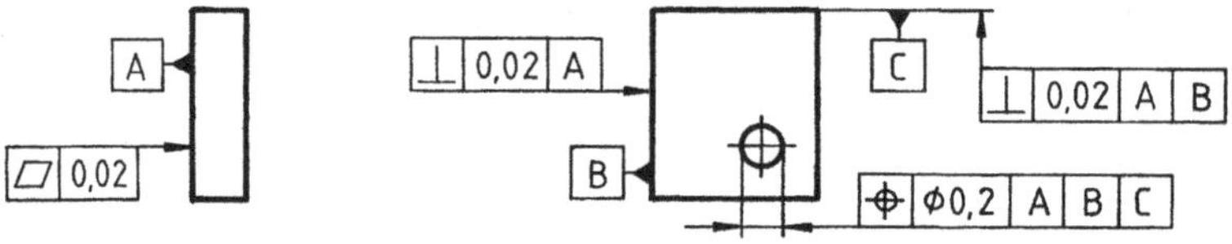

Bild 2.28: Tolerierung eines Bezugssystems mit 3 ebenen Bezugselementen

2-26 Tolerierung von Bezugssystemen:

- Das *primäre* Bezugselement (hier A) hat eine *Form*toleranz (hier Ebenheit).
- Das *sekundäre* Bezugselement (B) hat eine *Lage*toleranz (hier Rechtwinkligkeit), bezogen auf den Primärbezug (A); darin ist häufig eine Formtoleranz einbeschlossen (hier Ebenheit, s. Kap. 2.5.1).
- Das *tertiäre* Bezugselement wird entsprechend dem sekundären toleriert, bezogen auf den primären und den sekundären Bezug.

In Bild 2.28 steht die Toleranzzone des tertiären Bezugselements C exakt senkrecht sowohl zu A als auch zu B. Da die Toleranzzone von zwei ebenen Flächen im Abstand von 0,02 mm begrenzt ist (s. Kap. 2.5.1), ist die Ebenheit der Fläche ebenfalls auf 0,02 mm eingegrenzt. Die Regel 2-26 ist an die Art des Bezugssystems anzupassen. Beispielsweise enthält Bild 2.20 b (Kap. 2.3.3) die Tolerierung des Bezugssystems für eine „kurze“ Achse (ohne tertiären Bezug).

2.4 Profiltoleranzen

2.4.1 Übersicht

Bedeutung: Die in Kap. 2.2 betrachteten Formtoleranzen betreffen nur relativ einfache geometrische Gestalten, die aus Geraden, Ebenen, Kreisen und Kreiszylindern aufgebaut sind. Nun gibt es noch viele andere Geometrieelemente, deren Formabweichungen toleriert werden müssen; dazu dienen Profiltoleranzen:

- Die *Linienprofiltoleranz* (Kap. 2.4.2) grenzt beliebige Linien ein, z.B. den Umriss einer Kurvenschablone oder das Querschnittsprofil eines Tragflügels. Geradheit und Rundheit sind genau genommen nur Sonderfälle des Linienprofils.
- Die *Flächenprofiltoleranz* (Kap. 2.4.3) erfasst beliebige Flächen, z.B. eine Motorhaube oder einen ganzen Tragflügel. Ebenheit und Zylindrizität sind als Sonderfälle des Flächenprofils anzusehen.

Tolerierte Geometrieelemente: Profiltoleranzen betreffen meist *wirkliche* Geometrieelemente. Eine Linienprofiltolerierung kann aber z.B. auch auf die Achse eines gebogenen Rohrs angewendet werden.

Nenngestalt: Bei einfachen Grundformelementen wie Kreis oder Ebene ist die ideale Form bekannt. Bei komplizierteren Formen muss dagegen die ideale Gestalt oder *Nenngestalt* (nominal feature) erst einmal festgelegt werden, und zwar mit *theoretisch genauen Maßen* (in □, s. Kap. 1.3.2) oder als rechnerinterner 3D-*Datensatz*. Für die Darstellung mit theoretischen Maßen gilt:

> *2-27 Nenngestalt:* Wird eine Nenngestalt (ideale Gestalt) mittels *theoretischer* Maße beschrieben, so gelten die hierzu gehörenden rechtwinkligen *Achsenkreuze* und regelmäßigen *Kreisteilungen* ebenfalls als *theoretisch genau.*

Bezüge: Die Nenngestalt kann mit theoretischen Maßen in unterschiedlicher Weise festgelegt werden. Definieren die theoretischen Maße tatsächlich nur das Profil selbst, so werden für sie keine Bezüge benötigt (s. Bild 2.29 a). Die Toleranzzone ergibt sich dann aus der Nenngestalt bzw. dem idealen Nennprofil (s.u.). Profiltoleranzen grenzen somit zunächst einmal die *Form* des tolerierten Profils ein und haben, wie andere Formtoleranzen (s. Kap. 2.2), keine Bezüge. Es ist aber auch möglich, das ideale Profil relativ zu einem oder mehreren Bezugselementen festzulegen. Das kann seine *Richtung* betreffen; dann wird die Profiltoleranz zur Richtungstoleranz (s. Kap. 2.5). Häufig wird auch sein Abstand zu den Bezügen, d.h. sein *Ort* festgelegt; damit ist die Profiltoleranz eine Ortstoleranz (s. Kap. 2.6). Bild 2.31 (s. Kap. 2.4.3) zeigt das am Beispiel eines Kegels. Profiltoleranzen sind somit die vielfältigsten Toleranzen (nur als Lauftoleranzen können sie nicht auftreten). Die anderen Toleranzarten sind dazu da, die Tolerierung übersichtlicher zu machen. Aufgrund dieser Vielseitigkeit führt ISO 1101 die Profiltoleranzen sowohl bei den Form- als auch bei den Richtungs- und Ortstoleranzen mit auf.

Toleranzzone: Die Toleranz *t* ist stets der Abstand zwischen den Grenzlinien bzw. -flächen, die die Toleranzzone begrenzen. Hier gilt (s. dazu Bild 2.29):

2-28 Toleranzzone: Die Toleranzzone von Profiltoleranzen liegt in der Regel *mittig* zum idealen Profil, d. h., die Toleranzgrenzen sind *äquidistante* Linien bzw. Flächen im Abstand von ± $t/2$ vom idealen Profil.

Soll die Toleranzzone aus funktionalen Gründen aber nicht mittig oder symmetrisch zum Nennprofil liegen, muss dies durch das Zusatzsymbol UZ hinter dem Toleranzwert kenntlich gemacht werden. UZ steht für „**u**nequally disposed **z**one", was so viel bedeutet wie „ungleich verschobene Zone". Da die Toleranzzone im Regelfall symmetrisch zum Nennprofil liegt, kann man auch sagen UZ = **U**nsymmetrische **Z**one. Das entspricht nicht der korrekten Übersetzung der ISO-Norm, lässt sich aber sicher leichter merken. Mit einem vorzeichenbehafteten Wert hinter dem Symbol UZ gibt man dann an, um wieviel die Toleranzzone aus der mittigen Lage zum Nennprofil verschoben wird. Dabei gilt die Regel: „+" bedeutet vom Material weg und „-" bedeutet ins Material hinein verschoben (s. Bild 2.29 c).

Grenzabweichung: Solange Profiltoleranzen als Form- oder Richtungstoleranzen auftreten, ist die Grenzabweichung gleich der Toleranz *t*. Ist aber die ideale Linie bzw. Fläche, d. h. die Mitte der Toleranzzone, durch Bezüge an einen Ort gebunden, dann darf sich die Istkontur davon nach beiden Seiten nicht mehr als $t/2$ entfernen; die Grenzabweichung beträgt somit ± $t/2$. Das wird bei den den Ortstoleranzen näher erläutert (s. Kap. 2.6.1).

2.4.2 Linienprofil

Bedeutung und Symbol: Die Linienprofiltoleranz (nach DIN EN ISO 1101 „Profil einer beliebigen Linie", profile of any line) schränkt die Abweichungen eines beliebig gestalteten Linienzugs ein; dieser wird als *ein* Geometrieelement aufgefasst. Das *Symbol,* ein offener Halbkreis (s. Bild 2.29), deutet eine beliebig geformte Linie an.

Anwendungsbeispiele: *Bild 2.29* enthält typische Fälle für die Festlegung des idealen Profils ohne und mit Bezügen am Beispiel von Steuerkurven.

a) ***Linienzug mit Formtolerierung:*** Das Nennprofil der Kurvenschablone aus dünnem Blech ist durch zwei tangierende Kreisbögen und den Winkel von 45° bestimmt; dazu kommen zwei tangentiale Geraden. Damit setzt sich das Nennprofil aus vier Geometrieelementen zusammen, die nach dem Grundsatz der Unabhängigkeit nach ISO 8015 für die Tolerierung einzeln zu betrachten sind. Um nun deutlich zu machen, dass die Linienprofiltoleranz für den gesamten Linienzug von „Ecke zu Ecke" gelten soll und die Toleranzzone als eine gemeinsame oder besser eine aus den vier einzelnen Toleranzzonen neue, kombinierte Toleranzzone festgelegt werden soll, muss das Symbol CZ hinter dem Toleranzwert ergänzt und die Begrenzung des Gültigkeitsbereich zwischen K und L oberhalb des Toleranzrahmens angegeben werden (vgl. Bild 1.35 e). Ansonsten wäre nicht eindeutig festgelegt, dass die gemeinsame Toleranzzone nur aus den vier Geometrieelementen des oberen Linienzuges gebildet wird. Alternativ zur gemeinsamen Toleranzzone CZ hätte man hier den oberen Linienzug auch als ein „vereinigtes Geometrieelement“ durch die Angabe UF („**u**nited **f**eature“) oberhalb des Toleranzrahmens definieren können. In diesem Fall ist die Bedeutung identisch. Der Unterschied zwischen der gemeinsamen Toleranzzone CZ und dem vereinigten Geometrieelement UF wird in den Bildern e bis h deutlich. Die Bemaßung und die Tolerierung der sonstigen Elemente der Schablone sind der Einfachheit halber weggelassen. Obwohl es sich hier um ein dünnes Blech handelt, ist hier die Angabe des Schnittebenenindikators dringend anzuraten (s. Kap. 2.2.2). Der Neuentwurf der ISO 1660 für Profiltoleranzen fordert dies grundsätzlich, wenn alle Linien parallel zu A toleriert sein sollen. Das Messgerät misst dann jeweils in einer Messebene parallel zur Ebene A (ebenso ist es bei d, g und h). Bei dem dünnen Blech macht das in der Praxis aber keinen Unterschied, da kaum mehr als eine Messebene erfasst werden kann.

b) ***Toleranzzone zu a:*** Die Toleranzzone ist von zwei Äquidistanten im Abstand $\pm t_{LP}/2$ vom Nennprofil begrenzt. Man kann sich vorstellen, dass auf dem idealen Profil lauter Kreise von $\varnothing t_{LP}$ gezeichnet sind; deren Einhüllenden bilden die Toleranzgrenzen. Die Toleranzzone erstreckt sich über die ganze Länge der tolerierten Linie. Die Toleranzzone ist hier, wie bei allen Formtoleranzen, innerhalb der Messebene (Schnittebene) parallel zu A frei verschiebbar und drehbar (s. Kap. 1.5.2).

c) ***Linienzug mit Lagetolerierung:*** Die Kurvenschablone entspricht der Skizze a, jedoch ist hier nicht nur die Form, sondern auch die Lage der Toleranzzone durch ein vollständiges Bezugssystem (s. Kap. 2.3.4) festgelegt. Dazu sind theoretisch genaue Maße zwischen den Bezugselementen und dem tolerierten Profil nötig. Zusätzlich ist hier eine einseitig um 0,05 mm nach innen verschobene Toleranzzone eingetragen.

d) ***Einseitig verschobene Toleranzzone:*** Die Verschiebung kann beliebig gewählt werden. Die Toleranzzone gemäß der Tolerierung in c liegt hier nun „innerhalb des Materials“, ausgehend von der Nennlage der Blechkante. Eine einseitige Verschiebung der Toleranzzone direkt angrenzend an die Nennkontur bedeutet hier einen Wert von – 0,05 im Toleranzrahmen.

e) ***Rundum geschlossener Linienzug als vereinigtes Geometrieelement:*** Hier ist die *gesamte* Umrandung der Schablone als Profil toleriert. Nach DIN EN ISO 1101 wird dafür der Toleranzpfeil abgeknickt; auf dem Knick steht ein kleiner Kreis. (Früher wurde stattdessen „rundum“ am Toleranzrahmen vermerkt). Nach Regel 2-27 gelten die rechten Winkel des Profils als theoretisch genau. Das Symbol UF oberhalb des Toleranzrahmens bedeutet, dass hier alle 7 Geometrieelemente des geschlossenen Linienzuges (4 Geometrieelemente des oberen Linienzugs, die beiden Seiten und die untere Kante) nun ein *vereinigtes Geometrieelement* bilden und bei der Toleranzüberprüfung (Verifikation) nicht mehr unabhängig betrachtet werden.

f) ***Toleranzzone beim vereinigten Geometrieelement:*** Die Toleranzzone orientiert sich nun an diesem neuen, vereinigten Geometrieelement. Wie bereits unter b erläutert, kann man sich die Toleranzzone als Einhüllende vorstellen, die lauter Kreise von $\varnothing t_{LP}$ auf dem idealen Profil begrenzt. In der Konsequenz bedeutet das, dass die *äußeren* Toleranzgrenzen an den Ecken des Linienzuges mit dem Radius $t_{LP}/2$ *abgerundet* sind. Die innere Toleranzgrenze bleibt hingegen *eckig.*

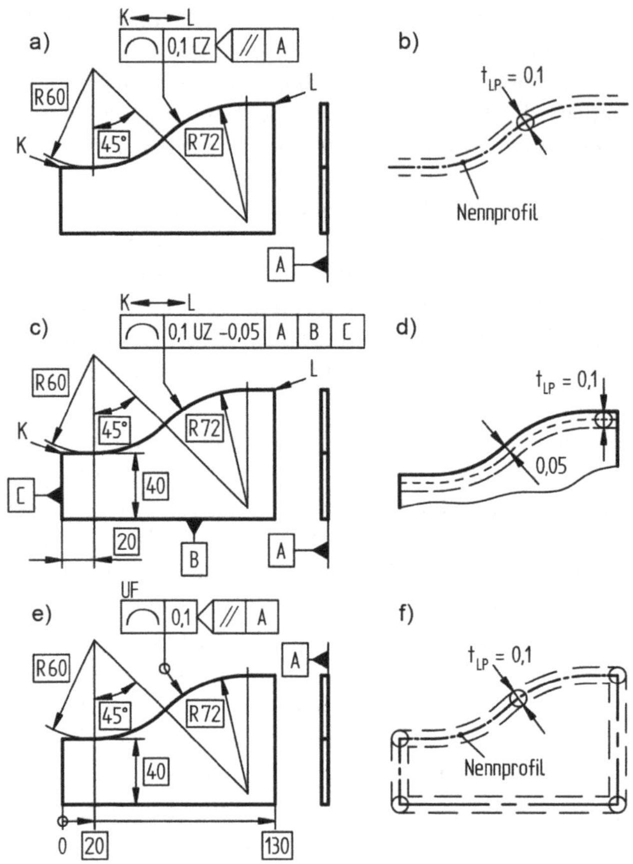

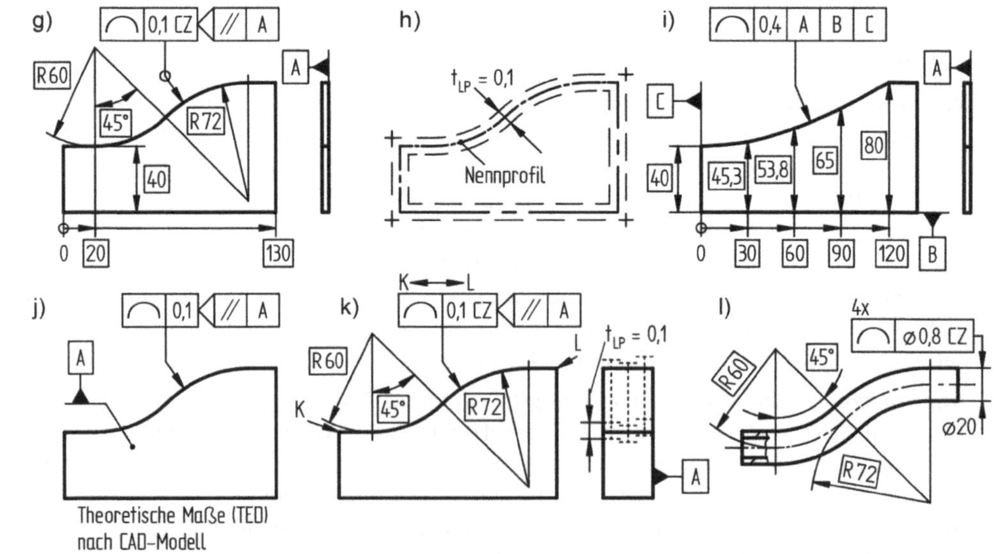

Bild 2.29: Linienprofiltolerierung an Kurvenschablonen.
a) reine Formtolerierung mit Schnittebenenindikator,
b) Toleranzzone dazu; c) Lagetolerierung mit Bezugssystem,
d) einseitig verschobene Toleranzzone dazu; e) rundum geschlossener Linienzug als „united feature“ toleriert,
f) Toleranzzone zu e mit runden Ecken; g) rundum geschlossener Lininenzug mit gemeinsamer Toleranzzone, h) Toleranzzone dazu mit Ecken; i) Profil punktweise bemaßt, j) rechnerintern definiert; k) Profillinien in einer Fläche (mit Andeutung einzelner Toleranzzonen); l) Tolerierung einer Rohrachse

g) ***Rundum geschlossener Linienzug mit gemeinsamer Toleranzzone:*** Die Toleranz gilt wie bei e für die gesamten Umrandung der Schablone. Hier wird aber kein vereinigtes Geometrieelement, sondern eine *gemeinsame Toleranzzone* durch CZ hinter dem Toleranzwert definiert.

h) ***Toleranzzone zu g:*** Die gemeinsame Toleranzzone orientiert sich jetzt nicht an dem idealen Profil, sondern wird aus den Toleranzzonen der einzelnen Geometrieelemente neu zusammengestellt bzw. kombiniert. Dazu nimmt man an, dass die einzelnen Geometrieelemente in ihrer idealen Lage zueinander stehen. Die jeweiligen Toleranzzonen der geraden bzw. ebenen Geometrieelemente sind zwei parallele Geraden bzw. Ebenen, die an den Ecken der Schablone eine neue, *eckige* Toleranzzone bilden.

i) ***Punktweise bemaßtes Profil:*** Die oberen Enden der senkrechten Maßpfeile bilden die Stützpunkte, in denen das Nennprofil bestimmt ist (s. DIN ISO 1660). Vorstellbar ist wieder, um diese Punkte Kreise von Ø0,4 mm zu zeichnen und deren Einhüllenden zu bilden (z. B. als Spline-Kurven). Der Verlauf der Toleranzgrenzen zwischen den Stützpunkten ist nicht genau definiert. Die Darstellung erfordert daher einen relativ zur Toleranz hinreichend engen Abstand der Stützpunkte. Das tolerierte Profil endet rechts oben am Knick, ähnlich wie bei a und c.

j) ***CAD-Modell als Referenzgeometrie:*** In vielen Fällen ist es nicht mehr möglich, allein mit einzelnen, in der Zeichnung eingetragenen theoretischen Maßen das Nominalprofil vollständig und eindeutig zu beschreiben. Das gilt vor allem für hochkomplexe Linien oder Flächen. In diesen Fällen kann man sich nur noch auf die im CAD-Modell definierte Sollgeometrie als Referenz beziehen. Wichtig ist dann aber ein entsprechender Hinweis auf der Zeichnung, dass die fehlenden „*theoretischen* Maße dem CAD-Modell zu entnehmen sind". Das Nennprofil ist dann im Rechner abgespeichert, etwa in digitalisierter Form nach einer Flächenrückführung vom Modell, in Form einer mathematischen Formel oder in Form einer digitalen Fläche oder Linie, die sich im der Rahmen der 3D-Modelierung im CAD-System ergeben hat. Damit entfällt eine Bemaßung. Die Ebene A dient hier wieder nur zur eindeutigen Identifizierung der tolerierten Linienelemente, die sich aus dem Schnitt aller denkbaren Ebenen parallel zu A mit dem gekennzeichneten Flächenelement ergeben.

k) ***Einzelne Profillinien in einer beliebigen Fläche:*** Im Gegensatz zu Bild 2.29 a hat das Werkstück hier eine beträchtliche Dicke. Die Toleranz gilt dann *für jede einzelne Profillinie*, die *parallel* zur Ebene A liegt, wie in Beispiel j.

l) ***Profil einer Rohrachse:*** Hier wird die Linienprofiltoleranz auf die Achse eines Rohrs angewendet, d. h. auf abgeleitete Formelemente. Die Toleranzzone ist hier röhrchenförmig. Das Nennprofil könnte z. B. auch räumlich gekrümmt sowie mit Bezügen versehen sein.

Prüfung: Solange die Profiltoleranz nur als Formtoleranz wirkt, d. h. die Toleranzzone verschiebbar und drehbar ist (s. Bild 2.29 a, e, g, j, und k), wird die Istabweichung nach der Minimumbedingung ermittelt (s. Kap. 2.2.1, Regel 2-1). Man kann z. B. eine Prüfschablone anfertigen (sie entspricht der Maximum-Material-Grenze des Profils, d. h. in Bild 2.29 b der oberen, bei f und h der äußeren Grenzlinie der Toleranzzone) und prüfen, ob sie sich so zum Werkstück ausrichten lässt, dass der verbleibende Abstand zwischen Schablone und Werkstück nicht größer wird als t_{LP}; dann liegt das Istprofil innerhalb der Toleranzzone. Bei k werden hinreichend viele einzelnen Linien so geprüft. Wenn dagegen ein vollständiges Bezugssystem (s. Kap. 2.3.4) vorliegt, ist die Toleranzzone zu den Bezügen festgelegt; damit entfällt die Minimumbedingung. In den meisten Fällen werden Profiltoleranzen mit dem Koordinatenmessgerät (KMG) geprüft, insbesondere bei mathematisch oder numerisch definierten Linienzügen.

2.4.3 Flächenprofil

Bedeutung und Symbol: Die Tolerierung eines Flächenprofils (nach DIN EN ISO 1101 „Profil einer beliebigen Fläche“, profile of any surface) erweitert das Linienprofil um eine Dimension. Daher gilt das in Kap. 2.4.2 Gesagte sinngemäß auch für die Flächenprofiltoleranz. Sie begrenzt die Abweichungen von beliebig gestalteten Flächen. Da sie ebenfalls mit und ohne Bezüge vorkommt, stellt sie die vielseitigste Toleranzart dar. Das Symbol ist ein geschlossener Halbkreis als Andeutung einer beliebigen Fläche (in der Praxis daher salopp auch „Brötchentoleranz“ genannt).

Anwendungsbeispiele: In der Regel werden *wirkliche* Flächen toleriert. *Bild 2.30* bringt einige typische Beispiele (weitere stehen in DIN ISO 1660):

a) ***Gekrümmte Fläche:*** Die tolerierte Fläche entspricht dem Linienprofil in Bild 2.29; die Toleranzzone erstreckt sich aber – im Gegensatz zu Bild 2.29 h – geradlinig über die ganze Breite der Fläche. Alle Arten für die Definition der Nenngestalt aus Bild 2.29 (außer i) lassen sich darauf übertragen, ebenso die Bezugsangaben. Ein Primärbezug ist hier nicht unbedingt nötig. Ohne ihn kann die Fläche beliebig zum Werkstück liegen. Mit einem Primärbezug A (wie in Bild 2.29 a) dagegen würde die Toleranzzone senkrecht zu A stehen; mit einem Bezugssystem wie in Bild 2.29 c oder f wäre sie völlig festgelegt.

b) ***Zusammengesetzte Fläche*** aus mehreren einfachen Formelementen, die gemeinsam eine Funktion erfüllen wie diese Schwalbenschwanzführung. Was zum gesamten „Profil“ gehört, ist hier als „gemeinsame Toleranzzone“ CZ (s. Kap. 1.6.1, Bild 1.38) bezeichnet (die Verwendung einer breiten Strichpunktlinie nach Bild 1.35 c ist auch denkbar). Dieses Beispiel macht sehr gut deutlich, warum der Begriff *gemeinsame* Toleranzzone zukünftig voraussichtlich durch *kombinierte* Toleranzzone ersetzt wird. Die zusätzliche Angabe eines Bezugs oder eines Bezugssystems ist möglich (s. dazu Bild 2.31). Die Grenzen der Toleranzzone sind äquidistante Flächen zum Nennprofil im Abstand $\pm\, t_{FP}/2$, vorstellbar als Einhüllende über Kugeln von $\varnothing\, t_{FP}$, deren Mittelpunkte auf dem idealen Profil liegen. (Zu den „Ecken“ der Toleranzzone s. meine Bemerkung zu Bild 2.29 e). Das *Gegenstück* der Schwalbenschwanzführung (der Schlitten) muss hier andere Nennmaße haben, weil die Toleranzzone mittig liegt (vgl. dagegen Bild 2.29 c).

c) ***Kugelfläche:*** Regelflächen wie Kugel oder Kegel (s. Bild 2.31) können komplett nicht mit den Formtoleranzen nach Kap. 2.2 begrenzt werden; dafür eignet sich die Flächenprofiltoleranz. Selbstverständlich können hier auch Bezüge wie oben oder entsprechend Bild 2.31 angegeben werden.

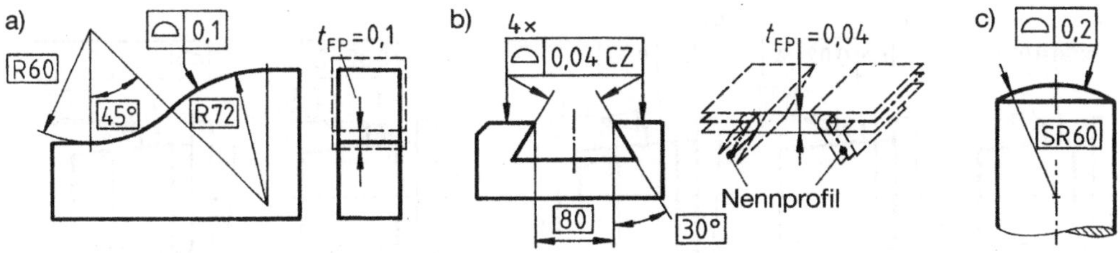

Bild 2.30: Flächenprofiltolerierung. a) Gekrümmte Fläche (Steuerkurve) mit Toleranzzone; b) zusammengesetzte (kombinierte) Fläche (Schwalbenschwanzführung) mit Toleranzzone dazu; c) Kugelfläche (alles ohne Bezüge dargestellt)

Einbeschlossene Toleranzen: Es empfiehlt sich, anschaulich von der Toleranzzone auszugehen. Bei der Schwalbenschwanzführung, Bild 2.30 b, beschränkt sie offensichtlich verschiedenartige Abweichungen, so die Ebenheit und die Parallelität bzw. die Neigung der einzelnen Führungsbahnen, die Parallelität ihrer Linienelemente sowie die Krümmung und Verwindung der gesamten Führung. Formabweichungen beliebiger Art (einschließlich Linienprofilabweichungen) können, senkrecht zum Nennprofil gemessen, nie größer werden als die Flächenprofiltoleranz t_{FP}.

Möglichkeiten der Bezugsfestlegung: Die *Schwalbenschwanzführung* in Bild 2.30 b ist nur in sich selbst festgelegt; ihre Lage zu anderen Flächen ist aber „schwimmend". Das ist sinnvoll, wenn die Funktion nur die hinreichend genaue Führung des Gegenstücks verlangt, z. B. bei einem Schraubstock, der auf einer Werkbank befestigt wird. Bei einem Maschinenschraubstock für eine Bohrmaschine kommt die Parallelität zur Grundfläche hinzu (Bezug für die Richtung, ohne ideales Abstandsmaß). Bei einem Element für ein Werkzeugmaschinen-Baukastensystem wird dagegen ein vollständiges Bezugssystem benötigt.

Verschiedene Möglichkeiten, um einen *Kegel* zu tolerieren, zeigt *Bild 2.31*:

a) Reine *Formtolerierung* (entsprechend z. B. einer Zylinderformtolerierung). Die Durchmesser ergeben sich aus der Maßtoleranz. Die Toleranzzone ist im Raum frei verschiebbar und drehbar.

b) Zusätzlich zur Form ist die *Richtung* des Kegels senkrecht zur Bezugsfläche A festgelegt; er ist längs und quer verschiebbar.

c) Zur Form und Richtung des Kegels kommt sein *Abstand* (die Position) von A aus hinzu; der Kegel kann sich nur noch quer zur Achse verschieben.

d) Neben Form und Richtung ist die *Koaxialität* zu B bestimmt, jedoch ohne die Position zu A; der Kegel ist nur axial verschieblich. (Hier sei angenommen, dass der Kreiszylinder B mindestens so lang ist wie sein Durchmesser, sodass er eine „lange" Bezugsachse abgibt, s. Kap. 2.3.3, Regel 2-18).

e) Ein *vollständiges Bezugssystem* legt Form und Lage des Kegels fest (s. Kap. 2.3.4; hier bildet die „lange" Achse B den Primärbezug).

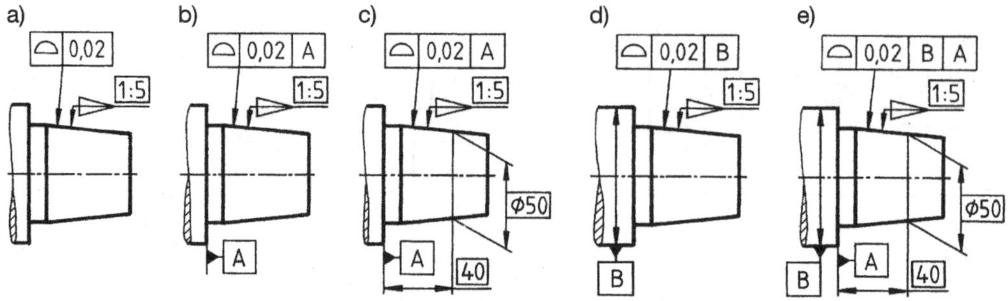

Bild 2.31: Flächenprofiltolerierung eines Kegels mit verschiedenen Bezügen. a) reine Formtolerierung, b) zusätzlich Richtung (Rechtwinkligkeit) des Kegels festgelegt, c) Richtung und Abstand festgelegt, d) Ort (Koaxialität) festgelegt, e) Form und Lage völlig festgelegt.

Zur Prüfung: Eine Angabe wie in Bild 2.31 e toleriert mehrere geometrische Eigenschaften gleichzeitig (hier Form mit Geradheit und Rundheit, ferner Richtung, Koaxialität und Position). Diese Summierung kann *funktionsgerecht* sein und ist einfach. Mit einer einzigen Messung wird die Einhaltung aller genannten Eigenschaften überprüft; die Tolerierung ist daher auch *prüfgerecht.* Nachteilig ist jedoch, dass sich aus einer Nichteinhaltung der Toleranz kein Hinweis ergibt, *welche* geometrische Eigenschaft nicht in Ordnung ist und wie der Fertigungsprozess zu korrigieren ist. Eine solche „Summentoleranz" ist daher oft nicht so fertigungsgerecht wie einzelne Toleranzen. Das Beispiel zeigt ferner, dass die Prüfung von Flächenprofiltoleranzen in aller Regel ein Messgerät erfordert.

2.5 Richtungstoleranzen

2.5.1 Übersicht

Bedeutung: Bei vielen technischen Elementen ist die hinreichend genaue Einhaltung einer Richtung entscheidend für die Funktionsfähigkeit, z. B. die Rechtwinkligkeit einer Führungssäule zur Grundfläche oder die Parallelität von Führungsbahnen. Richtungstoleranzen (orientation tolerantes) legen die *Richtung* des tolerierten Geometrieelements relativ zum Bezugselement (s. Kap. 2.3) fest, während sich der *Ort* meist aus den Maßen und Maßtoleranzen ergibt. Beide sind grundsätzlich voneinander unabhängig und werden jeweils für sich geprüft (auch beim Hüllprinzip, s. Kap. 1.4.4). Trotzdem hängen Maß- und Richtungstoleranzen zusammen (s. Kap. 1.5.4, Bild 1.31).

Häufig ist die Richtungstoleranz deutlich kleiner als die Maßtoleranz. Zum Beispiel muss beim Pleuel eines Verbrennungsmotors die Parallelität zwischen den beiden Bohrungen wesentlich genauer eingehalten werden als ihr Abstand.

Toleranzarten: Entsprechend dem Nennwinkel zwischen dem Bezugs- und dem tolerierten Element unterscheidet man:

- *Parallelität*, Nennwinkel 0° (Kap. 2.5.2),
- *Rechtwinkligkeit*, Nennwinkel 90° (Kap. 2.5.3),
- *Neigung*, allgemeiner Fall mit Angabe des Nennwinkels (Kap. 2.5.4).

Ferner können *Profiltoleranzen* mit entsprechenden Bezügen als Richtungstoleranzen wirken (s. Bild 2.31 b). Im Folgenden werden jedoch mit „Richtungstoleranzen" nur die oben genannten drei Toleranzarten angesprochen.

Geometrieelemente: Von der Richtung eines Geometrieelements kann man nur sprechen, wenn es sich *geradlinig* erstreckt:

2-29 Geometrieelemente: Richtungstoleranzen betreffen *geradlinige* und *ebene* Geometrieelemente, und zwar sowohl *wirkliche* als auch *abgeleitete* (Achsen, Mittellinien und -ebenen, s. Kap. 1.5.1, Tabelle 1.4).

Toleranzzone und Abweichungen: Hier verweisen wir auf das einführende Kap. 1.5.3; dort werden grundlegende Zusammenhänge anschaulich erläutert.

2-30 Richtungtoleranzzone: Die Toleranzzone von Richtungstoleranzen erstreckt sich *geradlinig*, d. h., sie liegt zwischen *zwei Ebenen* bzw. *Geraden* im Abstand der Richtungstoleranz t oder innerhalb eines Röhrchens von Øt.

Dementsprechend ergibt sich für die Istabweichung:

2-31 Richtungsabweichungen: Die *Istabweichung* f ist der Abstand zwischen zwei Grenzebenen oder -geraden (bzw. der Durchmesser eines Röhrchens), die im idealen Winkel (Nennwinkel) zum Bezug stehen und das tolerierte Element einschließen. Die *Grenzabweichung* ist gleich der Richtungstoleranz t.

Bild 1.29 (Kap. 1.5.3) enthält Möglichkeiten zur Prüfung der Istabweichung f. *Bei wirklichen Geometrieelementen ist sie vorstellbar als größter Abstand zwischen dem tolerierten Formelement und einem anliegenden (idealen) Element, das im idealen Winkel zum Bezug steht.*

Einbeschlossene Toleranzarten: Die Toleranzzone erstreckt sich geradlinig (s. Regel 2-30), und das tolerierte Geometrieelement muss gänzlich innerhalb der Toleranzzone liegen; daraus folgt:

2-32 Richtungstoleranz und Formabweichungen: In jeder Richtungstoleranz ist eine *„Flachformtoleranz"* (s. Kap. 2.1) einbeschlossen; d. h., die *Geradheits*abweichung des tolerierten Formelements (senkrecht zur Toleranzzone gemessen) kann nicht größer werden als die Richtungstoleranz t; Entsprechendes gilt für die *Ebenheits*abweichungen von tolerierten Ebenen. Die zusätzliche Angabe einer Geradheits- bzw. Ebenheitstoleranz ist daher nur dann sinnvoll, wenn die Formtoleranz *kleiner* ist als die Richtungstoleranz (s. u. Bild 2.36).

Diese Regel gilt jedoch nicht für die Ebenheit, wenn „LE“ (Linienelemente) am Toleranzrahmen steht (s. Kap. 1.6.1 sowie Bild 2.38).

2.5.2 Parallelität

Bedeutung und Symbol: Die Tolerierung der Parallelität (parallelism) beschränkt die Richtungsabweichung zwischen zwei parallelen Ebenen oder Linien. Das ist wichtig bei zahlreichen Elementen wie Distanzstücken, Führungen, Getriebekästen u. a. Das *Symbol* hat zwei schrägstehende parallele Geraden, wie es aus der Mathematik bekannt ist. Im Folgenden werden einige Zusammenhänge näher erörtert, die auch auf andere Richtungstoleranzen sowie teilweise auf Ortstoleranzen (s. Kap. 2.6) übertragbar sind.

Beispiele mit Bohrung als Bezugselement: *Bild 2.32* zeigt einige sehr stark vereinfachte Werkstücke. Praktisch kommt eine solche Tolerierung häufig vor, z. B. an Pleuelstangen, Hebeln oder Getriebegehäusen mit 2 Wellen. Die eine Bohrung legt die Richtung der Toleranzzone fest; das Bezugsdreieck steht auf dem Maßpfeil für diese Bohrung (s. Kap. 1.6.2). Zur Interpretation empfiehlt sich die Vorgehensweise, die Sie ausführlicher in Kap. 5.1.1 erläutert finden:

① Welche *Toleranzart* liegt vor? (Erkennbar am Symbol)

② Welches *Element* ist toleriert? (Wirkliches oder abgeleitetes Element)

③ Wo liegt der *Bezug*? (Fläche oder Achse o. Ä.)

④ Wie sieht die *Toleranzzone* aus? (Gestalt; Bindung durch Bezüge)

⑤ Welche extremen *Lagen* oder *Formen* kann das tolerierte Element annehmen? (Entscheidend für die Funktionsfähigkeit.)

a) ***Teilweise Tolerierung einer Bohrung:*** Toleriert ist die *Parallelität* (①) der *Achse* der kleinen Bohrung (②); *Bezug* A (③) ist die Achse der großen Bohrung. Die *Toleranzzone* (④) steht senkrecht zum Toleranzpfeil (s. Kap. 1.6.1, Regel 150); da vor dem Toleranzwert 0,1 kein Ø-Zeichen steht, ist sie durch zwei zum Bezug parallele Ebenen im Abstand t_P = 0,1 mm begrenzt (rechts skizziert). Aus der Regel folgt, dass die Tolerierung wahlweise in der Stirn- oder Seitenansicht eingetragen werden kann. Aus der Gestalt der Toleranzzone ergibt sich, dass die *tolerierte Achse* (⑤) nur in ihrer *Neigung* zum Bezug festgelegt ist, nicht aber in der *Schränkung*, d. h., sie kann zum Bezug windschief liegen (s. rechts); das wird allenfalls durch eine Allgemeintolerierung eingeschränkt. Ob eine solche Tolerierung funktionell sinnvoll ist, steht dahin.

b) ***Bohrungstolerierung in zwei Richtungen:*** Zusätzlich zur Tolerierung a ist eine *zweite* Parallelitätstoleranz t_P = 0,2 mm angegeben, die auch die Achsschränkung begrenzt. Hier zeigt sich, wie wichtig die Regel 1-50 ist: „Die Toleranzzone steht senkrecht zum

Toleranzpfeil". Der Bezug A wird jedoch nur *einmal* eingetragen. Das Bezugsdreieck auf dem Maßpfeil Ø20 kennzeichnet die Bezugsachse; sie kann nach allen Richtungen benutzt werden. Die Toleranzzone hat die Gestalt eines „Rechteckrohrs". Das besagt aber nur, dass die Messung (s. u.) in *zwei* Richtungen durchzuführen ist, die aufeinander senkrecht stehen.

c) ***Bohrungstolerierung in allen Richtungen:*** Vor dem Toleranzwert steht ein Ø-Zeichen, d. h., jetzt ist die Toleranzzone *kreiszylindrisch* (röhrchenförmig) und begrenzt die tolerierte Achse nach *allen* Richtungen, gleichzeitig auch ihre Geradheit. (Anmerkung: Der Unterschied zwischen einer rechteckigen bzw. quadratischen und einer kreiszylindrischen Toleranzzone wird in Kap. 2.6.2 näher betrachtet, s. Bild 2.46.)

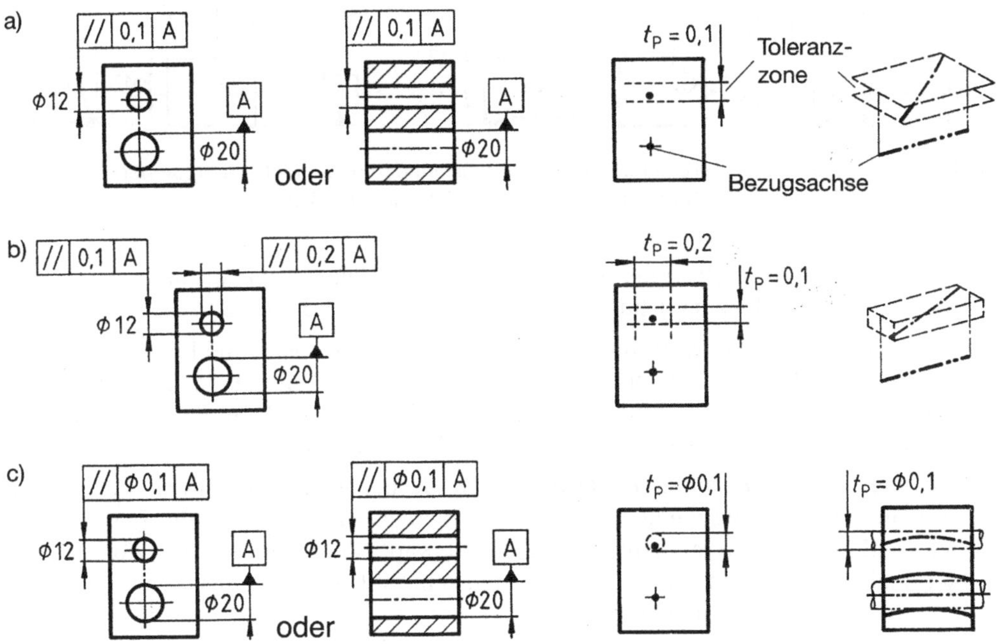

Bild 2.32: Parallelitätstolerierung von zwei Bohrungen. a) nur Achsneigung toleriert, b) Achsneigung und -schränkung toleriert, c) rundum toleriert

Zur Prüfung von Achsen: Die *Bezugsachse* ist die Achse des spielfrei anliegenden idealen Gegenelements (s. Kap. 2.3.1), d. h. in Bild 2.32 die Achse des Pferchzylinders; die Istachse dagegen wird aus einzelnen Querschnitten abgeleitet (s. Kap. 2.3.3, Bild 2.16). Praktisch ist eine solche Messung oft gar nicht durchführbar und von der Funktion her auch nicht sinnvoll. Stattdessen wird man in die tolerierte Bohrung ebenfalls einen spielfreien Prüfdorn einsetzen und dessen Lage zum Bezugsdorn prüfen [AbBM 90]; denn etwa so sitzt später eine Achse oder ein Bolzen in dieser Bohrung. (Anmerkung: Nach [ASM 94] wird immer so gemessen, s. Kap. 6.14; der Unterschied ist nur bei deutlich krummer Bohrung merkbar.)

Parallelitätstolerierung mit ebenen Bezugselementen: Die in *Bild 2.33* skizzierten Anordnungen kommen in der Praxis häufig vor, auch wenn die Werkstücke hier radikal vereinfacht dargestellt sind (zur Bezugsbildung s. Kap. 2.3.2):

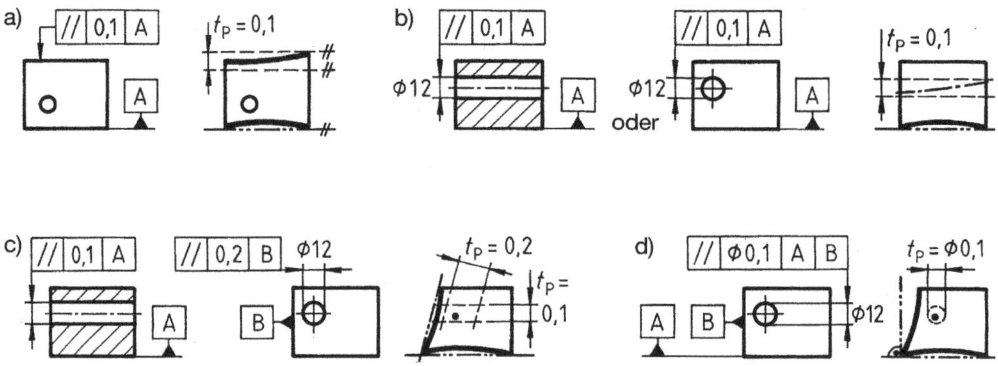

Bild 2.33: Parallelitätstolerierung mit ebenen Bezugselementen. a) Planflächen toleriert, b) Bohrung mit 1 Bezug, c) Bohrung mit 2 Bezügen, d) Bohrung mit Bezugssystem

a) ***Planfläche toleriert:*** Die Toleranzzone ist von zwei Ebenen im Abstand von 0,1 mm begrenzt, die parallel zum Bezug liegen. (Zur Messung s. Kap. 1.5.3.)

b) ***Bohrung teilweise toleriert:*** Auch hier ist die Toleranzzone von zwei Ebenen begrenzt, denn der einzelne Bezug A bietet keine Möglichkeit, die Richtung der Bohrungsachse anders als in der Höhenrichtung einzugrenzen. Die Toleranz kann daher (wie in Bild 2.32 a) beliebig in einer der beiden Ansichten eingetragen werden.

c) ***Bohrungstolerierung mit zwei Bezügen:*** Um die Bohrung auch seitlich festzulegen, wird ein zweiter Bezug B eingeführt. Die Eintragung folgt der Regel „die Toleranzzone steht senkrecht zum Toleranzpfeil" (Regel 1-50, Kap. 1.6.1). Die beiden Bezüge bleiben hier unabhängig voneinander, d. h., sie bilden kein System und stehen daher auch nicht im exakten Winkel zueinander.

d) ***Bohrungstolerierung mit Bezugssystem:*** Die Toleranzzone ist jetzt röhrchenförmig gewählt. Ihre Festlegung erfordert ein Bezugssystem mit *zwei* Bezügen (s. Kap. 2.3.4, Bild 2.24) oder aber *eine* Bezugsachse (s. o. Bild 2.32 c).

Notwendigkeit von Bezugssystemen: Die Tolerierung in Bild 2.32 erscheint klar und eindeutig, ist es aber genau genommen nicht. „Die Toleranzzone steht senkrecht zum Toleranzpfeil" (s. o.); rechtwinklig dazu, d. h. in Richtung des Toleranzpfeils, wird gemessen. Ist das nun die Richtung senkrecht zur *unteren* Fläche, oder parallel zu einer *Seitenfläche,* und wenn ja zu welcher? Die Unterschiede im Prüfergebnis mögen gering sein, aber sie sind da. Darum ist im Zweifelsfall ein sekundärer Bezug nötig (s. Kap. 2.3.4), insb. bei unregelmäßig geformten Werkstücken. Seine Auswirkungen erscheinen bei Richtungstoleranzen ggf. verwirrend, *Bild 2.34* (entsprechend DIN EN ISO 1101:2006):

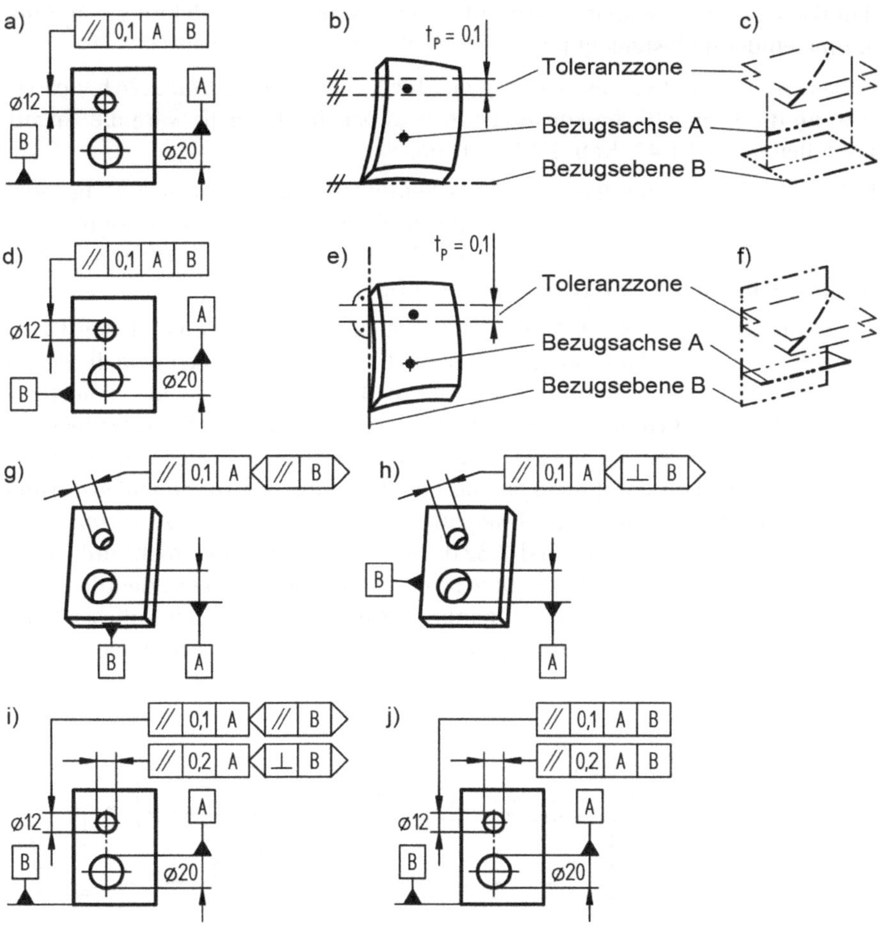

Bild 2.34: Bezugssysteme bei einer Parallelitätstolerierung gemäß Bild 2.32 a (ohne Tertiärbezüge). a) Fußfläche als sekundäres Bezugselement, b) Bezüge und Toleranzzone dazu, in Richtung von A betrachtet, c) Schrägbild dazu; d) bis f) entsprechend, aber mit Seitenfläche als sekundärem Bezugselement, g) Angabe der Ausrichtung der Toleranzzone im 3D-CAD gemäß a mit einem Orientierungsebenenindikator (s. Kap. 2.2.2), h) mit einem Orientierungsebenenindikator gemäß d, i) Orientierungsebenen in der 2D-Zeichnungsableitung gemäß Bild 2.32 b, j) alternative Tolerierung dazu mit Bezugssystemen

Bei a dient die Fußfläche als sekundäres Bezugselement B. Schwierig ist, dass A und B parallel zueinander liegen (und nicht rechtwinklig, wie in Bild 2.26 und Bild 2.27, Kap. 2.3.4). Der Primärbezug A bildet eine „lange“ Achse (s. Kap. 2.3.3, Regel 2-18).

Wenn das Werkstück darin aufgenommen wird (z. B. mittels eines spielfreien Dorns), bleiben ihm noch zwei Freiheitsgrade, nämlich die Drehung um A und die Verschiebung längs von A. Letztere ist für die Parallelität bedeutungslos und wird hier nicht weiter verfolgt. Wenn Bezüge ein Bezugssystem bilden, d. h. in *einem* Toleranzrahmen in getrennten Feldern aufgeführt sind, stehen sie in exakten Winkeln zueinander (s. Regel 2-20, Kap. 2.3.4). Bezug B ist somit eine Ebene, die *parallel* zu A liegt und an das wirkliche Bezugselement

B, d.h. die Fußfläche, herangeschoben wird (Bild 2.34 b). Damit ist ist Richtung von B und der Toleranzzone eindeutig festgelegt (c).

Anmerkung: Das entspricht etwa der Wirkung des Tertiärbezugs C in Bild 2.26 h. Schwierig wird es, wenn die Bezugsfläche konvex ist, d.h. „wackelt". Deshalb wäre die Angabe von 2 Bezugsstellen (s. Bild 1.42, Kap. 1.6.2) ratsam.

Bild 2.34 d zieht die linke Seitenfläche für den Sekundärbezug B heran. Das bedeutet *keineswegs,* dass die tolerierte Achse auch parallel zu B liegen muss (dazu wäre nach wie vor eine zweite Toleranzeintragung wie in Bild 2.32 b nötig!). Die Toleranzzone liegt parallel zu A und rechtwinklig zu B (Bild 2.34 e und f).

Mit den in der Ausgabe der DIN EN ISO 1101 aus dem Jahr 2014 eingeführten Orientierungsebenen (s. Kap 2.2.2) kann man bei der 3D-Tolerierung im CAD-Modell die Unschärfe anstelle der Bezugssysteme nun auch wie in Bild 2.34 e bzw. f angeben. Diese Spezifikation ist zukünftig grundsätzlich auch in der 2D-Zeichnungsableitung möglich. Wenn aber auch dort die Orientierungsebenen verwendet werden, sollte man aufgrund der besseren Verständlichkeit darauf achten, dass die Richtung des Toleranzpfeils grundsätzlich mit der Richtung der tolerierten Abweichung übereinstimmt. Bild 2.34 i zeigt dazu ein Beispiel gemäß der Bedeutung in Bild 2.32 b. Die Norm fordert das nicht unbedingt. Unsere Erfahrung zeigt aber, dass Zeichnungen, die dieser Regel folgen, deutlich übersichtlicher sind und zu weniger Missverständnissen führen. Aus Gründen dieser Übersichtlichkeit empfehlen wir weiter vorzugsweise eine Angabe mit Bezugssystemen (s. Bild 2.34 j).

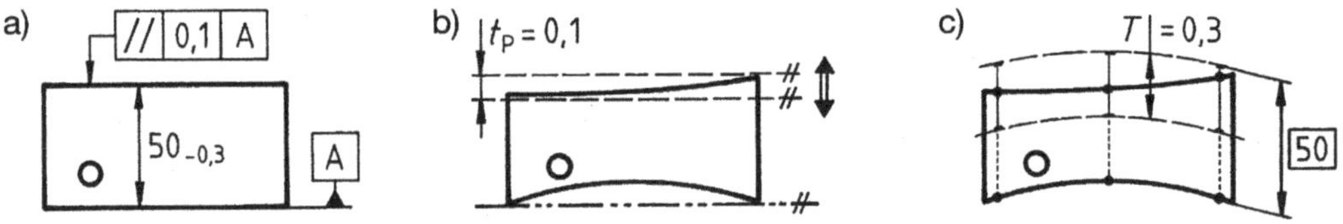

Bild 2.35: Richtungs- und Maßtolerierung. a) Zeichnungsangaben, b) Richtungstoleranzzone, c) Maßtoleranzzone

Zusammenhang zwischen Richtungs- und Maßtolerierung: Eine Richtungstoleranz legt nur die *Richtung* des tolerierten Elements fest. Sein *Ort* dagegen ergibt sich häufig aus der Bemaßung, die in den Bild 2.32 bis 2.34 weggelassen wurde. In *Bild 2.35* ist sie ergänzt (entsprechend Bild 2.33 a). Die Toleranzzone für Parallelität, Bild 2.35 b, ist verschiebbar (s. Kap. 1.5.3), nur ihre Richtung ist gebunden durch den Bezug (hier nach der Minimumbedingung gebildet, s. Kap. 2.3.1). Die *Maß*toleranz wird unabhängig davon geprüft. Solange der Maßpfeil keinen Ursprungskreis am einen Ende trägt (was hier anzuraten wäre, s. Kap. 1.5.4, Bild 1.31), wird im Zweipunktverfahren gemessen. Dann ist die Toleranzzone nicht geradlinig, Bild 2.35 c, und die beiden Messungen für Maß und für Richtung sind nicht direkt vergleichbar. Dennoch begrenzt jede Maßtolerierung auch die Richtung; somit gilt:

2-33 ***Richtungs- und Maßtolerierung:*** Die gleichzeitige Angabe einer Maß- und einer Richtungstolerierung für ein Geometrieelement ist meist nur dann sinnvoll, wenn die *Richtungs*toleranz *kleiner* ist als die *Maß*toleranz.

Zusammenhang zwischen Richtungs- und Formtoleranz: Jede Richtungstoleranz schließt eine Geradheitstoleranz und, wenn eine Ebene toleriert ist, auch eine Ebenheitstoleranz ein (s. Kap. 2.5.1, Regel 2-32). Daraus ergibt sich, *Bild 2.36*:

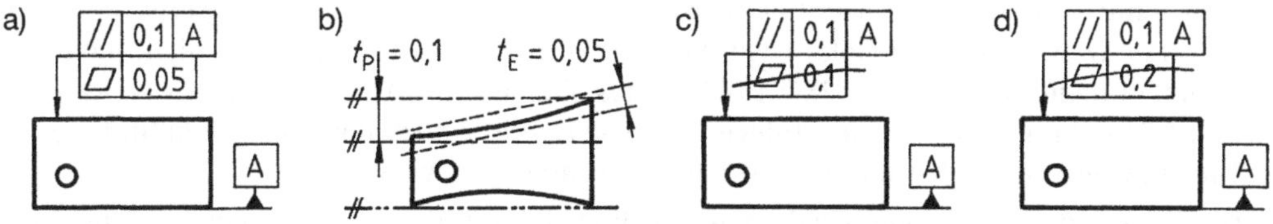

Bild 2.36: Gleichzeitige Parallelitäts- und Ebenheitstolerierung. a) sinnvolle Tolerierung, b) Toleranzzonen dazu; c) überflüssige, d) sinnlose Angabe

2-34 ***Richtungs- und Formtolerierung:*** Die Angabe einer Formtoleranz (Geradheit bzw. Ebenheit) zusätzlich zu einer Richtungstoleranz für dasselbe Geometrieelement ist nur sinnvoll, wenn die *Form*toleranz *kleiner* ist als die *Richtungs*toleranz, Bild 2.36 a und b.

Die Toleranzzonen (b) zeigen den Zusammenhang. Die Toleranzzone für Ebenheit ist verschiebbar *und* drehbar, die für Parallelität nur verschiebbar. (Nebenbei bemerkt muss die Ebenheitstoleranzzone nicht vollständig innerhalb der Parallelitätstoleranzzone liegen.) Die Angabe einer Formtoleranz von *gleicher* Größe wie die Richtungstoleranz (c) ist überflüssig, die einer noch *größeren* Formtoleranz (d) sinnlos. Letztere könnte nie ausgeschöpft werden, da das tolerierte Formelement zwischen zwei Ebenen im Abstand von 0,1 mm liegen muss.

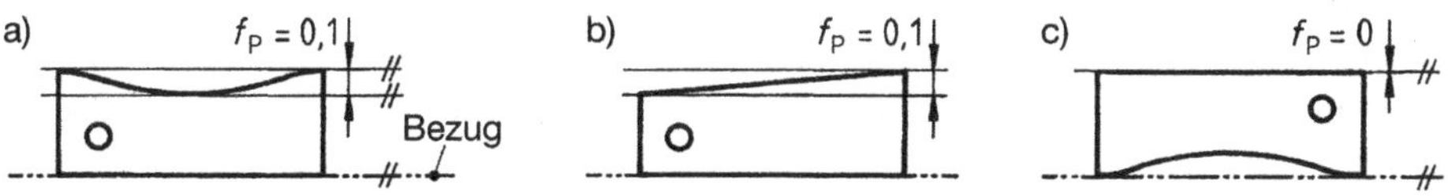

Bild 2.37: Unterschiedliche Wirkung von Flächen mit gleicher Parallelitätsabweichung f_P. a) reine Formabweichung, b) reine Lageabweichung, c) Vertauschung der Flächen von a

Kritische Betrachtung zu den einbeschlossenen Formtoleranzen: Grundsätzlich sollte jede Tolerierung von den Funktionsanforderungen ausgehen. Die Parallelitätstolerierung einer Fläche besagt, in welcher Richtung das Nachbarbauteil daran anliegt; die Ebenheitstolerierung sagt etwas darüber aus, wie gut es darauf aufliegt. In *Bild 2.37* hat die obere Fläche bei a) und b) die gleiche Abweichung f_P = 0,1 mm zum Bezug. Bei a) *wirkt* sie allerdings nach außen völlig „parallel" (solange das Gegenstück eben ist), bei b) jedoch „schief". Bei a) liegt eine reine Formabweichung vor. Werden beim Werkstück a Bezugs- und toleriertes Element vertauscht (c), so ergibt sich die Parallelitätsabweichung 0, weil die bisherige Bezugsfläche ganz eben ist.

In diesem Zusammenhang halten wir folgende Argumente für bedenkenswert:

- Wenn die Parallelitätstoleranz überschritten ist, dann sagt das allein nichts darüber aus, in welcher Weise der Fertigungsprozess zu korrigieren ist. Das spricht dafür, Form und Lage in Einzeltoleranzen aufzuteilen (ISO 1101 tut das nicht).
- Manchmal will man allein die *Richtung* einer Fläche *eng* tolerieren, wie sie durch eine anliegende Prüfplatte repräsentiert wird, die Ebenheit aber mit einer *größeren* Toleranz versehen (z.B. wegen der Gefahr von Verzug). Mit ISO 1101 ist das noch nicht möglich. In einem neuen Entwurf der ISO 1101 ist das aber wie in [ASM 94] geplant (s. Kap. 6., Bild 6.3 b). Damit ist dann eine Tolerierung wie in Bild 2.36 d möglich, indem hinter dem Toleranzwert für die Parallelität ein T im Kreis angefügt wird.
- Die Funktion eines Geometrieelements bedingt häufig, dass seine Formabweichungen in der gleichen Größenordnung bleiben wie die Lageabweichungen. Dann ist die Angabe einer einzigen Toleranz einfacher als die von zweien. Bei erhöhten Anforderungen an die Form ist eine Trennung ohnehin möglich (s. Bild 2.36 a).
- Manchmal ist die *Grenzgestalt* eines Werkstücks gefragt, d.h. seine extreme Ausdehnung zur Maximum-Material-Seite hin (z.B. für Greifeinrichtungen) oder zur Minimum-Seite (z.B. für Bearbeitungszugaben). Deren Ermittlung ist einfacher, wenn die Formabweichungen innerhalb der Lagetoleranz bleiben, wie es nach ISO 1101 festgelegt ist.

Tolerierung von Linienelementen in einer Fläche: Mit DIN EN ISO 1101:2014 lässt sich auch die Richtung von einfach gekrümmten Flächen mithilfe der Schnittebenenindikatoren tolerieren, *Bild 2.38 a.* Wie bei der Geradheit innerhalb von Flächen (s. Bild 2.3 a und b, Kap. 2.2.2) sollte der Toleranzrahmen in der Ansicht stehen, wo die zu prüfenden Geraden sichtbar sind, d.h. parallel zu der Zeichenebene liegen. Mit Angabe des Schnittebenenindikators hinter der Parallelitätstoleranz (vgl. Bild 2.3 f) schränken wir die Toleranz auf die Schnittlinien in der Fläche als tolerierte Elemente ein. Die Toleranzzonen, Bild 2.38 b, sind beliebig viele Streifen von 0,1 mm Höhe. Sie liegen jeweils parallel zu B; ihre Toleranzgrenzen stehen parallel zu A. Die Prüfung erfolgt senkrecht zu A in Richtung des Toleranzpfeils.

Diese Tolerierung ist auch auf ebene Flächen anwendbar, Bild 2.38 c. Der dünne untere Steg neigt zum Verziehen. Deshalb ist in der Parallelität die *Ebenheit* nicht enthalten, sondern nur die *Geradheit* beliebiger einzelner Linien, die parallel zu B verlaufen.

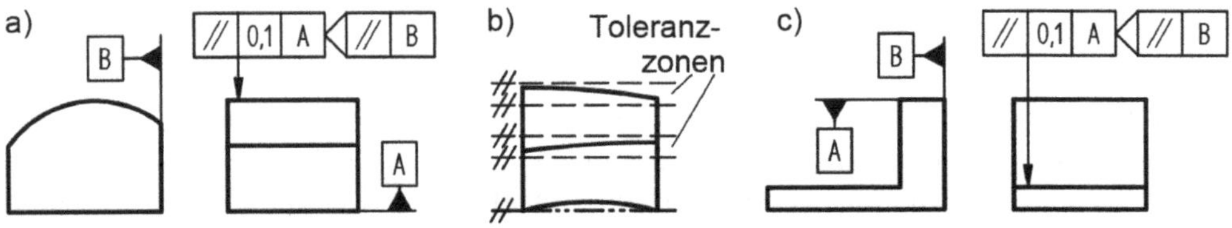

Bild 2.38: Richtungstolerierung von Linien innerhalb von Flächen. a) Einfach gekrümmte Fläche, b) Toleranzzone dazu; c) Ebene mit Verzugsgefahr

2.5.3 Rechtwinkligkeit

Bedeutung und Symbol: Die Rechtwinkligkeit (perpendicularity) von Flächen, Kanten und Linien ist eine der geometrischen Grundlagen der Fertigung. Die Rechtwinkligkeit vieler funktionswichtiger Flächen, z. B. die von Bezugsflächen, muss dementsprechend eingegrenzt werden. All das, was in Kap. 2.5.2 über die Parallelität gesagt wurde, gilt ebenso für die Rechtwinkligkeit, nur mit dem Unterschied, dass der Winkel zwischen Bezug und toleriertem Element exakt 90° beträgt. Daher ist dieses Kapitel sehr kurz. Das *Symbol* ist aus der Mathematik bekannt (s. Bild 2.39).

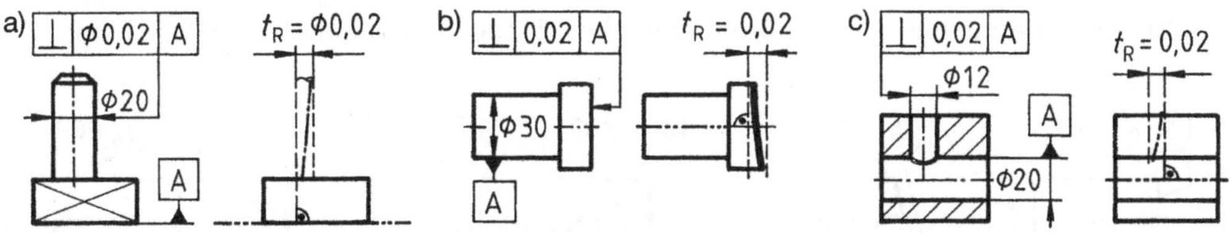

Bild 2.39: Rechtwinkligkeitstolerierung. a) Allseitige Tolerierung eines Zapfens; b) Stirnfläche, c) Bohrung toleriert

Anwendungsbeispiele: Für die Rechtwinkligkeitstolerierung genügt meist ein *einziges* Bezugselement (abgesehen von einer „kurzen" Achse, s. Kap. 2.3.3, Bild 2.20). *Bild 2.39* zeigt einige typische Fälle:

a) ***Zapfen toleriert:*** Die Rechtwinklichkeitsabweichung der Achse eines Führungszapfens ist zur Bodenplatte A rundum auf 0,02 mm begrenzt. Die Toleranzzone, ein Röhrchen von Ø 0,02 mm, steht exakt senkrecht zu A; sie schränkt gleichzeitig die *Geradheit* der Achse ein.

b) ***Stirnfläche toleriert:*** Die Stirnflächen des Bolzens muss auf 0,02 mm senkrecht zur Achse A stehen. Die Toleranzzone begrenzt gleichzeitig die *Ebenheit* der Stirnfläche. Zur *Messung* kann man das Werkstück z. B. mit dem Zapfen A in ein Messfutter einspannen und die Stirnfläche rechtwinklig dazu mit einer Uhr abtasten.

c) ***Zwei Bohrungsachsen:*** Die obere Bohrung eines Muffenstückes ist zur Querbohrung toleriert. Die Toleranzzone kann nur von zwei Ebenen begrenzt sein, d. h., die Rechtwinkligkeit besagt nichts darüber, inwieweit die beiden Achsen sich schneiden (andernfalls wäre eine Symmetrietoleranz geeignet, s. Kap. 2.6.4).

2.5.4 Neigung

Bedeutung und Symbol: Die Tolerierung der Neigung (angularity) ist der allgemeine Fall einer Richtungstolerierung; Kap. 2.5.1 und 2.5.2 gelten daher sinngemäß ebenso für die Neigung. Andererseits ist sie mit der Winkeltolerierung verwandt (s. u.). Das *Symbol* ist ein unsymmetrischer Winkel.

Zeichnungseintragung: Während bei Parallelität und Rechtwinkligkeit der Nennwinkel zwischen Bezug und toleriertem Element klar ist, muss er bei der Neigung eingetragen werden:

2-35 Neigungstolerierung: Sie erfordert drei Angaben:

- *Toleranz* in mm (ggf. in Inch; aber nicht in Grad),
- *Bezug* (häufig ein Bezugssystem zwecks eindeutiger Prüfung),
- *Nennwinkel* in Grad als theoretisches Maß im Kästchen.

Würde das Kästchen fehlen, so unterläge der Winkel einer Allgemeintoleranz (s. Kap. 1.3.2). Die Neigungstoleranz ist, wie immer, der Abstand der Toleranzgrenzen in mm.

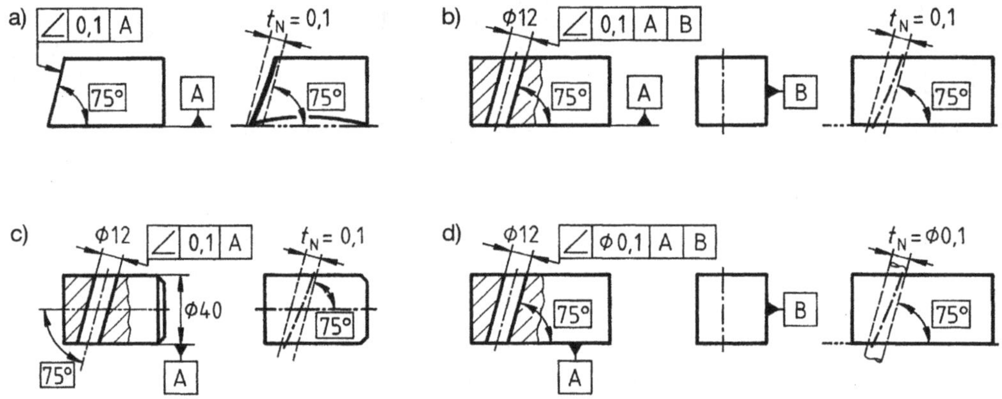

Bild 2.40: Neigungstolerierung. a) 2 Ebenen; b) Bohrungsachse toleriert, mit Bezugssystem; c) 2 Achsen; d) Bohrungsachse toleriert mit kreiszylindrischer Toleranzzone und Bezugssystem

Anwendungsbeispiele: *Bild 2.40* hebt einige Besonderheiten der Neigungstolerierung hervor. Bei allen Skizzen ist die zusätzlich notwendige Bemaßung weggelassen.

a) ***Zwei ebene Flächen:*** Die Toleranzzone der Stirnfläche ist um 75° gegenüber der Bezugsfläche A geneigt. Die Ebenheit der Stirnfläche ist einbeschlossen. Zur *Prüfung* kann man z. B. das Werkstück mit der Fläche A auf einem Messkopf aufnehmen, um 75° schwenken und dann die Stirnfläche mit einer Messuhr abtasten (entsprechend Bild 1.29 e, Kap. 1.5.3).

b) ***Tolerierung einer Bohrung:*** Auch hier ist die Toleranzzone von zwei Ebenen begrenzt. Für die Eindeutigkeit der Prüfung ist es zweckmäßig, einen zweiten Bezug vorzusehen. Welches der beiden Bezugselemente als Primärbezug (s. Kap. 2.3.4) dient, sollte davon abhängen, welches die Lage des Bauteils hauptsächlich bestimmt. Die Grenzebenen der Toleranzzone stehen hier senkrecht auf B (vgl. die Parallelitätstolerierung in Bild 2.34 d bis f).

c) ***Zwei Achsen:*** Bezug ist die Achse A. Die Toleranzzone ist wiederum von zwei Ebenen begrenzt. Der Schnittpunkt der Achsen ist nicht festgelegt, d. h., die Querbohrung darf seitlich verschoben sein.

d) ***Röhrchenförmige Toleranzzone und Bezugssystem:*** Auch hier ist nur die Richtung der kreiszylindrischen Toleranzzone festgelegt, nämlich um 75° gegen A geneigt und parallel zu B, aber nicht ihr Ort (der ergibt sich aus der Bemaßung).

Wenn bei c oder d auch der *Ort* festgelegt werden soll, dann kann an Stelle der Neigungs- eine Positionstolerierung eingetragen werden (s. Kap. 2.6.2).

Unterschiede zwischen Neigungs- und Winkeltolerierung: Eine *Neigungstoleranz* wird in mm angegeben, *Bild 2.41 a.* Sie enhält gleichzeitig auch eine *Winkeltoleranz;* im Sprachgebrauch der Praxis ist das durchaus üblich („die Fläche darf 1/10 mm aus dem Winkel sein"). Die Neigungstoleranzzone (b) begrenzt gleichzeitig die *Form* des *tolerierten* Schenkels (Geradheit senkrecht zur Toleranzzone, sowie Ebenheit, wenn eine Fläche toleriert ist; s. Kap. 2.5.1, Regel 2-32); die Formabweichung des Bezugselements ist jedoch nicht eingeschränkt.

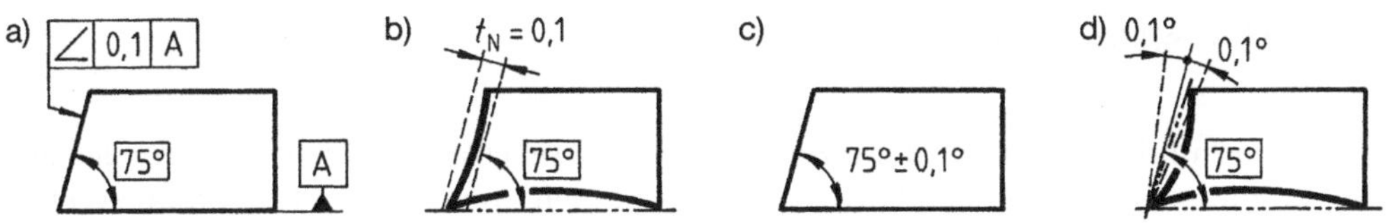

Bild 2.41: Neigungs- und Winkeltolerierung. a) Neigungstolerierung (ein ggf. nötiger zweiter Bezug ist hier weggelassen), b) Toleranzzone dazu mit zulässigen Formabweichungen; c) Winkeltolerierung, d) entsprechend b

Eine *Winkel*toleranz wird dagegen in *Grad* angegeben (c). Beide Schenkel werden *gleich* behandelt, d. h. es gibt hier keinen Unterschied zwischen toleriertem und Bezugselement. Die *Richtung* jedes Schenkels wird wie bei einem Bezugselement gebildet, d. h., bei wirklichen Geraden bzw. Ebenen nach der Minimumbedingung, Bild 2.41 d (s. Kap. 2.3.2), bei Bohrungen nach dem Pferchelement (s. Kap. 2.3.3). Die Formabweichungen beider Schenkel fallen bei der Messung heraus.

Umrechnung zwischen Neigungs- und Winkelwerten: Sie ist - wegen der genannten Unterschiede - nur möglich, wenn die Formabweichungen vernachlässigt werden, die das *tolerierte* Element der Neigungstolerierung hat, *Bild 2.42.* (Im Zweifelsfall stellt somit die Neigungstolerierung bei sonst gleichen Werten die höhere Anforderung an das Werkstück.)

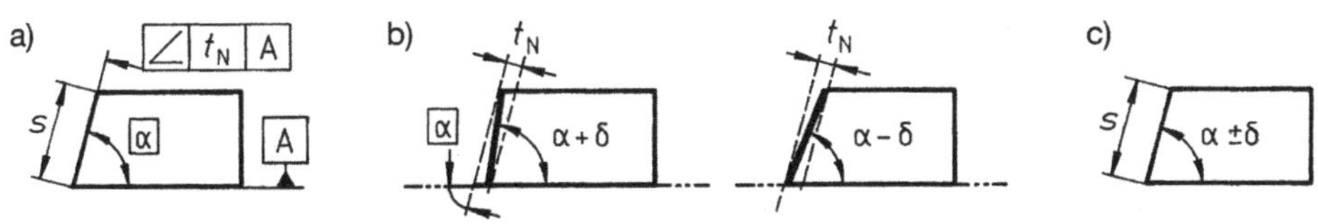

Bild 2.42: Umrechnung von Neigungs- und Winkeltolerierung. a) Neigungstolerierung, b) Toleranzzone und Grenzlagen, c) entsprechende Winkeltolerierung

- ***Neigungs- in Winkeltoleranz umrechnen:*** Aus der Toleranz t_N und der Schenkellänge s (a) ergeben sich zwei Grenzlagen des Schenkels, die vom Nennwinkel α um $+\delta$ und $-\delta$ abweichen (b). Mit der hinreichend genauen Näherung $\delta = t_N/s$ (im Bogenmaß) heißt die vergleichbare Winkeltolerierung $\alpha \pm \delta$ (Bild 2.42 c).
- ***Winkel- in Neigungstoleranz umrechnen:*** Hierzu gehen wir von der Darstellung c aus; bei unsymmetrisch liegender Toleranz ist die Winkeltolerierung zunächst entsprechend umzuschreiben: $\alpha \pm \delta$. Aus den beiden möglichen Grenzlagen (b) folgt die Neigungstoleranz $t_N = s \cdot \tan \delta$. Dabei ist s die Länge des tolerierten Schenkels; i. d. R. ist es zweckmäßig, dafür den kürzeren Schenkel zu wählen.

2.6 Ortstoleranzen

2.6.1 Übersicht

Bedeutung und Arten: Ortstoleranzen (location tolerances) legen den *Nennort* oder idealen Ort eines Formelements relativ zu einem oder mehreren Bezügen fest. Damit ergeben sich drei Arten:

- *Position:* Der Nennort wird durch theoretische Maße bestimmt (Kap. 2.6.2);
- *Koaxialität/Konzentrizität:* Der Nennort ist die Achse bzw. der Mittelpunkt des Bezugselements (Kap. 2.6.3);
- *Symmetrie:* Der Nennort ist die Mittelebene oder -linie des Bezugselements (Kap. 2.6.4).

Koaxialität und Symmetrie sind Sonderfälle der Position. Die Positionstolerierung ist eng mit der Maßtolerierung verwandt; sie ist – salopp ausgedrückt – eine „eindeutig gemachte Maßtolerierung“ und damit eine der wichtigsten Toleranzarten überhaupt. Die allgemeinste Form von Ortstoleranzen sind die *Profiltoleranzen* (s. Kap. 2.4) mit entsprechenden Bezügen, meist mit einem vollständigen Bezugssystem (s. Kap. 2.3.4).

Geometrieelemente und Toleranzzone: Tolerierte Geometrieelemente sind meist *ebene* Flächen oder *gerade* Linien, sowohl *wirkliche* als auch *abgeleitete* (Achsen, Mittelebenen u. Ä.; s. Kap. 1.5.1, Tabelle 1.4); es können auch *Punkte* sein (Mittelpunkte von Kreisen oder Kugeln). Für alle Ortstoleranzen gilt:

> ***2-36 Ortstoleranzzone:*** Die Toleranzzone von Ortstoleranzen liegt *symmetrisch zum Nennort:* Sie kann begrenzt werden
> - von zwei *Ebenen* bzw. *Geraden im* Abstand der Ortstoleranz t (d. h. $\pm t/2$ vom Nennort entfernt),
> - von einem *Kreiszylinder* bzw. einem *Kreis* mit dem Durchmesser Øt,
> - von einer *Kugel* mit dem Durchmesser SØt.

Meist ist die Toleranzzone von Ebenen/Geraden oder von einem Kreiszylinder (Röhrchen) begrenzt. Solche *geradlinigen* Toleranzzonen kommen bei allen *Richtungs*toleranzen vor

(s. Kap. 2.5) sowie bei „Flachformtoleranzen", d.h. *Geradheit* (Kap. 2.2.2) und *Ebenheit* (Kap. 2.2.3). Daher hängen Ortstoleranzen mit diesen Toleranzarten zusammen und schließen diese ein (s.u.).

Einbeschlossene Toleranzarten und Grenzabweichung: In *Bild 2.43* ist eine Ortstoleranzzone mit der Toleranz *t* skizziert. Das tolerierte Formelement soll z.B. eine Achse sein. Sie kann im Grenzfall drei verschiedene Abweichungen haben, nämlich a) *versetzt*, b) *schief* und c) *krumm*. Für alle Ortstoleranzen mit geradliniger Toleranzzone (d.h. außer der kreis- und kugelförmigen Toleranzzone sowie ggf. den Profiltoleranzen) gilt, s. Bild 2.43:

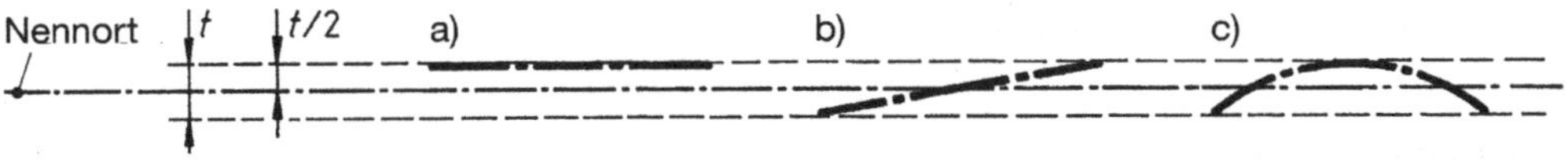

Bild 2.43: Ortstoleranzzone und Grenzabweichungen. a) Ort, b) Richtung, c) Form

> ***2-37 Einbeschlossene Toleranzarten:*** Jede *geradlinige* Ortstoleranzzone mit dem Toleranzwert *t* begrenzt am tolerierten Geometrieelement
>
> a) den *Ort* (Grenzabweichung ± *t*/2),
> b) die *Richtung* (Grenzabweichung *t*),
> c) die *Form*, d.h. Geradheit und ggf. Ebenheit (Grenzabweichung *t*).

Die zusätzliche Eintragung einer *Richtungs*- bzw. *Form*toleranz für *dasselbe* Geometrieelement, das eine Ortstoleranz trägt, ist nur sinnvoll, wenn die Richtungs- bzw. Formtoleranz *kleiner* ist als die Ortstoleranz *t* (vgl. dazu Regel 2-34 in Kap. 2.5.2).

Die *Ortsabweichung f kann* grundsätzlich als Differenz zwischen Istort und Nennort verstanden werden. Daraus folgt, dass bei allen Ortstoleranzen die größte zulässige Ortsabweichung oder *Grenzabweichung* gleich der *Hälfte* des Toleranzwertes *t* ist:

> ***2-38 Grenzabweichung:*** Bei allen Ortstoleranzen mit symmetrischer Toleranzzone darf *niemals* die *Istabweichung f* (d.h. die Differenz zwischen Ist- und Nennort) mit der *Toleranz t verglichen* werden, sondern nur mit der *Grenzabweichung* ± *t*/2.

Das gilt ebenso für alle Profiltoleranzen mit symmetrischer Toleranzzone, wenn deren Ort durch Bezüge festgelegt ist (s. Kap. 2.4.1). Hier zeigt sich, dass wir niemals gedankenlos die Abweichung *f* mit der Toleranz *t* vergleichen dürfen (s.u. Bild 2.44), sondern uns immer die Grenzabweichung über die Toleranzzone anschaulich vorstellen sollten.

Die obige Regel lässt sich auch umkehren:

> ***2-39 Ortsabweichung und Toleranz:*** Wenn die Größe der zulässigen *Abweichung* vorgegeben ist (z.B. als Achs- oder Mittenversatz), dann ist die einzutragende *Ortstoleranz t doppelt* so groß.

2.6.2 Position

Bedeutung und Symbol: Die Tolerierung der Position (position) gehört zu den wichtigsten und vielfältigsten Lagetoleranzen (DIN ISO 5458 umreißt die Möglichkeiten mit Beispielen). Sie begrenzt den Ort des tolerierten Elements relativ zum Bezug bzw. (häufig) zum Bezugssystem (s. Kap. 2.3.4). Damit ist sie verwandt mit der Maßtolerierung, insb. mit der *Abstands*tolerierung (s. u.). Das *Symbol* kann man als „Fadenkreuz" deuten, z. B. beim Messmikroskop.

Tolerierte Geometrieelemente: Die Positionstoleranz wird auf viele Geometrieelemente angewendet, auf *wirkliche* Ebenen und Geraden sowie auf *abgeleitete* Elemente wie Achsen (häufig) und Mittelebenen, -linien und -punkte.

Zeichnungsangaben:

2-40 Positionstoleranzangaben: In der Regel sind erforderlich:

- *Positionstoleranz* t_{PS} in mm (ohne Vorzeichen, d. h. *nicht* $\pm t_{PS}/2$),
- *Bezüge*, meist als Bezugssystem zur eindeutigen Festlegung,
- *theoretische Maße* für Abstände (ggf. auch Winkel in Grad) zu den Bezügen.

Hierzu verweisen wir auf Regel 2-27 (Kap. 2.4.1): Wird eine Nenngestalt (ideale Gestalt) mit *theoretischen* Maßen beschrieben, so gelten die hierzu gehörenden rechtwinkligen *Achsenkreuze* und regelmäßigen *Kreisteilungen* ebenfalls als *exakt.*

Zusammenhang zwischen Positions- und Maßtolerierung: Das Maß 30 ± 0,1 mm zwischen den Bohrungen und der Kante in *Bild 2.44 a* ist ein *Abstandsmaß* (daran zu erkennen, dass es kein Maximum-Material-Grenzmaß hat, s. Kap. 1.3.1 und 1.3.2). In der Praxis wird diese – früher allein gebräuchliche – Maßtolerierung oft als „einfacher" und „klarer" angesehen. Das ist jedoch ein grundlegender Irrtum (s. Kap. 1.1).

Ein Größenmaß ist der Abstand zwischen zwei gegenüberliegenden Punkten; der Abstand der Lochachsen ist bei dieser Maßeintragung (s. Kap. 1.5.4) von der Kante aus zu messen.

Ist die Kante krumm, Bild 2.44 b, so müsste das Lochbild ebenfalls gebogen sein – eine etwas eigenartige Vorstellung, wenn man an die Montage denkt. Diese verlangt oft ein geradliniges Lochbild und eine auf das anliegende Nachbarbauteil bezogene Bemaßung – genau das bietet die Positionstolerierung (c und d). Bei einem dünnen Blech ist außerdem die Hauptauflagefläche als Primärbezug nötig, Bild 2.44 e (s. Kap. 2.3.4). Diese Denkweise ist „uralt"; nur die Darstellung ist ungewohnt. Sie verwandelt die Maßtolerierung in eindeutige Angaben. (Anmerkung: Die Bohrungen sind in Bild 2.44 nur in senkrechter Richtung bemaßt; die ebenfalls notwendige Bemaßung und Tolerierung in horizontaler Richtung haben wir hier weggelassen. Eine Maßeintragung mit Ursprungskreis, s. Kap. 1.5.4, entspricht c, kann aber ein Bezugs*system* nicht ersetzen.)

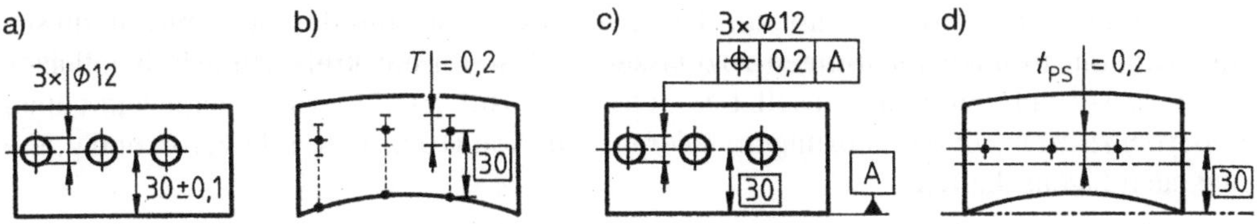

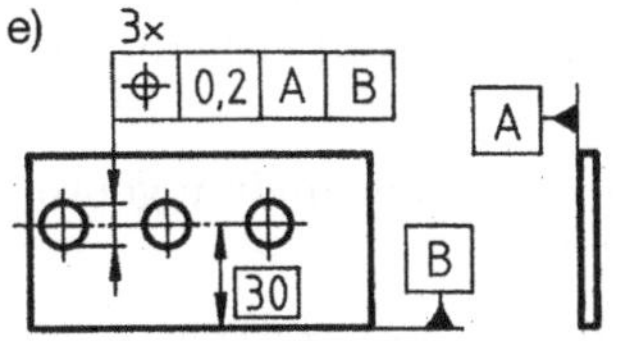

Bild 2.44: Maß- und Positionstolerierung für eine Lochplatte. a) Maßtolerierung, b) Toleranzzone dazu; c) Positionstolerierung entsprechend a, d) Toleranzzone zu c; e) wie c, mit Primärbezug

Zusammenhang zwischen Toleranz und Abweichungen: In *Bild 2.45 a* ist eine einzelne Bohrung mit der Maßtoleranz 30 ± 0,1 mm festgelegt, ähnlich Bild 2.44 a. Wenn das Istmaß 30,15 mm beträgt (b), liegt die Bohrung außerhalb der Toleranz; das ergibt sich aus dem Vergleich zwischen dem Istmaß $I = 30{,}15$ mm und den Grenzmaßen (30,1 und 29,9 mm) ebenso wie aus dem Vergleich zwischen dem Istabmaß (+ 0,15 mm) und den Grenzabmaßen (± 0,1 mm). Niemand kommt auf die Idee, das Istabmaß (0,15 mm) etwa mit der Maßtoleranz $T = 0{,}2$ mm zu vergleichen. Genau so unsinnig ist es bei der entsprechend a) aufgebauten Positionstolerierung, Bild 2.44 c, die Positionsabweichung (+ 0,15 mm) mit der Positionstoleranz $t_{PS} = 0{,}2$ mm zu vergleichen (d); sie darf nur mit der *Grenzabweichung* $t_{PS}/2 = \pm\, 0{,}1$ mm verglichen werden. Das „Problem" ergibt sich daraus, dass im Toleranzrahmen stets der Abstand der Toleranzgrenzen voneinander steht (0,2 mm) und nicht von der Nennposition (± 0,1 mm).

Anmerkung: Die vereinfachte Markierung der *hinteren* Fläche als Primärbezug A in Bild 2.45 c und in späteren Bildern entspricht ISO 5459. Sie zeichnet den Hinweispunkt als kleinen offenen Kreis und den verdeckten Teil der Hinweislinie gestrichelt. Sie erspart ggf. eine zusätzliche Zeichnungsansicht.

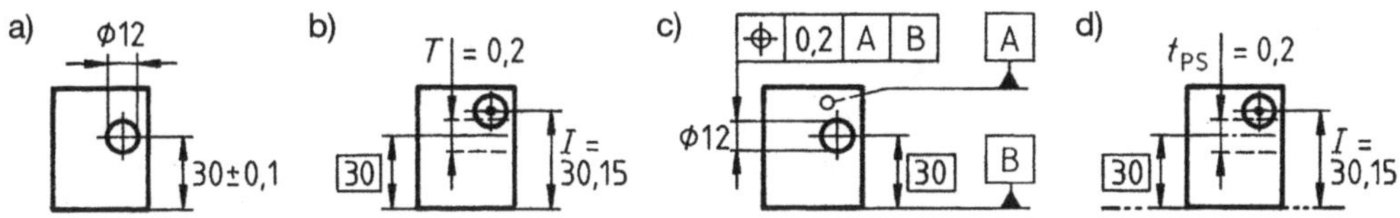

Bild 2.45: Vergleich von Maß- und Positionstolerierung. a) Maßtolerierung, b) unzulässige Bohrungslage, c) Positionstolerierung entsprechend a, d) entsprechend b

Kreiszylindrische Toleranzzone: Die Position der Bohrung in *Bild 2.46 a* ist in zwei Richtungen toleriert, bezogen auf ein vollständiges Bezugssystem (vgl. Bild 2.24, Kap. 2.3.4). Für die Festlegung in vertikaler Richtung (Maß 25) ist an sich der tertiäre Bezug C nicht nötig. Trotzdem ist er hier eingetragen, um klarzustellen, dass beide Positionstoleranzen in derselben Aufspannung zu prüfen sind. Die *Toleranzzone* dazu ist quadratisch (b). Sie lässt in den beiden Hauptrichtungen eine Ortsabweichung von 0,1 mm, in Diagonalrichtung aber eine von rund 0,14 mm zu. Häufig ist es von der Funktion her sinnvoll, diesen Wert rundum in *allen* Richtungen zuzulassen, z. B. wenn ein kreiszylindrischer Bolzen durch das Loch hindurchpassen soll. Das ist bei der Positionstolerierung möglich mit einer *kreiszylindrischen* (röhrchenförmigen) Toleranzzone von Ø 0,28 mm, Bild 2.46 c und d, mit folgenden Eigenschaften:

- Die Zeichnung wird *einfacher*, weil nur 1 Toleranz einzutragen ist (anstatt 2 bei a).
- Bei gleicher Grenzabweichung (0,14 mm) ist die kreisförmige Toleranzzone 57 % *größer* als die quadratische mit gleicher Diagonale (b), d. h., die Fertigung wird sicherer bzw. billiger (s. Kap. 5.2).
- Eine *mechanische* Messung (mit Messuhr o. Ä.) wird aufwendiger, weil rundum geprüft werden muss; bei einem Messgerät spielt das jedoch keine Rolle.
- Eine *Prüfung* mit Stecklehren (mit Maximum-Material-Bedingung, s. Kap. 4.4) entspricht meist der kreiszylindrischen Toleranzzone.

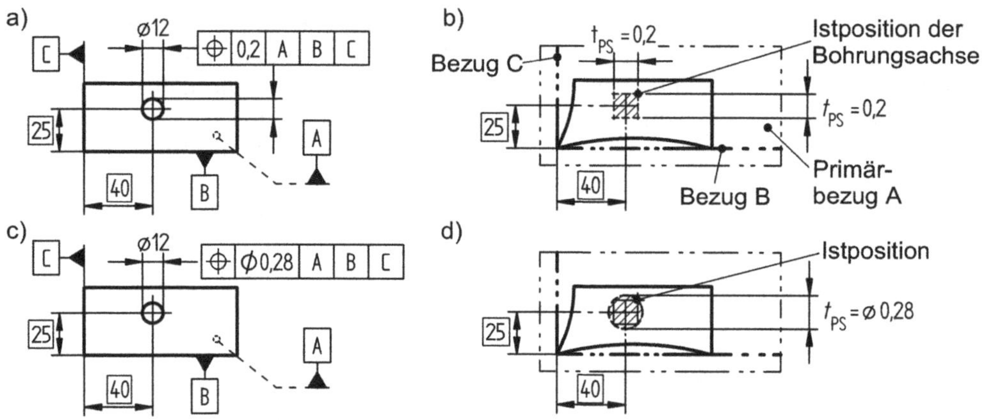

Bild 2.46: Gestalt der Positions-Toleranzzone. a) Tolerierung in zwei Richtungen, b) quadratische Toleranzzone dazu; c) und d) kreiszylindrische Toleranzzone

Aus diesen Gründen ist die kreiszylindrische Zone häufig vorzuziehen. Bei einer *Maß*-tolerierung (vgl. Bild 2.24 a in Kap. 2.3.4) ist eine solche Toleranzzone dagegen nicht möglich. Wenn die Grenzabweichung vorgegeben ist, bleibt hier nichts anderes übrig, als die Toleranzzone (annähernd) quadratisch zu definieren; damit ist sie häufig enger, als es der Funktion entspricht.

Tolerierung eines Lochbildes: Häufig sind mehrere Löcher in einer bestimmten Anordnung zu tolerieren, die zu einem Gegenstück passen müssen und ein *Lochbild* darstellen. Dann wird man die gleiche Positionstoleranz mehrfach anwenden, *Bild 2.47 a.* Im Zweifelsfall kann am Toleranzrahmen vermerkt werden, welche Bohrungen zum Lochbild gehören (z. B. „6 × Ø 12 H9"). Die Löcher haben bei a ein vollständiges Bezugssystem wie in Bild 2.46. Bild 2.47 b skizziert die drei aufeinander exakt senkrecht stehenden Bezüge, die von außen am Werkstück anliegen, und die 4 röhrchenförmigen Toleranzzonen von Ø 0,3 mm, innerhalb derer die 4 Lochachsen liegen müssen.

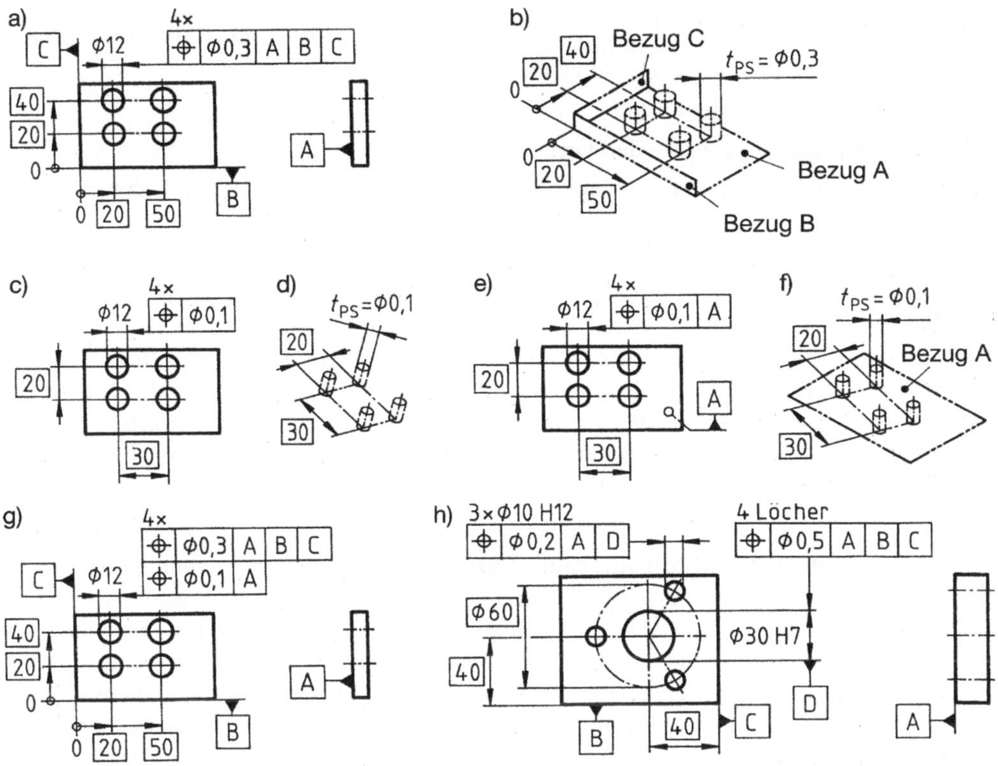

Bild 2.47: Positionstolerierung von Lochbildern. a) kantenbezogene Tolerierung, b) Bezugssystem und Toleranzzonen dazu; c) völlig schwimmende Tolerierung, d) Toleranzzonen dazu; e) schwimmende Tolerierung mit Primärbezug A, f) Toleranzzonen dazu; g) vollständige Positionstolerierung aus a und e; h) schwimmendes Lochbild mit internem Bezug D sowie vollständigem Bezugssystem

Schwimmendes Lochbild: Es kann sein, dass die Bohrungen eines Lochbildes zu den Kanten ziemlich große Positionstoleranzen haben dürfen, aber *unter sich* (d. h. relativ zueinander) wesentlich genauer liegen müssen, damit das Gegenstück hineinpasst, z. B. bei einem Vielfachstecker oder bei einem Pressentisch, die auf vier Säulen geführt wird. Dann legt man das Lochbild mit theoretischen Maßen fest (s. o. Regel 2-40, bzw. Regel 2-27 in Kap. 2.4.1), Bild 2.47 c, und trägt eine Positionstolerierung ein mit Angabe der zugehörigen Löcher, lässt aber die Bezüge weg, eine sog. *schwimmende Tolerierung.* Die 4 Toleranzröhrchen liegen auf den 4 Kanten eines idealen Quaders von 20 mm × 30 mm Kantenlänge (d); dieser ist in sich frei verschiebbar, drehbar und kippbar. Die 4 Achsen müssen sich darin irgendwie unterbringen lassen (zur Prüfung s. u.).

Meist ist es nicht sinnvoll, dass die Toleranzzonen des schwimmenden Lochbildes *kippen* dürfen. Hier könnten alle vier mit derselben Neigung schief stehen, wie bei d. Dann würde das Gegenstück zwar hineinpassen, aber nur schräg stehend. Wenn man die Toleranzen berechnet, wird man – oft unbewusst – davon ausgehen, dass die Toleranzzone senkrecht zur Hauptauflagefläche steht (vgl. Bild 2.25, Kap. 2.3.4). Dazu führt man die Hauptauflagefläche (hier A) als primären Bezug ein, Bild 2.47 e, lässt aber die anderen Bezüge weg. Das Lochbild darf sich jetzt noch verschieben und drehen, aber nicht mehr kippen (f):

2-41 Schwimmende Positionstolerierung eines Lochbildes: Sie erfordert

- *Kennzeichnung* der zum Lochbild gehörenden Löcher,
- *Positionstoleranz* für die Löcher,
- *theoretische Maße* zwischen den Löchern,
- *keinen Bezug* außer in der Regel dem *Primärbezug* in der Hauptauflagefläche.

In aller Regel muss das Lochbild *zusätzlich* auch zu den Kanten (o. Ä.) des Werkstückes festgelegt werden, jedoch mit größeren Toleranzen. Dann empfiehlt sich, die Positionstolerierungen von a) und e) gemeinsam einzutragen, Bild 2.47 g. Es ist nicht ratsam, für die kantenbezogene Tolerierung *Maß*toleranzen zu verwenden. Die beiden Toleranzarten passen oft nicht zusammen, weil sie verschieden gemessen werden (s. o. Bild 2.44), und es wäre sinnwidrig, die nicht eindeutige Maßtolerierung zu verwenden, wenn bereits Positionstoleranzen für das schwimmende Lochbild benutzt wurden. (Eine schwimmende Tolerierung ist mit Maßtoleranzen kaum darstellbar.)

Schwimmendes Lochbild mit internem Bezug: Statt eines schwimmenden Lochbildes wie in Bild 2.47 e kann es auch zweckmäßig sein, ein Loch (ggf. auch zwei) als internen Bezug im Lochbild zu setzen, z. B. um von diesem Loch aus die anderen Bohrungen über Stichmaße zu prüfen. Im Bild 2.47 h ist die Lage der drei kleinen Bohrungen auf die größere Bohrung D bezogen; hier soll ein Zentrierbund mit 3 Flanschschrauben montiert werden. Als Primärbezug dient wiederum die Hauptauflagefläche A. Außerdem sind sämtliche Löcher mit einer größeren Toleranz zu den Kanten B und C festgelegt, natürlich mit demselben Primärbezug A. Diese beiden Angaben werden unabhängig voneinander geprüft.

Zur Prüfung von Lochbildern: Lochbilder lassen sich z. B. mit *Messuhr* und *Prüfdornen* angehen. Dann ist die kreiszylindrische Toleranzzone ungünstiger als die quadratische (s. o.); schwimmende Lochbilder aber sind damit kaum zu prüfen. Meist wird man auf ein Koordinatenmessgerät (KMG) zurückgreifen. Beim Lochbild tastet es die Bohrungswände ab, bildet daraus die Istachsen und versucht, ob sie in die Toleranzzonen hineinpassen (s. Bild 2.47 b, d und f).

Bei einer *schwimmenden Tolerierung* versucht das Messgerät, das Toleranzzonenbild, Bild 2.47 d, so zu drehen und zu schieben, dass die 4 Istachsen hineinpassen. Trotzdem kann man auch hier im Zeitalter der Messgeräte noch *mechanisch* prüfen. Die *Prüflehre* für das schwimmende Lochbild hat 4 Prüfzapfen, die unmittelbar die Paarungsfähigkeit des Lochbildes anhand des Gegenstückes prüft, allerdings mit einer Einschränkung: Jedes Loch hat seine Durchmessertoleranz. Die Prüflehre passt gerade noch, wenn die Löcher ihren Mindestdurchmesser, d. h. ihr Maximum-Material-Grenzmaß haben (s. Kap. 1.3.2) und ihre Positionstoleranz voll ausschöpfen. Wenn nun ein Loch im Rahmen seiner Maßtoleranz etwas größer ist, kann es die Positions-Grenzabweichung überschreiten, und die Lehre passt immer noch. Die vorgeschriebene Toleranz ist überschritten, aber die Bohrung ist trotzdem funktionsfähig. Diese Prüfung ist somit funktions-, prüf- und praxisgerecht, nur prüft sie nicht genau das, was auf der Zeichnung steht. Diese Überlegung führt unmittelbar auf die *Maximum-Material-Bedingung,* die eben diese Art von Prüfung zum Inhalt hat (s. Kap. 4.4).

Weitere Anwendungsbeispiele: Bisher war fast nur von Bohrungen die Rede. Die Positionstolerierung kann aber auf viele andere Geometrieelemente angewendet werden; *Bild 2.48* bringt drei Beispiele:

a) ***Tolerierung von wirklichen Kanten:*** Die linke Seitenkante jedes der drei Fenster einer optischen Lochblende ist zur Bezugskante B mit primärem Bezug A (Auflagefläche) auf 0,02 mm toleriert. Jede Kante kann versetzt, schief oder krumm sein (s. o. Bild 2.43) oder beliebige Kombinationen davon aufweisen.

b) ***Tolerierung einer geneigten Fläche:*** Das Bauteil entspricht etwa Bild 2.40 a in Kap. 2.5.4. Dort war aber nur die *Richtung* der um 75° geneigten Stirnfläche toleriert, während in Bild 2.48 b zusätzlich ihr *Ort* festgelegt ist. (Anmerkung: Eine entsprechende Tolerierung kann auch z. B. auf eine geneigte Bohrung wie in Bild 2.40 b bis d angewendet werden.)

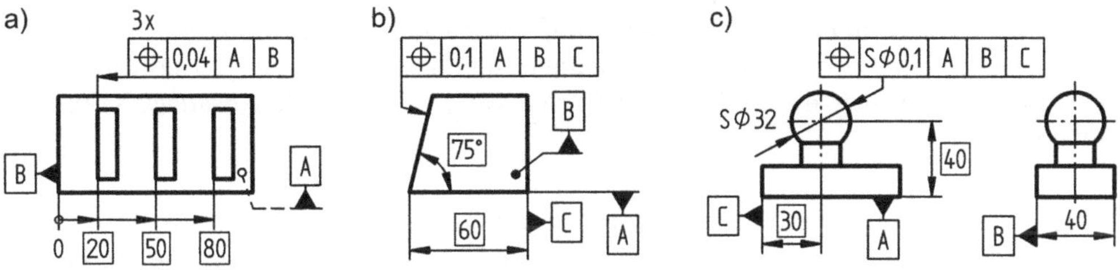

Bild 2.48: Positionstolerierung. a) wirkliche Kanten einer Lochblende, b) geneigte Fläche, c) Kugelmittelpunkt toleriert

c) ***Tolerierung eines Kugelmittelpunktes:*** DIN EN ISO 1101:2006 enthält auch eine Positionstolerierung mit kugelförmiger Toleranzzone. Damit kann der Mittelpunkt einer Kugel allseitig eingegrenzt werden. Die Toleranzzone wird im Rahmen gekennzeichnet durch „SØ" (S = sphärisch).

2.6.3 Koaxialität und Konzentrizität

Bedeutung und Symbol: Die Begriffe „Koaxialität" (coaxiality) und „Konzentrizität" (concentricity) werden z. T. mit gleicher Bedeutung verwendet. Genau genommen sind Rotationskörper mit gleicher Achse *(axe)* ko*ax*ial, während zwei Kreise, die in einer Ebene liegen und den gleichen Mittelpunkt *(centre)* haben, kon*zentr*isch sind. Koaxialität ist aber der umfassendere Begriff; daher verwenden wir diesen in der Regel. Der Unterschied ist aber unwichtig. Das *Symbol* sind zwei konzentrische Kreise.

Wichtig ist jedoch bei den meisten technischen Rotationsteilen, z. B. Getriebewellen oder Kupplungsgehäusen, die Einschränkung der Achsabweichung. In der Maßtolerierung ist keinerlei Koaxialitätstoleranz enthalten. Es gibt auch nicht einfach „die" Achse einer Welle; vielmehr muss exakt angegeben werden, wie die Bezugsachse zu bilden ist (s. Kap. 1.6.2, insb. Regel 1-59 u. 1-60).

Geometrieelemente: Die Koaxialität ist ein Sonderfall der Position:

2-42 Koaxialitätstolerierung: *Toleriertes* und *Bezugselement* sind stets *Achsen* (bzw. Mittelpunkte) von Rotationselementen, d. h., Toleranzpfeil bzw. Bezugsdreieck stehen immer *auf* dem entsprechenden Durchmesser-Maßpfeil.

Die *Istachse* als toleriertes Element wird aus einzelnen Querschnitten abgeleitet; sie kann z. B. krumm sein. Wegen der *Bezugsachse* bitten wir, sich nochmals die Bildung einer „langen“, „kurzen“ oder „gemeinsamen“ Achse anzusehen (s. Kap. 2.3.3, Regel 2-18). Ein Grenzfall ist die Konzentrizität von Kugeln (vgl. Bild 2.48 c, Kap. 2.6.2).

Toleranzzone und Abweichungen:

2-43 Toleranzzone und Grenzabweichung: Die Koaxialitäts-Toleranzzone ist immer *kreiszylindrisch* (Ø-Zeichen im Toleranzrahmen) und liegt koaxial zur Bezugsachse. Die *Grenzabweichung,* d. h. der größte zulässige Achsversatz, ist gleich der *halben* Koaxialitätstoleranz $t_{KO}/2$.

Daraus folgt: Wenn der größte zulässige Achsversatz vorgegeben ist, muss die Koaxialitätstoleranz *doppelt* so groß sein. Aus der Röhrchenform der Toleranzzone ergibt sich (s. Kap. 2.6.1, Bild 2.43 und Regel 2-37):

2-44 Einbeschlossene Abweichungen: Die *Geradheits*abweichung der tolerierten Achse und ihre *Parallelitäts*abweichung zur Bezugsachse können nicht größer werden als die Koaxialitätstoleranz t_{KO}.

Hingegen betreffen Rundheit und Zylinderform die *Mantelfläche* des tolerierten Elements und haben nichts mit der Koaxialität zu tun.

Zur Koaxialitätsprüfung: Eine direkte mechanische Messung ist nicht möglich. Formprüfgeräte ermitteln die Koaxialitätsabweichung über eine Rundlaufmessung. Ein generelles Problem besteht darin, dass u. U. das falsche Verfahren für die Berechnung der Istachse verwendet wird (vgl. Kap. 2.3.3, Bild 2.19). Nach DIN EN ISO 14660-2 ist die Achse die Verbindung aller Querschnittsmittelpunkte. Dabei werden die Querschnitte senkrecht zur Achse des nach dem Gauss-Ausgleichsverfahren (Minimierung der Abweichungsquadrate) ermittelten Zylinders erfasst. Für diese erfassten Umfangslinien werden dann wieder nach dem Gauss-Ausgleichsverfahren die Querschnittsmittelpunkte berechnet. Wenn kein Messgerät zur Verfügung steht, sollte man statt der Koaxialität lieber den Rundlauf tolerieren (s. Kap. 2.7.2, Bild 2.53), da er sich mechanisch direkt messen lässt. Dabei taucht jedoch ein anderes Problem auf (s. Kap. 2.7.2, Regel 2-52 und 2-53).

Anwendungsbeispiele: *Bild 2.49* enthält typische Beispiele, meist mit Beziehung zu voraufgegangenen Bildern.

a) ***Wellenabsatz mit „langer" Bezugsachse:*** Der Bezug A ist die Achse des linken Wellenabsatzes. Die Toleranzzone von Ø0,1 mm begrenzt den Versatz, die Parallelitäts- und die Geradheitsabweichung der Achse des rechten Absatzes.

b) ***Lagersitz mit „kurzer" Bezugsachse:*** Die Achse des Wälzlagersitzes Ø30 H7 wird durch Flansch A *und* Zentrierung B definiert (vgl. Bild 2.20, Kap. 2.3.3).

c) ***Konzentrizität einer Scheibe:*** Auch hier legt der Primärbezug A die Richtung für die Messung fest. Bezugs- und toleriertes Element könnten auch vertauscht werden; das sollte von der Funktion abhängen.

d) ***Koaxialität zweier Lagersitze:*** Die Darstellung greift Bild 2.22 b in Kap. 2.3.3 auf. An sich geht es hier um eine „schwimmende" Koaxialität, denn die beiden Lagersitze müssen *relativ* zueinander fluchten (vergleichbar dem schwimmenden Lochbild in Kap. 2.6.2, Bild 2.47). Eine Koaxialität ohne Bezugsangabe wird aber von dem Messgerät in der Regel nicht akzeptiert. Deshalb dient die aus den beiden Lagersitzen gebildete gemeinsame Achse A-B als Bezug. Bei der Messung tastet die Maschine zunächst die beiden Mantelflächen der Lagersitze ab, leitet daraus die Einzel-Istachsen A und B ab, bildet damit die gemeinsame Bezugsachse A-B (s. dazu Bild 2.21), legt um A-B die beiden Toleranzzonen Ø0,01 mm und prüft nun, ob die Einzelachsen innerhalb dieser Röhrchen liegen. Diese Vorgehensweise ist insb. zweckmäßig, wenn das Messgerät die Achse A-B ohnehin bilden muss, wie in Bild 2.49 d für die Koaxialitätstoleranz Ø0,02 mm.

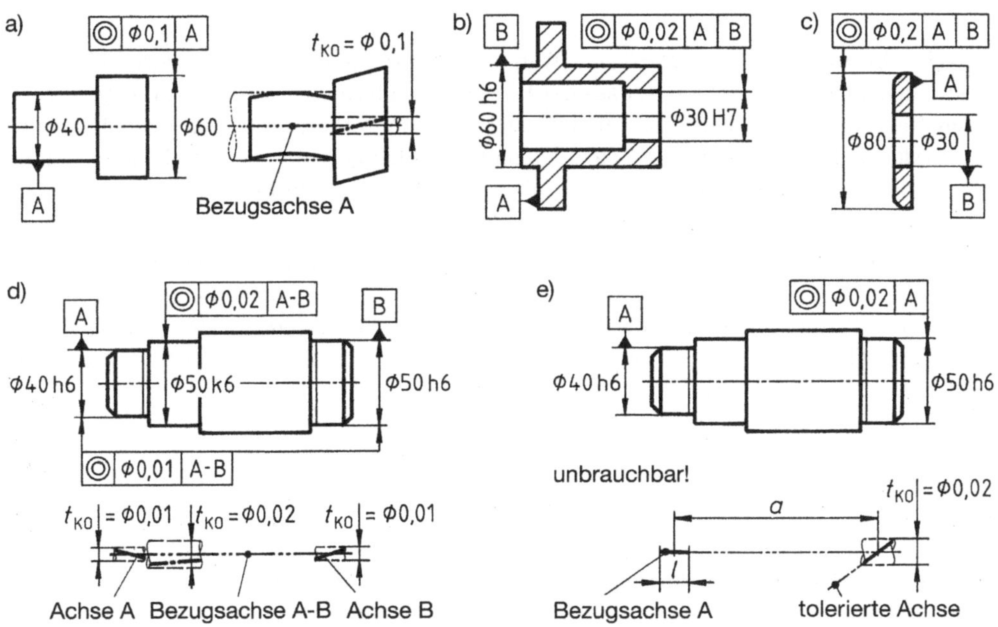

Bild 2.49: Koaxialitätstolerierung. a) Wellenabsatz mit „langer" Bezugsachse sowie Toleranzzone dazu, b) Lagersitz mit „kurzer" Bezugsachse, c) Konzentrizität einer Scheibe, d) Koaxialität zweier Lagersitze und eines Wellenabsatzes mit gemeinsamer Achse sowie Toleranzzonen dazu, e) unbrauchbare Tolerierung zweier Lagersitze, mit Toleranzzone

e) ***Ungleichmäßige Koaxialitätstolerierung:*** In der Praxis trifft man immer wieder diese Tolerierung anstatt der von d) an (in Bild 2.22 b bereits erwähnt). Sie entspricht zwar im Aufbau der von a), ist hier aber *unbrauchbar.* Das Messgerät ermittelt zunächst die Bezugsachse A des linken Sitzes und verlängert sie dann auf etwa das 8fache bis zum rechten Sitz; dort liegt die Toleranzzone Ø 0,02 mm. Dadurch vergrößert sich die Messunsicherheit ebenfalls etwa auf das 8fache. Schon geringe Abweichungen bei der Berechnung der Achse oder in der Lage des Bezugselements A führen dazu, dass das tolerierte Element außerhalb der Toleranzzone ist; das liegt jedoch am Bezugselement und nicht am tolerierten Element. Während das Bezugselement sehr genau in Richtung des tolerierten Elements fluchten muss, damit die Toleranz eingehalten wird, kann das tolerierte Element seine Toleranzzone ausschöpfen und z. B. um 0,02 mm schief stehen. Wenn wir Anforderungen an die Lagersitze stellen wie in Bild 2.22 a, dann wäre das für das Wälzlager rechts nicht tragbar. Eine Einschränkung der Koaxialitätstoleranz auf t_{KO} = Ø 0,01 mm wäre aber aufgrund der Messunsicherheit ebenfalls indiskutabel.

Diese Tolerierung ist also *weder funktionsgerecht,* weil sie die beiden Lagersitze sehr ungleich behandelt und dem tolerierten Sitz zu große Abweichungen einräumt, *noch prüfgerecht* aufgrund der Messunsicherheit. Wenn sie in der Praxis dennoch meist ihren Zweck erfüllt, dann liegt das daran, dass ein erfahrener Fertigungsmann angesichts dieser Tolerierung die beiden Lagersitze in *einer* Aufspannung fertigen wird – damit ist bei einer intakten Rundschleifmaschine eine ausreichende Fluchtung in aller Regel gewährleistet. Das kann aber keine Rechtfertigung für eine solche Tolerierung sein. Wir empfehlen, die folgende Regel als Richtgröße einzuhalten:

2-45 Verlängerung von Bezügen: Wenn das Bezugs- und das tolerierte Element räumlich auseinanderliegen, sodass der Bezug zum tolerierten Element verlängert werden muss, dann wächst die Messunsicherheit etwa im Verhältnis des *mittleren Abstands a* zwischen Bezugs- und toleriertem Element zur Länge l des Bezugselements. Man sollte daher ein Verhältnis von $a/l \approx 2$ (als Richtwert!) *nicht überschreiten.*

Das gilt für Achsen ebenso wie für Mittelebenen oder an wirklichen Flächen anliegende Bezüge (s. z. B. Bild 2.15 b in Kap. 2.3.2): Nicht nur wenn der Abstand *a* zu groß ist, sondern generell sollte man eine Tolerierung mit *gemeinsamer Toleranzzone bevorzugen* (z. B. Geradheit, Ebenheit, Profil; s. dazu Bild 1.38 in Kap. 1.6.1, Bild 2.4 b in Kap. 2.2.2, Bild 2.15 a und c in Kap. 2.3.2).

2.6.4 Symmetrie

Bedeutung und Symbol: Die Symmetrie (symmetry) ist, ähnlich der Koaxialität, ein Sonderfall der Position. Koaxialität entspricht einer *Rotations-* oder Punktsymmetrie zu einer Bezugsachse, während einfach „Symmetrie" eine *Spiegel*symmetrie mit einer Bezugs*ebene* oder *-linie* ist. Symmetrische Bauteile sind sehr häufig; die Symmetrietolerierung ist wichtig, weil in der üblichen Bemaßung keinerlei Symmetrietoleranz enthalten ist, auch beim Hüllprinzip nicht (s. Kap. 1.4.4). Fehlende Symmetrie- oder Koaxialitätsangaben sind eine wesentliche Ursache, weshalb etwa 80 % der Zeichnungen in der Praxis unvollständig sind

(s. Kap. 1.1). Das *Symbol* stellt einen längeren Strich symmetrisch zwischen zwei kürzeren dar.

Merkmale der Symmetrietolerierung: Wir erinnern an die Grundlagen der Ortstolerierung in Kap. 2.6.1, insb. an die Regeln 2-36 bis 2-39; vieles, was zur Koaxialität gesagt wurde (Kap. 2.6.3), und einiges von der Position (Kap. 2.6.2) ist sinngemäß auf die Symmetrie übertragbar. Zusammengefasst gilt:

- *Bezugs- und toleriertes Element* sind häufig Mittelebenen oder -linien. Es können aber auch Achsen (z.B. von Querbohrungen) oder wirkliche Ebenen sein.
- Die *Toleranzzone* ist in der Regel begrenzt von zwei Ebenen bzw. Geraden im Abstand der Symmetrietoleranz t_S, die symmetrisch zum Bezug liegen. Röhrchenförmige Toleranzzonen sind selten.
- Die *Grenzabweichung* ist gleich der halben Symmetrietoleranz $t_S/2$.
- *Einbeschlossen* ist die *Parallelität* des tolerierten Elements und seine *Geradheit*, bei einer tolerierten Ebene auch die *Ebenheit*.

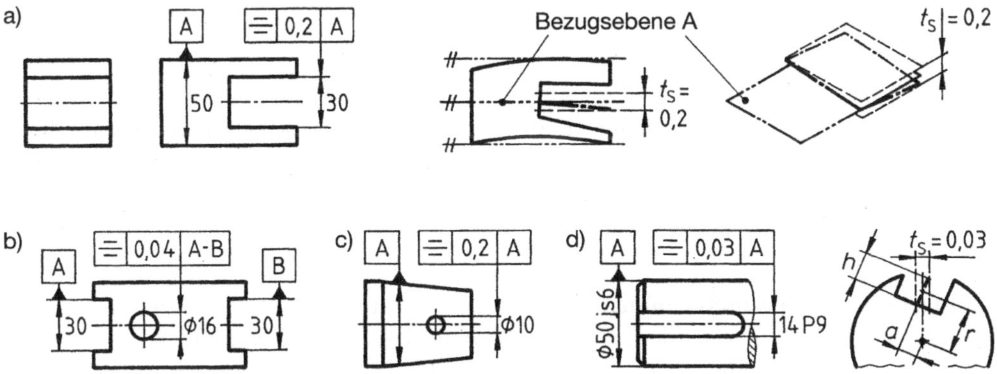

Bild 2.50: Symmetrietolerierung. a) Tolerierung einer Nut, mit Bezugsermittlung und Toleranzzone; b) Bohrung in einem Baukastenelement; c) Querloch in einem Kegel; d) Tolerierung einer Passfedernut, mit Toleranzzone und Grenzlage

Anwendungsbeispiele: *Bild 2.50* zeigt einige typische Fälle:

a) ***Nut bezogen auf Parallelflächen:*** Toleriert ist die Mittelebene der Nut; der Bezug ist die Mittelebene der parallelen Außenflächen. Der *Bezug* kann auf zwei Arten angegeben werden (s. Kap. 2.3.3, Bild 2.17 a und b). Die einfachste ist, das Bezugsdreieck auf die Maßlinie des Maßes 50 mm zu setzen, wie es auch zur Kennzeichnung von Achsen geschieht. Die Bezugsebene ergibt sich als Mittelebene von zwei außen spiel- und zwangsfrei anliegenden parallelen Ebenen, vorstellbar z.B. als die Backen eines „Prüfschraubstocks". Die *tolerierte* Nutmittelebene wird dagegen jeweils punktweise aus den gegenüberliegenden Nutflächen ermittelt. Alle diese Punkte müssen zwischen den Grenzebenen im Abstand $\pm t_S/2 = \pm 0{,}1$ mm von der Bezugsebene liegen.

b) ***Bohrung bezogen auf Nutmitten:*** Die Bezugsebene ist aus zwei Nuten zu bilden; dabei entstehen entsprechende Probleme wie bei der gemeinsamen Achse aus zwei Bohrungen (s. Kap. 2.3.3, Bild 2.21). Die Bohrungsachse darf beidseitig bis zu ± 0,02 mm von der Bezugsebene abweichen.

c) ***Bohrung bezogen auf eine Achse:*** Die Toleranzzone ist von zwei Ebenen im Abstand ± 0,1 mm von der Achse des Kegels begrenzt, die frei um die Achse gedreht werden können. Die Achse der Querbohrung darf somit höchstens um $t_S/2$ = 0,1 mm an der Kegelachse vorbeigehen.

d) ***Tolerierung einer Passfedernut:*** Damit eine Passfeder hinreichend gleichmäßig trägt, muss die Nut in Längsrichtung parallel zur Achse des Wellenzapfens liegen und im Querschnitt zur Achse „fluchten". Beide Abweichungen sind in der Toleranzzone für Symmetrie enthalten. Sie ist um die Bezugsachse A drehbar. Die Mittelebene der Passfedernut darf in Längsrichtung um t_S = 0,03 mm von der Achsrichtung abweichen (s. Bild 2.43b in Kap. 2.6.1), während sie im Querschnitt beidseitig maximal um die Strecke a an der Bezugsachse vorbeigehen kann.

Anmerkung 1: Für die Funktion der Passfeder ist vor allem ihre Parallelität zur Achse entscheidend, während a unwichtig ist. Auch eine eventuelle plastische Verformung der Passfeder in Höhenrichtung wird nur von t_S, nicht aber von a bestimmt. Falls a trotzdem gebraucht wird, errechnet es sich (hinreichend genau):

$$a = t_S \cdot \frac{r}{h} \qquad (2.2)$$

Anmerkung 2: Für die Passfeder genügt die Angabe einer *Parallelitätstoleranz allein* nicht, weil diese sich nur in Längsrichtung auswirkt, nicht im Querschnitt. Dagegen kann es sinnvoll sein, zur Symmetrie *zusätzlich* die Parallelität zu tolerieren, wenn die Parallelitätstoleranz *kleiner* ist als die Symmetrietoleranz.

Sonderfälle der Symmetrietolerierung: Nicht alle Funktionsanforderungen lassen sich allein mit den Mitteln von DIN EN ISO 1101 abdecken; ggf. ist es nötig, die genormten Angaben sinnvoll zu übertragen. Dabei sollten wir grundsätzlich von der Toleranzzone ausgehen und auf Eindeutigkeit achten (ggf. auch mittels Zusatzangaben). *Bild 2.51* enthält drei Beispiele dazu:

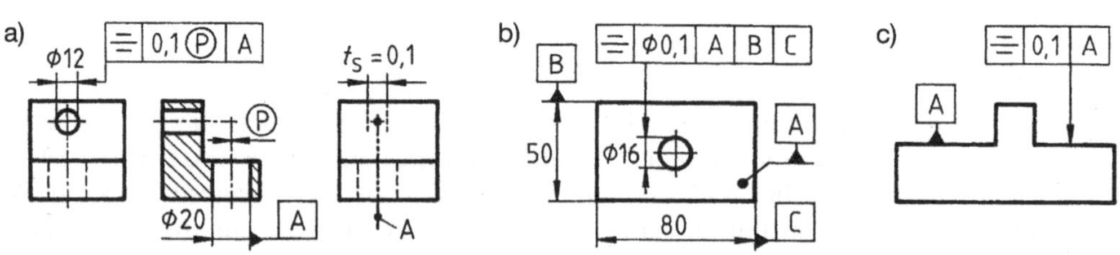

Bild 2.51: Sonderfälle der Symmetrietolerierung. a) Schnittpunkt zweier Achsen, mit Toleranzzone; b) Bohrung mit kreiszylindrischer Toleranzzone und vollständigem Bezugssystem; c) Fluchtung zweier Ebenen

a) ***Schnittpunkt zweier Achsen:*** Wenn der Schnittpunkt *außerhalb* der tolerierten Bohrung liegt, bietet DIN EN ISO 1101 keine Lösung (im Gegensatz zu den TGL der früheren

DDR, wo es eine Kreuzungstoleranz gab). Die Bezugsachse A ist beliebig verlängerbar, die tolerierte Achse aber nur über eine projizierte Toleranzzone (s. Kap. 1.6.1, Bild 1.36). Da es hier nur um einen Schnitt*punkt* geht, schrumpft das mit Ⓟ gekennzeichnete Maß für die Länge der Toleranzzone auf 0 zusammen und wird somit nicht als Zahl eingetragen (das ist unser Vorschlag). Die Toleranzzone liegt am Schnittpunkt der Achsen symmetrisch zur Bezugsachse A.

b) ***Kreiszylindrische Toleranzzone:*** Der ideale Ort der Bohrung ist senkrecht zur Hauptauflagefläche A und jeweils mittig zu den beiden Außenflächenpaaren B und C festgelegt. An diesem Ort ist - analog zur Positionstolerierung - auch eine kreiszylindrische Toleranzzone möglich.

c) ***Fluchtung von zwei wirklichen Ebenen:*** Bisher bezogen sich alle Beispiele zur Symmetrietolerierung ausschließlich auf abgeleitete Formelemente; hier sind aber die beiden beteiligten Elemente *wirklich*. Von der Bezugsebene ist der Bezug A über die Minimumbedingung zu ermitteln (s. Kap. 2.3.2). Die Toleranzzone, begrenzt durch zwei Ebenen im Abstand ± 0,05 mm, beschränkt den Ort, die Parallelität und die Ebenheit der tolerierten Fläche (vgl. Bild 2.50 a). Diese Tolerierung sollte - wie mit Bild 2.49 e und Regel 2-45 diskuktiert wurde - nicht angewendet werden, wenn der mittlere Abstand der Flächen wesentlich größer ist als die Länge des Bezugselements. Generell würden wir bei solchen Flächen eine *Ebenheits*toleranz mit *gemeinsamer Toleranzzone* vorziehen (s. Kap. 1.6.1, Bild 1.38).

2.7 Lauftoleranzen

2.7.1 Übersicht

Bedeutung: Lauftoleranzen (run-out tolerances) stammen aus der mechanischen Messtechnik und sind anschaulich vorstellbar. Sie schränken meist mehrere funktionswichtige Toleranzarten gemeinsam ein; deshalb finden sie breite Anwendung.

Geometrieelemente und Prüfung: Lauftoleranzen sind nur auf rotationssymmetrische Teile anwendbar.

> ***2-46 Laufmessung:*** Alle Lauftoleranzen haben eine *Achse* (Rotationsachse) als *Bezug*. Bei der Messung rotiert das Werkstück um diese Achse, während ein Messgerät (Messuhr, Feintaster) auf die zu prüfende Fläche aufgesetzt wird. *Toleriert* sind daher stets *wirkliche* Elemente mit Kreisquerschnitt (Zylinder, Kegel u. a.) sowie Planflächen (stirnseitige Rotationsflächen).

Natürlich kann auch das Messgerät um das Werkstück rotieren. Die Bezugsachse haben die Lauftoleranzen mit der Koaxialitätstoleranz gemeinsam.

Lauftoleranzarten: Nach dem *Messverfahren* unterscheidet man:

- *Einfacher Lauf* oder schlicht *Lauf*: Er wird jeweils an *einzelnen* Stellen überprüft, beliebig über das tolerierte Element verteilt (Kap. 2.7.2).
- *Gesamtlauf:* Während der Messung wird das Messgerät über das *gesamte* tolerierte Element geführt (Kap. 2.7.3).

Aus der *Messrichtung* ergibt sich:

- *Rundlauf/Planlauf*: Die Messrichtung steht *senkrecht* bzw. *parallel* zur Bezugsachse (sowohl bei einfachem wie bei Gesamtlauf).
- *Lauf in beliebiger bzw. festgelegter Richtung:* Die Messrichtung liegt jeweils *senkrecht* zur Richtung der tolerierten Fläche bzw. ist in der Zeichnung *eingetragen* (genormt nur für einfachen Lauf).

Toleranzzone und Abweichungen: Lauftoleranzen haben ringförmige Toleranzzonen von verschiedener Gestalt; daher sind sie mit den „Rundformtoleranzen" (Rundheit und Zylinderform) verwandt. Näheres dazu steht in den nächsten Kapiteln. Für die Abweichungen gilt generell:

2-47 Laufabweichungen: Die *Istabweichung* entspricht der größten während der Messung auftretenden Anzeigedifferenz (wenn man von der Ungenauigkeit des Messgeräts absieht). Die *Grenzabweichung* ist gleich der Lauftoleranz.

2.7.2 Einfacher Lauf

Symbol und Prüfvorschrift: Das *Symbol* für den einfachen Lauf (circular run-out) ist ein schräger Pfeil, der den Zeiger einer Messuhr darstellt. Das Symbol unterscheidet nicht nach Rund-, Plan- oder beliebigem Lauf; die Messrichtung ergibt sich allein aus der Richtung des Toleranzpfeils (s. Bild 2.52). Die tolerierte Fläche, z.B. der Zapfen oder die Stirnfläche einer Welle, muss die Lauftoleranz an *allen* Stellen einhalten:

2-48 Prüfung des einfachen Laufs: Der Lauf ist an hinreichend vielen einzelnen Stellen zu prüfen. Das einzelne Messergebnis wird jeweils für sich mit der Grenzabweichung (d.h. mit der Lauftoleranz t_L) verglichen.

Zwischen den Messungen wird, wie es in der Praxis heißt, „die Uhr wieder genullt". Jede Einzelmessung prüft einen *Kreisring* des tolerierten Elements, daher die Bezeichnung „*circular* run-out" in ISO 1101.

Laufarten und Toleranzzonen: *Bild 2.52* stellt die vier Arten von Lauftoleranzen und ihre Toleranzzonen dar, hier kombiniert mit vier verschiedenen Bezugsachsen (s. Kap. 2.3.3, Regel 2-18; natürlich ist die Zuordnung der Achsen völlig beliebig).

a) ***Rundlauf*** (circular run-out – radial): Der Toleranzpfeil steht *senkrecht* zur Bezugsachse A. Die *Toleranzzone* ist zunächst die Strecke von 0,1 mm, um die sich die Spitze des Tasters bei der Toleranz t_L = 0,1 mm radial bewegen darf. Das gilt aber für alle Punkte des Kreisquerschnitts; d. h., durch die Rotation wird daraus ein *Kreisring* von der Breite der Lauftoleranz t_L. Die Gestalt der Toleranzzone entspricht somit der für Rundheit (s. Kap. 2.2.4), nur ist ihr Mittelpunkt jetzt durch die Bezugsachse festgelegt. Da jeder Kreisring für sich geprüft wird (s. Regel 2-48), werden z. B. eine Balligkeit oder Kegeligkeit der Mantelfläche und damit die Zylinderform nicht erfasst. (Dieses Werkstück hat eine „lange" Bezugsachse.)

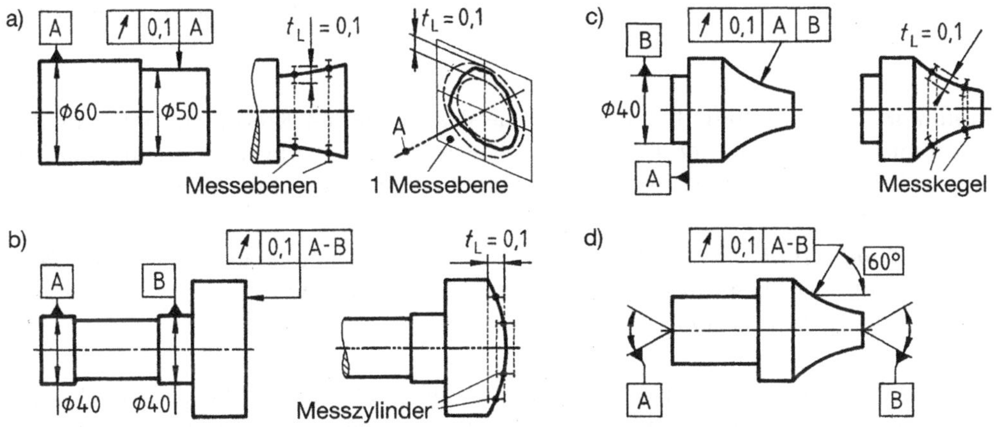

Bild 2.52: Lauftolerierung. a) Rundlauf eines Wellenzapfens, mit kreisringförmigen Toleranzzonen; b) Planlauf einer Stirnfläche, mit zylinderförmigen Toleranzzonen; c) Lauf in beliebiger Richtung, mit kegelförmigen Toleranzzonen; d) Lauf in festgelegter Richtung (entsprechend c)

b) ***Planlauf*** (circular run-out – axial): Der Toleranzpfeil steht *parallel* zum Bezug A-B. Geprüft werden einzelne Kreisringe konzentrisch zur Achse. Die Toleranzzonen bilden einzelne Kreiszylinderringe von der axialen Länge der Lauftoleranz t_L. Damit wird nur das Taumeln der Stirnfläche eingeschränkt, nicht aber ihre Ebenheit; sie könnte z. B. gewölbt oder kegelig sein. Aus diesem Grunde kann auch ihre Rechtwinkligkeitsabweichung (s. Kap. 2.5.3) größer sein als die Planlauftoleranz. (Die Bezugsachse ist hier die gemeinsame Achse aus zwei Lagersitzen.)

c) ***Lauf in beliebiger Richtung*** (in any direction): Der Lauf wird in der Richtung *normal* zur tolerierten Fläche geprüft, d. h. senkrecht zur örtlichen Richtung. Bei mechanischer Messung ist das die einfachste Weise. Damit lassen sich beliebige Rotationsflächen tolerieren (z. B. Kegel, Kugel, Ausrundung). Jede einzelne Toleranzzone bildet einen Kegel; dadurch unterscheidet sie sich von der Rundheitstoleranzzone, die stets ein zur Achse senkrecht stehender Kreisring ist. (Hier liegt eine „kurze" Achse vor, die sich als Einzelbezug nicht eignet. Mit der Anschlagfläche bildet sie ein Bezugssystem, das sowohl der Funktion als auch der Prüfung gerecht wird.)

d) ***Lauf in festgelegter Richtung*** (in a specified direction): Das wird verwendet, wenn z. B. eine Kopierschablone in der Richtung des zugehörigen Messtasters toleriert werden soll. Die Messrichtung wird als theoretisches Winkelgrößenmaß (Nennwinkel) im

Kästchen eingetragen. (Die gemeinsame Achse wird hier aus zwei Stirnzentrierungen gebildet.)

Einbeschlossene Toleranzarten: Eine Rundlaufabweichung, die eine Bewegung der Tasterspitze verursacht, kann zwei verschiedene Ursachen haben (s. Bild 2.52, ausgenommen den Planlauf b):

- Der geprüfte Querschnitt ist *unrund.*
- Das tolerierte Formelement sitzt nicht *koaxial.*

Die Rundlaufabweichung ergibt sich aus der Überlagerung von Rundheits- und Koaxialitätsabweichungen, allerdings nicht einfach als Addition. Die Zusammenhänge sind ziemlich komplex.

Rundlauf und Rundheit: Die Umfangslinie des tolerierten Kreisquerschnitts in Bild 2.52a muss gänzlich in der Toleranzzone liegen, die – wie die Kreisformtoleranzzone (s. Kap. 2.2.4) – einen Kreisring von t_L = 0,1 mm Breite bildet. Daraus folgt:

2-49 Rundlauftoleranz und Rundheit: In der Rundlauftoleranz ist die *Rundheit* (Kreisform) aller Querschnitte einbeschlossen, d.h., die Rundheitsabweichung kann nicht größer werden als die Rundlauftoleranz t_L.

Bild 2.53 weist ein ähnliches Werkstück auf wie Bild 2.52a. Im Grenzfall a soll die Koaxialitätsabweichung (s. Kap. 2.6.3) zwischen dem Bezugs- und dem tolerierten Element f_{KO} = 0 sein. Für den Zapfen sei eine Rundheitstoleranz t_K = 0,1 mm vorgegeben, die er voll ausschöpft. Solche Abweichungen können angenähert vorkommen, wenn das Werkstück auf einer schlechten Drehmaschine (Rundheitsabweichung) in *einer* Aufspannung (keine Koaxialitätsabweichung) gefertigt wird. Offensichtlich schlägt die Messuhr um den Betrag der Rundheitstoleranz aus: $f_L = t_K$ = 0,1 mm. Daraus ergibt sich:

2-50 Rundlauf- und Rundheitsabweichungen: Wenn *keine* Koaxialitätsabweichung vorliegt, ist die gemessene Rund*lauf*abweichung gleich der Rund*heits*abweichung.

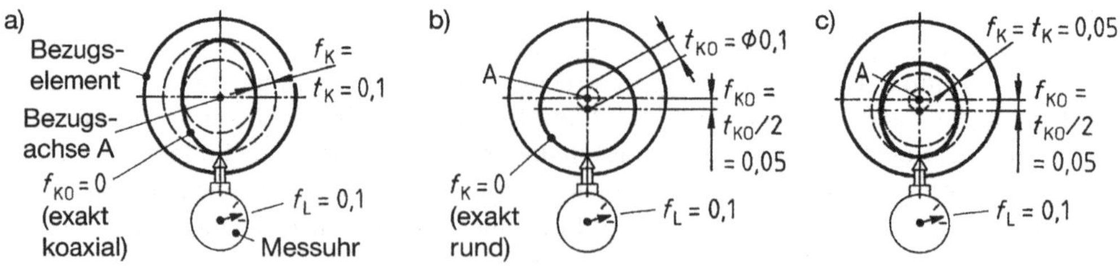

Bild 2.53: Zusammenhänge zwischen Rundlauf, Rundheit (Kreisform) und Koaxialität. a) Rundlauf und Rundheit, b) Rundlauf und Koaxialität; c) spezielle Kombination von Rundheits- und Koaxialitätsabweichung mit gleicher Laufabweichung wie bei b

Nach diesem Prinzip arbeiten Rundheitsmessgeräte bzw. Formmessgeräte. Sie kompensieren Koaxialitätsabweichungen rechnerisch oder mechanisch durch Ausrichtung der Bezugsachse.

Rundlauf und Koaxialität: Im anderen Grenzfall, Bild 2.53 b, soll der tolerierte Querschnitt keine Rundheitsabweichung f_K, aber eine Koaxialitätsabweichung (Achsversatz) f_{KO} haben; diese ist hier gleich der Grenzabweichung $t_{KO}/2$ = 0,05 mm (s. Kap. 2.6.1, Regel 2-38), d. h., sie nutzt die vorgegebene Koaxialitätstoleranz t_{KO} = 0,1 mm gänzlich aus. Solche Abweichungen kann man in etwa antreffen, wenn auf einer sehr guten Drehmaschine (keine Rundheitsabweichung) das Werkstück in einem schlechten Dreibackenfutter umgespannt wird (Versatz). Die Messuhr zeigt wieder eine Laufabweichung f_L = 0,1 mm an.

2-51 Rundlauftoleranz und Koaxialität: Wenn der tolerierte Querschnitt genau kreisförmig ist, dann ist die *Rundlaufabweichung f_L doppelt* so groß wie der Achsversatz, d. h. wie die *Koaxialitätsabweichung f_{KO}*. Wenn also Rundheitsabweichungen vernachlässigbar sind, ist in der *Rundlauftoleranz* t_L die *Koaxialität* mit demselben Toleranzwert einbeschlossen.

Anders ausgedrückt: Die Rundlauftolerierung entspricht einer Koaxialitätstolerierung mit dem gleichen Toleranzwert, solange keine Kreisformabweichungen vorliegen.

Praktisch wird zur Koaxialitätsabweichung immer auch eine Rundheitsabweichung hinzukommen. Meistens wird dadurch die gemessene Rundlaufabweichung größer, zumindest nicht kleiner. In Bild 2.53 c ist dem Fall b zusätzlich eine Kreisformabweichung f_K = 0,05 mm beigefügt. Trotzdem bleibt in diesem Fall die angezeigte Rundlaufabweichung, d. h. die größte Differenz der Abstände zur Bezugsachse A, bei f_L = 0,1 mm (wie bei b).

Es ist jedoch auch möglich, dass die zusätzliche Rundheitsabweichung die gemessene Rundlaufabweichung *kleiner* macht. Bei einem ideal runden Querschnitt ist die Koaxialitätsabweichung gleich der halben Laufabweichung (s. Regel 2-51). Praktische Messungen und eigene Untersuchungen haben gezeigt, dass unter realen Bedingungen die tatsächliche Koaxialitätsabweichung um einen *Überschreitungsfaktor* $U \approx 1{,}1$ bis 1,2 größer sein kann als die Hälfte der gemessenen Rundlaufabweichung; in speziellen Fällen kann U theoretisch sogar an den Wert 2 heranreichen [JoBa 06]. *Bild 2.54* erläutert die Zusammenhänge an zwei idealisierten Querschnittsprofilen.

Reale *Gleichdickprofile* (s. Bild 1.19 f, Kap. 1.4.2) ähneln häufig dem Profil in Bild 2.54 a. Es hat *drei* Symmetrielinien und besteht aus sechs Kreisbögen mit zwei verschiedenen Radien r und R, die von den Eckpunkten eines internen gleichseitigen Dreiecks (bzw. idealen Dreibogengleichdicks, vgl. Bild 1.19 a) ausgehen. Berechnungen ergeben, dass der größte Überschreitungsfaktor *mit* U = 1,1547 auftritt, wenn die Bezugsachse A in einem Eckpunkt liegt [JoBa 05]; dabei wird f_{KO} = 0,058 mm (statt 0,5 mm in Bild 2.53 b). Das hängt *nicht* ab vom Verhältnis der Koaxialitätsabweichung f_{KO} zum Gleichdickmaß s (wobei $s = r + R$), d. h., diese Überschreitung kann auch bei geringen Werten für Achsversatz und Rundheitsabweichung auftreten.

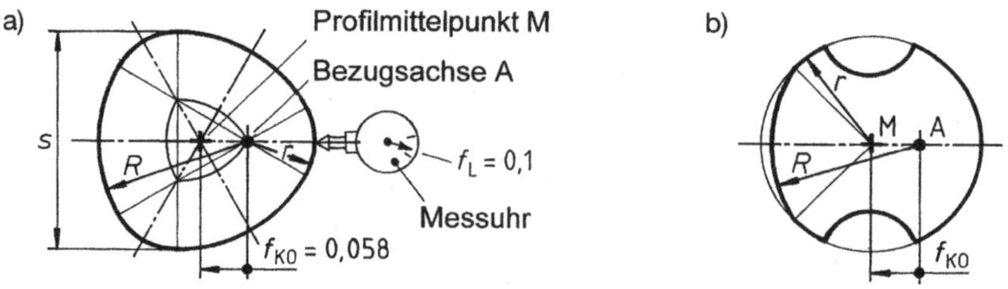

Bild 2.54: Rundlaufmessungen mit Rundheits- und Koaxialitätsabweichungen. a) Gleichdickprofil, b) spiegelsymmetrisches Profil

Bei Profilen mit *zwei* Symmetrielinien (z.B. Ellipsen, s. Bild 2.53 a) kommt es nicht zu einer Überschreitung (d.h. $U = 1$), wohl aber bei solchen mit nur *einer* Symmetrielinie (spiegelsymmetrisch), etwa wie in Bild 2.54 b. Hierbei kann der Überschreitungsfaktor U theoretisch den Wert 2 erreichen, während er unter praxisnäheren Bedingungen etwa bei 1,1 bis 1,2 liegt. Die Ergebnisse hängen hier - im Gegensatz zu den dreiseitigen Profilen - auch von der Berechnung des Profilmittelpunktes M ab (s. Bild 2.19, Kap. 2.3.3). Hier besteht noch Bedarf an weiteren Messergebnissen und an Normung. Zusammenfassend müssen wir von folgenden Regeln ausgehen:

2-52 Einbeschlossene Toleranzen bei Rundlauf: In der Rundlauftoleranz t_L ist die *Rundheits*toleranz t_K mit demselben Toleranzwert einbeschlossen, die *Koaxialitäts*toleranz t_{KO} jedoch nur mit einem Überschreitungsfaktor U. Derzeit erscheint $U \approx 1{,}2$ als brauchbarer Wert (nicht aber $U = 1$, wie häufig angenommen wird) ... [JoBa 06].

2-53 Rundlauf- statt Koaxialitätsprüfung: Wenn statt einer eingetragenen Koaxialitätstoleranz t_{KO} der Rundlauf geprüft wird, beträgt die zulässige Rundlaufabweichung:

$$f_L \le t_{KO} / U \quad \text{mit} \quad U \approx 1{,}2 \qquad (2.3)$$

Anmerkung: Wenn eine Rundheitstoleranz t_K und eine Koaxialitätstoleranz t_{KO} vorgegeben sind, kann die Laufabweichung f_L nicht größer werden als deren Summe:

$$f_L \le t_K + t_{KO} \qquad (2.4)$$

Lauf in beliebiger Richtung, Rundheit und Koaxialität: Bei einem Messwinkel α (vgl. Bild 2.52 c und d; bei d ist $\alpha = 60°$) bildet jede einzelne *Toleranzzone* einen Kegel mit dem *Neigungswinkel* α. Da Rundheit und Koaxialität aber stets senkrecht zur Bezugsachse geprüft werden, müssen für beliebige Laufrichtungen die einbeschlossenen Toleranzen nach den obigen Regeln 2-49 bis 2-53 etwas modifiziert werden. Wenn eine *Lauftoleranz* t_L *vorgegeben* ist, dann gilt (entsprechend den Regeln 2-49 bis 2-53):

- *Rundheitsabweichung* $f_K \le \dfrac{t_L}{\sin\alpha}$ (2.5)

- *Koaxialitätsabweichung* $f_{\mathrm{KO}} \leq \dfrac{U \cdot t_{\mathrm{L}}}{2 \sin \alpha}$ (2.6)

2.7.3 Gesamtlauf

Bedeutung: Der Gesamtlauf (total run-out) wurde dem System der Form- und Lagetolerierung nach DIN EN ISO 1101 erst später auf Grund der messtechnischen Entwicklung hinzugefügt. Er hat sich in der Praxis durchgesetzt, weil er mehrere funktionswichtige Toleranzarten an Rotationsteilen mit einer einzigen Messung überprüfen kann; er setzt allerdings bei mechanischer Messung die entsprechende Einrichtung voraus.

Prüfvorschrift und Symbol: Der Prüfvorgang unterscheidet sich von dem des einfachen Laufs (s. Regel 2-48) in *einem* Punkt:

> ***2-55 Prüfung des Gesamtlaufs:*** Während das tolerierte Element um die Bezugsachse rotiert, wird das Messgerät allmählich über die *gesamte* tolerierte Fläche verschoben. Dabei darf insgesamt die Differenz der Messanzeige nicht größer sein als die Gesamtlauftoleranz t_{LG}.

Das *Symbol* mit den beiden verbundenen Pfeilen deutet die Verschiebung des Messgeräts an.

Gesamtlaufarten und Toleranzzonen: *Bild 2.55* enthält die in DIN EN ISO 1101 genormten Laufarten:

a) ***Gesamtrundlauf*** (total radial run-out): Das Messgerät wird während der Rotation des Werkstücks *parallel* zur Bezugsachse geführt. Dabei darf sich die Tasterspitze radial um den Betrag der Gesamtlauftoleranz t_{LG} bewegen. Die *Toleranzzone* ist damit zunächst ein achsparalleler Streifen von der Breite $t_{\mathrm{LG}} = 0{,}1$ mm über die gesamte Länge des tolerierten Elements. Infolge der Rotation wird daraus der *Raum* zwischen zwei *koaxialen Kreiszylindern,* die den radialen Abstand t_{LG} haben, aber in ihrem Durchmesser nicht festliegen. Darin muss sich die gesamte tolerierte Fläche befinden. Diese Toleranzzone hat die Gestalt wie die der Zylindrizität (s. Kap. 2.2.5), jedoch gebunden an die Bezugsachse.

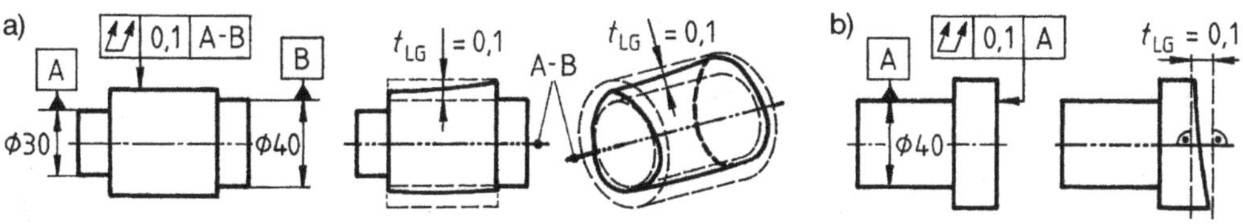

Bild 2.55: Gesamtlauftolerierung. a) Gesamtrundlauf mit Toleranzzone dazu, b) Gesamtplanlauf mit Toleranzzone

b) ***Gesamtplanlauf*** (total axial run-out): Das Messgerät wird *senkrecht* zur Bezugsachse über die gesamte Stirnfläche geführt. Aus dem Streifen von der Breite t_{LG} wird die Begrenzung der Toleranzzone zu *zwei Ebenen* im Abstand t_{LG}, die zur Achse senkrecht stehen. Diese Toleranzzone ist identisch mit der von Rechtwinkligkeit (s. Kap. 2.5.3) mit derselben Bezugsachse.

Gesamtrundlauf und einbeschlossene Toleranzen: Die Toleranzzone (s. Bild 2.55 a) zeigt deutlich die darin einbeschlossenen Toleranzarten:

2-56 Einbeschlossene Toleranzen bei Gesamtrundlauf: Die Gesamtrundlauftoleranz t_{LG} schließt ein:

- Die *Zylindrizität* der gesamten Fläche; darin enthalten sind wiederum
- die *Rundheit* jedes Querschnitts,
- die *Geradheit* aller Mantellinien und der Istachse,
- die *Parallelität* der Mantellinien zur *Achse* und *untereinander* (letztere mit dem doppelten Toleranzwert); außerdem
- die *Koaxialität* des tolerierten Elements (mit einem Faktor $U \approx 1{,}2$, s. o. Regel 2-52 und 2-53).

Alle einzelnen *Abweichungen* können maximal den Wert t_{LG} erreichen, außer der Parallelität gegenüberliegender Mantellinien (Grenzabweichung $2t_{LG}$) und der Koaxialität (Grenzwert $U \cdot t_{LG}/2$, mit den Vorbehalten gemäß Regel 2-52 und 2-53 in Kap. 2.7.2).

Anwendung der Gesamtrundlauftolerierung: Die Funktion vieler Bauteile insbesondere in der Antriebstechnik erfordert, dass sowohl die Zylindrizitäts- als auch die Koaxialitätsabweichungen klein bleiben. Beide lassen sich mit mechanischen Messmitteln einzeln kaum exakt prüfen (s. Kap. 2.2.5 und 2.6.3). Mit der Gesamtrundlauftolerierung werden sie jedoch in einem einzigen Messvorgang erfasst (soweit eine entsprechende Messeinrichtung vorhanden ist). Dieser Vorteil wird aber gegenstandslos bei der Anwendung eines Messgerätes. Auf der anderen Seite kann die Istfläche die Gesamtrundlauftoleranz in verschiedener Weise ausschöpfen (s. Regel 2-56). Zum Beispiel könnte der volle Toleranzbetrag als Rundheitsabweichung *oder* als Durchbiegung *oder* als Schiefstellung der Achse ausgenutzt werden. Auch lässt die Überschreitung der Toleranz keinen direkten Rückschluss auf die Ursache und auf mögliche Korrekturen des Fertigungsprozesses zu. Mit dem Vordringen der rechnergestützten Messtechnik nimmt daher die Bedeutung der Gesamtrundlauftolerierung ab zugunsten *einzelner* Angaben wie Koaxialität und Zylinderform, die den funktionellen Anforderungen besser angepasst werden können.

Wenn man bei der Gesamtrundlauftolerierung bleibt, besteht natürlich die Möglichkeit, je nach den Funktionsanforderungen zusätzlich eine weitere Toleranz (z. B. Rundheit) mit einem kleineren Toleranzwert als t_{LG} einzutragen.

Gesamtplanlauf und einbeschlossene Toleranzarten: Hier liegt der seltene Fall vor, dass zwei verschiedene Toleranzarten *identische* Toleranzzonen haben, nämlich der Gesamtplanlauf und die Rechtwinkligkeit (s. Bild 2.55 b). In beiden ist die *Ebenheit* (s. Kap. 2.2.3) enthalten.

Die Rechtwinkligkeitsangabe ist allgemeiner und auch leichter verständlich. Wir würden sie daher grundsätzlich bevorzugen und den Gesamtplanlauf nur dort eintragen, wo dieses Messverfahren tatsächlich benutzt wird. Bei einem Messgerät läuft in beiden Fällen dasselbe Programm ab.

Gesamtlauf in beliebiger Richtung: Vorstellbar ist, die Gesamtlauftolerierung auch auf andere Flächen anzuwenden, z. B. auf *Kegel*. Die Norm sieht das aber nicht vor, aus gutem Grund. Für eine *mechanische* Kegelmessung müsste die entsprechende Einrichtung vorhanden sein; das ist aber meist nicht der Fall. Wenn es *allgemein* um die Kegeltolerierung geht, dann leistet das die Flächenprofiltolerierung besser. Eine Gesamtlauf-Kegeltolerierung würde der Darstellung in Bild 2.31 d (Kap. 2.4.3) entsprechen. Die Skizzen a bis e enthalten dort aber zusätzliche Möglichkeiten, die der Gesamtlauf nicht bietet.

3 Allgemeintoleranzen

Für Leserinnen und Leser: *In Kap. 3.1 erfahren Sie zunächst, was Allgemeintoleranzen sind und welche Bedeutung sie für die Vollständigkeit von Zeichnungen haben. In Kap. 3.2 wird die Norm DIN ISO 2768 beleuchtet; sie hat die bekannteste deutsche Maschinenbaunorm DIN 7168 ersetzt und ist maßgeblich für die Form- und Lage-Allgemeintolerierung. Im Vergleich dazu betrachtet Kap. 3.3 Allgemeintoleranznormen für wichtige Fertigungsverfahren. Es zeigt auf, welche Lücken die Normen bezüglich der Form- und Lagetoleranzen haben und wie Sie diese stopfen können, damit Ihre Zeichnungen hinreichend vollständig sind. Das ganze Kapitel konzentriert sich auf die Form- und Lagetolerierung; alles andere haben wir weitgehend weggelassen. Am Schluss stellen wir Ihnen ein neues Konzept zur Allgemeintolerierung vor.*

3.1 Grundlagen

Begriff und Bedeutung: Allgemeintoleranzen gelten *allgemein* für die gesamte Zeichnung. Früher hießen sie „Freimaßtoleranzen". Da aber Maßtoleranzen allein nicht ausreichen (s. Kap. 1.1), müssten wir heute stattdessen „Freimaß-, -form- und -lagetoleranzen" sagen. Sie haben zwei Aufgaben:

- Sie grenzen all die geometrischen Eigenschaften ein, die keine Einzeltoleranzen haben, damit die Tolerierung insgesamt *vollständig* ist.
- Sie sollen die *„werkstattübliche Genauigkeit"* sichern, die von der Fertigung erwartet wird. Die Angabe einer Allgemeintoleranzklasse auf der Zeichnung sagt dem Hersteller, welche Anforderungen an seine Einrichtungen gestellt werden.

Ursprünglich blieben die Abweichungen bei nicht tolerierten Maßen im Sinne einer „guten Werkstattarbeit" der Fertigung überlassen. Diese wusste, worauf es ankam, und fertigte in der Regel mit „werkstattüblicher Genauigkeit". Der erste Ansatz zur Festlegung derartiger Abweichungen war die deutsche Heeresgerätenorm HgN 113 29 aus dem Jahre 1931 [Lei 48].

Fertigungsverfahren: Allgemeintoleranzen sind heute in einer Reihe von Normen festgelegt (s. Kap. 3.3). Ihre Toleranzwerte sind so gehalten, dass sie bei üblicher „guter Werkstattfertigung" ohne Probleme bzw., soweit sie von der Maschinengenauigkeit abhängen, von selbst eingehalten werden können. Deshalb müssen sie je nach der Art des Fertigungsverfahrens unterschiedlich groß sein. Die wichtigsten Verfahrensgruppen (z.B. Gießen, Schmieden, Spanen) besitzen ihre eigenen Normen. Innerhalb derer ermöglichen jeweils verschiedene Toleranzklassen (früher „Genauigkeitsgrade“) die Anpassung an einzelne Verfahren sowie an die jeweiligen Funktionsanforderungen.

3-1 Verfahrensabhängigkeit: Für verschiedene Fertigungsverfahren bzw. Verfahrensgruppen gibt es eigene Allgemeintoleranznormen. Es gilt, diese zu kennen, anzuwenden und auf der Zeichung (im oder am Schriftfeld) korrekt anzugeben (s. Kap. 3.3.1).

In der Praxis findet sich immer noch die Gewohnheit, im Schriftfeld „Freimaßtoleranzen DIN 7168 mittel“ einzudrucken. Das ist Unfug, aus folgenden Gründen:

- Heute heißt es „Allgemeintoleranzen“.
- DIN 7168 wurde ersetzt durch DIN ISO 2768 (s. Kap. 3.2).
- Beide Normen gelten vorwiegend für *spanende* Verfahren.
- Schon lange heißt es „- m“ statt „mittel“.
- Es gibt noch andere Toleranzklassen außer „m“.
- Es fehlt der 2. Kennbuchstabe für Form- und Lagetoleranzen.

Der letzte Grund ist der schlimmste; er macht die Zeichnung unvollständig (s. Kap. 1.1). Nebenbei enthalten Allgemeintoleranznormen neben Toleranzwerten auch nützliche Hinweise für die *konstruktive Gestaltung* von Werkstücken, die mit den entsprechenden Fertigungsverfahren hergestellt werden – schauen Sie einmal hinein!

Vollständigkeit: Grundsätzlich muss jede geometrische Eigenschaft toleriert, d.h. eingegrenzt sein (s. Kap. 1.2.1). Für die Allgemeintolerierung heißt das:

3-2 Vollständigkeit: Auf jeder Zeichnung sind vollständige Allgemeintoleranzen für *Maß, Form und Lage* anzugeben. Dabei müssen die bei den einzelnen Fertigungsverfahren ggf. bestehenden Lücken in den Allgemeintoleranznormen unbedingt geschlossen werden.

Für viele Fertigungsverfahren sind Form- und Lageabweichungen bei „werkstattüblicher Genauigkeit“ noch nicht erfasst bzw. genormt worden (s. Kap. 3.3).

Tolerierungsgrundsatz: Teilweise besteht die Vorstellung, beim *Hüll*prinzip seien keine *Form*allgemeintoleranzen nötig, weil Formabweichungen bereits durch die Hüllbedingung eingegrenzt seien (s. Kap. 1.4.3 und 1.4.4). Das ist zwar im Prinzip nicht falsch, genügt aber aus folgenden Gründen nicht:

- Eine „Hülle“ existiert im Wesentlichen nur bei kreiszylindrischen Geometrieelementen und bei Paaren von parallelen Flächen oder Linien (s. Kap. 1.4.3). Andere Geometrieelemente (z.B. eine einzelne schräg liegende Fläche) haben keine Hülle und somit auch keine Begrenzung ihrer Formabweichungen.

- Wenn die Hüllbedingung gilt, können Formabweichungen bis zur vollen Größe der Maßtoleranz gehen. Zwei gefräste planparallele Flächen mit einer Maßtolerierung von z. B. ± 0,3 mm dürften danach eine Ebenheitsabweichung von 0,6 mm haben. Das wäre aber weitaus schlechter als die „werkstattübliche Genauigkeit".

Deshalb sind auch beim Hüllprinzip immer Allgemeintoleranzen für Form nötig. Zu beachten ist, dass einige Allgemeintoleranznormen einen bestimmten Tolerierungsgrundsatz vorschreiben. Z. B. legen DIN EN ISO 9013 (Thermisches Schneiden) und 13 920 (Schweißkonstruktionen, s. Kap. 3.3.1) das *Unabhängigkeitsprinzip* fest.

Längenmaße: Eine Grundregel besagt:

3-3 Eingetragene Längenmaße: Allgemeintoleranzen für *Längenmaße* gelten nur dort, wo auf der Zeichnung tatsächlich ein Maß *eingetragen* ist.

Es ist nicht zulässig, ein Maß zu halbieren oder aus anderen Maßen zu berechnen und dafür die entsprechende Allgemeintoleranz zu beanspruchen. Ein Maß „null" gibt es in diesem Sinne nicht. *Nicht betroffen* von der Allgemeintolerierung sind ferner alle „nichttolerierten Maße" (das sind *theoretische* Maße, *Hilfs*maße und *Ungefähr*maße, s. Kap. 1.3.2) sowie *einzeln tolerierte* Maße (s. u.).

Winkelmaße: Die Aussagen für Längenmaße gelten auch für Winkelmaße, nur mit dem Unterschied, dass Winkelallgemeintoleranzen auch *nicht eingetragene rechte Winkel, Kreisteilungen und Vielecke* betreffen (sofern die einzelne Norm nichts anderes bestimmt). Davon *ausgenommen* sind jedoch Achsenkreuze und regelmäßige Kreisteilungen, wenn eine Gestalt mit *theoretischen* Maßen beschrieben wird. Sie werden in diesem Fall als exakt angesehen (s. Kap. 2.4.1, Regel 2-27).

Einzeln eingetragene Toleranzen: Fast jede Zeichnung hat neben der Allgemeintoleranzangabe auch einzeln eingetragene Toleranzen für Maße sowie für Form und Lager.

3-4 Einzeln eingetragene Toleranzen: Immer dann, wenn eine Toleranz einzeln eingetragen ist, hebt sie an dieser Stelle die entsprechende Allgemeintoleranz auf. In der Regel geschieht das, um *an funktionswichtigen* Geometrieelementen die Allgemeintoleranz *einzuschränken.* Es ist aber auch möglich, die Allgemeintoleranzen an einzelnen Stellen zu *erweitern*, wenn dadurch die Fertigung billiger bzw. sicherer wird, ohne dass die Funktion des Teils darunter leidet.

Die Einschränkung der Allgemeintoleranzen verursacht in den meisten Fällen zusätzlichen Aufwand und damit Kosten (s. Kap. 5.2). Sie entstehen nicht nur bei der Fertigung, sondern auch bei der Prüfung. Allgemeintoleranzen brauchen in der Regel nicht laufend geprüft zu werden; vielmehr genügt es, die „werkstattübliche Genauigkeit" zu sichern und Stichproben zu machen. Einzeln eingetragene Toleranzen dagegen erfordern - abhängig von der Wichtigkeit der Toleranzen und ihrer Auswirkung (s. dazu DIN ISO 10 205) - zumeist eine dauernde Überwachung.

Verbindlichkeit von Allgemeintoleranzen: Grundsätzlich muss jede auf der Zeichnung angegebene Toleranz eingehalten werden; das ist selbstverständlich. Allgemeintoleranzen werden allerdings für ein ganzes Werkstück *global* angegeben. Die Anzahl und die Art der möglichen Abweichungen (s. dazu Kap. 3.2.3, Bild 3.3) sind so groß, dass sie unmöglich alle auf ihre funktionale Notwendigkeit hin durchdacht sein können. Oft ist ein Werkstück völlig funktionstauglich, auch wenn eine Allgemeintoleranz überschritten ist. Deshalb sagt die wohl wichtigste Allgemeintoleranznorm DIN ISO 2768 (s. Kap. 3.2):

> *3-5 Verbindlichkeit:* Die Überschreitung einer Allgemeintoleranz darf nicht *automatisch* zur Zurückweisung eines Werkstücks führen, wenn dadurch seine *Funktion nicht beeinträchtigt* ist.

Diese Aussage ist nicht neuartig, sondern entspricht dem „Beanstandungsparagraphen" § 434 BGB für Sachmängel. Sie bedeutet nicht etwa, man müsse Allgemeintoleranzen nicht einhalten, sondern führt auf eine sinnvolle, funktionsgerechte Anwendung.

Angabe mehrerer Allgemeintoleranznormen: Häufig entsteht die endgültige Gestalt eines Werkstücks in mehreren Schritten mit verschiedenen Fertigungsverfahren, z. B. Stanzen, Schweißen und Bohren. Die mit den jeweiligen Verfahren hergestellten Geometrieelemente, soweit sie nicht einzeln toleriert sind, unterliegen dann unterschiedlichen Allgemeintoleranznormen. Die können gemeinsam auf einer Zeichnung aufgeführt werden. Im Beispiel wären das DIN 6930 (Stanzen), ISO 13 920 (Schweißen) und ISO 2768 (Spanen). Für die Eindeutigkeit gilt die folgende Regel:

> *3-6 Angabe mehrerer Allgemeintoleranznormen:* Wenn in einer Zeichnung mehrere Allgemeintoleranznormen angegeben sind, dann gilt jede nur für solche Maße bzw. geometrischen Eigenschaften, die mit einem Fertigungsverfahren erzeugt wurden, das im Gültigkeitsbereich der jeweiligen Norm festgelegt ist. Wenn für ein einzelnes Maß wirklich zwei Normen zuständig sind, dann gilt im Zweifelsfall die Norm mit den *größeren* Toleranzwerten (s. dazu auch Regel 3-7, Kap. 3.2.1).

Der letztgenannte Fall tritt z. B. auf für ein Maß zwischen einer gegossenen, roh belassenen Fläche und einer abgespanten Fläche. Hier sind die Gusstoleranznorm (ISO 8062) *und* die Norm für die gespante Fläche (ISO 2768) gültig. Das Maß zwischen diesen Flächen unterliegt dann (so ist es in ISO 2768 festgelegt) der größeren der beiden Toleranzen; das dürfte in der Regel die Gusstoleranz sein.

3.2 Allgemeintoleranzen nach ISO 2768

3.2.1 Übersicht

Bedeutung und Normung: Viele Endbearbeitungen erfolgen spanend. Daher hat die frühere Norm DIN 7168 größte Verbreitung und Bekanntheit gefunden. Im Zuge der internationalen Vereinheitlichung und gleichzeitig der Anpassung an neuere Erkenntnisse wurde sie 1991 durch DIN ISO 2768 ersetzt (die Norm ist inhaltsgleich mit ISO 2768; daher verwenden wir nur diese Bezeichnung). Sie basiert auf DIN 7168; die Unterschiede sind insgesamt nicht allzu groß. Sie wird hier vor allem deshalb betrachtet, weil sie im *Teil 2* die heute am besten ausgearbeiteten Allgemeintoleranzen für Form und Lage enthält (s. Kap. 3.2.3). *Teil 1* betrifft die Maß- und Winkeltoleranzen (s. Kap. 3.2.2).

DIN 7168 besteht zwar für die unzähligen früheren Zeichnungen weiter, ist aber *nicht mehr für Neukonstruktionen* anzuwenden. Um Ihnen einen Vergleich zu erleichtern, enthalten die folgenden Tabellen sowohl die neueren Toleranzwerte nach ISO 2768 als auch die vorhergehenden nach DIN 7168, soweit sie davon abweichen (in spitze Klammern gesetzt).

Fertigungsverfahren: ISO 2768 ist (wie DIN 7168) vorwiegend für Geometrieelemente vorgesehen, die durch *Spanen* erzeugt wurden. Dazu zählen natürlich auch solche Flächen, die durch Abspanen von *vorher* gefügten (z.B. geklebten) Teilen entstanden sind, nicht aber solche, deren Lage sich erst aus dem Zusammenbau ergibt. *Teil 1* der Norm ist außerdem für *umgeformte* Elemente zuständig, allerdings nur, soweit dafür keine eigenen Allgemeintoleranznormen existieren. Ferner ist die Norm auch für Geometrieelemente anwendbar, die mit *anderen Verfahren* hergestellt wurden. In Teil 1 steht sinngemäß:

> *3-7 Lückenfüllung:* Die Toleranzen aus ISO 2768-1 gelten *nicht*, wenn *damit zusammen* eine *andere* Norm auf der Zeichnung zitiert wird, die entsprechende Allgemeintoleranzen enthält.

Wenn es für irgendein Fertigungsverfahren keine eigene Norm gibt bzw. die vorhandene nicht vollständig ist (s. Kap. 3.3.1, Tabelle 3.7), können Sie auf ISO 2768 zurückgreifen. Dann sollten Sie auf jeden Fall mit Ihrer Fertigung und Qualitätssicherung abstimmen, welche Toleranzklasse in Frage kommt. Leider fehlt die „Lückenfüllerregel" im Teil 2 der Norm. Gerade hier würde sie am meisten gebraucht (s. Kap. 3.3).

Werkstoffe: ISO 2768 ist vorwiegend für *metallische* Werkstoffe gedacht, kann aber auch für nichtmetallische angewendet werden. Dabei sollten Sie das Verhalten dieser Stoffe berücksichtigen (z.B. Schwindung, Quellung, Verzug) und die Toleranzklasse entsprechend wählen.

Zeichnungseintragung: Allgemeintoleranzen werden im oder am Schriftfeld in Form des folgenden *Beispiels* eingetragen:

Allgemeintoleranzen ISO 2768 - m H

- Toleranzklasse für *Maß- und Winkeltoleranzen* (f, m, c oder v; s. Kap. 3.2.2)
- Toleranzklasse für *Form- und Lagetoleranzen* (H, K oder L; s. Kap. 3.2.3)

Statt „DIN ISO" genügt „ISO"; das ist international. Auch das Wort „Allgemeintoleranzen" kann wegbleiben, wenn keine Unklarheiten bestehen. Der *kleine* Buchstabe für Maß und Winkel sowie der *große* für Form und Lage können beliebig zugeordnet und ggf. auch einzeln verwendet werden. Solange keine andere Norm gleichzeitig zitiert wird, sollten immer *beide* Kennbuchstaben erscheinen. Das Fehlen des 2. Buchstabens ist ein wesentlicher Grund, weshalb die meisten Zeichnungen in der Praxis unvollständig sind (s. Kap. 1.1). Die gesamte Allgemeintoleranzangabe sollte auch nie fest vorgegeben, sondern vom Konstrukteur ausgewählt werden.

Angabe des Tolerierungsgrundsatzes: ISO 2768 kann gleichermaßen für beide Tolerierungsgrundsätze (s. Kap. 1.4) angewendet werden. Dabei ist auf *eindeutige* Kennzeichnung zu achten, für das obige Beispiel etwa in folgender Weise:

- *Unabhängigkeitsprinzip:* Allgemeintoleranzen ISO 2768 - mH
Tolerierung ISO 8015
- *Hüllprinzip:* Allgemeintoleranzen ISO 2768 - mH-E
Size EN ISO 14 405 Ⓔ

Beim *Unabhängigkeitsprinzip* gibt es keine andere Wahl (abgesehen von den Kennbuchstaben m und H, die hier willkürlich angenommen sind). Beim *Hüllprinzip* besagt das angehängte „-E", dass die nach ISO 2768 allgemeintolerierten Formelemente der Hüllbedingung unterliegen. Alle übrigen Formelemente werden durch „Size EN ISO 14 405 Ⓔ" abgedeckt, auch wenn das sich mit dem „-E" teilweise überlappt.

3.2.2 Maß- und Winkeltoleranzen

Maßarten: ISO 2768-1 enthält Toleranzen für:

- *Längenmaße:* Sie sind Grundlage jeder technischen Zeichnung und damit auch jeder Norm für Allgemeintoleranzen.
- *Gebrochene Kanten* (angefast oder gerundet): Diese Gruppe wird hier nicht näher behandelt. In DIN 7168 waren hier auch alle Radien enthalten; die zählen aber in ISO 2768 zu den Längenmaßen.
- *Winkel:* Ihre Toleranzen gehören genau genommen zu den Lagetoleranzen, sind aber anders definiert (s. Kap. 2.5.4, Bild 2.41) und stehen seit je in Teil 1 der Norm.

Toleranzklassen: ISO 2768-1 verwendet die vier Toleranzklassen f, m, c und v, siehe *Tabelle 3.1*. Sie entsprechen denen von DIN 7168, tragen aber in den groben Klassen andere (internationale) Kurzzeichen.

Tabelle 3.1: Grenzabmaße für Längenmaße nach ISO 2768 T 1.
In spitzen Klammern: Abweichende Werte nach DIN 7168

Toleranzklasse		Nennmaßbereich (in mm)											
Kurz-zei-chen	Be-nennung	von 0,5 bis 3	über 3 bis 6	über 6 bis 30	über 30 bis 120	über 120 bis 400	über 400 bis 1000	über 1000 bis 2000	über 2000 bis 4000	über 4000 bis 8000	über 8000 bis 12000	über 12000 bis 16000	über 16000 bis 20000
f	fein	±0,05		±0,1	±0,15	±0,2	±0,3	±0,5	—	—			
m	mittel	±0,1		±0,2	±0,3	±0,5	±0,8	±1,2	±2	— ⟨±3⟩	— ⟨±4⟩	— ⟨±5⟩	— ⟨±6⟩
c ⟨g⟩	grob (coarse)	±0,2 ⟨±0,15⟩	±0,3 ⟨±0,2⟩	±0,5	±0,8	±1,2	±2	±3	±4	— ⟨±5⟩	— ⟨±6⟩	— ⟨±7⟩	— ⟨±8⟩
v ⟨sg⟩	sehr grob (very coarse)	—	±0,5	±1	±1,5	±2,5 ⟨±2⟩	±4 ⟨±3⟩	±6 ⟨±4⟩	±8 ⟨±6⟩	— ⟨±8⟩	— ⟨±10⟩	— ⟨±12⟩	

Längenmaße: Während die *Nennmaße* in DIN 7168 bis 20 000 mm reichen, beschränkt sich ISO 2768 auf 4000 mm, s. Tabelle 3.1. Wenn Sie also Teile zwischen 4 und 20 m Länge herstellen, können Sie auch heute noch auf DIN 7168 zurückgreifen (z. B. mit der Angabe „Allgemeintoleranzen DIN 7168 – m für Längen über 4000 mm") Nennmaße unter 0,5 mm werden nicht erfasst. Falls nötig, sind sie einzeln zu tolerieren oder durch eine Angabe abzudecken wie „Maße bis 0,5 mm ± 0,1". Die *Toleranzwerte* haben sich gegenüber DIN 7168 nur in den groben Klassen geringfügig nach oben geändert (in spitzen Klammern).

Zu den Längenmaßen gehören auch *Stufenmaße* (s. Kap. 1.3.1, Bild 1.7). Sie bereiten messtechnische Probleme, die in Kap. 3.2.3 anhand von Bild 3.2 behandelt werden.

Winkelmaße: Ihre Allgemeintoleranzen betreffen nicht nur *eingetragene* Winkel, sondern auch solche *ohne* Maßeintragung, wie rechte Winkel sowie Winkel an regelmäßigen Vielecken und Kreisteilungen. Allerdings enthält ISO 2768 *Teil 2* – anders als DIN 7168 – eigene Toleranzen für Rechtwinkligkeit (s. Kap. 3.2.3, Tabelle 3.5). Wenn Teil 2 gleichzeitig angegeben ist (s. Kap. 3.2.1), dann unterliegen *rechte* Winkel *nur* den dortigen Werten; sonst aber ebenfalls den Winkelallgemeintoleranzen aus Teil 1 nach *Tabelle 3.2.*

Die *Zahlenwerte* haben sich nur bei Klasse c geringfügig geändert. Der *Nennmaßbereich* richtet sich nach der Länge des *kürzeren* Schenkels.

Tabelle 3.2: Grenzabmaße für Winkelmaße nach ISO 2768-1.
In spitzen Klammern: Abweichende Werte nach DIN 7168

Toleranz-klasse	Grenzabmaße für Nennmaßbereiche des kürzeren Winkelschenkels (in mm)				
	bis 10	über 10 bis 30	über 30 bis 120	über 120 bis 400	über 400
f und **m**	±1°	±30'	±20'	±10'	±5'
c ⟨g⟩	±1°30'	±1° ⟨±50'⟩	±30' ⟨±25'⟩	±15'	±10'
v ⟨sg⟩	±3°	±2°	±1°	±30'	±20'

Anmerkung: Nach DIN 7168 unterliegen Achsenkreuze und Kreisteilungen *nicht* der Allgemeintoleranz. Das kann zu Unklarheiten führen, je nachdem welche Bedeutung die Mittellinie hat. Daher ist diese Regelung in ISO 2768 entfallen.

3.2.3 Form- und Lagetoleranzen

Anwendungsbereich: ISO 2768-2 ist, wie Teil 1, für spanend gefertigte Geometrieelemente vorgesehen, kann aber auch für andere Verfahren herangezogen werden. Hierfür liegen aber noch nicht genügend Erfahrungswerte vor. Daher enthält dieser Teil keine „Lückenfüllerbestimmung" (s. Regel 3-7, Kap. 3.2.1). Wenn er daher gemeinsam mit anderen Normen zitiert wird (s. Kap. 3.3), empfiehlt es sich, die benötigten Toleranzarten einzeln zu nennen (z. B. „Symmetrietoleranzen ISO 2768-L").

Toleranzarten: Um alle geometrischen Eigenschaften eines Werkstückes hinreichend einzugrenzen, sind glücklicherweise nicht alle 14 Form- und Lagetoleranzarten aus Kap. 2 nötig, weil einige davon in anderen einbeschlossen sind. *Tabelle 3.3a* listet die enthaltenen Toleranzen auf, während unter b) steht, wodurch die übrigen Eigenschaften begrenzt sind. Diese Zusammenstellung können Sie verwenden, wenn Sie andere Normen auf Vollständigkeit überprüfen wollen (vgl. Kap. 3.3.1).

Tabelle 3.3: In ISO 2768-2 tolerierte bzw. begrenzte Form- und Lagetoleranzen

<table>
<tr><th rowspan="2">a) Tolerierte Toleranzarten</th><th colspan="2">b) Indirekt begrenzt</th></tr>
<tr><th>Toleranzart</th><th>Begrenzung durch</th></tr>
<tr><td rowspan="6">Geradheit
Ebenheit
Rundheit
Parallelität
Rechtwinkligkeit
Symmetrie
Lauf</td><td>Zylindrizität</td><td>Rundheit, Geradheit und Parallelität sowie Maßtoleranz und ggf. Hüllbedingung</td></tr>
<tr><td>Linienprofil
Flächenprofil</td><td>Toleranzen von einzelnen Formelementen</td></tr>
<tr><td>Neigung</td><td>Winkeltoleranzen aus Teil 1</td></tr>
<tr><td>Position</td><td>Maßtoleranzen</td></tr>
<tr><td>Koaxialität</td><td>Lauf</td></tr>
<tr><td>Gesamtlauf</td><td>Lauf, Rundheit, Geradheit; Parallelität (bei Rundlauf) bzw. Rechtwinkligkeit (bei Planlauf)</td></tr>
</table>

Toleranzklassen: ISO 2768-2 enthält 3 Toleranzklassen:

- H: *feine* (bis mittlere) Toleranzen,
- K: *mittlere* (bis grobe) Toleranzen,
- L: *grobe* (bis sehr grobe) Toleranzen.

Sie lassen sich daher weder den Klassen von Teil 1 noch den früheren Klassen A bis D (für das Hüllprinzip) bzw. R bis U (für das Unabhängigkeitsprinzip) aus DIN 7168 direkt zuordnen. (Letztere unterscheiden sich nur dadurch voneinander, dass für das Hüllprinzip keine Formtoleranzen vorgesehen sind; das ist jedoch nicht sinnvoll, s. Kap. 3.1.)

Nennmaßbereiche: ISO 2768-2 beschränkt sich auf Nennmaße bis 3000 mm, ausgenommen Lauftoleranzen, die unbeschränkt gelten. Dagegen enthält DIN 7168 für Form- und Lagetoleranzen keine Nennmaßgrenzen. Ggf. kann man also auch heute darauf zurückgreifen, soweit die Werte geeignet sind.

Geradheit und Ebenheit: In *Tabelle 3.4* sind die Werte aus ISO 2768-2 und DIN 7168 (in spitzen Klammern) gegenübergestellt. Weder die Nennmaßbereiche noch die Toleranzklassen sind kompatibel. Wir haben versucht, sie so zuzuordnen, wie sie am ehesten vergleichbar sind.

Tabelle 3.4: Allgemeintoleranzen für Geradheit und Ebenheit nach ISO 2768-2 bzw. DIN 7168 (in spitzen Klammern)

Toleranzklasse	Nennmaßbereich (in mm)								
	bis 10 ⟨6⟩	über 10 ⟨6⟩ bis 30	über 30 bis 100 ⟨120⟩	über 100 ⟨120⟩ bis 300 ⟨400⟩	über 300 ⟨400⟩ bis 1000	über 1000 bis 3000 ⟨2000⟩	über 3000 ⟨2000⟩ bis 4000	über 4000 bis 8000	über 8000
⟨R⟩	⟨0,004⟩	⟨0,01⟩	⟨0,02⟩	⟨0,04⟩	⟨0,07⟩	⟨0,1⟩	— ⟨—⟩		
H ⟨S⟩	0,02 ⟨0,008⟩	0,05 ⟨0,02⟩	0,1 ⟨0,04⟩	0,2 ⟨0,08⟩	0,3 ⟨0,15⟩	0,4 ⟨0,2⟩	— ⟨0,3⟩	— ⟨0,4⟩	— ⟨—⟩
K ⟨T⟩	0,05 ⟨0,025⟩	0,1 ⟨0,06⟩	0,2 ⟨0,12⟩	0,4 ⟨0,25⟩	0,6 ⟨0,4⟩	0,8 ⟨0,6⟩	— ⟨0,9⟩	— ⟨1,2⟩	— ⟨1,8⟩
L ⟨U⟩	0,1 ⟨0,1⟩	0,2 ⟨0,25⟩	0,4 ⟨0,5⟩	0,8 ⟨1⟩	1,2 ⟨1,5⟩	1,6 ⟨2,5⟩	— ⟨3,5⟩	— ⟨5⟩	— ⟨7⟩

3-8 Geradheit: Die Geradheitstoleranz bezieht sich auf *sämtliche* Geraden am Werkstück (Mantellinien, Kanten, Diagonallinien, Achsen usw.).

Wenn kein Nennmaß vorliegt, richtet sich der Nennmaßbereich nach der Istlänge der Geraden (die Norm lässt das offen).

3-9 Ebenheit: Der Nennmaßbereich für Ebenheit wird bei Kreisflächen vom *Durchmesser,* sonst von der größten *Seitenlänge* bestimmt.

Eine Quadratfläche von 100 mm Seitenlänge fällt also in den Bereich „über 30 bis 100 mm“, auch wenn die Diagonale größer ist. Sinngemäß wird man z. B. bei einer Sechseckfläche von der „Schlüsselweite“ ausgehen. Im Zweifelsfall legt man den größeren Nennmaßbereich zugrunde.

Rundheit: Dafür gelten gleichzeitig zwei verschiedene Zahlenwerte:

3-10 Rundheit: Sie wird eingegrenzt durch die *Maß*toleranz des Durchmessers *und* durch die *Lauf*toleranz (s. Tabelle 3.6). Der *kleinere* Wert entscheidet.

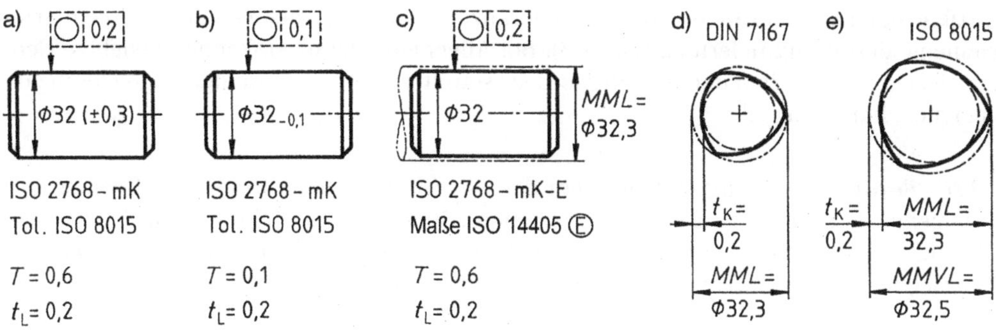

Bild 3.1: Allgemeintoleranz für Rundheit. a) Lauftoleranz t_L kleiner als Toleranz T, b) umgekehrt; c) wie a, aber mit Hüllbedingung; d) größte Ausdehnung zu c (Hüllprinzip); e) extreme Überlagerung von Maximum-Material-Grenzmaß *MML* mit Rundheitsabweichung zu a (Unabhängigkeitsprinzip)

Damit wird der Gleichdickbildung beim Unabhängigkeitsprinzip ein Riegel vorgeschoben (s. Kap. 1.4.3). *Bild 3.1* bringt drei Beispiele. Der Bolzen a hat bei Ø32mm nach ISO 2768 - m die Grenzabmaße ± 0,3mm (eingeklammert angegeben); die Lauftoleranz beträgt bei ISO 2768 - K 0,2mm. Die Rundheitstoleranz ist somit 0,2mm (gestrichelt eingezeichnet). Bei b) wird sie jedoch von der Maßtoleranz 0,1mm bestimmt. Fall c gleicht a), hat aber zusätzlich die Hüllbedingung (-E und Maße nach ISO 14 405 Ⓔ).

Der Bolzen muss hier zusätzlich in eine „Hülllehre" mit dem Maximum-Material-Grenzmaß *MML* = Ø32,3mm hineinpassen (d). Beim Unabhängigkeitsprinzip (ISO 8015) entsprechend a) erreicht dagegen das „wirksame Grenzmaß" *MMVL* (d.h. der Durchmesser des idealen Gegenelements, in den der Bolzen im ungünstigsten Fall noch hineinpasst, s. Kap. 1.3.2, Bild 1.11) die Summe *MML* + t_K = Ø32,5mm.

Auch die Rundheit von *anderen Rotationsflächen* ist toleriert, z.B. von Kegeln. Hier liegt meist keine Durchmessertoleranz vor, sodass allein die Lauftoleranz entscheidet. DIN ISO 2768 spricht allerdings nur von *Rund*lauf, während es sich hier um Lauf *in beliebiger Richtung* handelt. Trotzdem dürfen wir den Zahlenwert für die Laufmessung auch hier benutzen. Wenn der Kegel die Lauftoleranz einhält, liegt jedoch seine Rundheitsabweichung zahlenmäßig etwas höher (s. Kap. 2.7.2).

Zylindrizität: Sie ist nicht toleriert, s. Tabelle 3.3. Die Zylinderformabweichung ist durch Geradheit und Parallelität der Mantellinien und durch Rundheit eingeschränkt; sie bleibt auch im Extremfall deutlich unter der Summe dieser Einzeltoleranzen (s. Kap. 2.2.5, Formel 2.1). Außerdem wirkt sich noch die Maßtoleranz des Durchmessers aus, ggf. zusammen mit der Hüllbedingung.

Linien- und Flächenprofil: Sie können nicht allgemeintoleriert werden, denn dazu müsste zunächst ein ideales Profil definiert sein (s. Kap. 2.4). Stattdessen unterliegen die einzelnen Formelemente, die ein „Profil" bilden könnten (Radien, Geraden usw.) jeweils ihren eigenen Allgemeintoleranzen.

Bezüge bei Lagetoleranzen: Bei Lagetoleranzen muss eins der beteiligten Geometrieelemente den Bezug liefern (s. Kap. 2.3). Bei Allgemeintoleranzen können beliebige Geometrieelemente zueinander geprüft werden, soweit sie für die jeweilige Lagetoleranzart geeignet sind. Dafür gilt:

3-11 Bezüge: Als *Bezugselement* dient das *längere* der beiden beteiligten Geometrieelemente; das *kürzere* ist das *tolerierte* Element. Sind beide gleich lang, so darf jedes als Bezugselement dienen. Als einzige Ausnahme dienen bei *Lauf* die *Lagerstellen* als Bezugselemente, wenn sie als solche *gekennzeichnet* sind.

Bei dieser Messweise ist die Messsicherheit größer und (meist) die gemessene Abweichung kleiner als umgekehrt.

Parallelität: Sie hängt von zwei verschiedenen Zahlenwerten ab:

3-12 Parallelität: Ihre Toleranz ist gleich dem *größeren* Wert aus
- der *Maß*toleranz zwischen den parallelen Elementen (s. Tabelle 3.1) und
- deren *Geradheits-* bzw. *Ebenheits*toleranz (s. Tabelle 3.4).

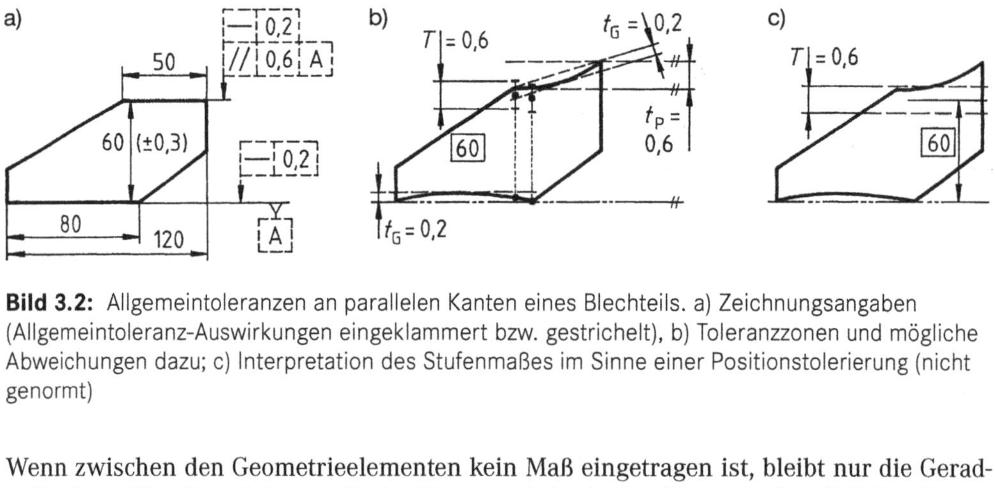

Bild 3.2: Allgemeintoleranzen an parallelen Kanten eines Blechteils. a) Zeichnungsangaben (Allgemeintoleranz-Auswirkungen eingeklammert bzw. gestrichelt), b) Toleranzzonen und mögliche Abweichungen dazu; c) Interpretation des Stufenmaßes im Sinne einer Positionstolerierung (nicht genormt)

Wenn zwischen den Geometrieelementen kein Maß eingetragen ist, bleibt nur die Geradheits- bzw. Ebenheitstoleranz übrig. Eine spezielle Anwendung der Parallelitätstoleranz zeigt *Bild 3.2.* Die beiden parallelen Kanten des Blechs sind gegeneinander versetzt. Zusätzlich sind bei a) die Auswirkungen der Allgemeintolerierung eingeklammert bzw. gestrichelt angegeben. Das Maß 60 ± 0,3 mm kann korrekt nach ISO 286 nur dort geprüft werden, wo sich die Kanten *gegenüberliegen;* im übrigen Bereich ist es ein *Stufenmaß* (s. Kap. 1.3.1, Regel 1-8). Dort ist die Lage der Kanten nur durch die Parallelität eingegrenzt (b). Die untere Kante ist länger und liefert den Bezug. Die obere Kante muss im linken Bereich die Maßtoleranz T = 0,6 mm sowie auf ganzer Länge die Geradheitstoleranz t_G = 0,2 mm und die Parallelitätstoleranz t_P = T = 0,6 mm einhalten.

Das halten wir für wenig praxisgerecht. Wir würden lieber die längere Kante im Sinne eines Bezugs verlängern und von dort aus das Maß zur kürzeren Kante prüfen (c). Das würde einer Positionstolerierung entsprechen. Etwa so wird eine Neuausgabe [Gro 97] diese Lücke in ISO 2768 schließen. Bei Stufenmaßen ist es auf jeden Fall anzuraten, eine Maßlinie mit „Ursprungskreis“ statt Pfeilspitze am Bezugselement zu verwenden (s. Kap. 1.5.4, Bild 1.31).

Rechtwinkligkeit und Neigung: Fast alle spanenden Werkzeugmaschinen haben rechtwinklig geführte Schlitten und erzeugen daher rechte Winkel mit höherer „werkstattüblicher Genauigkeit“ als andere. ISO 2768-2 enthält daher - im Gegensatz zu DIN 7168 - eigene Werte für Rechtwinkligkeit, *Tabelle 3.5*. Wegen der Eindeutigkeit und Vollständigkeit ist festgelegt:

3-13 Rechtwinkligkeits- und Winkeltoleranzen: Wenn *beide* Teile von ISO 2768 zitiert sind, gelten die Winkeltoleranzen aus Teil 1 *nicht* für rechte Winkel. Der *Nennmaßbereich* richtet sich nach dem kürzeren Element; Bezugselement ist der längere Schenkel (s. Regel 3-11).

Tabelle 3.5: Allgemeintoleranzen für Rechtwinkligkeit nach ISO 2768-2

Toleranzklasse	Nennmaßbereich (in mm)			
	bis 100	über 100 bis 300	über 300 bis 1000	über 1000 bis 3000
H	0,2	0,3	0,4	0,5
K	0,4	0,6	0,8	1
L	0,6	1	1,5	2

Neigungs- und Winkelwerte sind nicht direkt vergleichbar (s. Kap. 2.5.4). Die Rechtwinkligkeits-Werte von ISO 2768-2 sind aber meist etwas enger, als es den Winkeltoleranzen auf Teil 1 entspricht (außer bei kleinen Nennmaßen).

Die *Neigung* ist nicht allgemeintoleriert. Dafür stehen die Winkeltoleranzen in Teil 1 (s. Tabelle 3.2).

Position: Sie ist nicht allgemeintoleriert, denn für alle Maße sind die Maßtoleranzen aus Teil 1 zuständig. Die bei *Stufenmaßen* bestehende Lücke wurde bei der Parallelität diskutiert, s. Bild 3.2 c.

Koaxialität: Sie hat keine eigenen Toleranzen, denn sie ist durch den Rundlauf eingeschränkt (s. Kap. 2.7.2). Rundlauf ist leichter zu prüfen als Koaxialität.

(*Anmerkung:* DIN ISO 2768 sagt, die Koaxialitätsabweichung dürfe im Grenzfall so groß sein „wie die Rundlauftoleranz“. Das ist das nicht korrekt. Richtiger wäre „etwa wie die halbe Rundlauftoleranz“. Abgesehen vom Überschreitungsfaktor U wird z.B. beim Kegel der Lauf senkrecht zur Fläche, die Koaxialität aber senkrecht zur Achse gemessen; das steht alles in Kap. 2.7.2.)

Symmetrie: *Tabelle 3.6 a* enthält die heutigen und die früheren Werte. Eine direkte Zuordnung der Toleranzklassen ist nicht möglich. Wir haben sie so getroffen, dass die Werte etwa zueinander passen. Im Vergleich mit Tabelle 3.4 (Geradheit und Ebenheit) sind die neuen Klassen gegenüber den alten verschoben (dort entsprechen sich H und S, hier aber H und R bzw. A). Die Anwendung ist folgendermaßen definiert:

3-14 Symmetrie: Sie gilt zwischen zwei symmetrisch liegenden Geometrieelementen, wenn

- mindestens eins der Elemente eine *Mittelebene* hat oder
- *beide* Elemente *Achsen* haben, die sich *rechtwinklig* schneiden.

Tabelle 3.6: Allgemeintoleranzen für a) Symmetrie, b) Lauf nach ISO 2768 sowie DIN 7168 (in ⟨ ⟩)

Toleranzklasse	a) Symmetrie				b) Lauf
	Nennmaß bis 100	über 100 bis 300	über 300 bis 1000	über 1000 bis 3000 ⟨unbegrenzt⟩	(sowie Rundheit)
⟨02⟩	⟨0,06⟩				⟨0,02⟩
⟨01⟩	⟨0,15⟩				⟨0,05⟩
H ⟨A und R⟩	0,5 ⟨0,3⟩				0,1 ⟨0,1⟩
K ⟨B und S⟩	0,6 ⟨0,5⟩		0,8 ⟨0,5⟩	1 ⟨0,5⟩	0,2 ⟨0,2⟩
L ⟨C und T⟩	0,6 ⟨1⟩	1 ⟨1⟩	1,5 ⟨1⟩	2 ⟨1⟩	0,5 ⟨0,5⟩
⟨D und U⟩	⟨2⟩				⟨1⟩

Rotationselemente mit *gleicher* Achse fallen unter Lauf (s. u.). Wenn die Achsen sich unter einem anderen Winkel als 90° schneiden, werden sie nicht erfasst. Der Bezug richtet sich nach Regel 3-11, d. h. das *längere* Element ergibt den Bezug. Die „Länge" erstreckt sich in Richtung der Symmetrielinie oder Achse (auch bei einer Querbohrung, s. Beispiele in Bild 3.3). Leider sagt uns die Norm nicht, wie der *Nennmaßbereich* bestimmt wird, d. h. ob das entscheidende Maß *parallel* oder *quer* zur Symmetrielinie liegt und ob das *größere* oder das *kleinere* herangezogen wird. Der Vergleich mit der Rechtwinkligkeit spricht dafür, die Länge in Richtung der Symmetrielinie und hier das *kleinere* Maß zu nehmen. Damit wird nicht nur der Versatz, sondern auch die Schiefstellung angemessen erfasst (s. Kap. 2.6.4). (*Dagegen* spricht allerdings der Vergleich mit der Regelung in DIN 6930-2 für Stanzteile, s. Kap. 3.3.2.) Die Auswirkungen betreffen allerdings nur die Klassen K und L (s. Tabelle 3.6). DIN 7168 hat *keine* Nennmaßbereiche; d. h., hier gelten die Symmetrietoleranzen unbeschränkt.

Beispiele zur Symmetrietolerierung: *Bild 3.3* erläutert die Anwendung und die Problematik der Symmetrietolerierung. Sie ist besonders wichtig für die Vollständigkeit der Allgemeintolerierung (s. Kap. 3.3.1). Ein Bolzen mit Vierkantkopf hat drei durchgehende Querelemente, Nut, Langloch und Bohrung. Die symmetrischen Elemente sind dick markiert; die Bedeutung der Allgemeintolerierung ist zusätzlich gestrichelt eingezeichnet. Jedes Element kann grundsätzlich relativ zu jedem anderen geprüft werden. Bei den 5 symmetrisch liegenden Geometrieelementen in Bild 3.3 a ergeben sich daraus 10 verschiedene Möglichkeiten; davon sind 7 dargestellt:

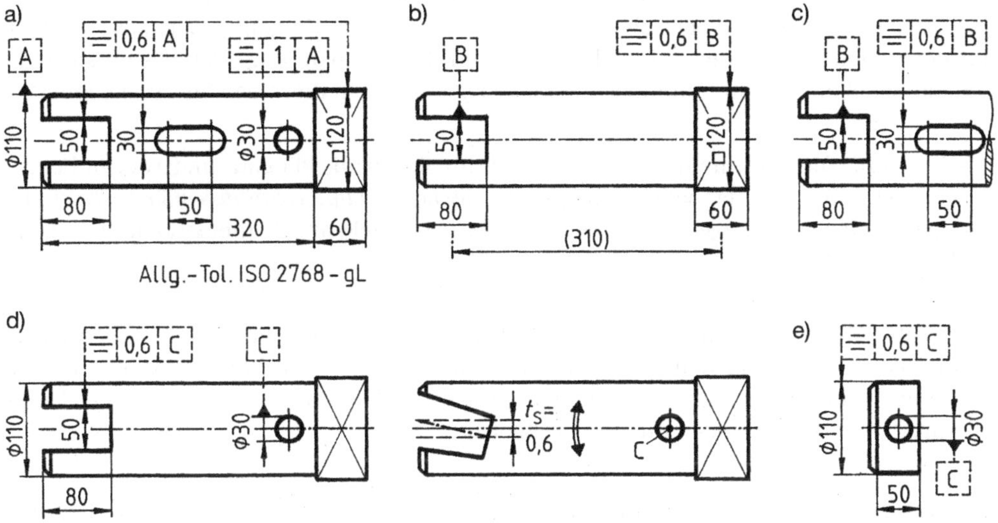

Bild 3.3: Allgemeintolerierung für Symmetrie: a) Zeichnung eines Bolzens, zum Schaft symmetrische Elemente dick markiert, Toleranzen gestrichelt eingetragen; b) Nut und Vierkant aus a, c) Nut und Langloch, d) Nut und Bohrung, mit Toleranzzone; e) kurzer Zylinder mit Querbohrung

a) ***Nut, Langloch, Bohrung und Vierkant zum Schaft:*** Bezugselement ist der Schaft mit 320 mm Länge. Nut (80 mm lang), Langloch (50 mm lang) und Vierkant (60 mm lang) fallen in den Nennmaßbereich bis 100 mm, wenn wir vom Nennmaß des kürzeren Elements in Richtung der Symmetrielinie ausgehen (s. Tabelle 3.6). Die Querbohrung aber ist 110 mm „lang" und liegt damit im Bereich 100 bis 300 mm; so ergibt es sich aus den Beispielen in ISO 2768-2.

b) ***Nut und Vierkant:*** Wegen des großen Abstandes (310 mm) zum Bezugselement (80 mm lang) ist diese Messung problematisch (vgl. Regel 2-45, Kap. 2.6.3). Wir würden so etwas nicht prüfen.

c) ***Nut und Langloch:*** Der Fall ist einfach.

d) ***Nut und Bohrung:*** Dieser Fall ist nicht ganz so einfach. Er sieht zwar ähnlich aus wie b) und c). Nach den Beispielen im Anhang von ISO 2768-2 beträgt die für das Nennmaß entscheidende *Länge* der Bohrung 110 mm (obwohl das Langloch in *dieser* Richtung genauso lang ist). Damit wird sie zum Bezugselement „C". Die Toleranzzone ist um C drehbar; sie beschränkt die Schiefstellung der Nut zur Bohrung (vgl. die Passfedernut in Kap. 2.6.4, Bild 2.50 d). Das gleiche Prinzip betrifft die Relationen *Bohrung und Langloch* sowie *Bohrung und Vierkant* (nicht dargestellt).

e) ***Kurzer Schaft und Bohrung:*** Beispiel a ist hier abgeändert. Wieder schneiden sich zwei Kreiszylinder rechtwinklich, aber der Schaft ist jetzt *kürzer* als die Bohrung; also ist jetzt die Bohrung das Bezugselement.

Man könnte darüber streiten. Bei Allgemeintoleranzen gibt es jedoch immer gewisse Ungereimtheiten. Wichtiger ist, dass eindeutige Festlegungen getroffen werden.

Lauf: Toleriert ist nur der *einfache* Lauf, nicht der Gesamtlauf (s. Kap. 2.7.1). Die Werte enthalten keine Nennmaßbereiche (s. Tabelle 3.6 b). Laufabweichungen beruhen vor allem auf der Ungenauigkeit der Spindellagerung und der Einspannung. Damit sind sie weitgehend unabhängig vom Nennmaß, zumindest solange man dieselbe Maschine benutzt.

> ***3-15 Lauf:*** Die Allgemeintoleranzen gelten für Rundlauf, Planlauf und Lauf in beliebiger Richtung zwischen beliebigen Flächen, die *koaxial und rotationssymmetrisch* sind. *Bezugselemente* sind *Lagerstellen,* wenn sie als solche gekennzeichnet sind; im Übrigen gilt Regel 3-11.

Wegen der Messsicherheit sollte man u. E. kein Bezugselement benutzen, dessen Länge kleiner ist als etwa sein halber Durchmesser („kurze" Achse, s. Kap. 2.3.3) oder dessen mittlerer Abstand vom tolerierten Element größer ist als etwa das Doppelte seiner Länge (s. Kap. 2.6.3). Das ist jedoch nirgends festgelegt.

Überlagerung mehrerer Toleranzen: Wie das Beispiel in Bild 3.3 zeigt, unterliegt ein Formelement oft mehreren Allgemeintoleranzen. Grundsätzlich müssen sie sämtlich eingehalten werden. Praktisch ist es in der Regel weder möglich noch sinnvoll, alle vorstellbaren Relationen zwischen Formelementen aufzuspüren und zu prüfen. Es geht nicht darum, Geometrieeigenschaften zu prüfen, sondern die *Qualität,* vor allem die *Funktion,* zu *sichern.* Dazu wird man die „werkstattübliche Genauigkeit" durch Stichproben überwachen. Die Allgemeintoleranzen bieten dabei die Handhabe zum Eingreifen und Korrigieren.

3.3 Allgemeintoleranzen für verschiedene Fertigungsverfahren

3.3.1 Übersicht und Lücken

Überblick: Dieses Kapitel betrachtet die wesentlichen Allgemeintoleranznormen für verschiedene Fertigungsverfahren im Hinblick darauf, ob darin Form- und Lagetoleranzen hinreichend vollständig enthalten sind. Vergleichsgrundlage dazu ist ISO 2768-2 (s. Kap. 3.2.3). Dabei geht es nicht darum, die einzelnen Normen komplett darzustellen oder einen erschöpfenden Überblick über vorhandene Normen zu geben. *Tabelle 3.7* fasst die wichtigsten Fakten zusammen. Einige der Verfahrensgruppen – wir verwenden der Handlichkeit halber die in der Praxis gängigen Bezeichnungen – sind mit * gekennzeichnet; dazu stehen in Kap. 3.3.2 nähere Angaben.

Tabelle 3.7: Allgemeintoleranznormen für verschiedene Fertigungsverfahren mit Angaben zur Form- und Lagetolerierung

Fertigungsverfahren	Norm (Jahr)	Tol.-Gr.	Vorhandene Toleranzen	Fehlende Toleranzen/ Anmerkungen
Metallguss*	DIN 1680 bis 1688 (1980 bis 1998)	> HP	Maß; FS; BZ	F+L nur durch „Toleranzraum" begrenzt. Nicht für Neukonstruktionen (außer Kokillen- und Druckguss)
	DIN ISO 8062 (1998)		FS; FV	Weitgehend ersetzt
	DIN EN ISO 8062 -1 (2008) -2 (Entwurf) -3 (2008)		Maß; FV, BZ, F+L	Begriffe Regeln Winkelmaße
Kunststoff-Formteile*	DIN 16 742 (2013)		Größenmaß; ⌓	Bezugssystem immer erforderlich!
Keramikherstellung	DIN 40 680 (1983)		Maß; ⏥ —	⊥∠,◎⌯
Gummi- und Elastomehrherstellung	DIN 7715 -1 (1977)		Maß	F+L. Für Hartgummi
	DIN ISO 3302 -1 (1999)		Maß; ⏥ // ⊥ ◎	—○,∠ ⌯ Für Weichgummi
Gesenkschmieden St*	DIN EN 10 243 -1 (2007) und -2 (2005)	≈ HP	Maß, R; FV, BZ —⏥○⌭; ⊥(nur tiefe Löcher)	⊥ ∠,◎⌯ (außer durch FV). Ähnlich DIN 7526 (zurückgezogen)
Freiformschmieden St	DIN 7527 (1971/75)		Maß; BZ; ◎ (teilw.)	F+L
Gesenk- und Freiformschmieden Al	DIN EN 586-3 (2002)		Maß, R; FV, BZ; —⏥,∠	F+L (außer —⏥,∠)
Schweißen*	DIN EN ISO 13 920 (1996)	UP	Maß, W; —⏥,//	○,◎⌯. Ähnlich DIN 8570 (zurückgezogen)
Thermisches Schneiden	DIN EN ISO 9013 (2003)	UP	Maß; ⊥∠(im Schnittprofil)	F+L (außer ⊥∠ im Schnittprofil)
Stanzen*	[DIN 6930 -2 (2011) mit DIN 6935 (2011)] (nur nach Absprache)		Maß, R, W; ◎ ⌯ (teilw.), —⏥ nur für Streifen und Profile	—⏥ ; ○(nur bei Ⓔ); ◎⌯ in verschiedenen Ebenen
Spanen (u.a.)	DIN ISO 2768 (1991)		Alle	(⌖ bei Stufenmaßen)
	DIN 7168 (1991)		Fast alle	Formtoleranzen beim HP

Abkürzungen:

AL	Aluminum	HP	Hüllprinzip
BZ	Bearbeitungszugabe	R	Radienmaße
F+L	Form- und Lagetoleranz	St	Stahl
FS	Formschägen	UP	Unabhängigkeitsprinzip
FV	Formversatz	W	Winkelmaße

* Näheres dazu in Kap. 3.3.2

Tolerierungsgrundsatz: Die meisten Normen in Tabelle 3.7 können für beide Tolerierungsgrundsätze (s. Kap. 1.4) angewendet werden. Wenn das *Unabhängigkeitsprinzip* gelten soll, sollte „ISO 8015" auf der Zeichnung stehen; wenn das Hüllprinzip gelten soll, *muss* „Size ISO 14405 Ⓔ" im oder am Schriftfeld stehen.

Lücken in den Form- und Lagetoleranzen: Die beiden letzten Spalten in Tabelle 3.7 sagen, welche Toleranzarten in den Normen enthalten sind und welche fehlen. Die Lücken müssen unbedingt geschlossen werden, damit die Zeichnung vollständig und eindeutig ist. Die Normen sind zu verschiedenen Zeiten und Orten in unterschiedlichen Gremien entstanden. Abgesehen von den grundlegenden Schwierigkeiten sind für viele Fertigungsverfahren die Form- und Lageabweichungen bei „werkstattüblicher Genauigkeit" noch nicht genügend bekannt bzw. systematisch erfasst.

Zusätzlich zu den in der rechten Spalte von Tabelle 3.7 aufgezeigten Lücken haben bisher *alle* Normen das Problem, wie *Stufenmaße* zu prüfen sind (s. Kap. 3.2.3, Bild 3.2); das ist hier aber nur einmal bei „Spanen" aufgeführt.

Anmerkung: Weitere Einschränkungen in den Normen, die sich z. B. aus den Nennmaßen, Wanddicken oder Werkstoffen ergeben, sind in Tabelle 3.7 nicht enthalten.

Möglichkeiten zur Schließung der Lücken: Eine Allgemeintoleranznorm können Sie auf folgende Weisen vervollständigen:

a) ***ISO 2768:*** S. dazu Kap. 3.2.1, insb. Regel 3-7. Für Form- und Lagetoleranzen können Sie die in Tabelle 3.7, rechte Spalte, genannten fehlenden Toleranzarten einzeln aufführen.

b) ***Eigene Werknorm:*** Geben Sie zu den in Tabelle 3.3 a (Kap. 3.2.3) aufgelisteten Toleranzarten Grenzwerte an, im einfachsten Fall ohne Nennmaßbereiche. Auf die *Parallelität* können Sie ggf. verzichten, weil sie auch durch Maßtoleranzen eingegrenzt wird. Wenn keine *Winkel*toleranzen existieren, muss zusätzlich die *Neigung* toleriert werden.

c) ***Einzeltoleranzen:*** Als *einzige* Maßnahmen reicht das nicht aus und ist zu umständlich, wohl aber *ergänzend* zu a) oder b), um gegenüber den global „ausgeliehenen" bzw. festgelegten Werten die Anforderungen aus Fertigung oder Funktion zu berücksichtigen.

3.3.2 Einzelne Fertigungsverfahren

Bedeutung: Zu den in Tabelle 3.7 mit * gekennzeichneten Verfahrensgruppen werden Einzelhinweise und Beispiele zur Ergänzung gegeben.

Metallgussteile nach DIN 1680 ff.: Das Jahrzehnte alte System von Gusstoleranzen nach DIN 1680 bis 1688 ist seit 1998 für Neukonstruktionen nicht mehr zugelassen (außer für Kokillenguss und Druckguss nach DIN 1687 und 1688). Es findet sich aber noch auf vielen Zeichnungen. Deshalb und um die Problematik zu zeigen, wird das System hier weiterhin behandelt. Es geht von einem *Toleranzraum* aus, der alle Maß-, Form- und Lageabweichungen begrenzt. *Bild 3.4 a* versucht, ihn für ein ganz einfaches Werkstück zu beschreiben, das nur aus zwei Kreiszylindern besteht (Gussschrägen, Radien u. Ä. sind weggelassen). Der schraffierte Toleranzraum wird begrenzt durch *äußere* Hüllen mit Maximum-Material-Grenzmaßen *MML* und *innere* Hüllen mit Minimum-Material-Grenzmaßen *LML* (s. Kap. 1.3.2), die zueinander in geometrisch idealer Lage stehen. Die Grenzabmaße der Gusstoleranzen *GT* liegen mittig zu den Nennmaßen *N*, d. h. mit ± *GT*/2. Für den unteren Zylinder mit den Nennmaßen $\varnothing N_1$ und N_2 ist der Toleranzraum eindeutig definiert; aber schon beim oberen ist nicht klar, wie sich die Gusstoleranz in Höhenrichtung aufteilt, wenn die Toleranz GT_4 des Nennmaßes N_4 von GT_2 abweicht. Insgesamt folgt daraus:

- Die Festlegung geht weit über die Hüllbedingung hinaus (s. Kap. 1.4.3); dort gibt es keine innere Hülle und auch keine, die über mehrere Formelemente reicht.
- Ein Werkstück mit Maximum-Material-Zustand kann ebenso wenig Form- und Lageabweichungen haben wie eins mit Minimum-Material-Zustand. Letzeres ist sinnvoll z. B. zur Sicherung von Mindestbearbeitungszugaben (s. Kap. 3.3.3).
- Der Toleranzraum ist schon bei einem so einfachem Werkstück wie in Bild 3.4 nicht eindeutig. Bei komplizierteren Teilen ist er in der Regel nicht realisierbar.
- Noch schwieriger ist es zu prüfen, ob ein reales Werkstück in den Toleranzraum hineinpasst, Bild 3.4 b und c; denn es gibt keine definierten Bezugsflächen, von denen aus man messen kann.

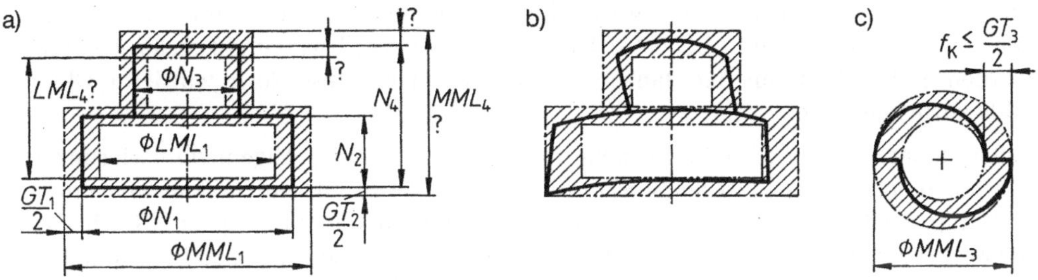

Bild 3.4: „Maßtoleranzraum" nach DIN 1680. a) Definition und Unklarheiten für ein einfaches Werkstück mit Nennmaßen N, b) zulässige Abweichungen eines Werkstückes dazu; c) größte Rundheitsabweichung und größter Versatz für den oberen Zylinder von a

Der Grundgedanke dieses Systems ist sinnvoll, nur in dieser Form nicht ausführbar. Er lässt sich jedoch verwirklichen, wenn ein vollständiges Bezugssystem gegeben ist; das finden Sie in Kap. 3.3.4. Zur Sicherung einer Mindest-Bearbeitungszugabe kann ggf. auch die Minimum-Material-Bedingung herangezogen werden (s. Kap. 4.5.2, Bild 4.36). Ersatz für DIN 1680 ff. ist ISO 8062 (s. u.).

Metallgussteile nach DIN ISO 8062: Von der dreiteiligen Norm sind 2008 die Teile 1 und 3 erschienen. In Teil 1 stehen Begriffe. Teil 3 enthält ein übersichtliches und fast vollständiges System für *Maßtoleranzen* DCT in 16 Toleranzgraden DCTG, *Form- und Lagetoleranzen* GCT (**g**eometric **c**asting **t**olerances) in 7 Toleranz**g**raden GCTG, Flächenversatz (Formversatz) SMI (nach ISO 10 135) sowie *Bearbeitungszugaben* RMA (**r**equired **m**ashining **a**llowances) in 10 Toleranzgraden RMAG. Die *Lage*toleranzen für *Parallelität* und *Rechtwinkligkeit* erfordern die Eintragung eines *Bezugssystems* in der Gussteilzeichnung. Für *Koaxialität* und *Symmetrie* gibt jeweils ein über die ganze Länge aller betroffenen Elemente gehendes Element den Bezug ab; wenn ein solches nicht vorhanden ist, bilden die beiden am weitesten auseinander liegenden Elemente gemeinsam den Bezug. Die Anwendung wird mit Bildern und Tabellen erläutert. *Lücken* sind (abgesehen von Stufenmaßen, s. Bild 3.2, Kap. 3.2.3) - nur *Winkel,* die von 90° abweichen. Die Zeichnungseintragung für vollständige Allgemeintoleranzen sieht dann etwa so aus:

Allgemeintoleranzen ISO 8062-3 - DCTG 11 - GCTG 6 - SMI ± 1,5 - RMA 5 (RMAG F)

Das bedeutet: Für Maßtoleranzen gilt Toleranzgrad 11, für Form- und Lage Grad 6; der Versatz wird direkt eingetragen mit ± 1,5, während die Bearbeitungszugabe für das gesamte Werkstück 5 mm beträgt, entsprechend dem Grad F.

Die einteilige Vorgängernorm DIN ISO 8062 von 1998 enthielt eine Berechnung von *Rohteilnennmaßen*, die ihrerseits aus der alten DIN 1680 übernommen war. Leider fehlt sie in den beiden bisher neu erschienenen Normteilen -1 und -3; sie wird wohl künftig in DIN EN ISO 8062-2 („Regeln") stehen. Bis zu deren Erscheinen müssen wir daher auf die bisherige Berechnung zurückgreifen (s. dazu Kap. 3.3.3).

Kunststoff-Formteile: Kunststoffteile verhalten sich ganz anders als Metallteile. Ihre Gestaltabweichungen hängen nicht nur von der Nachschwindung nach dem Ausformen ab, sondern auch von instationären und inhomogenen Werkzeug- und Formteiltemperaturen und von der Feuchtigkeit. Früher waren die Allgemeintoleranzen nur für Maßabweichungen von Kunststoffteilen in DIN 16901 festgelegt. Winkel-, Form- und Lageabweichungen wurden in der Norm aus dem Jahr 1982 nicht definiert. Diese Norm wurde im Oktober 2009 zurückgezogen.

Seit Oktober 2013 beschreibt die neue Norm DIN 16742 die Allgemeintolerierung von Kunststoff-Formteilen. Dort werden nun Allgemeintoleranzen von Größenmaßelementen (vgl. Kap. 1.3.1) in Abhängigkeit vom Nennmaß in neun Toleranzgruppen (TG1 bis TG9) für werkzeuggebundene und nicht werkzeuggebundene Maße festgelegt. Die Auswahl der Toleranzgruppe erfolgt über ein Zuordnungsschema, das über eine Punktbewertung die speziellen Einflüsse der jeweiligen Kunststoffteileherstellung berücksichtigt. Die bisher noch fehlenden Winkel, Form- und Lagetoleranzen werden nun über eine allgemeingültige Flächenprofiltoleranz zu einem vorher festzulegenden Bezugssystem definiert (s. Kap. 3.3.4). Dabei gilt die in der Zeichnung bzw. im CAD-Datensatz festgelegte Geometrie als Nenngeometrie für die Flächenprofiltoleranz. Der allgemeingültige Toleranzwert für die Flächenprofiltoleranz hängt dabei vom Abstand des am weitesten vom Ursprung des Bezugsystems entfernten Geometrieelementes und damit auch von der Wahl des Bezugssystems selbst ab. Die Angabe der Allgemeintoleranz in der Zeichnung lautet dann z. B.:

Allgemeintoleranzen DIN 16 742 - TG6

Gesenkschmiedeteile aus Stahl: DIN 7526 wurde 2000 ersetzt durch ein weitgehend gleiches Toleranzensystem in DIN EN 10 243-1 (mit Änderungen 2007) und -2 (geändert 2005); dazu gehört DIN 7523 (Bearbeitungszugaben, Schrägen, Radien u. Ä.). Es hat folgende Eigenheiten:

- Das *Toleranzintervall* für *Maß*toleranzen liegt nicht, wie bei den meisten Allgemeintoleranznormen, mittig zum Rohteilnennmaß, sondern zur Maximum-Material-Seite verschoben (+ 2/3, − 1/3 bei *Außen*maßen; bei Innenmaßen umgekehrt), soweit eine Maximum-Material-Grenze existiert; d. h., bei *Abstands*maßen liegt es jedoch mittig (s. Kap. 1.3). Im Zweifelsfall soll eher zu viel als zu wenig Material vorhanden sein. (Gleiches gilt nach DIN EN 586-3 für Aluminium-Gesenkschmiedestücke, aber nur bei formgebundenen Maßen; bei Freiformstücken liegt die Toleranz ganz einseitig.)

- Neu ist ein Passus, dass die Maßtoleranzen auch für alle *Formabweichungen* (Rundheit, Zylinderform, Ebenheit, andere Abweichungen vom vorgeschriebenen Umriss) gelten. Es ist nicht klar, ob das nur den Zahlenwert der Formabweichungen betrifft oder auch im Sinne der Hüllbedingung gemeint ist (u. E. nicht).
- Bei den *Lagetoleranzen* fehlen *Richtungs*toleranzen (Winkel, bzw. Rechtwinkligkeit und Neigung); sie werden nur teilweise über Maßtoleranzen eingeschränkt. Ebenso fehlen *Koaxialität* und *Symmetrie*, soweit sie nicht vom Versatz der Formhälften erfasst werden. Das ist bei Gesenkschmiedeteilen aber weniger gravierend, weil werkzeuggebundene Geometrieeigenschaften (d. h. solche, die in *einer* Formhälfte liegen) wesentlich geringere Abweichungen haben als nicht werkzeuggebundene.

Schweißkonstruktionen: DIN EN ISO 13 920 entspricht weitgehend den früheren Normen DIN 8570-1 und -3 mit den Toleranzklassen A bis D (Z ist entfallen) für Maß und Winkel sowie E bis H für Form und Lage. Dabei ist zu beachten:

- Das *Unabhängigkeitsprinzip* ist festgeschrieben (s. Kap. 3.3.1).
- Für *Geradheit, Ebenheit* und *Parallelität* sind Werte angegeben.
- *Rechtwinkligkeit* und *Neigung* sind durch Winkeltoleranzen begrenzt.
- *Position* wird im Sinne von *Abstands*maßen genannt (s. Kap. 1.3.1), leider nicht auch im Sinne von *Stufen*maßen (s. Kap. 3.2.3).
- *Symmetrie, Koaxialität* und *Rundheit* sind *nicht* toleriert.

Koaxialität und Rundheit sind bei Schweißkonstruktionen nicht immer nötig, *Symmetrie* aber auf jeden Fall. Die Norm empfiehlt die *Einzeltolerierung.* Das ist jedoch aufwendig und meist doch nicht vollständig. Für die Allgemeintolerierung der Symmetrie ist z. B. Folgendes möglich (für Koaxialität lassen sich die Angaben sinngemäß übertragen):

- *Anleihe bei ISO 2768:* „Symmetrietoleranz ISO 2768 - L“, oder
- *Pauschalangabe:* „Symmetrietoleranz 3 mm“, oder
- *Differenzierte Angabe:* „Symmetrietoleranz = Maßtoleranz des größeren der beiden symmetrisch liegenden Maße; Bezugselement ist das in Richtung der Symmetrieachse längere Element“.

Stanzteile: Für Stanzteile aus Stahl-Flachzeug galt bisher DIN 6930-2:1989. Sie wurde 2008 aus verschiedenen Gründen *ersatzlos zurückgezogen.* Damit ist eine bedauerliche Normenlücke entstanden, die hoffentlich in der Zukunft durch eine aktualisierte Neuausgabe der Norm geschlossen wird. Bis dahin bleiben für *Neukonstruktionen* nur zwei Möglichkeiten:

- Rückgriff auf ISO 2768 (s. Kap. 3.2).
- Weiterverwendung von DIN 6930 nach *Absprache* zwischen Auftraggeber und Auftragnehmer.

Da DIN 6930-2 weit verbreitet und speziell auf Stanzteile ausgerichtet ist, werden wesentliche Merkmale hier weiterhin erläutert. Die Norm ist vorgesehen für Teile, die aus *Stahl-Flachzeug* gestanzt wurden. Dazu zählen auch *warm* gebogene Teile. Die Anwendung auf andere Werkstoffe oder Halbzeuge ist möglich, muss aber gesondert vereinbart werden. Die Norm unterscheidet *ebene* Teile, die nur geschnitten wurden, und *umgeformte;* zu letzteren zählt ein Teil, sobald auch nur ein einziger Umformvorgang (Biegen, Tiefziehen) durchgeführt wurde. Im Einzelnen fällt auf:

- *Schnittkanten:* Die Toleranzen gelten nur im sog. *Glattschnittbereich;* Einzugs-, Ausbruchs- und Gratbereich werden nicht erfasst. Beim *Knabberschneiden* (Nibbeln) wird nur über die *Spitzen* der welligen Kontur gemessen.
- *Maßtoleranzen:* Sie sind in 4 Toleranzklassen (f, m, g, sg) vorhanden. Umgeformte Teile (s. o.) haben für Längenmaße doppelte Toleranzen gegenüber ebenen Teilen. Rundungsradien besitzen eigene Toleranzwerte.
- *Winkeltoleranzen:* Für ebene Teile sind sie DIN 6930, für umgeformte DIN 6935 zu entnehmen. Sie gelten für rechte wie für andere Winkel.
- *Geradheit und Ebenheit:* Die Toleranzen sind nur für Streifen und Profile vorgesehen. Für Blechflächen sind sie schwer allgemein festzulegen, aber auch teilweise nicht so wichtig, weil Blechteile elastisch nachgeben können („nicht formstabile Teile" nach ISO 10 579, s. Kap. 5.3.1, Regel 5-9). Wenn nötig sind Einzeltoleranzen anzugeben.
- *Koaxialität und Symmetrie:* DIN 6930-2 enthält hier eine praktikable Regelung. Sie geht vom jeweils größeren der beiden koaxial bzw. symmetrisch zueinander liegenden Maße aus und bestimmt dessen Maßtoleranz als Toleranz für Koaxialität bzw. Symmetrie, s. Bild 3.5.

Koaxialitäts- und Symmetrietolerierung über Maßtoleranz nach DIN 6930: In *Bild 3.5 a* ist der größere Durchmesser Ø 50 mm maßgebend. Aus Toleranzklasse m, Nennmaßbereich > 63 bis 160 mm, Blechdicke s = 2 mm (s. Normblatt) folgen eine Maßtolerierung ± 0,3 mm (eingeklammert) und somit eine Koaxialitätstoleranz t_{KO} = Ø 0,6 mm (gestrichelt eingezeichnet). Leider sagt die Norm nichts über ein *Bezugselement.* Wir halten es für sinnvoll, dafür das in Richtung der Achse bzw. Symmetrielinie *längere* Element zu verwenden, bei gleicher Länge das *größere* der beiden.

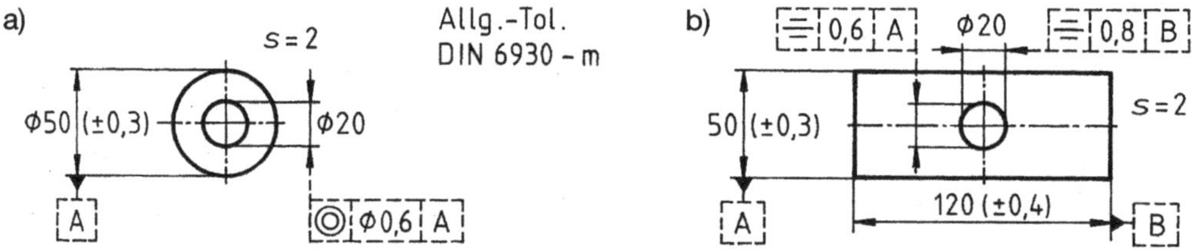

Bild 3.5: Ortstolerierung nach DIN 6930. a) Koaxialität b) Symmetrie

Bild 3.5 b bringt die gleiche Methode für die Symmetrie eines Lochs zu den Kanten eines rechteckigen Blechs. Maßgebend ist in Längsrichtung das Maß 120 mm, in Querrichtung das Maß 50 mm; daraus ergeben sich t_S = 0,8 bzw. 0,6 mm. Die das Nennmaß bestimmenden Längen liegen jeweils quer zur Symmetrielinie. Generell wird die Prüfung kritisch, wenn die symmetrischen Geometrieelemente in Richtung der Symmetrielinie weit voneinander entfernt sind (vgl. Bild 3.3 b, Kap 3.2.3).

Unseres Erachtens lässt sich diese Methode durchaus auf andere Fertigungsverfahren übertragen. Dann sollte man das in Richtung der Symmetrielinie *längere* Element als Bezugselement definieren, während das Maß des *tolerierten* Elements *quer* zur Symmetrielinie den *Nennmaßbereich* bestimmt (s. obiges Beispiel zu „Schweißkonstruktionen"). Auf jeden Fall ist sie besser als gar keine Symmetrie- bzw. Koaxialitätstolerierung.

3.3.3 Ermittlung von Rohteilnennmaßen

Bedeutung: Vielfach werden Rohteile (wie Gussteile, Schmiedestücke, Schweißbaugruppen) spanend fertigbearbeitet. Die Rohteilnennmaße weichen beträchtlich von den Fertigteilmaßen ab. Sie müssen so festgelegt werden, dass auch im ungünstigsten Fall auf den abzuspanenden Flächen die erforderliche *Bearbeitungszugabe RMA* (**r**equired **m**aterial **a**llowance) vorhanden ist. Die Berechnung ist etwas komplizierter, als sie auf den ersten Blick aussieht. Hier werden die wichtigsten Zusammenhänge aufgezeigt; sie lassen sich sinngemäß auf andere Gegebenheiten übertragen.

Beidseitige Bearbeitung gegenüberliegender Flächen: *Bild 3.6 a* zeigt ein stark vereinfachtes Gussteil mit zwei abgespanten Flächen. Die *Außenfläche* hat das Fertigmaß F_A, die Innenfläche F_I. Zur Berechnung der entsprechenden Rohteilnennmaße R_A bzw. R_I geht man zweckmäßig in den folgenden Schritten vor. Sie werden zunächst am Beispiel des Außenmaßes R_A erläutert, Bild 3.6 b:

- ***Fertigmaße:*** F_A bzw. F_I sind die Ausgangsgrößen; im Zweifelsfall wird jeweils das Mittenmaß zwischen den Grenzmaßen (s. Kap. 1.3) genommen
- ***Bearbeitungszugabe*** *RMA:* Sie muss mindestens auf jeder abzuspanenden Fläche vorhanden sein. Ihre Größe ergibt sich aus der Allgemeintoleranznorm oder wird vom Betrieb festgelegt.
- ***Formschräge*** FS: Wenn eine Formschräge (taper) gebraucht wird, darf sie die Bearbeitungszugabe nicht verkleinern. Sie liegt somit für F_A nach außen (z. B. „Formschräge + " nach DIN ISO 8062 : 1998).

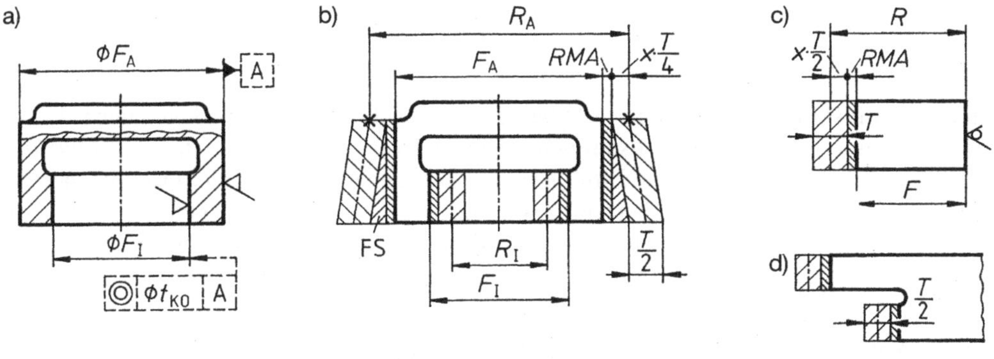

Bild 3.6: Ermittlung von Rohteilnennmaßen. a) Drehteil mit bearbeiteter Außen- und Innenfläche, b) Entstehung der Rohteilnennmaße zu a; c) Ermittlung bei einseitiger Außenbearbeitung; d) Stufenmaß

- ***Maßtoleranz*** *T:* Die Toleranz des Rohmaßes *R* (z.B. eine Gussallgemeintoleranz *DCT* nach DIN EN ISO 8062-3) besagt, dass das Rohteilistmaß um den Betrag *T* schwanken kann. Somit ist bei beidseitiger Bearbeitung auf jeder Fläche $T/2$ hinzuzurechnen. Der zuständige Nennmaßbereich wird zunächst vom Fertigmaß F_A genommen.
- ***Rohteilnennmaß*** *R:* Bei den meisten Allgemeintoleranznormen liegt das Toleranzintervall mit ± $T/2$ *mittig* zum Rohteilnennmaß (dann ist der im Bild eingezeichnete Faktor $x = 1$). Daraus ergibt sich für ein *Außen*maß:

$$R_A = F_A + 2RMA + \frac{T}{2} \tag{3.1}$$

Wegen der Formschräge gilt dieses Maß nur am kleinsten Durchmesser der konischen Fläche. Für ein *Innenmaß* kehren sich die Vorzeichen um (Bild 3.6b unten; eine Formschräge wurde hier weggelassen):

$$R_I = F_I - 2RMA - \frac{T}{2} \tag{3.2}$$

- ***Versatz:*** Die Formeln (3.1) und (3.2) sind jeweils für sich korrekt. *Gemeinsam* aber gelten sie nur, wenn für den Fall, dass beide Istmaße gleichzeitig auf der Minimum-Material-Grenze *LML* liegen, kein Versatz, d.h. keine Koaxialitätsabweichung zwischen den beiden Flächen vorliegt. DIN 1680 versuchte das durch den „Toleranzraum" zu erreichen (s. Kap. 3.3.2); der ist aber weder übertragbar noch praktikabel. Eine Möglichkeit ist die Anwendung der Minimum-Material-Bedingung (s. Kap. 4.5). In allen anderen Fällen muss eine zusätzliche Toleranz t_{KO} (allgemein oder einzeln angegeben) zwischen den beiden koaxialen Flächen berücksichtigt werden. Eine Koaxialitätstoleranz t_{KO} gestattet einen Achsversatz von $t_{KO}/2$ (s. Kap. 2.6.1) und verringert auf einer Seite die vorhandene Bearbeitungsgzugabe um $t_{KO}/2$. Damit muss das Rohteilnennmaß um den vollen Betrag t_{KO} korrigiert werden. Das betrifft aber nur das „tolerierte" Element, nicht aber das „Bezugselement". Konkret wird man in Bild 3.6a und b das Werkstück z.B. zuerst auf der Außenfläche spannen – sie ist damit „Bezugselement" – und die Innenfläche ausdrehen („toleriertes" Element). Somit berechnet sich R_I:

$$R_I = F_I - 2RMA - \frac{T}{2} - t_{KO} \tag{3.3}$$

Zusammenfassung: Die Formeln (3.1) bis (3.3), die bisher am Beispiel koaxialer Flächen erläutert wurden, lassen sich zusammenfassen und verallgemeinern. Statt der *Koaxialitäts*toleranz t_{KO} könnte auch eine *Lauf*toleranz t_L angegeben sein, die hier etwa die gleiche Auswirkung hat (s. Kap. 2.7.2). Ferner lassen sich symmetrisch liegende Flächen mit einer *Symmetrie*toleranz t_S genauso behandeln. Für diese drei Toleranzarten verwenden wir hier gemeinsam das Zeichen t_{Ort}. Damit ergibt sich zusammengefasst:

3-16 Rohteilnennmaß für beidseitige Bearbeitung:

$$R = F \pm (2RMA + x \cdot \frac{T}{2} + y \cdot t_{Ort}) \tag{3.4}$$

R	Rohteilnennmaß
F	Fertigteilmaß (Mittenmaß)
+	für Außenmaße
–	für Innenmaße
RMA	erforderliche Bearbeitungszugabe (Mindestmaß)
T	Maßtoleranz von R (z. B. Allgemeintoleranz)
t_{Ort}	Ortstoleranz zwischen mehreren Flächen (Koaxialität, Symmetrie, oder auch Lauf)
x	Korrekturfaktor für Toleranzintervalllage: $x = 1$ für symmetrische Lage $\pm T/2$ (üblich) $x = 2/3$ für DIN EN 10 243 und DIN EN 586-3 (wenn unsymmetrisch) $x = 0$ für DIN EN 586-3 (wenn einseitig zur Maximum-Material-Seite)
y	Korrekturfaktor für Ortstoleranzen: $y = 1$ für toleriertes Element $y = 0$ für Bezugselement.

Es kann sein, dass das so berechnete Rohteilnennmaß R in einen anderen *Nennmaßbereich* fällt als das Fertigmaß F, von dem aus T und ggf. RMA zunächst bestimmt wurden. Dann müssen die Werte entsprechend dem neuen Nennmaßbereich korrigiert werden. (Falls sich kein eindeutiges Ergebnis einstellt, gilt der größere Wert von T.)

Einseitige Bearbeitung: Bei einseitiger Bearbeitung, deren Bemaßung von einer unbearbeiteten Fläche ausgeht, Bild 3.6 c, kommen auf der bearbeiteten Fläche die volle Bearbeitungszugabe RMA und die Maßtoleranz T hinzu. Bei einem *Außenmaß* (wie Bild 3.6 c) werden sie addiert, bei einem *Innenmaß* (ohne Bild) entsprechend subtrahiert. Mit den obigen Formelzeichen ergibt sich das Rohteilnennmaß R.

3-17 Rohteilnennmaß für einseitige Bearbeitung:

$$R = F \pm \left(RMA + x \cdot \frac{T}{2}\right) \qquad (3.5)$$

Auch hier wird der Nennmaßbereich zunächst von F angenommen und muss ggf. korrigiert werden.

Stufenmaße: Beim Stufenmaß weisen beide Flächen und ihre Toleranzen in dieselbe Richtung. Somit heben sich nach ISO 8062 sowohl die Bearbeitungszugaben als auch die Maßtoleranzen auf. Daher ist das Rohteilnennmaß R gleich dem Fertigmaß F. (Diese Berechnung unterscheidet sich von DIN 1680. Dort wurde das Rohteilnennmaß ausgehend von der *zuerst* bearbeiteten Fläche berechnet, in der Regel von der außen liegenden Fläche aus.) Für Stufenmaße gilt:

$$R = F \qquad (3.6)$$

Erstellung von Rohteilzeichnungen: Die obigen Berechnungen zeigen, dass Rohteilnennmaße beträchtlich von den Fertigteilmaßen abweichen können. Für eine sichere und wirtschaftliche Fertigung ist daher anzuraten:

3-18 Rohteilzeichnung: Für jedes Rohteil, das mehr als geringfügig spanend fertigbearbeitet wird, sollte eine eigene Rohteilzeichnung erstellt werden.

Für die Ermittlung der Grenzgestalt und der daraus folgenden Bearbeitungszugaben (ggf. unter Einsatz der Toleranzstatistik, s. Kap. 4.2) ist häufig eine Rechnerunterstützung wünschenswert bzw. notwendig. Da Rohteiltoleranzen oft im mm-Bereich liegen, ist die Bildung von unnötigen Maßketten unbedingt zu vermeiden. Die Rohteilbemaßung sollte deshalb grundsätzlich nicht wie die Fertigteilbemaßung aufgebaut werden, sondern nach der folgenden Regel:

3-19 Rohteil-Maßbezug: Alle in *einer* Richtung liegenden Rohteilmaße sollen möglichst von einer *einzigen* Bezugsfläche oder Bezugsmittellinie ausgehen; diese soll sich nach der *Funktion* und der *Aufspannung* des Teils richten.

Dann besteht die längste Kette nur aus 2 Maßen. Damit die vorgesehenen Bearbeitungszugaben tatsächlich genutzt werden können, ist zusätzlich ratsam:

3-20 Erstbearbeitung: Die Aufnahme und Ausrichtung des Rohteils für die erste zu bearbeitende Fläche sollte in der Zeichnung angegeben werden.

Leider gibt es dafür noch keine ausreichend standardisierten Symbole. DIN 406 T 11 gibt Hinweise für die Kennzeichnung der Erstbearbeitung. Sie benutzt dabei die Symbolik der Form- und Lagetoleranzen. Die Aufnahmefläche bekommt als Rohfläche ein entsprechendes Oberflächensymbol nach ISO 1302 und wird gleichzeitig als Bezug definiert und gekennzeichnet. Die Bemaßung der zuerst bearbeiteten Fläche erfolgt von dort aus mit konventionellen Maßen.

3.3.4 Allgemeintolerierung mit Profiltoleranzen

Bedeutung: Eine Form- und Lage-Allgemeintolerierung mit einzelnen Toleranzen nach ISO 1101 braucht zwar nicht sämtliche Toleranzarten; es verbleiben aber gemäß Tabelle 3.3 (Kap. 3.2.3) immer noch 7 Toleranzarten zuzüglich Maß, Winkel und Position für Stufenmaße. Die Auswirkungen einer solchen Tolerierung sind recht unübersichtlich; in der Regel ist es hoffnungslos, sie *alle* prüfen zu wollen. Deshalb ist der Gedanke verständlich, an die Begrenzung des geometrisch idealen Körpers einen Toleranzraum zu legen, in dem alle wirklichen Geometrieelemente liegen müssen (vgl. Kap. 3.3.2, zu DIN 1680). Die Prüfung ist aber ohne Bezugssystem nicht möglich; daran scheiterte DIN 1680. In der Industrie gibt es jedoch neuerdings Ansätze zu einer vereinfachten und dennoch vollständigen Allgemeintolerierung.

Zeichnungsangabe: Voraussetzung ist neben einer eindeutigen Beschreibung der Nenngeometrie (mit eingetragenen Maßen oder durch einen 3D-Datensatz) die Eintragung eines *vollständigen Bezugssystems* in der Zeichnung (s. Bild 2.26 und 2.27, Kap. 2.3.4). Die gesamte dazu notwendige Zeichnungsangabe lautet, *Bild 3.7* (in der Regel mit demselben Toleranzwert t_A für alle drei Angaben):

Bei Aufnahme auf dem Bezugssystem A | B | C gilt allgemein:

⌓	t_A	A	B	C
⌖	ϕt_A	A	B	C
⌯	t_A	A	B	C

Bild 3.7: Zeichnungsangabe (Prinzip) für eine vollständige Allgemeintolerierung für alle wirklichen Geometrieelemente für Achsen von rotationssymmetrischen Geometrieelementen für Mittellinien und -ebenen von nicht rotationssymmtrischen Geometrieelementen

Erläuterung an Beispielen: Das rotationssymmetrische Bauteil in *Bild 3.8a* entspricht Bild 3.4a (Kap. 3.3.2). Die Skizze b zeigt die Toleranzzonen. An der unteren (wirklichen) Fläche liegt der Primärbezug A von außen an (s. Kap. 2.3.2). Von dort aus gelten die Nennmaße in vertikaler Richtung. Für den Sekundärbezug B wird ein senkrecht zu A stehendes Futter bzw. ein Hüllzylinder spielfrei an die Zylinderfläche Ø90 herangeführt; dessen Achse ist der Sekundärbezug B (s. Kap. 2.3.3). Ein Tertiärbezug kann entfallen, da es sich hier um ein reines Rotationsteil handelt. Alle Toleranzzonen haben die Breite t_A und liegen mittig zur Nenngeometrie (schraffiert); darin müssen sich sämtliche wirklichen Flächen befinden. Beispielsweise ist die Zylinderfläche Ø50 in Durchmesser, Koaxialität und Rechtwinkligkeit festgelegt; ihre Achse liegt dann zwangsläufig auch in einem Röhrchen von $Øt_A$ (ebenso wie bei der Bohrung Ø32 in Bild 3.8d). Die oben liegende Ebene Ø50 ist in Maß (Abstand), Ebenheit und Parallelität begrenzt.

Anders ist es nur bei *wirklichen Bezugsflächen* wie hier bei A. Da sich jede Profiltoleranzzone mittig zum Nennort befindet, der Bezug A aber selbst diesen Nennort bildet und von außen an der wirklichen Fläche anliegt, steht für eine wirkliche Bezugsfläche nur die *halbe* Toleranzzone zur Verfügung. Der gestrichelt gezeichnete Bereich kann nicht ausgenutzt werden. Beim Primärbezug A bleibt hier nur die Wirkung einer Ebenheitstoleranz von $t_A/2$ bestehen. Wenn die Bezüge B und C ebenfalls aus wirklichen Flächen gebildet werden, Bild 3.8c, dann ist auch hier von der Flächenprofiltoleranz t_A jeweils nur die Hälfte ausnutzbar (d). Sie wirkt jeweils als Ebenheitstoleranz, beim Sekundärbezug B außerdem als Rechtwinkligkeitstoleranz zu A und beim Tertiärbezug C als Rechtwinkligkeitstoleranz zu A und B. Sinnvoller und übersichtlicher wäre es, die *Bezugselemente* mit *einzeln* eingetragenen Toleranzen zu versehen, z.B. Ebenheit bzw. Rechtwinkligkeit mit dem halben Wert $t_A/2$.

Anwendung: Dieses Konzept der Allgemeintolerierung dient dazu, die Geometrie von beliebigen Werkstücken pauschal einzugrenzen, ohne Differenzierung von spezifischen Merkmalen. Es legt fest, wie weit sich jeder beliebige Punkt auf der Oberfläche von der Nenngeometrie entfernen darf, ausgehend von der Aufnahme auf einem vollständigen Bezugssystem. Außer mit einem Messgerät lässt sich das für einzelne funktionswichtige Punkte oder Flächen auch ggf. mit mechanischen Messmitteln prüfen. Vorteilhaft ist, dass sich nicht verschiedene Abweichungen additiv überlagern können. So ist z.B. möglich, auf einfache Weise die größte Ausdehnung eines Werkstücks zu ermitteln (z.B. für Spann-

oder Greifvorgänge) oder seine minimale (z.B. für erforderliche Bearbeitungszugaben). Dagegen ist das bei einer Allgemeintolerierung nach ISO 2768 (s. Kap. 3.2) oder anderen Normen ohne definierte Bezugselemente in der Regel sehr kompliziert und in vielen Fällen nicht praktikabel.

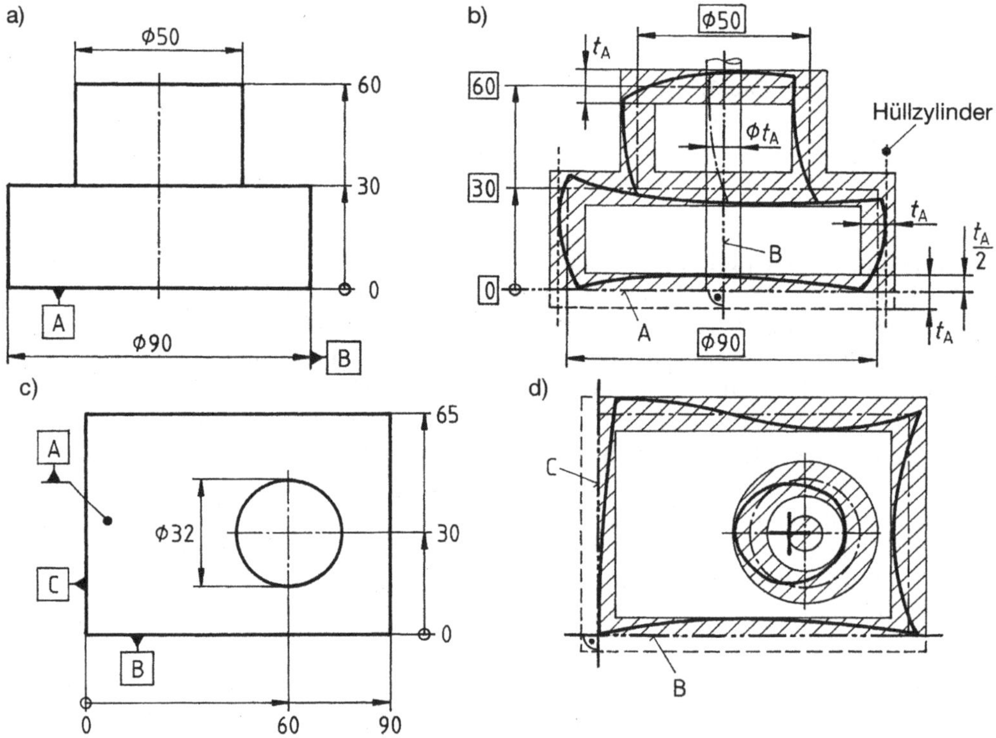

Bild 3.8: Beispiele für eine Allgemeintolerierung nach Bild 3.7. a) Zeichnung eines rotationssymmetrischen Bauteils, b) Toleranzzonen dazu mit zulässigem Werkstück; c) Bauteil mit 3 wirklichen Bezugsflächen, d) Toleranzzonen dazu

4 Toleranzverknüpfungen

Für Leserinnen und Leser: *Hier geht es darum, dass meist mehrere tolerierte geometrische Eigenschaften (z. B. Maße) wie eine Kette aneinanderhängen und zusammen die Funktionsfähigkeit bestimmen. Nach einer Übersicht in Kap. 4.1 erfahren Sie in Kap. 4.2.1, wie sich die einzelnen Abweichungen im schlimmsten Fall aufsummieren können, während Kap. 4.2.2 und 4.2.3 behandeln, dass dieser Fall sehr unwahrscheinlich ist und wie Sie bei gleicher Funktionsfähigkeit die Statistik nutzen können, um zu größeren, d. h. wirtschaftlicheren Einzeltoleranzen zu kommen, ohne großen mathematischen Aufwand. Kap. 4.3 untersucht, welches Unwesen Form- und Lageabweichunger in Maßketten treiben können. Ggf. schrecken die vielen Details Sie ab; dann sollten Sie aber auf jeden Fall Kap. 4.4 über die Maximum-Material-Bedingung lesen, die in praxisgerechter Weise die Vergrößerung von Form- und Lagetoleranzen und ihre Prüfung ermöglicht. Die kleinere Schwester davon, die Minimum-Material-Bedingung zur Sicherung von Mindestmaterialdicken, wird in Kap. 4.5 erläutert. Kap. 4.6 streift den Zusammenhang zwischen unseren Toleranzen und Oberflächenkennwerten.*

4.1 Übersicht

Maßketten: Kaum eine tolerierte geometrische Eigenschaft (z. B. Maß, Form, Lage) steht für sich allein. Meist hängen mehrere aneinander wie eine Kette. Sie heißt Maßkette, auch wenn sie außer Maßen noch andere tolerierte geometrische Eigenschaften enthält; deren Auswirkungen werden auf Maße zurückgeführt. Solche Ketten entstehen auf zweifache Weise:

- Beim *Zusammenfügen* mehrerer Bauteile zu einer *Baugruppe* bildet sich die Kette zwangsläufig.
- Auch am *Einzelteil* sind Maßketten unvermeidlich, weil stets mehrere geometrische Eigenschaften verknüpft sind. Die Auswirkungen auf die *Grenzgestalt*, d. h. unter extremer Ausnutzung aller Toleranzen, sind oft sehr unübersichtlich.

In beiden Fällen bestimmt die Summierung der einzelnen Abweichungen die Funktionsfähigkeit, insb. die Paarungsmaße (s. Kap. 1.3.2) und die Montierbarkeit, aber darüber hinaus auch Spiel, Genauigkeit, Geräuschentwicklung u. v. a.

Schließmaß: Eine Maßkette bedeutet, dass sich alle Toleranzen in *einer* Richtung erstrecken. In dieser Richtung verbindet das *Schließmaß S* Anfang und Ende der Kette. Seine Toleranz ist die *Schließtoleranz* T_S. Sie ergibt sich aus den beteiligten Einzeltoleranzen T_i (T_1, T_2 usw.), d. h., T_S selbst kann nicht beliebig festgelegt werden.

Vorgehensweisen: Maßketten lassen sich auf zwei Arten behandeln:

- *Toleranzanalyse:* Die Einzeltoleranzen sind gegeben; daraus wird die Schließtoleranz berechnet. Dieser Weg ist die Grundlage, die bei allen Berechnungen als Hilfsmittel gebraucht wird.
- *Toleranzsynthese:* Die Schließtoleranz ist vorgegeben, denn sie bestimmt die Funktionsfähigkeit; sie wird auf die Einzeltoleranzen aufgeteilt. Dieser Weg ist entscheidend für die konstruktive Auslegung.

Berechnungsarten: Jede Berechnung einer Maßkette beruht auf dem *ungünstigsten* Fall (worst case), nämlich dass alle Abweichungen zur selben Richtung hin auf ihrem Grenzwert liegen (*arithmetische* Tolerierung, s. Kap. 4.2.1). Dieser Fall ist aber höchst *unwahrscheinlich,* weil sich die einzelnen Abweichungen immer teilweise gegenseitig kompensieren; d. h., die so bei der Toleranzanalyse berechnete Schließtoleranz T_a ist größer als die wirklich zu erwartende Schließtoleranz T_w. Geht man umgekehrt bei der Synthese von einer vorgegebenen Schließtoleranz T_S aus, dann sind die danach aufgeteilten Einzeltoleranzen T_i zu klein und somit unnötig *teuer.* Hier setzt die *statistische* Tolerierung an (s. Kap. 4.2.2 und 4.2.3), die von hoher wirtschaftlicher Bedeutung ist. Grundlage der statistischen Vorgehensweise ist aber stets die arithmetische Berechnung.

4.2 Maßketten

4.2.1 Arithmetische Tolerierung

Bedeutung: Die arithmetische Schließtoleranz T_a stellt den *ungünstigsten* Fall dar. Sie ergibt sich als (arithmetische) Summe aller Einzeltoleranzen T_i in der Kette (eine Toleranz ist die Differenz zwischen Höchst- und Mindestmaß und hat kein Vorzeichen, s. Kap. 1.3.1). Berechnungsverfahren dafür gibt es genügend in der Literatur und als Software. Leider berücksichtigen etliche davon nicht die Auswirkungen von Form- und Lagetoleranzen. Wir werden daher an einem einfachen Beispiel (s. Bild 4.1) eine leicht handhabbare Methode erläutern, die später auch die Basis der statistischen Abschätzung bildet (s. Kap. 4.2.3), und dabei bereits auf die Wirkung einer Formtoleranz eingehen (im Vorgriff auf Kap. 4.3).

Beispielwerkstück: Die Berechnung der arithmetischen Toleranz T_a eines Schließmaßes wird anhand des (vereinfachten) Spritzgussteils in *Bild 4.1 a* erläutert. Als Schließmaß *S* wird der innere Abstand der beiden Zapfen gesucht. Die Maßkette besteht aus dem Zapfenabstand *b* und der Hälfte der Durchmesser *d.* Das Beispiel und das dabei auftretende Problem sind den einzelnen Schritten der folgenden Vorgehensweise beigefügt.

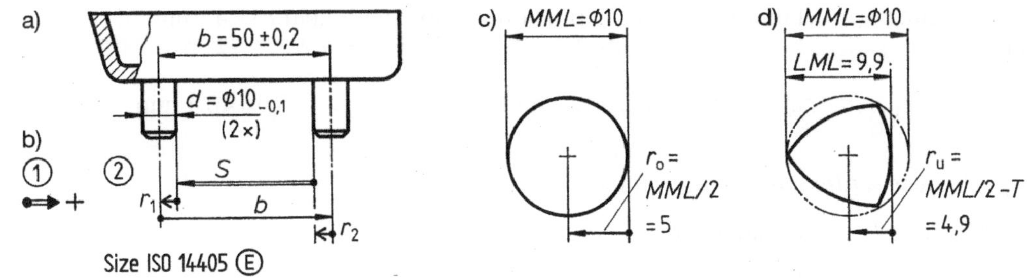

Bild 4.1: Maßkette an einem Spritzgussteil. a) Zeichnungsangaben, b) Aufbau der Kette; c) Höchstmaß und d) Mindestmaß für den halben Zapfendurchmesser r

Vorgehensweise:

① ***Positive Zählrichtung*** festlegen entsprechend der Lage des Schließmaßes S.

② ***Maßkette*** der Einzelmaße als aneinanderhängende Pfeile (Vektoren) zeichnen, Bild 4.1 b:

- Zweckmäßig mit dem *Schließmaß* in *negativer* Richtung beginnen,
- nur Maße *parallel* zum Schließmaß zeichnen (sonst s. u. Bild 4.3); Pfeile ggf. seitlich versetzen.

③ ***Schließmaßgleichung*** aufstellen entsprechend der Richtung der Vektoren (positiv oder negativ). Im Beispiel liegen nicht die beiden Zapfendurchmesser d, sondern ihre Radien r in der Kette:

$$-S - r_1 + b - r_2 = 0 \Rightarrow \boxed{S = -r_1 + b - r_2} \tag{4.1}$$

④ ***Nenn-Schließmaß*** S_N berechnen durch Einsetzen der Nennmaße in die Schließmaßgleichung (4.1):

$S_N = (-5 + 50 - 5)$ mm $\qquad S_N = 40$ mm

⑤ ***Höchst-Schließmaß*** S_0 berechnen (o wie **o**beres Grenzmaß):

- *Positiv* gerichtete Maße mit *Höchstmaß,*
- *negative* mit *Mindest*maß einsetzen in Gleichung (4.1).

Sog. *Nullmaße* (s. Kap. 4.3) aus der Form- oder Lagetolerierung werden wie *positive* Maße behandelt.

Ein grundlegendes Problem zeigt sich beim Zapfendurchmesser d. Wenn der Zapfen auf der Maximum-Material-Grenze *MML* liegt, d. h. hier das Höchstmaß $d_0 = 10$ mm hat, *und* wenn die Hüllbedingung gilt („Size ISO 14 405 Ⓔ"), beträgt das *Höchstmaß* $r_0 = d_0/2 = 5$ mm. Dementsprechend setzen viele Programme für das *Mindestmaß* $r_u = d_u/2 = 4{,}95$ mm ein – und das ist nicht korrekt. An der Minimum-Material-Grenze *LML* kann das Element Formabweichungen haben, z. B. gleichdickförmig, Bild 4.1 c (s. Kap. 1.4.2). Der mit r_u bezeichnete kleinste Abstand der Zapfenkontur von der Achse ist hier um die *volle*

Maßtoleranz T_1 = 0,1 mm kleiner als r_o (nicht um $T/2$). Somit geht r_u = 4,9 mm in Gl. (4.1) ein:

$$S_o = -r_{1u} + b_o - r_{2u} = (-4{,}9 + 50{,}2 - 4{,}9)\ \text{mm} \qquad S_o = 40{,}4\ \text{mm}$$

⑥ ***Mindest-Schließmaß*** S_u berechnen:

- *Positive* (und *Null-*)Maße mit *Mindest*maß,
- *negative* Maße mit *Höchstmaß einsetzen.*

$$S_u = (-5 + 49{,}8 - 5)\ \text{mm} \qquad S_u = 39{,}8\ \text{mm}$$

⑦ ***Schließmaß mit Toleranz*** aus den Schritten 4 bis 6 zusammenstellen:

$$S = 40^{+0{,}4}_{-0{,}2}\ \text{mm}$$

⑧ ***Kontrolle:*** Die Toleranz des Schließmaßes T_S muss gleich der arithmetischen Schließtoleranz T_a, d. h. der Summe aller Toleranzen T_i sein. Alle T_i gehen positiv ein, weil jede Einzeltoleranz die Schließtoleranz nur vergrößern kann.

$$T_S = S_o - S_u = (40{,}4 - 39{,}8)\ \text{mm} \qquad T_S = 0{,}6\ \text{mm}$$

$$T_a = T_1 + T_2 + \ldots = \Sigma T_i \qquad (4.2)$$

$$T_a = T_{r1} + T_b + T_{r2} = (0{,}1 + 0{,}4 + 0{,}1)\ \text{mm} \qquad T_a = 0{,}6\ \text{mm}$$

Aufstellung von Maßketten: Das Beispiel macht klar, dass wir für Maßketten die wirklichen Extremwerte der Maße finden müssen. Dazu dient die folgende Regel (mehr über die Auswirkung von Form- und Lagetoleranzen finden Sie in Kap. 4.3):

> ***4-1 Grenzwerte in Maßketten:*** An der Maximum-Material-Grenze *MML und* bei Gültigkeit der *Hüllbedingung* hat ein *Kreiszylinder* (Welle oder Bohrung) die *ideale* Gestalt (Entsprechendes gilt für ein Parallelflächenpaar). An der Minimum-Material-Grenze *LML* dagegen ist mit Formabweichungen zu rechnen, die die *volle* Maßtoleranz *T* erreichen.

Vorgabe des Montagespiels: Die Baugruppe in *Bild 4.2 a* besteht aus Wellenabsatz, Nabe und Sicherungsring. Das Montagespiel ist mit $0{,}1^{+0{,}3\,\text{mm}}$ vorgegeben, ebenso die Breite *a* der Nabe und die Dicke *c* des Sicherungsrings. Gesucht wird der Abstand *b* der Nutschulter. Bei der Montage ergibt sich jedoch das Spiel zwangsläufig aus den Istmaßen der gefertigten Einzelteile. Daraus folgt:

> ***4-2 Schließmaß bei einer Baugruppe:*** Das Schließmaß *S* ist stets das Maß, das sich beim Zusammenfügen *ergibt* (z. B. Spiel oder Gesamtlänge).

Im Beispiel wird die Schließmaßgleichung für das Spiel als Schließmaß *S* aufgestellt, Bild 4.2 c. Zur Berechnung des gesuchten Maßes *b* wird sie jeweils nach *b* aufgelöst (im Bild nur für die Schritte 4 und 5 angesetzt).

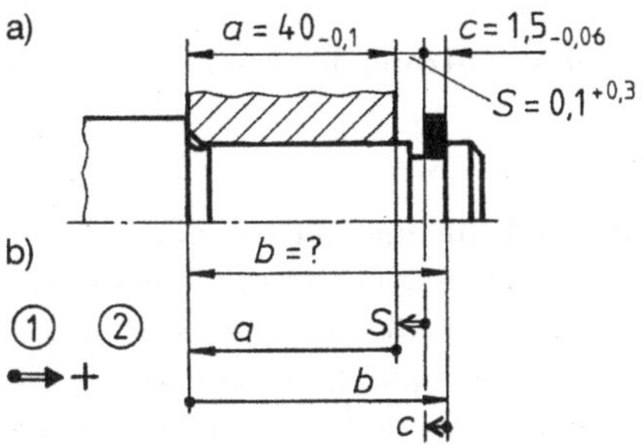

c)

③ $S = -a + b - c$

④ $S_N = -a_N + b_N - c_N$

$\Rightarrow b_N = a_N + c_N + S_N$

⑤ $S_o = -a_u + b_o - c_u$

$\Rightarrow b_o = a_u + c_u + S_o$

usw.

Bild 4.2: Maßkette an einer Baugruppe mit vorgegebenem Spiel *S*. a) Zeichnungsausschnitt (unmaßstäblich), b) Maßkette, c) Ansatz zur Berechnung des Maßes *b*

Einzelmaß in beliebiger Richtung: Wenn ein Einzelmaß *l* von der Richtung des Schließmaßes um einen Winkel α abweicht, Bild 4.3, so geht nur die in Schließmaßrichtung liegende Komponente $l \cdot \cos\alpha$ in die Maßkette ein. (Anmerkung: Wenn α ebenfalls Grenzabweichungen hat, kommt damit ein weiteres Glied in die Kette hinein, s. dazu Kap. 4.3.1).

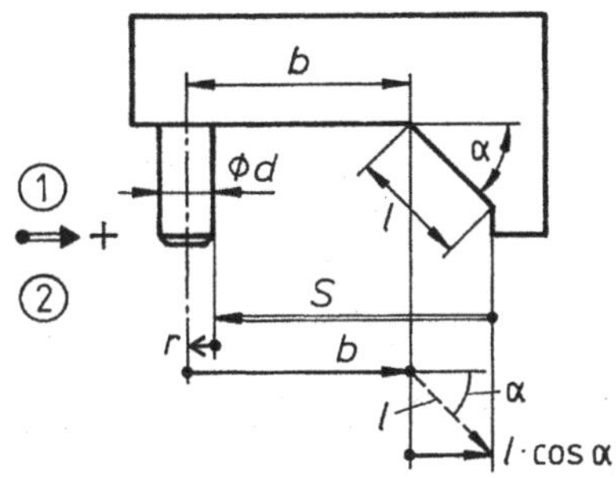

Bild 4.3: Maßkette mit einem nicht in Schließmaßrichtung liegenden Maß *l*, ähnlich Bild 4.1

4.2.2 Grundlagen des statistischen Tolerierens

Bedeutung: Es ist höchst unwahrscheinlich, dass die nach der arithmetischen Methode (Kap. 4.2.1) berechnete Schließtoleranz T_a praktisch vorkommt. In aller Regel ist die wirkliche Schließtoleranz T_w, d.h. die *wahrscheinliche* Schwankung des Schließmaßes einer Maßkette, deutlich kleiner als T_a. Das bedeutet:

- Wenn eine Schließtoleranz T_S vorgegeben wird, sind die danach arithmetisch aufgeteilten Einzeltoleranzen T_i zu eng und somit zu teuer. Sie können so *vergrößert* werden, dass die vorhersehbare wahrscheinliche Schließtoleranz T_w so groß wird wie die verlangte Schließtoleranz T_S.

- Die Toleranz T_w besitzt eine gewisse geringe Wahrscheinlichkeit, mit der sie *überschritten* wird. Daher muss sichergestellt werden, dass eine eventuelle Toleranzüberschreitung keinen Schaden anrichtet (s. Beispiele unten).

Bei den heutigen Anforderungen wären viele Produkte ohne Nutzung der Toleranzstatistik nicht mehr herstellbar oder nicht mehr bezahlbar.

Häufigkeitsverteilungen geometrischer Eigenschaften: Wenn eine Serie gleicher Werkstücke ordnungsgemäß gefertigt und nachgemessen wird, fällt eine bestimmte Messgröße, z.B. ein Wellendurchmesser, unterschiedlich aus, d.h., die Istmaße verteilen sich innerhalb des Toleranzbereiches zwischen Mindestmaß G_u und Höchstmaß G_o. Eine Verteilungskurve entsteht, indem man den Bereich in eine Reihe gleich schmaler Bereiche aufteilt, *Bild 4.4*, dann aufträgt, wie viele Istmaße in jeden Bereich fallen, und durch die Treppenkurve einen Kurvenzug legt. Dabei gibt es einige typische idealisierte Arten der Verteilung, *Bild 4.5:*

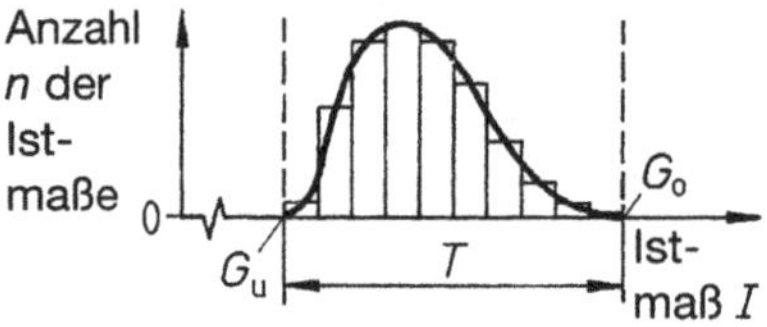

Bild 4.4: Entstehung einer Verteilungskurve

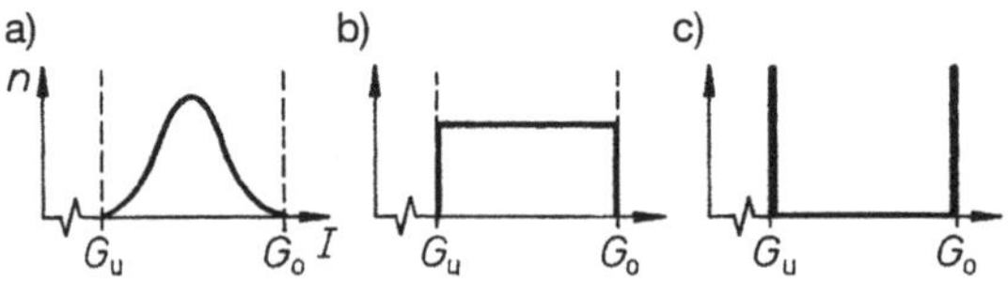

Bild 4.5: Idealisierte Verteilungen. a) Normalverteilung nach Gauß (Glockenkurve), b) Rechteckverteilung, c) nur Extremwerte

a) ***Normalverteilung*** (nach Gauß): Die meisten Istmaße liegen in der Mitte des Bereichs; die Häufigkeit nimmt symmetrisch zu beiden Grenzmaßen hin stark ab. Diese „Glockenkurve" entsteht beim *Ideal*fall einer rein zufälligen (stochastischen) Streuung einer Größe.

b) ***Rechteckverteilung:*** Alle zulässigen Istmaße kommen gleich häufig vor. Praktisch wird aber zu den Grenzmaßen hin immer ein Abfall vorliegen (vgl. Bild 4.6 b); d.h., die Rechteckverteilung ist gegenüber der Wirklichkeit in der Regel *zu ungünstig* angenommen

c) ***Nur Grenzmaße:*** Als Istmaße werden nur G_u und G_o angesetzt; das ist der *ungünstigste* und sehr unwahrscheinliche Grenzfall.

Diese drei Fälle sind Grundlagen der statistischen Berechnung. Es gibt noch weitere, die hier nicht aufgeführt sind (z.B. Dreiecks-, Trapez- oder U-Verteilung [Kle 07]).

Praktische Häufigkeitsverteilungen: *Bild 4.6* stellt den idealisierten Kurven von Bild 4.5 einige typische Verteilungen gegenüber, wie sie in der Praxis vorkommen.

a) ***Einseitig schiefe Verteilung:*** Ein Dreher, der Außendurchmesser dreht, hört jeweils beim Erreichen der „Gutgrenze", d. h. der Maximum-Material-Grenze *MML*, auf, um nicht an die „Ausschussgrenze" (Minimum-Material-Grenze *LML*) zu geraten, und liefert diese Verteilung.

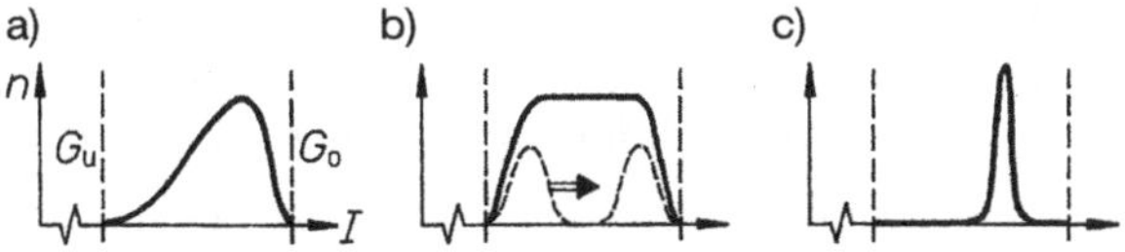

Bild 4.6: Praktische Istmaßverteilungen. a) Einseitig schief, b) trapezähnlich, c) nadelförmig

b) ***Trapezähnliche Verteilung:*** Ein Drehautomat wird beim Außendurchmesser zunächst im *unteren* Durchmesserbereich liegen und dort eine etwa normalverteilte *zufällige* Streuung der Istdurchmesser liefern (gestrichelte Kurve). Mit zunehmender Abnutzung der Meißelspitze verschiebt sich der Streubereich zu größeren Istmaßen hin *(systematischer* Einfluss), bis die Steuerung eingreift. Das gesamte Fertigungslos ergibt eine etwa trapezartige Häufigkeitsverteilung.

c) ***Nadelverteilung:*** Ein Automat stanzt Blechscheiben. Die Funktion lässt eine ziemlich große Durchmessertoleranz zu, die bei der Fertigung des Werkzeugs ausgenutzt werden kann. Beim Stanzen aber streut der Durchmesserwert nur wenig.

Verteilungen bei Form- und Lageabweichungen: Hier ist typisch:

- Bei Toleranzarten mit *mittig* festgelegter Toleranzzone und den Grenzabweichungen $\pm t/2$, d. h. bei *Orts*toleranzen sowie bei *Profil*toleranzen *mit Bezug* (s. Kap. 2.4), steuert der Fertigungsprozess in der Regel den Nennwert an. Die zufällige Streuung ergibt daher etwa eine symmetrische *Normalverteilung* (Bild 4.5 a), während systematische Abweichungen (z. B. Wärmedehnungen) in Richtung einer *Trapezverteilung* (Bild 4.6 b) oder auch einer unsymmetrisch liegenden Normalverteilung führen können.
- Alle *übrigen* Toleranzarten, insbesondere Form- und Lauftoleranzen, haben *einseitig begrenzte* Abweichungen, d. h., neben der Grenzabweichung *t* liegt die andere Grenze bei null; eine negative Abweichung existiert nicht. Sie liefern in der Regel *einseitig schiefe* Verteilungen (ähnlich Bild 4.6 a). Die Rundheitsabweichungen einer Welle hängen z. B. von der Spindellagerung ab. Je besser diese ist, desto näher liegt das Maximum der Verteilung nahe null. Ähnlich verhalten sich meist *Profil*toleranzen *ohne Bezug*; sie stellen ebenfalls Formtoleranzen dar (s. Kap. 2.4).
- Eine besondere Rolle spielen *Richtungs*abweichungen. Ihre Verteilung ist meist auch *einseitig schief.* In der Maßkette können sie aber symmetrisch *wirken*; z. B. kann eine Rechtwinkligkeitsabweichung das Schließmaß nach plus wie nach minus verändern (s. dazu Kap. 4.3.1, Bild 4.9).

Überlagerungen von Verteilungen: Wenn mehrere Einzelmaße mit bekannten Verteilungen als Kette zusammenhängen, lassen sich die Verteilungen der Abweichungen des

Schließmaßes und damit seine wahrscheinliche Schließtoleranz T_w berechnen. Die exakte mathematische Berechnung, die sog. „Faltung", ist äußerst aufwendig [Kle 07] und nicht Thema dieses Buches. Inzwischen gibt es Näherungsverfahren, die den Rechenaufwand praxisgerecht reduzieren [Man 97]. Generell nähert sich die Schließmaßverteilung umso mehr einer Normalverteilung, je größer die Anzahl der Einzelmaße ist, auch wenn die Einzelmaße nicht normalverteilt sind.

Eingrenzung der wahrscheinlichen Schließtoleranz: Es geht hier darum, die Ergebnisse der Toleranzstatistik auch ohne großen mathematischen Aufwand praxisnah zu nutzen. Die wahrscheinliche Schließtoleranz T_w lässt sich durch folgende Größen eingrenzen:

- Die *arithmetische* Schließtoleranz T_a ist stets erheblich *größer* als T_w, denn sie beruht auf der ungünstigsten Verteilung mit *Grenzwerten* gemäß Bild 4.5 c.
- Die *quadratische* Schließtoleranz T_q (s. u.) basiert auf idealisierten Voraussetzungen, u. a. auf einer *Normal*verteilung nach Bild 4.5 a. Sie ist daher oft etwas *kleiner* als T_w, d. h. zu günstig angenommen.
- Die *Rechteck*-Schließtoleranz T_r (s. u.) basiert auf Rechteckverteilungen nach Bild 4.5 b und liegt damit auch etwas zu ungünstig, d. h., T_r ist größer als T_w.

Somit liegt die wahrscheinliche Schließtoleranz T_w zwischen der arithmetischen T_a bzw. rechteckigen T_r und der quadratischen Schließtoleranz T_q, meist aber wesentlich näher an T_q. Wenn wir diese Grenzen berechnen sowie betrachten, wie gut die Voraussetzungen für T_q erfüllt sind, können wir ziemlich genau abschätzen, wo T_w liegt.

Quadratische Schließtoleranz T_q: Sie bildet den minimalen Wert der wahrscheinlichen Schließtoleranz nach der Formel:

$$T_q = \sqrt{T_1^2 + T_2^2 + \ldots} = \sqrt{\Sigma T_i^2} \tag{4.3}$$

Sie ist nur unter folgenden Bedingungen erreichbar:

4-3 Voraussetzungen für die quadratische Schließtoleranz T_q:

a) *Unabhängigkeit:* Die Istabweichungen der einzelnen Toleranzen T_i sind voneinander unabhängig (d. h., mehrere Abweichungen dürfen sich nicht in Abhängigkeit von einer anderen Größe gleichsinnig ändern).
b) *Normalverteilung:* Alle Istabweichungen sind normalverteilt (s. Bild 4.5 a).
c) *Mittigkeit:* Die Normalverteilung liegt mittig im Toleranzintervall, d. h., die Symmetrielinie ist gleich dem Mittenmaß *C* zwischen G_o und G_u, *Bild 4.7.*
d) *Prozessfähigkeit* (s. u.): Der Quotient von *T* und der „Breite" der Glockenkurve, d. h. der Prozessfähigkeitswert C_p (s. u.), ist konstant.

Rein mathematisch hört die Glockenkurve nicht an den Toleranzgrenzen auf, sondern verläuft beidseitig mit stetig abnehmender Höhe unbegrenzt weiter (asymptotisch gegen null). Als praktisches Maß für die „Breite" dient der Wert 6σ. Die *Standardabweichung* σ gibt die mittlere Abweichung der betrachteten Anzahl von Einzelmaßen von ihrem Mittelwert an [Kle 07]. Das Verhältnis $T/6\sigma$ ist der *Prozessfähigkeitswert* C_p. Für eine hinreichend sichere Fertigung muss $C_p > 1$ sein; üblich sind Werte zwischen 1,3 und 1,6 [Mas 07]. (Anmerkung: Der zusätzlich verwendete Kennwert C_{pk} wird kleiner als C_p, wenn die Glockenkurve nicht *mittig* im Toleranzfeld liegt. Das wird hier nicht weiter behandelt.) Für T_q ergibt sich daraus:

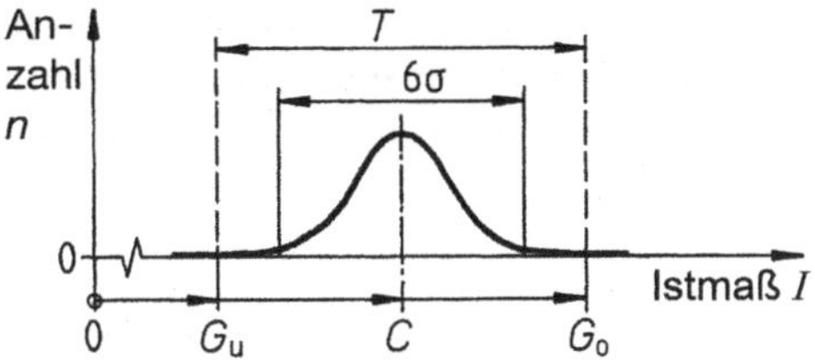

Bild 4.7: Breite der Normalverteilungskurve mit Standardabweichung σ

4-4 Überschreitungswahrscheinlichkeit: Wenn die Voraussetzungen a bis d nach Regel 4-3 *erfüllt* sind *und* $T = 6\sigma$ ist, liegt die Wahrscheinlichkeit, dass die quadratische Schließtoleranz eingehalten wird, bei 99,73 %; d. h. 0,27 % der Teile bzw. jedes 370. Teil *überschreiten* die Toleranz.

Bei jeder statistischen Tolerierung muss bedacht werden, welche Auswirkungen eine Überschreitung hat und wie gesichert wird, dass sie keinen Schaden anrichtet.

Rechteckschließtoleranz T_r: Sie berechnet sich aus der quadratischen Schließtoleranz T_q nach Gl. (4.3):

$$T_r = \sqrt{3} \cdot T_q \tag{4.4}$$

Wenn sich ein Zahlenwert $T_r > T_a$ ergibt, liegt das an der mathematischen Grundlage. Dann ist T_r bedeutungslos, denn die arithmetische Toleranz T_a ist die größtmögliche Schließtoleranz. Bei mehr als 4 Einzeltoleranzen ist meist $T_r < T_a$; dann grenzt T_r die wahrscheinliche Schließtoleranz T_w nach der ungünstigen Seite ein.

Folgerungen für die wahrscheinliche Schließtoleranz T_w: Die Voraussetzungen a bis d nach Regel 4-3 werden in der Praxis fast nie völlig erreicht (vgl. Bild 4.6). Das bedeutet:

- Je *weniger* die Voraussetzugen a bis c (Unabhängigkeit, Normalverteilung, Mittigkeit) erfüllt sind, desto *größer* wird T_w gegenüber T_q.
- Je *größer* $C_p = T/6\sigma$ ist, desto kleiner wird T_w und rückt damit näher an T_q heran. Vor allem sinkt mit der Zunahme von C_p die Überschreitenswahrscheinlichkeit für die Schließtoleranz um Zehnerpotenzen.

Beide Einflüsse kompensieren sich zumindest teilweise, sodass T_w praktisch in aller Regel weit näher an T_q liegt als an den ungünstigeren Grenzwerten T_a bzw. T_r:

$$T_a \gg T_w \geq T_q \quad \text{bzw.} \quad T_r > T_w \geq T_q \tag{4.5}$$

Deshalb rechnen vereinfachte Verfahren oft unmittelbar mit T_q.

Einflüsse auf die quadratische Schließtoleranz T_q: Tabelle 4.1 enthält zum Vergleich vier Rechenbeispiele mit jeweils gleicher arithmetischer Schließtoleranz $T_a = 6$ (z. B. 6 mm oder 6 µm), einmal mit 2 und einmal mit 6 Einzeltoleranzen T_i. (Anmerkung: Bei weniger als 4 Einzeltoleranzen ist eine statistische Rechnung dieser Art in der Regel nicht sinnvoll; die Beispiele dienen nur zur Demonstration der Auswirkung.) Die Einzeltoleranzen T_i sind jeweils entweder gleich groß, oder aber eine davon ist viel größer als die anderen. Die Zahlenwerte für T_q zeigen:

Tabelle 4.1: Quadratische Schließtoleranzen *Tq* bei gleicher arithmetischer Schließtoleranz

Toleranzen	2 Einzeltoleranzen		6 Einzeltoleranzen	
	gleich groß	stark verschieden	gleich groß	stark verschieden
T_i	$T_1 = T_2 = 3$	$T_1 = 1;\ T_2 = 5$	$T_1 = \ldots = T_6 = 1$	$T_1 = \ldots = T_5 = 0{,}2;\ T_6 = 5$
T_a	3 + 3 = 6	1 + 5 = 6	1+1+1+1+1+1 = 6	0,2+0,2+0,2+0,2+0,2+5 = 6
T_q	$\sqrt{3^2 + 3^2} \approx 4{,}24$	$\sqrt{1^2 + 5^2} \approx 5{,}10$	$\sqrt{1^2 + \ldots + 1^2} \approx 2{,}45$	$\sqrt{0{,}2^2 + \ldots + 0{,}2^2 + 5^2} \approx 5{,}02$

4-5 ***Anzahl der Einzeltoleranzen:*** Die statistische Tolerierung wirkt sich umso stärker aus, je *größer* die Anzahl der Einzeltoleranzen ist (die Abweichungen kompensieren sich dann mehr).

4-6 ***Größe der Einzeltoleranzen:*** Die quadratische Schließtoleranz T_q kann nicht kleiner werden als die *größte* Einzeltoleranz T (schwächstes Kettenglied).

In Tabelle 4.1 ergibt sich bei 6 Einzeltoleranzen T_q einmal zu 2,45, einmal zu 5,02. Deshalb ist es günstig, wenn die Einzeltoleranzen etwa gleich groß sind, natürlich unter Berücksichtigung unterschiedlicher Fertigungsschwierigkeiten. Feine Toleranzen stören die Kette nicht, aber eine einzige große Einzeltoleranz schlägt durch.

4.2.3 Vorgehensweise zum überschlägigen statistischen Tolerieren

Bedeutung: Dieses Kapitel versucht, die Erkenntnisse aus der Toleranzstatistik praktisch zu nutzen (zunächst nur für Maßtoleranzen). Dabei wird die Vorgehensweise aus VDI 2247 um eine Abschätzung erweitert. Auf die mathematische Behandlung verzichten wir hier weitgehend (s. dazu DIN 7186 sowie [Kle 07, Man 97]).

Rechenbeispiel „Schneckenwelle“: *Bild 4.8 a* ist ein Ausschnitt aus einem Schneckengetriebe mit der Lagerung der Schneckenwelle (ähnlich VDI 2247). An diesem Beispiel wird die folgende Vorgehensweise erläutert. Die Funktion verlangt ein axiales Lagerspiel zwischen 0,2 und 0,8 mm; es bildet das Schließmaß $S = 0{,}2^{+0{,}6\,\text{mm}}$ mit der Schließtoleranz $T_S = 0{,}6$ mm (s. Kap. 4.2.1). Diese wurde arithmetisch, d. h. nach dem ungünstigsten Fall, auf die beteiligten Einzelmaße aufgeteilt; daraus ergibt sich die Maßkette in Bild 4.8 b. Die Einzeltoleranzen der Konstruktionsmaße B = 236 mm (Gehäusebreite) und D = 20 mm (Deckeltiefe) sind mit jeweils $T_B = T_D = 0{,}1$ mm sehr eng, ebenso bei H = 159,8 mm (Lagerentfernung) mit $T_H = 0{,}06$ mm. Die Wälzlagerbreite L = 18 mm hat eine Toleranz T_L = 0,12 mm.

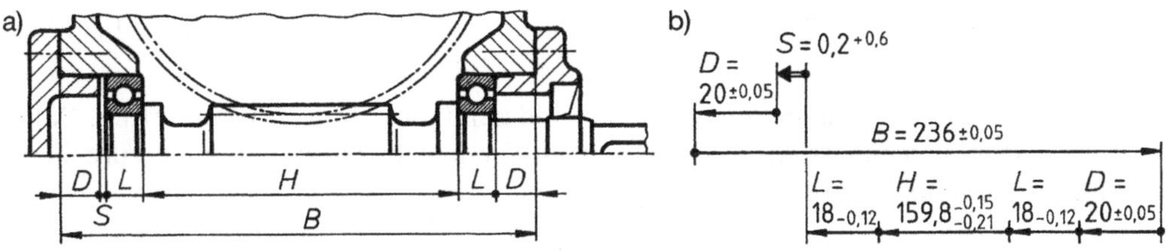

Bild 4.8: Schneckenwelle als Beispiel zur statistischen Tolerierung. a) Zeichnungsausschnitt, b) Maßkette mit arithmetisch aufgeteilten Toleranzen

Vorgehensweise: In die einzelnen Schritte der Vorgehensweise wird zum besseren Verständnis jeweils das Beispiel aus Bild 4.8 eingebunden.

① ***Arithmetische Schließtoleranz*** nach Gl. (4.2):

$$T_a = T_1 + T_2 + \ldots \qquad\qquad T_a = 0{,}6 \text{ mm}$$

$$T_a = 2T_D + T_B + 2T_L + T_H$$

$$= (2 \cdot 0{,}1 + 0{,}1 + 2 \cdot 0{,}12 + 0{,}06) \text{ mm}$$

② ***Quadratische Schließtoleranz*** nach Gl. (4.3):

$$T_q = \sqrt{2T_D^2 + T_B^2 + 2T_L^2 + T_H^2}$$

$$T_q = \sqrt{2 \cdot 0{,}1^2 + 0{,}1^2 + 2 \cdot 0{,}12^2 + 0{,}06^2} \text{ mm} \qquad\qquad T_q = 0{,}25 \text{ mm}$$

③ ***Rechteck-Schließtoleranz*** nach Gl. (4.4):

$$T_r = \sqrt{3} \cdot T_q$$

$$T_r = \sqrt{3} \cdot 0{,}25 \text{ mm} \qquad\qquad T_r = 0{,}43 \text{ mm}$$

T_r ist < T_a, somit ist T_r als Grenze gültig.

④ ***Abschätzung der wahrscheinlichen Schließtoleranz T_w:*** Sie beruht darauf, wie gut die Voraussetzungen für die quadratische Schließtoleranz erfüllt sind (s. Regel 4-3):

a) *Unabhängigkeit:* Im Beispiel weitgehend erfüllt.

b) *Normalverteilung:* Nur in grober Näherung erfüllt.

c) *Mittigkeit:* Nicht unbedingt gewährleistet, aber doch wahrscheinlich.

d) *Prozessfähigkeit:* Dürfte deutlich besser sein als 1.

Nach Gl. (4.5) ist

$$T_a \gg T_w \geq T_q \text{ bzw. } T_r > T_w \geq T_q, \quad \text{d.h.,} \qquad 0{,}43 \text{ mm} > T_w \geq 0{,}25 \text{ mm}$$

Die qualitativen Voraussetzungen a bis c sind zumindest einigermaßen erfüllt. Daher könnte man angenähert mit $T_w = T_q$ rechnen. Vorsichtshalber (und um die Vorgehensweise zu erläutern) wird gewählt:

$$T_w = 0{,}3 \text{ mm}$$

⑤ ***Vergrößerungsfaktor:*** Alle Einzeltoleranzen T_i werden um den Faktor V vergrößert, sodass bei quadratischer Berechnu ng die in Schritt 4 festgelegte wahrscheinliche Schließtoleranz T_w gleich der vorgegebenen Schließtoleranz T_S wird (hier ist $T_S = T_a = 0{,}6\,\text{mm}$).

$$V = T_S / T_w \tag{4.6}$$

$$V = 0{,}6/0{,}3 \qquad V = 2$$

⑥ ***Gleichmäßig vergrößerte Einzeltoleranzen:***

$$T_{iV} = V \cdot T_i \tag{4.7}$$

$$T_{DV} = 2T_D = 2 \cdot 0{,}1 \text{ mm} = 0{,}2 \text{ mm};$$

$$T_{BV} = 0{,}2 \text{ mm}; \quad T_{HV} = 2 \cdot 0{,}06 \text{ mm} = 0{,}12 \text{ mm}$$

⑦ ***Kontrollschließtoleranz:*** Sie wird aus den vergrößerten Einzeltoleranzen quadratisch berechnet:

$$T_{qV} = V \cdot T_q \tag{4.8}$$

$$T_{qV} = 2 \cdot 0{,}25 \text{ mm} \qquad T_{qV} = 0{,}5 \text{ mm}$$

T_{qV} muss $\leq T_S$ sein (falls in Schritt 4 gesetzt wurde $T_w = T_q$, wird $T_{qV} = T_S$). Die Kontrollschließtoleranz ist ein reiner Vergleichswert und wird nur für die folgenden Schritte 8 bis 10 gebraucht.

⑧ ***Aufteilung der Einzeltoleranzen:*** Es kann sein, dass nicht alle Einzeltoleranranzen gleichmäßig vergrößert werden sollen oder können. Z. B. liegt die Breite L der zugekauften Wälzlager mit ihrer Toleranz fest. Dann können die übrigen Toleranzen noch weiter vergrößert werden, um die Schließtoleranz T_w auszuschöpfen. Daher wird aufgeteilt in

- *zusätzlich vergrößerbare* Toleranzen (Index Z; hier T_{DZ}, T_{BZ}, T_{HZ}) und
- *festliegende* Toleranzen (Index F; hier T_{LF} = 0,12 mm).

Das Probieren ist an dieser Stelle oft einfacher als die exakte mathematische Lösung. Im Beispiel werden probeweise zusätzlich vergrößert:

$$T_{DZ} = T_{BZ} = T_{HZ} = 0{,}25 \text{ mm}$$

⑨ ***Neue Kontrollschließtoleranz:*** Mit den neuen Toleranzen T_{iZ} und T_{iF} aus Schritt 8 wird erneut die quadratische Schließtoleranz berechnet:

$$T_{qZ} = \sqrt{T_{1Z}^2 + T_{2Z}^2 + \ldots + T_{1F}^2 + T_{2F}^2 + \ldots}$$

$$T_{qZ} = \sqrt{2T_{DZ}^2 + T_{BZ}^2 + T_{HZ}^2 + 2T_{LF}^2}$$

$$= \sqrt{4 \cdot 0{,}25^2 + 2 \cdot 0{,}12^2} \text{ mm} \qquad T_{qZ} = 0{,}53 \text{ mm}$$

Es muss sein

$$T_{qZ} \leq T_{qV} \tag{4.9}$$

nach Schritt 7, denn die in Schritt 8 neu aufgeteilten Toleranzen dürfen keine größere Schließtoleranz bewirken als die gleichmäßig vergrößerten Toleranzen von Schritt 6. Im Beispiel ist T_{qZ} = 0,53 mm etwas zu groß gegenüber T_{qV} = 0,5 mm. Also werden Schritt 8 und 9 wiederholt:

(8a) Neue Einzeltoleranzen, probeweise:

$$T_{DZ} = T_{BZ} = 0{,}24 \text{ mm}; \quad T_{HZ} = 0{,}22 \text{ mm};$$

$$T_{LF} = 0{,}12 \text{ mm} \quad \text{(wie vorher)}$$

(9a) $$T_{qZ} = \sqrt{3 \cdot 0{,}24^2 + 0{,}22^2 + 2 \cdot 0{,}12^2} \text{ mm} \qquad T_{qZ} = 0{,}5 \text{ mm}$$

Damit können die Toleranzen von Schritt 8a übernommen werden.

⑩ ***Festlegung von Toleranzintervallen:*** Solange die Grenzabmaße *symmetrisch* zum Nennmaß liegen, bleibt auch das erweiterte Toleranzintervall in symmetrischer Lage:

D war $20 \pm 0{,}05$ mm; $T_{DZ} = 0{,}24$ mm $\Rightarrow$ $D = 20 \pm 0{,}12$ mm

entsprechend $B = 236 \pm 0{,}12$ mm

Bei *unsymmetrischem* Toleranzintervall wird das *Mittenmaß C* (s. Kap. 1.3.1) beibehalten:

H war $159{,}8^{-0{,}15}_{-0{,}21}$ mm $\Rightarrow$ $H = 159{,}62 \pm 0{,}03$ mm

$T_{HZ} = 0{,}22$ mm $\Rightarrow$ $H = 159{,}62 \pm 0{,}11$ mm bzw. $159{,}8^{-0{,}07}_{-0{,}29}$ mm

Wenn möglich sollten Sie die symmetrische Form von Toleranzintervallen bevorzugen; dann ist die Rechnung am einfachsten und übersichtlichsten.

⑪ ***Qualitätssicherung:*** Bei jeder statistischen Tolerierung muss dafür gesorgt werden, dass eine eventuelle Überschreitung der in Schritt 4 angenommenen wahrscheinlichen Schließtoleranz keinen Schaden anrichtet (s. Regel 4-4). In unserem Beispiel (Bild 4.8) wird nach der Montage das Axialspiel mit einer Fühllehre geprüft. Ggf. kann einer der Deckel ausgetauscht oder nachgearbeitet (abgeschliffen) werden.

Beispiel „Auspufftopf“: Ein Betrieb baut Auspufftöpfe, die aus 5 gleich großen Kammern bestehen. Zur Schalldämpfung werden sie mit Kissen aus Mineralwolle gefüllt; diese wird in Bahnen produziert und in Kissen zerschnitten. Fertigungsbedingt schwankt die Masse der Kissen um ± 25 %, und zwar ziemlich gut normalverteilt. Die Gesamtmasse der Mineralwolle von 1000 g im Auspufftopf darf nicht mehr als um ± 15 %, d. h. um ± 150 g, schwanken. Die Schließtoleranz T_S betrifft hier Massen und nicht Maße; die Vorgehensweise bleibt aber gleich. T_S beträgt 30 % bzw. 300 g.

Ursprünglich wurde an eine Wiege- und Sortieranlage für die Kissen gedacht. Eine statistische Überschlagsrechnung zeigt aber, dass das unnötig ist:

- Masse von 1 Kissen $m = 200 \pm 50\,\text{g} \Rightarrow$ Einzeltoleranz $T = 100\,\text{g}$
- *Arithmetische Schließtoleranz:* $T_a = 5T = 5 \cdot 100\,\text{g} = 500\,\text{g}$
- *Quadratische Schließtoleranz:* $T_q = \sqrt{5 \cdot T^2} = \sqrt{5} \cdot T = 224$ g (entsprechend $\pm$ 112 g).
- *Reckteck-Schließtoleranz:* $T_r = \sqrt{3} \cdot T_q = 388$ g (bzw. $\pm$ 194 g)
- *Abschätzung:* $T_r > T_w \geq T_q$, d. h. 388 g > $T_q \geq$ 224 g. Die Voraussetzungen für die quadratische Schließtoleranz sind sämtlich gut erfüllt; somit kann man mit $T_w = T_q$ rechnen. $T_q = 224$ g liegt weit unter $T_S = 300$ g. Die Wahrscheinlichkeit einer Toleranzüberschreitung ist somit minimal und spielt praktisch keine Rolle.

Beispiel „Gestelldeckel“: Eine Firma fertigt Sonderwerkzeugmaschinen in Baukastenbauweise. An den Gestellbauteilen befinden sich Deckel, die mit je 6 Innensechskantschrauben befestigt sind. Sowohl die angesenkten Löcher im Deckel als auch die Gewindebohrungen im Gestell erfordern relativ enge und damit teure Positionstoleranzen. Um die Fertigung kostengünstiger zu gestalten, wurden die Toleranzen nach statistischer Abschätzung auf das 1,7 fache vergrößert. Damit kann es in seltenen Fällen vorkommen, dass bei der Montage eine Schraube sich nicht mehr eindrehen lässt; dann muss der Deckel gegen einen anderen ausgetauscht werden. Der Kunde bemerkt davon nichts, er bekommt eine Maschine mit passendem Deckel.

Zusammenfassender Nachsatz: Die statistische Tolerierung kann bei großen wie bei kleinen Serien mit geringem mathematischen Aufwand genutzt werden. Erfahrungswerte zeigen, dass eine Vergrößerung der Einzeltoleranzen in den meisten Fällen mindestens um den Faktor 1,5, häufig sogar um den Faktor 2 möglich ist. Auch wenn die üblichen statistischen Rechenverfahren erst ab 4 Einzeltoleranzen gültig sind, wirkt sich die Statistik auch bei geringerer Anzahl aus, s. dazu das Beispiel „Übergangspassung" in Kap. 1.3.4.

4.3 Form- und Lagetoleranzen in Maßketten

4.3.1 Einführung

Bedeutung: Fast in jeder Maßkette wirken sich auch Form- oder Lageabweichungen aus. Häufig werden sie nicht erkannt, sodass die Kettenberechnung den ungünstigsten Fall nicht erfasst (s. Kap. 4.2.1, Bild 4.1). Solange man nicht statistisch weiterrechnet, bleiben die Fehler infolge der immer vorhandenen statistischen Wirkung praktisch unwirksam. Bei Anwendung der Toleranzstatistik aber brauchen wir als Grundlage den ungünstigsten Fall.

Probleme: Form- und Lageabweichungen verursachen zwei Schwierigkeiten:

- Ihre extreme Auswirkung auf das Schließmaß ist oft nicht leicht zu erkennen. Die ungünstigsten *Grenzformen* und *Grenzlagen* müssen daher gesucht werden. Dafür gibt es bisher noch keine systematische Vorgehensweise.
- Manche Toleranzen treten ohne zugehöriges Nennmaß auf. Daher fügen wir ein *Nullmaß* in die Maßkette ein; dessen Grenzabweichungen müssen ermittelt werden (s. Beispiel).

Beispiel „Spritzgussteil": Das Spritzgussteil in *Bild 4.9 a* ähnelt dem von Bild 4.1 in Kap. 4.2.1. Im Unterschied dazu gilt das Abstandsmaß *b* nur am oberen Ende der Zapfen (durch Kreuze markiert). Der linke Zapfen liefert den Bezug A für die Parallelitätstoleranz t_p = 0,3 mm des rechten Zapfens. (Ob diese Tolerierung optimal ist, sei dahingestellt; das Werkstück dient nur zur Erläuterung.) Das Schließmaß *S* ist der innere Abstand zwischen den unteren Enden der Zapfen. Weil „Size ISO 14 405 Ⓔ" eingetragen ist, gilt für beide Zapfen die Hüllbedingung (s. Kap. 1.4.4).

Berechnung der Maßkette: Die arithmetische Schließtoleranz der Kette in Bild 4.9 b wird entsprechend der Vorgehensweise in Kap. 4.2.1 (zu Bild 4.1) berechnet.

① ***Positive Zählrichtung*** festlegen.

② ***Maßkette:*** Sie beginnt mit dem Schließmaß *S*. Die Achse des linken Zapfens bildet den Bezug. Die Achse des rechten Zapfens ist dazu parallel toleriert, d. h., ihr unteres Ende kann sich gegenüber dem oberen trotz gleichem Nennmaß verschieben. Deshalb wird zwischen *b* und r_2 ein *Nullmaß* als Punkt oder Kreis auf der Maßhilfslinie eingeschoben.

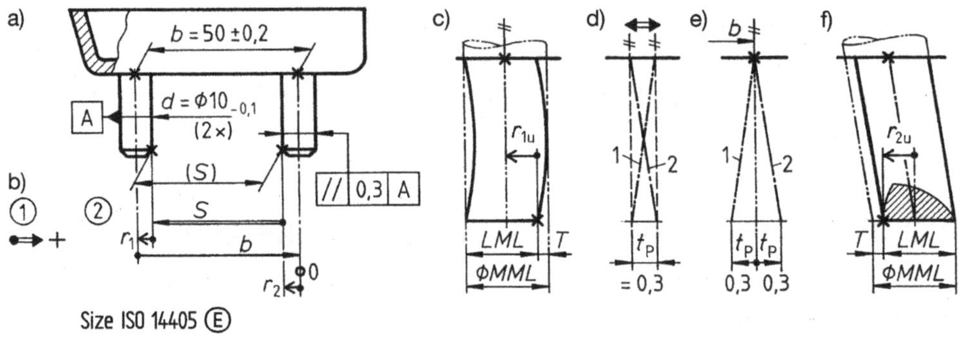

Bild 4.9: Maßkette mit Form- und Lagetoleranzen. a) Werkstück mit Parallelitätstoleranz, b) Maßkette dazu; c) linker Zapfen mit Hüllbedingung und maximaler Formabweichung (Geradheit); d) Grenzrichtungen der rechten Zapfenachse, e) Auswirkungen der Grenzrichtungen in der Maßkette; f) rechter Zapfen in Grenzlage mit maximaler Formabweichung (Rundheit) für größtes Schließmaß

③ ***Schließmaßgleichung:*** Sie unterscheidet sich von der zu Bild 4.1 durch das zusätzliche Nullmaß; es wird wie ein *positiv* gerichtetes Maß behandelt.

$$S = -r_1 + b + 0 - r_2$$

④ ***Nenn-Schließmaß:*** Es ergibt sich wie zu Bild 4.1

$S_N = (-5 + 50 + 0 - 5)$ mm $\qquad S_N = 40$ mm

⑤ ***Höchst-Schließmaß:*** Maß r_1 liegt *negativ*, daher ist das wirkliche *Mindest*maß zu suchen. Nach Bild 4.1 c ist das $r_u = MML/2 - T = 5 - 0{,}1$ mm = 4,9 mm; d. h., die *volle* Maßtoleranz *T* des Durchmessers *d* ist vom halben Durchmesser $r = d/2$ abzuziehen. Zum gleichen Ergebnis kommt man, wenn man den Zapfen in seiner Länge betrachtet. Bei Maximum-Material-Zustand ist er durch die Hülle mit *MML* = Ø 10 mm geometrisch ideal begrenzt, Bild 4.9 c. Auf der Minimum-Material-Grenze *LML* = 9,9 mm kann er z. B. um *T* = 0,1 mm krumm sein. Somit kann das Schließmaß um *T* größer werden (nicht nur um *T*/2). Die Maßkette geht weiter über *b* (positiv, d. h. mit Höchstmaß 50,2) zum Nullmaß. Hier halten wir inne, um seine Grenzabmaße zu bestimmen.

Auswirkungen einer Richtungstoleranz: Die Achse des linken Zapfens bildet den Bezug A für die Parallelitätstoleranz t_P des rechten Zapfens. Das Schließmaß S ändert sich, wenn eine Parallelitätsabweichung vorliegt. Die Bezugsachse ist die Achse des anliegenden idealen Gegenelements, d. h., die Achse des umschriebenen Zylinders (s. Kap. 2.3.3). Zweckmäßig denken wir uns die beiden Enden der Bezugsachse senkrecht zum Schließmaß exakt übereinanderliegend, d. h., die Achse erscheint in der Maßkette nicht (Bild 4.9 b); die Parallelitätsabweichungen werden beim *tolerierten* Element berücksichtigt.

Bei der eingetragenen Tolerierung ist die Toleranzzone begrenzt von 2 Ebenen im Abstand t_P = 0,3 mm, Bild 4.9 d. Ihr *Ort* ist nicht bestimmt, d. h., sie lässt sich seitlich frei verschieben (s. Kap. 2.5). Die tolerierte Achse des rechten Zapfens kann darin z. B. schief stehen mit den Grenzlagen 1 oder 2. Nun ist in der Maßkette das *obere* Ende des rechten Zapfens festgelegt. Wenn wir die beiden möglichen Grenzrichtungen auf den Zapfen übertragen, kann sich das *untere* Ende als Teil der Maßkette um + t_P oder − t_P, d. h. insgesamt um ± 0,3 mm verschieben. Das *Nullmaß hat daher die Abmaße 0* ± 0,3 mm; *seine* Toleranz t_0 = 0,6 mm geht in das Schließmaß ein (und nicht die eingetragene Parallelitätstoleranz t_P = 0,3 mm). Ein solches Verhalten haben wir bisher nur bei Richtungstoleranzen gefunden. Der Fall tritt nur auf, wenn die Maßkette jeweils an verschiedenen Stellen des Geometrieelements ansetzt.

Fortsetzung der Maßkettenberechnung: Wir hatten oben abgebrochen in Schritt 5.

⑤ (*Fortsetzung:*) Da das Nullmaß wie ein *positiv* gerichtetes Maß zu behandeln ist (s. Kap. 4.2.1), wird sein Höchstmaß mit + 0,3 mm eingesetzt. Das restliche Maß $-r_2$ ist wieder mit Mindestmaß anzusetzen. Diesmal suchen wir von der Istachse aus den kürzesten Abstand zur Mantelfläche. Der ungünstigste Fall ist nicht der krumme Zapfen, sondern der gleichdickförmige, wie oben bei r_1. Deshalb ist auch hier r_{2u} = 4,9 mm.

$S_o = (-\,4{,}9 + 50{,}2 + 0{,}3 - 4{,}9)$ mm $\qquad S_o = 40{,}7$ mm

⑥ ***Mindest-Schließmaß:*** Wegen der Hüllbedingung sind beide Zapfen mit *MML* = Ø 10 mm geometrisch ideal; also ist $r_{1o} = r_{2o}$ = 5 mm.

$S_o = (-\,5 + 49{,}8 - 0{,}3 - 5)$ mm $\qquad S_u = 39{,}5$ mm

⑦ ***Schließmaß mit Toleranz:*** $\qquad S = 40^{+0{,}7}_{-0{,}5}$ mm

⑧ ***Kontrolle:***

$T_S = (40{,}7 - 39{,}5)$ mm $\qquad T_S = 1{,}2$ mm

$T_a = T_{r1} + T_b + T_0 + T_{r2} = (0{,}1 + 0{,}4 + 0{,}6 + 0{,}1)$ mm $\qquad T_a = 1{,}2$ mm

Statistische Abschätzung: Die arithmetische Schließtoleranz ist mit 1,2 mm sehr groß. Daher wird eine statistische Abschätzung der wahrscheinlichen Schließtoleranz T_w, vorgenommen (s. Kap. 4.2.2):

② *Quadratische Schließtoleranz:*

$$T_q = \sqrt{T_{r1}^2 + T_b^2 + T_0^2 + T_{r2}^2}$$

$$T_q = \sqrt{0,1^2 + 0,4^2 + 0,6^2 + 0,1^2}\ \text{mm} \qquad T_q = 0,73\ \text{mm}$$

③ *Rechteckschließtoleranz:*

$$T_r = \sqrt{3} \cdot T_q = \sqrt{3} \cdot 0,7348\ \text{mm} \qquad T_r = 1,27\ \text{mm}$$

Weil $T_r > T_a$ ist, bleibt T_a die ungünstigste Grenze.

④ *Abschätzung:*

$$T_a \gg T_w \geq T_q,\ \text{d.h.} \qquad 1,2 \gg T_w \geq 0,73$$

Die Einzeltoleranzen sind nicht als unabhängig anzusehen, weil sie alle von den Spritzbedingungen beeinflusst werden. T_q dürfte daher nicht erreichbar sein; realistisch ist etwa:

$$T_w \approx 0,9\ \text{mm}$$

Konstruktive Verbesserung: Auch dieser Wert erscheint noch recht hoch. Die quadratische Schließtoleranz T_q = 0,73 mm liegt dicht bei der größten Einzeltoleranz T_0 = 0,6 mm. Eine Verbesserung muss hier ansetzen. Beispielsweise kann man im Werkstück nach Bild 4.9 a eine Längsrippe einziehen, um den Verzug der Bodenplatte und die Parallelitätsabweichung der Zapfen zu vermindern (s. Kap. 5.3.2, Regel 5-15). Eine kleinere Toleranz von z. B. t_P = 0,2 mm liefert folgende Abschätzungen:

- *Arithmetische Schließtoleranz:* T_a = 1 mm
- *Quadratische Schließtoleranz:* T_q = 0,58 mm
- *Wahrscheinliche Schließtoleranz:* $T_w \approx$ 0,7 mm

T_w könnte z. B. durch Messungen bestätigt werden. Der kombinierte Einsatz von Berechnung *und* Konstruktion hat die ursprüngliche Vorstellung einer Schließtoleranz von 1,2 mm auf etwa 0,7 mm vermindert.

4.3.2 Grenzgestalten von Geometrieelementen

Bedeutung: Unter „Grenzgestalt" wird hier diejenige Gestalt eines einzelnen Geometrieelements verstanden, die unter Ausnutzung aller Toleranzen die jeweils extreme Auswirkung auf das Schließmaß hat. Es gibt verschiedene Grenzgestalten. Für die Paarungs- oder Passungsfähigkeit ist meist die Gestalt an der Maximum-Material-Grenze entscheidend, während die Minimum-Material-Grenze Aussagen z. B. über vorhandene Bearbeitungszugaben oder Restwandstärken gestattet. Die Grenzgestalt kompletter Bauteile wird in Kap. 4.3.3 angesprochen.

Problematik: Das Beispiel in Bild 4.9 (Kap. 4.3.1) lässt erkennen, dass die entscheidende Grenzgestalt oft schwierig zu erfassen ist. Häufig wird übersehen, dass bei einem Maß (insb. bei einem Durchmesser) die Formabweichung mitwirkt. Zur Erfassung von Grenzgestalten gibt es meines Wissens bisher noch keine geschlossene methodische Vorgehensweise. Darum versuchen wir, die bekannten Fakten systematisch darzustellen; damit lässt sich zumindest ein erheblicher Teil der Probleme bearbeiten. Die Regeln können aber noch keinen Anspruch auf Lückenlosigkeit erheben. Daher sollten Sie in jedem Einzelfall prüfen, welche Gestalt tatsächlich die extreme Auswirkung auf das Schließmaß bringt.

Toleranzzonen: Grundlage für alle extremen Abweichungen ist die Toleranzzone. Im Zweifelsfall sollten Sie sie maßstäblich vergrößert skizzieren und die möglichen Grenzgestalten einzeichnen (s. Beispiele). Am häufigsten kommen *geradlinige* und *ringförmige* Toleranzzonen vor, *Tabelle 4.2* (s. dazu Tabelle 2.1, Kap. 2.1).

Tabelle 4.2: Häufigste Gestalt von Toleranzzonen (nicht vollständig) und ihre Festlegung durch Bezüge. („Flachform": Geradheit und Ebenheit; „Rundform": Rundheit und Zylindrizität)

Gestalt	Begrenzung durch	Toleranzarten	Bindung durch Bezüge
Geradlinig	2 Ebenen bzw. 2 Geraden oder „Röhrchen" (Kreiszylinder)	„Flachform"	keine
		Richtung	nur Richtung
		Ort	Ort und Richtung
Ringförmig	2 konzentrische Kreise oder 2 koaxiale Kreiszylinder	„Rundform"	keine
		Lauf	Rotationsachse

Geradlinige Toleranzzonen: Die wichtigsten Grenzabweichungen von tolerierten Elementen (das können *wirkliche* Flächen oder Geraden sein bzw. *abgeleitete* Achsen, Mittellinien oder Mittelebenen) sind in *Bild 4.10* zusammengestellt:

a) ***Krumm:*** Wichtig bei *(Flach-)Form*toleranzen (Geradheit und Ebenheit, s. Kap. 2.2.2 und 2.2.3).

b) ***Unterbrochen krumm:*** Bei *Form*toleranzen mit *gemeinsamer* Toleranzzone (CZ, s. Kap. 1.6.1), insb. bei der Geradheit einer gemeinsamen Achse.

c) ***Schief:*** Wichtig bei *Richtungs*toleranzen (Parallelität, Rechtwinkligkeit, Neigung, s. Kap. 2.5).

d) ***Versetzt:*** Nur bei *Orts*toleranzen (Position, Koaxialität, Symmetrie, s. Kap. 2.6, sinngemäß auch bei *Profil*toleranzen *mit Bezugssystem,* s. Kap. 2.4).

e) ***Schartig versetzt:*** Dieser spezielle Fall kann wichtig sein, wenn das Gegenelement nur auf einer schmalen Zone aufliegt (z. B. ein Stift auf einer Ebene).

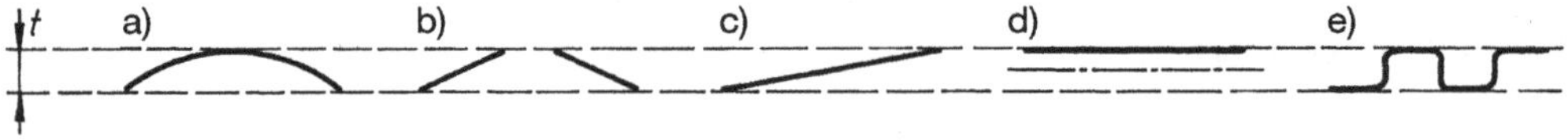

Bild 4.10: Typische Grenzabweichungen bei geradliniger Toleranzzone. a) krumm, b) unterbrochen krumm, c) schief, d) versetzt, e) schartig versetzt

Kreisringförmige Toleranzzonen: Von den in Kap. 2.2.4, Bild 2.10, dargestellten typischen Kreisformabweichungen ist in der Regel die *gleichdickförmige* Grenzgestalt entscheidend für das Schließmaß (s. dazu auch Bild 4.1, Kap. 4.2.1, und Bild 4.9, Kap. 4.3.1). Hier sollten Sie sich jedoch fragen, ob diese Grenzgestalt möglich ist.

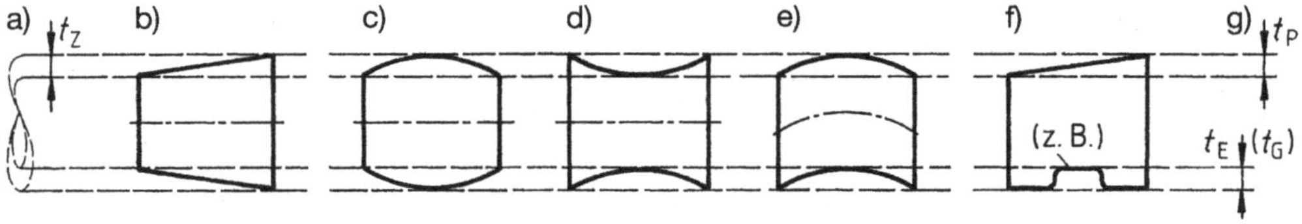

Bild 4.11: Grenzgestalten von Kreiszylindern bzw. Parallelebenenpaaren. a) Zylindrizitäts-Toleranzzone für b bis e; b) kegelige Gestalt; c) tonnenförmig bzw. bauchig, d) doppelglocken- bzw. kissenförmig; e) krumm (durchgebogen); f) trapezförmig; g) alternative Vorgabe einer Parallelitäts- und einer Flachformtoleranz für c bis f

Kreiszylinder und Parallelflächenpaare: Beide sehen in der achsparallelen Ansicht etwa gleich aus, *Bild 4.11* (s. auch Bild 2.12, Kap. 2.2.5). Hier ist je nach Gestalt eine Zylinderformtoleranz t_Z vorgegeben (a), oder aber eine Ebenheitstoleranz t_E bzw. Geradheitstoleranz t_G für das Bezugselement und eine Parallelitätstoleranz t_P für das tolerierte Element (g). Die Skizzen c bis e gelten sowohl für Kreiszylinder als auch für Planflächenpaare. Häufig ist die *krumme* Grenzgestalt e entscheidend; sie hat als einzige eine nicht gerade Achse bzw. Mittelebene.

Hüllbedingung und Formtoleranzen: Sobald die in Bild 4.11 angedeuteten Geometrieelemente (Kreiszylinder und Kreise sowie Paare von Parallelebenen und -geraden) in Maßketten auftauchen, ist entscheidend, ob sie der Hüllbedingung (einzeln eingetragen, s. Kap. 1.4.3, oder allgemein durch das Hüllprinzip, s. Kap. 1.4.4) unterliegen. Wenn das der Fall ist, können wir von folgender Regel ausgehen (als Erweiterung von Regel 4-1, Kap. 4.2.1):

> ***4-7 Grenzgestalten eines Geometrieelements mit Hüllbedingung:***
> - An der *Maximum-Material-Grenze* (bei Maximum-Material-Zustand) ist das Geometrieelement geometrisch *ideal* und hat das Grenzmaß *MML* (s. Kap. 1.3.2); die Achse bzw. Mittelebene liegt exakt *mittig*.
> - An der *Minimum-Material-Grenze* sind *Form*abweichungen in Höhe der vollen Maßtoleranz T anzusetzen, bzw., wenn zusätzlich eine Formtoleranz t eingetragen ist (mit $t < T$), in Höhe von t.

Näheres dazu s. u. in Bild 4.12 bis 4.14. Fehlt dagegen die Hüllbedingung bei den obigen Geometrieelementen, dann wird es wesentlich unübersichtlicher:

> ***4-8 Grenzgestalten eines Geometrieelements ohne Hüllbedingung:*** Die Grenzabweichungen der beteiligten Toleranzen überlagern sich in der Regel *additiv*. An der *Maximum-Material-Grenze* ist die größte Ausdehnung des Geometrieelements gleich dem *wirksamen Grenzmaß MMVL* (s. u.).

Diese Regel gilt nur, solange die Toleranzen voneinander *unabhängig* sind, d. h. sich nicht gegenseitig einschließen können (wie z. B. Maß, Geradheit und Rundheit in Bild 4.13 d, s. u.).

Wirksames Grenzmaß: Das wirksame (oder „virtuelle") Grenzmaß *MMVL* (s. Kap. 1.3.2, Bild 1.11) ist ein Grenzpaarungsmaß, vorstellbar als das Maß eines idealen Gegenstücks, das sich mit dem betrachteten Geometrieelement soeben noch paaren lässt, wenn dieses seine größte Ausdehnung hat, d. h. wenn es auf der *Maximum-Material-Grenze MML* liegt *und* seine Formtoleranz(en) t voll ausschöpft:

$$MMVL = MMVL \pm t \qquad (+ \text{ für „Welle"}, - \text{ für „Bohrung"}) \tag{1.7}$$

Die Gleichung ist nur gültig, wenn nicht die Hüllbedingung herrscht (andernfalls bildet die Hülle mit *MML* die Begrenzung). Der Wert t kann ggf. auch für die Summe von unabhängigen Toleranzen stehen, s. u. Bild 4.13 d.

Grenzgestalten von Elementen mit Kreisquerschnitt: Sie sind sehr häufig und bereiten die größten Schwierigkeiten. In *Bild 4.12* sind die wichtigsten Fälle erläutert, zumeist am Beispiel von Außenelementen („Welle"). Dabei werden ermittelt:

- Das *wirksame Grenzmaß MMVL* (bzw. die Hülle mit *MML*),
- der *größte* Abstand r_0 zwischen Umfang und Mittelpunkt,
- der *kleinste* Abstand r_u (ebenso).

Welche von den Größen in die Maßkette eingehen, hängt von deren Aufbau ab (vgl. das Beispiel in Bild 4.9, Kap. 4.3.1). Bild 4.12 enthält folgende Fälle (sie veranschaulichen die obigen Regeln 4-7 und 4-8):

a) ***Maßtoleranz mit Hüllbedingung:*** Die Hülle mit *MML* = Ø 40,2 mm begrenzt die größte Ausdehnung bei gleichzeitig idealer Gestalt; daher ist r_0 = *MML*/2. Wenn das Istmaß auf der Minimum-Material-Grenze *LML* = 39,8 mm liegt, kann die Formabweichung die volle Maßtoleranz T erreichen. Der kleinstmögliche Abstand r_u zwischen Umfang und Achse ist nicht das halbe Minimum-Material-Grenzmaß *LML*, sondern bei gleichdickförmiger Abweichung der Betrag $r_u = MML/2 - T = 19{,}7$ mm. (Anmerkung: Beim Gleichdick liefern alle Methoden zur Achsermittlung das gleiche Ergebnis, vgl. Bild 2.19, Kap. 2.3.3).

b) ***Wie zuvor, für ein Innenelement:*** Für Bohrungen gelten die folgenden Formeln ebenfalls, wenn die Vorzeichen vor allen Toleranzen T und t *umgekehrt* werden. Das Maximum-Material-Grenzmaß ist hier das *Mindest*maß und liefert direkt den Mindestabstand r_u, während beim Höchstmaß *LML* die Maßtoleranz T voll als Formabweichung eingehen kann. Daraus folgt der Höchstabstand $r_o = MML/2 + T = 20{,}3$ mm.

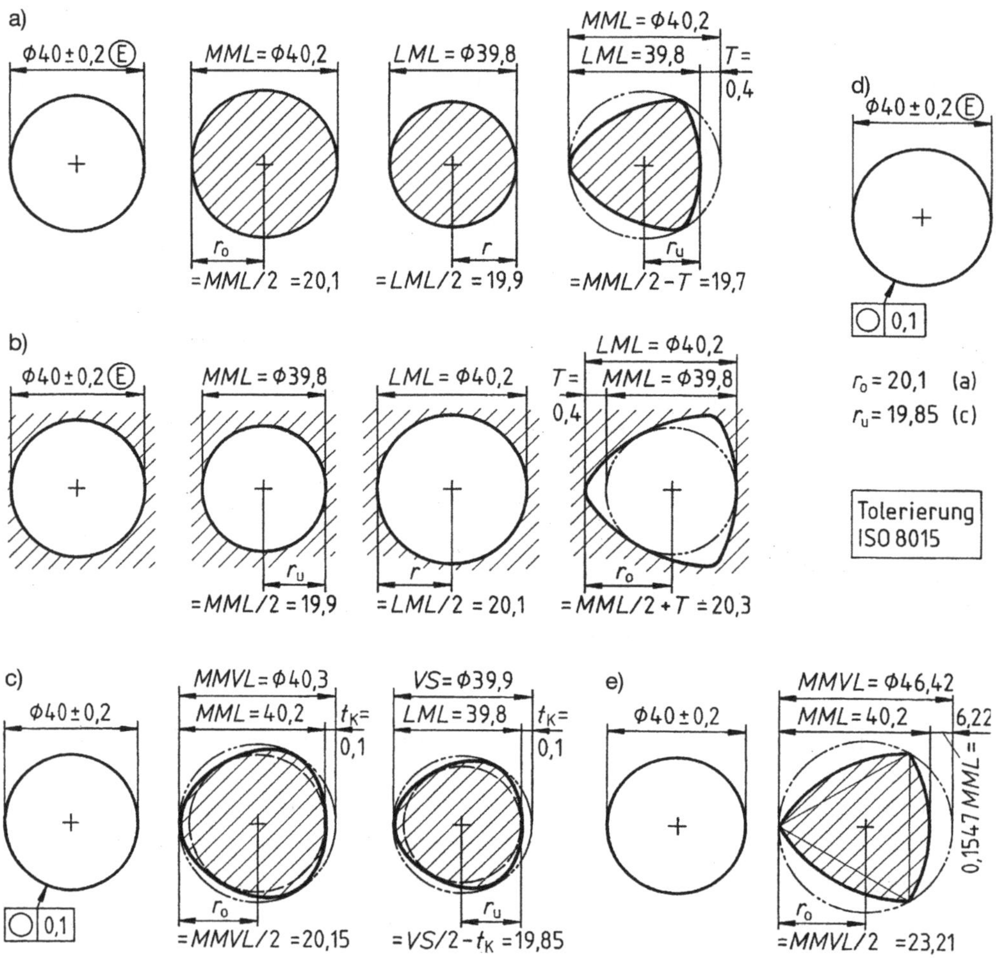

Bild 4.12: Grenzgestalten von Kreisquerschnitten (Auswahl; Tolerierung überall ISO 8015).
a) Maßtoleranz und Hüllbedingung für ein Außenelement („Welle"), mit Grenzmaßen und Mittenabständen r; b) wie zuvor, aber für ein Innenelement („Bohrung"); c) zusätzliche Rundheitstoleranz, ohne Hüllbedingung; d) ähnlich c, aber mit Hüllbedingung; e) Extremfall ohne Rundheitstoleranz und ohne Hüllbedingung

c) ***Zusätzliche Rundheitstoleranz, ohne Hüllbedingung:*** Bei Unabhängigkeit zwischen Maß und Form ist das wirksame Grenzmaß $MMVL = MML + t_K = 40{,}3$ mm, d.h. um $t_K = 0{,}1$ mm größer als das Höchstmaß; der größte Abstand beträgt $r_o = MMVL/2$. Dementsprechend ergibt sich der kleinste Abstand bei Minimum-Material-Grenzmaß $LML = 39{,}8$ mm und größter Formabweichung t_K aus dem wirksamen Istmaß $VS = LML + t_K = 39{,}9$ mm (d.h. dem umschriebenen Kreis, s. Kap. 1.3.2, Bild 1.10) zu $r_u = VS/2 - t_K = 19{,}85$ mm (er ist kleiner als $LML/2 = 19{,}9$ mm). Die Rundheitstoleranz t_K kann natürlich auch aus der Allgemeintolerierung stammen (s. Kap. 3).

d) ***Zusätzliche Rundheitstoleranz, mit Hüllbedingung:*** Die Grenzgestalten ergeben sich aus den Fällen a und c. Wie bei a) begrenzt die Hülle die Ausdehnung auf $\varnothing MML$ und bedingt $r_o = MML/2$. An der Minimum-Material-Grenze ist aber die Hülle unwirksam; hier gleicht die Grenzgestalt dem Fall c mit $r_u = VS/2 - t_K$.

e) ***Unabhängigkeitsprinzip ohne Rundheitstoleranz:*** Dieser Fall dürfte eigentlich nie vorkommen, denn hier ist die Rundheit praktisch (fast) nicht eingeschränkt. Ein exaktes Dreibogengleichdick (s. Kap. 1.4.2, Bild 1.19) mit dem Maß *MML* hat einen umschriebenen Kreis mit $\varnothing MMVL = (1/\cos 30°) \cdot MML = 1{,}1547\ MML$, d.h., seine Rundheitsabweichung beträgt $0{,}1547\ MML = 6{,}22$ mm. Das kann man kaum noch als Eingrenzung bezeichnen. Somit wird $r_o = MMVL/2 = 23{,}21$ mm. Der entgegengesetzte Grenzfall unter Ausnutzung der vollen Maßtoleranz $T = 0{,}4$ mm ergibt (hier ohne Ableitung): $r_u = MMVL/2 - T - 0{,}1547\ MML = 16{,}59$ mm.

Grenzgestalten von Kreiszylindern: Alles, was zu Bild 4.12 dargelegt wurde, ist auch beim Kreiszylinder wirksam. Zusätzlich kommt die Längserstreckung hinzu mit Grenzgestalten nach Bild 4.11. In *Bild 4.13* wird dafür die *krumme* Grenzgestalt als ungünstigster Fall angenommen; sie bringt aber häufig keine anderen Grenzwerte als ein gerader, aber gleichdickförmiger Zylinder. Bei der Übertragung in die Maßkette ist zu beachten, ob der Kreiszylinder in ganzer Länge oder nur an einzelnen Punkten eingeht (vgl. Bild 4.9). Problematisch kann der Unterschied zwischen Bezugs- und Istachse sein (s. Bild 2.16, Kap. 2.3.3). Er tritt aber nur bei der krummen Grenzgestalt auf und wird hier nicht weiter verfolgt. Bild 4.13 zeigt:

a) ***Maßtoleranz mit Hüllbedingung:*** Die Hülle mit $MML = \varnothing 40{,}2$ mm und die Werte r_o und r_u gleichen Bild 4.12 a. Der untere Grenzwert r_u wird nur erreicht bei gleichdickförmiger oder bei krummer Gestalt, im letzteren Fall jedoch nicht über die gesamte Länge der Mantelfläche.

b) ***Zusätzliche Zylinderformtoleranz, ohne Hüllbedingung:*** Wie in Bild 4.12 c (nur mit t_Z statt t_K) wird $MMVL = MML + t_Z = (40{,}2 + 0{,}1)$ mm $= 40{,}3$ mm (bei Gleichdickform); $r_o = MMVL/2 = 20{,}15$ mm; $r_u = VS/2 - t_Z$ mit $VS = LML + t_Z = (39{,}8 + 0{,}1)$ mm, somit $r_u = 19{,}85$ mm (dargestellt bei c, mit denselben Einschränkungen wie dort).

c) ***Zusätzliche Zylinderformtoleranz, mit Hüllbedingung:*** Wie in Bild 4.12 c ist *MML* die Hülle mit $\varnothing 40{,}2$ mm; $r_o = MML/2 = 20{,}1$ mm (wie hier bei a dargestellt); $r_u = VS/2 - t_Z$ mit $VS = LML + t_Z = (39{,}8 + 0{,}1)$ mm $= 19{,}85$ mm (bei „krumm“ aber nicht über die gesamte Länge).

d) ***Geradheits- und Rundheitstoleranz, ohne Hüllbedingung:*** Dieser Fall berechnet sich wie b), nur wird statt der Zylinderformtoleranz t_K die Summe der Einzeltoleranzen t_G +

t_K eingesetzt (s. dazu Regel 4-8). (Anmerkung: Das wirksame Grenzmaß *MMVL* erreicht den Wert *MML* + t_G + t_K im *skizzierten* Fall nicht ganz; er ist aber die Grenze.)

e) ***Geradheits- und Rundheitstoleranz, ohne Hüllbedingung (nicht dargestellt):*** Gleicht dem Fall c, mit (t_G + t_K) statt t_Z (und demselben Vorbehalt wie bei d).

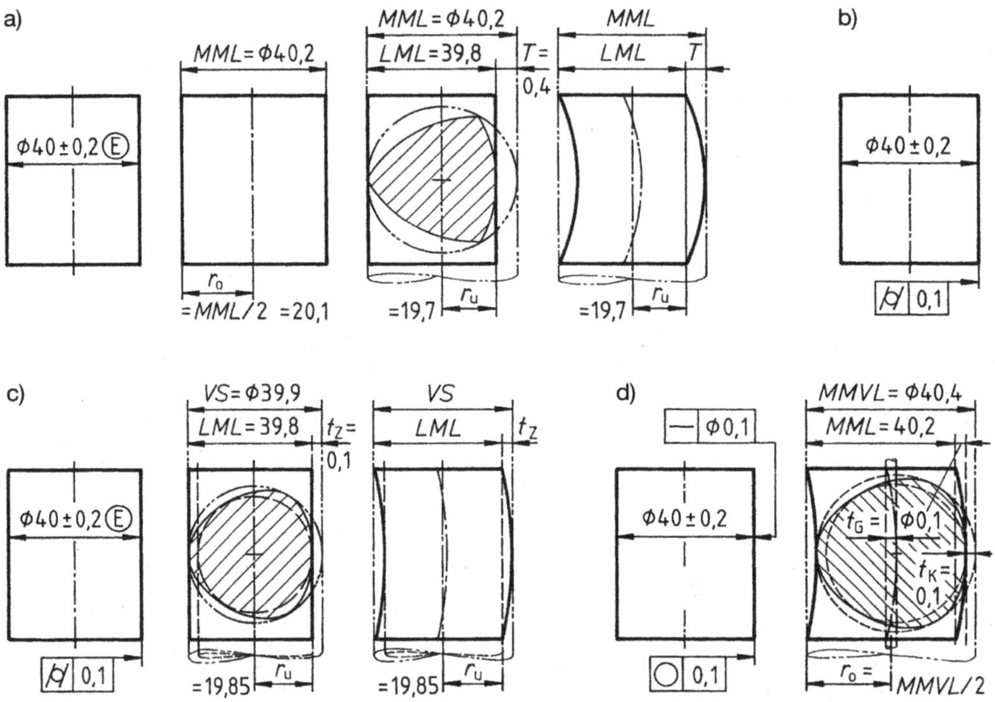

Bild 4.13: Grenzgestalten von Kreiszylindern, ähnlich Bild 4.12 (Tolerierung ISO 8015). a) Maßtoleranz mit Hüllbedingung, b) zusätzliche Zylinderformtoleranz, ohne Hüllbedingung, c) Zylinderformtoleranz mit Hüllbedingung; d) Geradheits- und Rundheitstoleranz, ohne Hüllbedingung

Die Grenzgestalten in Bild 4.13 gehen von den (meist) ungünstigsten Fällen „gleichdickförmig" oder „krumm" aus (s. Bild 4.11). Bei der Aufstellung von Maßketten sollte man stets überlegen, ob diese auftreten können bzw. welche Grenzgestalt den jeweils extremen Einfluss auf das Schließmaß hat (s. Kap. 4.3.3). Wenn „gleichdickförmig" und „krumm" entfallen, bleiben „symmetrische" Grenzgestalten übrig wie „elliptisch" (s. Bild 2.10, Kap. 2.2.4), „kegelig" oder „ballig" (s. Bild 4.11). Sie alle haben die Grenzmaße *MML* bzw. *LML* aus der Maßtolerierung und deren Hälften als Grenzabstände r_o bzw. r_u von der Achse.

Grenzgestalten mit Parallelebenen: Geometrieelemente mit parallelen Ebenen (oder auch Geraden) sind sehr häufig. Hier können neben Form- auch Lagetoleranzen auftreten, je nachdem ob man die Flächen als zwei Einzelelemente oder als ein gemeinsames Größenmaßelement (z.B. mit Hüllbedingung) ansieht. Die Grenzgestalten gleichen denen von Kreiszylindern in der Achsansicht (s. Bild 4.11 und 4.13), sind aber aus folgenden Gründen oft einfacher zu behandeln:

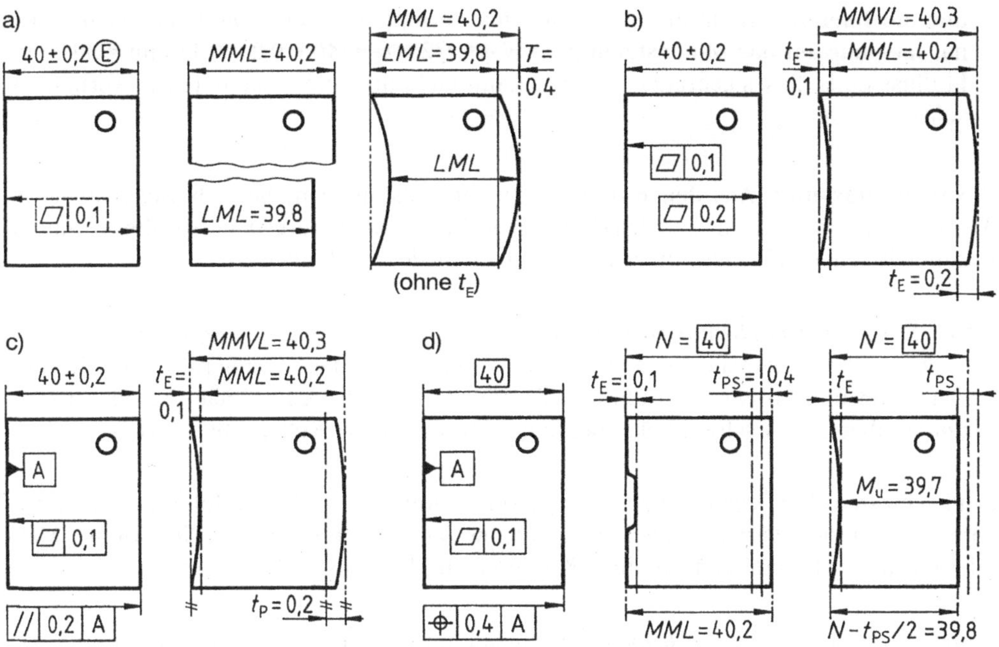

Bild 4.14: Grenzgestalten mit Parallelebenen (Tolerierung ISO 8015). a) Maßtoleranz mit Hüllbedingung (zusätzliche Ebenheitstoleranzen gestrichelt angedeutet), b) zusätzliche Ebenheitstoleranzen, ohne Hüllbedingung, c) zusätzliche Ebenheits- und Parallelitätstolerierung, ohne Hüllbedingung; d) Ebenheits- und Positionstoleranz

- Die Probleme der Gleichdickbildung fallen weg.
- Wenn die Ebenen *vollflächig am Nachbarbauteil anliegen, entfällt auch die einseitige Wirkung von Formtoleranzen.*

Darauf beschränken sich die meisten Fälle in *Bild 4.14:*

a) ***Maßtoleranz mit Hüllbedingung:*** Die größte Ausdehnung ist *MML*, die kleinste *LML*. Solange die Hüllbedingung herrscht, ändern zusätzlich eingetragene Form- oder Lagetoleranzen $(t < T)$ daran nichts (gestrichelt angedeutet); sie begrenzen nur die Form bzw. die Lage der Flächen *innerhalb* der Hülle.

b) ***Zusätzliche Ebenheitstoleranzen, ohne Hüllbedingung:*** Die größte Ausdehnung ist $MMVL = MML + t_E$. Dabei ist t_E die *kleinere* der beiden Ebenheitstoleranzen, falls sie verschieden sind; die andere kann nicht ausgeschöpft werden, solange überall das Maß *MML* vorliegt. Die geringste Ausdehnung ist wieder *LML*.

c) ***Zusätzliche Ebenheits- und Parallelitätstoleranz, ohne Hüllbedingung:*** Die größte Ausdehnung beträgt $MMVL = MML + t$; dabei ist t wiederum die *kleinere* der beiden Toleranzen t_E und t_P. Die kleinste Ausdehnung bleibt *LML*, wie zuvor.

d) ***Ebenheits- und Positionstoleranz:*** Mit dem theoretischen Maß = Nennmaß $N = 40$ mm und der Positionstoleranz $t_{PS} = 0{,}4$ mm ist die größte Ausdehnung $MML = N + t_{PS}/2 = 40{,}2$ mm, die kleinste $N - t_{PS}/2 = 39{,}8$ mm. Die Ebenheitstoleranz wirkt sich darin *nicht* aus, eine eventuelle Hüllbedingung auch nicht (die Hülle mit *MML* ist durch den Bezug und die Toleranzzone in dieser Positionstolerierung enthalten). Die Ebenheitstoleranz hat hier nur auf das Mindestmaß $M_u = N - t_{PS}/2 - t_E = (40 - 0{,}2 - 0{,}1)$ mm = 39,7 mm Einfluss (falls dieses gebraucht wird; es kann nicht über die gesamte Fläche vorhanden sein).

Zusammenfassung: Aus den bisherigen (nicht vollständigen) Betrachtungen über die Auswirkungen von Form- und Lagetoleranzen in Maßketten ergeben sich die folgenden Regeln (sie erheben keinen Anspruch auf ausnahmslose Gültigkeit):

4-9 Extreme Auswirkung von Form- und Lagetoleranzen in Maßketten: In den meisten Fällen unterscheiden sich das von einer Form- oder Lagetoleranz beeinflusste Höchstmaß und Mindestmaß um den Betrag der Toleranz t. Bei Richtungstoleranzen *kann* es aber um ± t schwanken (abhängig vom Aufbau der Kette, s. Bild 4.9).

Am leichtesten sind *Orts*toleranzen zu erfassen (s. Kap. 2.6.1). Da ihre Toleranzzone mittig zum Nennort liegt, verhalten sich die Grenzabweichungen mit ± $t/2$ ähnlich wie bei Maßtoleranzen. Für Lagetoleranzen gilt außerdem (s. Bild 4.9 sowie Bild 4.14 d):

4-10 Lagetoleranzen in Maßketten: Lagetoleranzen wirken sich in Maßketten aus, wenn das Bezugselement *und* das tolerierte Element in der Kette liegen. Dann geht meist nur die Toleranz des tolerierten Elements in die Maßkette ein, die Toleranz des Bezugselements aber nicht.

4.3.3 Beispiele für die Verkettung von Grenzgestalten

Bedeutung: Die Verknüpfung von Grenzgestalten ist oft schwierig. Deren Formen in Kap. 4.3.2 können Ihnen das Rüstzeug liefern, wenn Sie sich näher damit befassen wollen. Die folgenden Beispiele zeigen Ihnen, wie Sie damit sinngemäß umgehen können, vor allem solange es noch keine umfassende Methodik dafür gibt.

Verformung einer Führungsleiste: Die in *Bild 4.15* dargestellte Führungsleiste dient als Gleitführung für ein Messinstrument. Sie wird mit 10 Schrauben auf eine formsteife Prüfplatte aufgeschraubt; deren Ebenheitsabweichung sei vernachlässigbar klein. *Gesucht* ist die maximale Parallelitätsabweichung der Gleitfläche (oben) *nach* dem Festschrauben. Es handelt sich also um ein *nicht-formstabiles* Teil, das sich an ein Nachbarbauteil anpasst (s. Kap. 5.3.1, Regel 5-9).

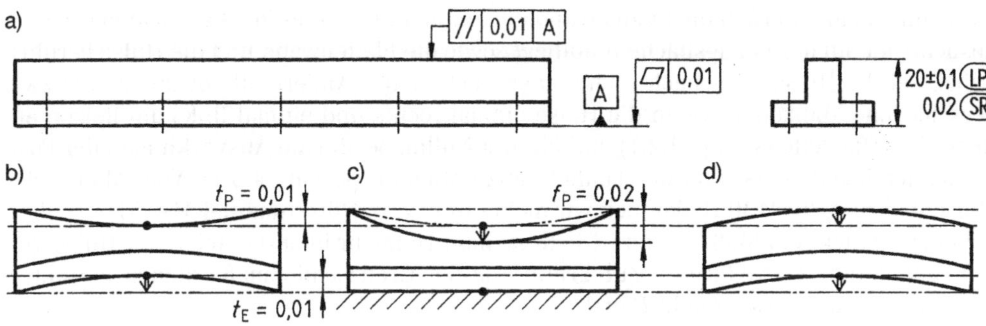

Bild 4.15: Führungsleiste. a) Zeichnung (vereinfacht); b) kissenförmige Grenzgestalt (unmaßstäblich), c) festgeschraubter Zustand; d) krumme Grenzgestalt

Als ungünstigste Grenzgestalten bieten sich nach Bild 4.11 (Kap. 4.3.2) mit der Tolerierung g die Formen *bauchig* oder *kissenförmig* an. Letztere lässt in Bild 4.15 b erkennen, dass die Auflagefläche A sich beim Aufschrauben um t_E = 0,01 mm durchbiegen kann und damit die Gleitfläche im Grenzfall eine Parallelitätsabweichung $f_P = t_E + t_P$ = 0,02 mm hat (c). Hingegen liefert die *krumme* Grenzgestalt hier ein weitaus günstigeres Ergebnis (d). Das zeigt nebenbei, dass wir hier die Parallelität auch durch eine Maßtolerierung begrenzen können, z. B. indem wir für das Maß 20 zwei Größenmaßmerkmale nach ISO 14405 tolerieren, das Zweipunktmaß und die Maßspanne (s. Kap. 1.3.2). Die Auswirkung entspricht den Fällen b und c (ohne Eintragung einer Parallelitätstoleranz).

Maßkette an einer Baugruppe: Die bewusst einfach gebaute Baugruppe in *Bild 4.16* besteht aus einer winkelförmigen Platte, in die ein Zapfen eingepresst ist; darauf wird mit Spiel eine Hülse geschoben. Die dafür notwendigen Maße und Toleranzen sind eingetragen.

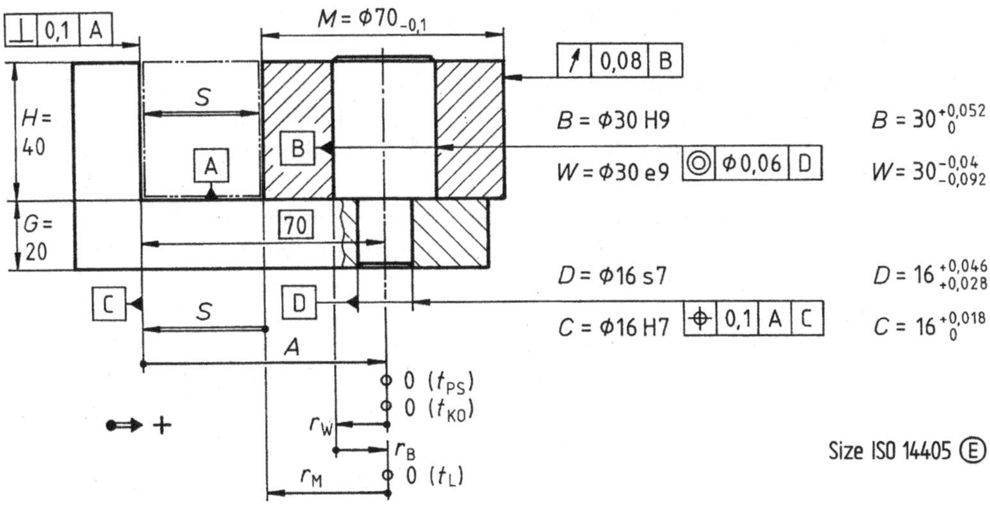

Bild 4.16: Baugruppe (vereinfacht) mit Maß- und Toleranzangaben sowie Maßkette für das Schließmaß *S*

Als Schließmaß S werden die kleinste und die größte Breite eines ideal gedachten Quaders gesucht, der auf der Bezugsfläche A aufliegt sowie die Plattenwand und die Hülse berührt; dabei soll die Hülse stets nach rechts angedrückt sein. (Andernfalls bekämen wir zwei verschiedene Maßketten, wenn die Hülse einmal rechts und einmal links am Bolzen anliegt.) Die Maßkette (s. Kap. 4.2.1) enthält drei Nullmaße, die die Auswirkungen der Positions-, der Koaxialitäts- und der Lauftoleranz enthalten (s. Kap. 4.3.1). Vom Mantel der Hülsen**b**ohrung B = Ø30 H9 können wir nicht direkt zum Hülsen**m**antel M = Ø$70_{-0,1}$ übergehen, weil hier kein Maß existiert. Die Kette läuft vielmehr über die Achse der Hülse und die Lauftoleranz t_L = 0,08 mm. Zur Ermittlung der Grenzschließmaße dienen die unterschiedlichen Grenzgestalten in *Bild 4.17.*

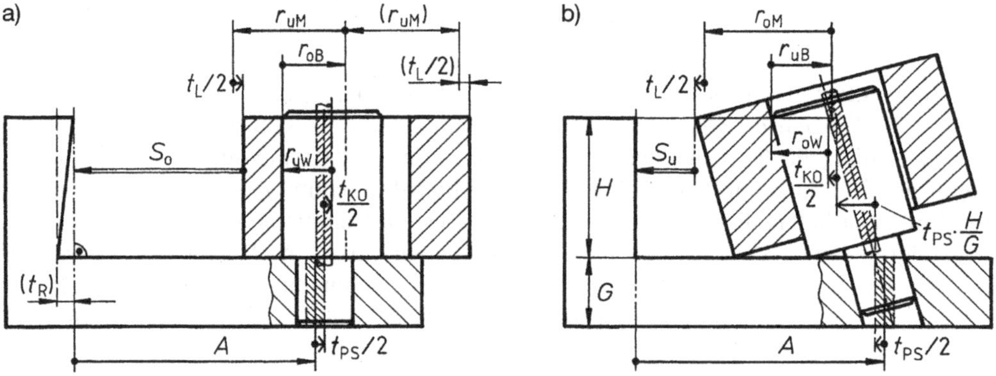

Bild 4.17: Ermittlung des Schließmaßes zu Bild 4.16. a) oberes, b) unteres Schließmaß

Ermittlung des Höchstschließmaßes S_o: Bild 4.17 a lässt erkennen:

- Die *Rechtwinkligkeitstoleranz* t_R geht nicht in die Kette ein (s. Regel 4-10).
- Die *Positionstoleranz* t_{PS} = 0,1 mm wird für das positiv gerichtete Maß A mit dem Höchstwert $t_{PS}/2$ = 0,05 mm eingesetzt (s. Kap. 4.2.1).
- Die Maße ØC (Bohrung) und ØD (Zapfen) bilden eine Übermaßpassung. Ihre Achsen fallen daher zusammen (s. dazu auch Bild 4.18). Die Achse des oberen Zapfenteils mit W = Ø30 e9 kann gegenüber der Bezugsachse D maximal um die halbe *Koaxialitätstoleranz* $t_{KO}/2$ = 0,03 mm verschoben sein.
- Der negativ gerichtete Abstand r_W zwischen Achse und Mantelfläche des Zapfens („Welle") ist mit seinem Mindestmaß r_{uW} einzusetzen. Der Bolzen liegt an der Minimum-Material-Grenze *LML*, kann also Formabweichungen bis zu seiner Maßtoleranz T_W = 0,052 mm (für e9) haben. Die ungünstigsten Fälle dafür könnten nach Bild 4.13 *krumm* oder *gleichdickförmig* sein. *Krumm* scheidet aus, weil sich damit die linke Mantellinie des Zapfens nach links verschieben und das Schließmaß verkleinern würde. *Gleichdickförmig* ist zwar möglich. Wir müssen hier aber unterbrechen und die Paarung mit der Hülsenbohrung B = Ø30 H9 näher betrachten.

Spielpassung von zwei Kreiszylindern: Der Grenzfall, wenn beide Zylinderflächen (hier Bohrung B und „Welle" W) auf der Maximum-Material-Grenze *MML* liegen und die Hüllbedingung herrscht, ist einfach, *Bild 4.18 a.* Beide Flächen entsprechen der Hülle, d. h., sie sind geometrisch ideal; die Abstände *r* sind jeweils gleich *MML*/2 (s. Bild 4.12a und b sowie Regel 4-7)

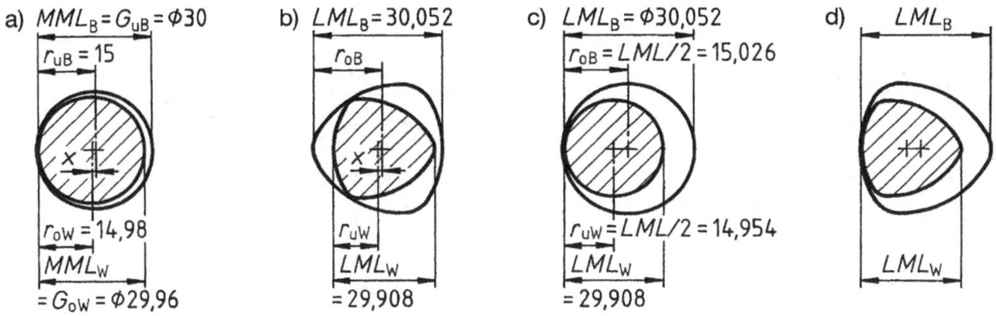

Bild 4.18: Grenzpaarungen zweier Kreise bzw. Kreiszylinder, entsprechend Bild 4.16 und 4.17
a) Bohrung *B* und Welle *W* mit Maximum-Material-Zustand und Hüllbedingung, kleinster Achsversatz *x*; b) bis d) Minimum-Material-Zustand, b) und d) Gleichdickformen, c) geometrisch ideal, größter Achsversatz, d) gleicher Achsversatz wie bei c

Auf der *Minimum*-Material-Grenze *LML* dagegen können im Extremfall zwei Gleichdickformen zusammenfallen (b). Sie schmiegen sich aber nicht an, weil die Krümmungsradien unterschiedlich sind. Der Pferchkreis der Bohrung und der Hüllkreis der Welle sind die beiden Hüllen; deshalb ist der Versatz *x* der beiden Achsen kaum größer als bei a). Der einfachste Grenzfall mit dem größten Achsversatz entsteht, wenn beide Elemente auf der Minimum-Material-Grenze *LML* ideal kreiszylindrisch sind (c). Das gleiche Ergebnis bringt auch die Paarung von zwei Gleichdickformen mit *LML* in gleicher Lage (d). Überträgt man diese Fälle auf eine *Übermaß*passung (wie bei den Maßen Ø*C* und Ø*D* in Bild 4.16), so wird klar, dass dann die Achsen in allen hier gezeigten Grenzfällen zusammenfallen. Daraus ergibt sich folgende Regel:

4-11 Achsversatz bei einer Kreiszylinderpassung: Bilden zwei Kreiszylinder mit *Hüllbedingung* eine *Spiel*passung, so ist der *größte bzw. kleinste Achsversatz* bei einseitiger Anlage in der Regel gleich dem *halben Höchst- bzw. Mindestspiel*, berechnet aus den Grenzmaßen G_o bzw. G_u. Bei einer *Übermaß*passung fallen die Achsen zusammen. Formabweichungen spielen unter diesen Voraussetzungen praktisch keine Rolle.

Ergänzung: Wenn Sie wirklich einmal die beiden *Krümmungsradien R* eines Gleichdicks gemäß Bild 1.19f, Kap. 1.4.2, bzw. Bild 2.54, Kap. 2.7.2, brauchen sollten: Mit dem Gleichdickmaß $s = LML$ und der Rundheitstoleranz t_K ergibt sich $R = 0{,}5 \cdot (s \pm t_K/0{,}1547)$.

Ermittlung des Höchstschließmaßes (Fortsetzung): Mit den Grenzmaßen r_{uW} und r_{oB} haben wir in Bild 4.17a die Achse der Bohrung erreicht, die als Bezug B für die Rundlauftoleranz $t_L = 0{,}08$ mm dient. Letzte Glieder in der Maßkette sind die Auswirkung von t_L und der Mindestradius r_{uM} des Hülsenmantels mit $M = \text{Ø}70_{-0{,}1}$. Eine Rundlaufabweichung kann im Grenzfall (s. Kap. 2.7.2, Bild 2.53) aus einer Koaxialitäts- *oder* aus einer *Rundheits*abweichung stammen. In *Bild 4.19a* hat der Mantel sein Minimum-Material-Maß

LML = Ø 69,9 mm in idealer Gestalt; damit ist $r_{uM} = LML/2$ = 34,95 mm. Die angedeutete Messuhr zeigt den vollen Wert t_L = 0,08 mm an, wenn der Achsversatz $t_L/2$ = 0,04 mm beträgt. Diese beiden Werte (r_{uM} und $t_L/2$) gehen in die Maßkette ein, wenn wir t_L wie eine *Koaxialitäts*toleranz behandeln.

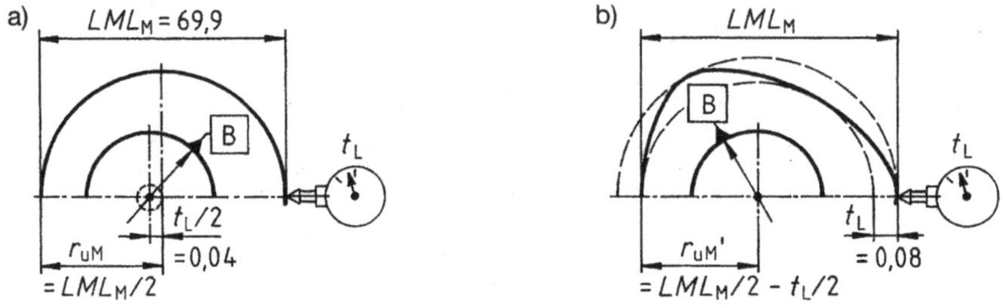

Bild 4.19: Auswirkung der Rundlauftoleranz t_L in den Maßketten Bild 4.16 und 4.17. a) entsprechend einer Koaxialitätstoleranz, b) entsprechend einer Rundheitstoleranz (gleiches Ergebnis)

Wirkt sich jedoch t_L wie eine *Rundheits*toleranz aus, Bild 4.19 b, so ist das Ergebnis in der Kette praktisch gleich; jetzt tritt allein der Minimalwert $r_{uM}' = LML/2 - t_L/2$ auf. Daraus leitet sich folgende Regel ab:

4-12 Lauftoleranz in einer Maßkette: Die Grenzauswirkungen berechnen sich am einfachsten aus der Überlagerung der ideal gedachten Grenzdurchmesser G_o bzw. G_u mit einem Achsversatz $\pm t_L/2$ (s. Bild 4.19 a).

Zusammengefasst ergibt sich für das Höchstschließmaß:

$$S_o = A + t_{PS}/2 + t_{KO}/2 - r_{uW} + r_{oB} - r_{uM} + t_L/2$$

$$S_o = (70 + 0{,}05 + 0{,}03 - 14{,}954 + 15{,}026 - 34{,}95 + 0{,}04)\ \text{mm} = 35{,}242\ \text{mm}$$

Berechnung des Mindestschließmaßes S_u: Aus ähnlichen Überlegungen wie zuvor ergibt sich nach Bild 4.17 b:

- Der Grenzfall entsteht diesmal, wenn die Achse der Bohrung C = Ø 16 H7 die *Positions*toleranz t_{PS} = 0,1 mm als *Richtungs*abweichung ausnutzt. Das obere Ende der Bohrungsachse ist dann um $t_{PS}/2$ = 0,05 mm nach links verschoben, das obere Ende der Zapfenachse aber zusätzlich um $t_{PS} \cdot (H/G) = 0{,}1 \cdot (40/20)$ mm = 0,2 mm.
- Die *Koaxialitäts*toleranz geht mit $-t_{KO}/2$ ein.
- *Zapfen* wie *Bohrung* liegen auf der Maximum-Material-Grenze. Die Abstände r entsprechen Bild 4.18 a mit jeweils $MML/2$, d. h. r_{uW} = 14,98 mm, r_{oB} = 15 mm.
- Die *Lauf*toleranz wirkt mit $-t_L/2$, die Mantelfläche mit $r_{oM} = MML/2$ = 35 mm.

Von diesen Toleranzen sind nur die in Schließmaßrichtung liegenden Komponenten gezeichnet. Praktisch ist der Unterschied vernachlässigbar klein, denn die Schiefstellung des Zapfens ist stark übertrieben dargestellt. Insgesamt erhalten wir:

$S_u = A - t_{PS}/2 - t_{PS} \cdot (H/G) - t_{KO}/2 - r_{oW} + r_{uB} - r_{oM} - t_L/2$

$S_u = [70 - 0{,}05 - 0{,}1 \cdot (50/25) - 0{,}03 - 14{,}98 + 15 - 35 - 0{,}04]$ mm $= 34{,}7$ mm

Die *Kontrolle* der Toleranzen liefert (s. Kap. 4.2.1):

$T_S = (35{,}242 - 34{,}7)$ mm $= 0{,}542$ mm

$T_a = t_{PS} + t_{PS} \cdot (H/G) + t_{KO} + T_W/2 + T_B/2 + T_M/2 + t_L$

$T_a = (0{,}1 + 0{,}2 + 0{,}03 + 0{,}026 + 0{,}026 + 0{,}05 + 0{,}08)$ mm $= 0{,}542$ mm

Schlussbetrachtung zum Beispiel „Baugruppe": Das in den Bild 4.16 bis 4.19 erläuterte Beispiel lässt folgendes erkennen:

- Es ist ganz unwahrscheinlich, dass eine solche Summierung von Einzelabweichungen in *einer* Richtung auftritt. Eine *statistische* Betrachtung ist daher unbedingt nötig.
- Die größe Einzeltoleranz folgt aus der Schiefstellung der Zapfenachse mit 0,2 mm (die quadratische Schließtoleranz wäre nur T_q = 0,247 mm). Hier könnte entweder eine projizierte Toleranzzone abhelfen (s. Bild 1.3.4 in Kap. 1.6.1) oder eine zusätzliche Rechtwinkligkeitstoleranz. Das kann sinnvoll sein, denn beim Bohren haben die Orts- und die Richtungsabweichung unterschiedliche Ursachen.
- Es fragt sich, ob diese beiden Abweichungen daher bei der Berechnung der quadratischen Schließtoleranz T_q als *getrennte* Glieder aufzufassen sind, oder als *eins*, weil sie von derselben Toleranz t_{PS} herrühren. Dasselbe gilt für die Auswirkung der Lauftoleranz t_L. Davon wird T_q beeinflusst. Diese Frage müssen wir z. Z. offen lassen. Im Zweifelsfall wird man sie als nur *ein* Glied einsetzen; dann liegt die statistische Berechnung auf der sicheren Seite.
- Das Schließmaß S würde anders ausfallen, wenn es nicht über die volle Höhe H, sondern nur in einer schmaleren Zone gelten würde (vgl. Bild 4.9, Kap. 4.3.1). Dann würde z. B. auch die Rechtwinkligkeitstoleranz t_R der Bezugsfläche C oder eine Schiefstellung des Zapfens nach rechts in die Grenzgestalt eingehen.

Koaxialitätstolerierung einer Büchse über die Wanddicke: Bei Gleitlagerbüchsen u. Ä. müssen Bohrung und Mantelfläche koaxial liegen. Wenn die Büchse dünnwandig ist, wird die Messung der Koaxialitätsabweichung (s. Kap. 2.6.3) u. U. schwierig. Ein Rückblick auf Bild 4.19 lässt erkennen, dass dort in beiden Fällen die Wanddicke der Hülse um den Betrag t_L schwankt; die Koaxialitätsabweichung liegt zwischen $t_L/2$ (a) und null (b). Geben wir die Wanddickenschwankung vor (z. B. durch die Zusatzangabe einer Maßspanne 0,08 SR; *toleriert* sind die Durchmesser) oder messen wir sie nach, so gilt (hier ohne nähere Ableitung):

4-13 Koaxialitätstolerierung über Wanddickendifferenz: Die Koaxialitäts*abweichung* zwischen Bohrung und Mantel einer Büchse kann nicht größer werden als die *halbe* Wanddickendifferenz; d. h., die Wanddickendifferenz d schließt die Koaxialität mit dem Toleranzwert d ein.

Entsprechendes lässt sich bei gegenüberliegenden Wänden auf *Symmetrie* übertragen.

4.4 Maximum-Material-Bedingung

4.4.1 Einführung

Bedeutung: Das vorige Kapitel hat gezeigt, wie kompliziert manche Toleranzverknüpfungen sind, und hat Sie vielleicht abgeschreckt. Wir möchten Sie jetzt beruhigen:

- Die Maximum-Material-Bedingung (kurz MMB; englisch **m**aximum **m**aterial **r**equirement, MMR) ist *nicht so schwierig*. (Sie dürfen nur nicht versuchen, sie aus der zuständigen Norm DIN EN ISO 2692 heraus verstehen zu wollen.)
- Sie wird in der Praxis tausendfach *nutzbringend* und *wirtschaftlich angewendet*; nur wird sie häufig nicht erkannt und somit nicht auf der Zeichnung eingetragen. Das Ergebnis ist, dass Zeichnung und Prüfung nicht übereinstimmen. Für das Qualitätsmanagement oder für eine Zertifizierung ist das nicht tragbar.

Das statistische Tolerieren basiert darauf, dass die *ungünstigste Toleranzkombination* höchst selten auftritt (s. Kap. 4.2). Die MMB dagegen geht davon aus, dass diese Kombination *zulässig* ist, und gestattet, eine eingetragene Toleranz zu *überschreiten*, solange die Toleranzsumme eingehalten wird und die Funktion, d. h. die *Fügbarkeit*, gewahrt bleibt. Das folgende Beispiel verdeutlicht das Prinzip.

Beispiel „Flachstecker": Ein gestanzter Stecker, in *Bild 4.20* stark vereinfacht skizziert, soll in einen entsprechenden Schlitz mit Kontaktfedern hineinpassen. Die Grenzgestalt mit der *größten* Ausdehnung, d. h. mit dem *wirksamen Grenzmaß MMVL* (s. Kap. 1.3.2), ergibt sich aus der größten Materialdicke *MML* = 2 mm und der größten Ebenheitsabweichung mit t_E = 0,2 mm: *MMVL* = *MML* + t_E = 2,2 mm. Das Zeichen Ⓜ hinter dem Toleranzwert im Toleranzrahmen kennzeichnet die MMB; es bleibt bei der Ermittlung des wirksamen Grenzmaßes *MMVL* aber unbeachtet. Die *kleinste* Grenzgestalt ist dagegen ein völlig ebener Stecker mit *LML* = 1,9 mm Dicke (nicht gezeichnet). Bild 4.20 unterscheidet drei Fälle:

a) ***Übliche Anwendung:*** Das Zeichen Ⓜ steht hinter der Formtoleranz, die ggf. überschritten werden darf. Eine einwandfreie Paarung des Steckers ist offensichtlich auch möglich, wenn das Blech nur 1,9 mm dick ist (das ist immer zulässig) und die Ebenheitsabweichung f_E = 0,3 mm beträgt (das ist nur mit Ⓜ zulässig), denn dabei wird das wirksame Grenzmaß nicht durchbrochen. Anschaulich lässt sich das so ausdrücken: „Wenn der Stecker etwas dünner ist, darf er etwas krummer sein." Die Blechdicke muss dagegen eingehalten werden, auch wenn der Stecker ganz eben ist.

b) ***Unzulässiger Fall:*** Probeweise steht das Ⓜ jetzt bei der Maßtoleranz. Das würde bedeuten, dass – bei demselben wirksamen Grenzmaß *MMVL* – das Blech *dicker* sein darf, wenn der Stecker nicht so uneben ist. Die Ebenheitstoleranz muss jedoch eingehalten werden. Dieser Fall ist meist sinnwidrig und daher unzulässig.

c) ***Reziprozitätsbedingung:*** Zusätzlich zum Fall a steht im Toleranzrahmen ein Ⓡ (von *„reziprok"*; früher stand das Ⓡ bei der zugehörigen Maßtoleranz). Hier werden die Fälle a und b kombiniert. Es entsteht eine Art von „Toleranzenpool". Dabei kann die *Summe* beider Toleranzen von 0,3 mm beliebig auf Maß und Ebenheit aufgeteilt werden, solange das wirksame Grenzmaß *MMVL* eingehalten wird. (Näheres zur Reziprozitätsbedingung s. Kap. 4.4.4, Regel 4-25).

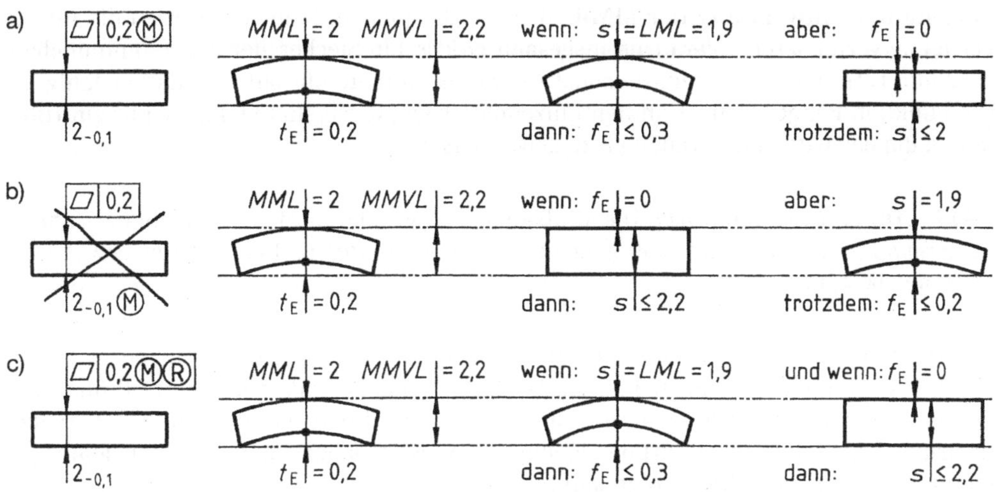

Bild 4.20: Maximum-Material-Bedingung an einem (stark vereinfachten) Flachstecker (Tolerierung ISO 8015). a) übliche Anwendung, b) unzulässiger Fall, c) Kombination von a und b (Reziprozitätsbedingung)

Wirksamer Grenzzustand: Entscheidend für die geometrische Funktionsfähigkeit, d.h., die Paarungs- oder Passungsfähigkeit eines einfachen Größenmaßelements (d.h. Kreiszylinder, im Grenzfall Kreis, und Parallelflächenpaar, im Grenzfall Linienpaar, s. Kap. 1.4.3), ist sein *wirksames Grenzmaß*. Es ergibt sich, entsprechend Bild 4.20, aus dem Maximum-Material-Grenzmaß *MML* und einer Form- oder Lagetoleranz *t*. Es gilt allgemein, nicht nur in Verbindung mit der MMB, s. Kap. 1.3.2, Gl. (4.11):

$$MMVL = MML \pm t \text{ (+ für „Welle“, – für „Bohrung“)} \quad (1.7)$$

Nach DIN EN ISO 2692 lautet die komplette Bezeichnung „wirksames Maximum-Material-Maß“ *MMVS* (**m**aximum **m**aterial **v**irtual **s**ize; im Unterschied zum „wirksamen Minimum-Material-Maß“, das bei der Minimum-Bedingung auftritt, s. Kap. 4.5). Wir verwenden jedoch in diesem Buch durchgehend den Buchstaben *L* (**l**imit) für Grenzmaße, in Anlehnung an DIN ISO 268. Das wirksame (Maximum-Material-)Grenzmaß bestimmt die Größe des *wirksamen Grenzzustands* (auch: wirksamer Maximum-Material-Zustand, maximum material virtual condition):

> ***4-14 Wirksamer Grenzzustand:*** Er entspricht dem *geometrisch ideal* gedachten *Gegenelement* (Paarungselement) des Geometrieelements mit dessen wirksamem Grenzmaß *MMVL*. Er ist verkörpert als Prüflehre (Funktionslehre) vorstellbar.

In Bild 4.20 stellt er einen Schlitz von 2,2 mm Höhe dar. Damit wird die Ebenheit durch *Lehrung* geprüft, die man sonst aufwendig *messen* müsste. Zusätzlich muss die Einhaltung *beider* Grenzmaße G_o = 2 mm und G_u = 1,9 mm geprüft werden. (Näheres zur Verkörperung des wirksamen Grenzzustands durch Funktionslehren s. Kap. 4.4.4.)

Vorteile und Anwendung der MMB: Wie das Beispiel verdeutlicht, werden die für die Fertigung verfügbaren Toleranzen insgesamt *größer.* Ein Stecker, der um 0,3 mm uneben, aber nur 1,9 mm dick ist, müsste sonst verworfen werden, obwohl er funktionsfähig ist. Die Funktion hängt oft nicht an den Einzeltoleranzen; diese sind vielmehr nur ein Hilfsmittel, um das wirksame Grenzmaß zu gewährleisten.

4-15 Anwendung der MMB: Die MMB kann angewendet werden, wenn ein *wirksames Grenzmaß* (Grenzpaarungsmaß) gemeinsam von einer *Maß*-und einer *Form-* bzw. *Lagetoleranz* bestimmt wird.

Der zweite wesentliche Vorteil ist die Möglichkeit, Form- oder Lagetoleranzen zu prüfen durch Verwendung einer Prüflehre, die keine beweglichen Teile hat („starre Prüflehre"). Das ist in der Praxis noch vielerorts üblich. Sie prüft direkt die die Funktionsfähigkeit (Paarungsfähigkeit, Fügbarkeit) des Elements und wird daher auch „Funktionslehre" genannt. Aus der vorigen Regel folgt damit:

4-16 Prüfung mit starrer Lehre: Bei dieser Prüfung ist immer die MMB enthalten (außer wenn die Lehre allein die *Hülle* prüft, s. Kap. 1.4.3). Dann muss Ⓜ auf der Zeichnung stehen, damit Prüfung und Zeichnung übereinstimmen.

Die MMB ist somit *fertigungs- und prüfgerecht,* s. dazu Bild 4.21. Aber auch wenn die mechanische Lehrung durch das Messgerät ersetzt wird, ist die Prüfung der Paarungsfähigkeit mit dem wirksamen Grenzzustand, d. h. dem Gegenelement, in jedem Fall *funktionsgerecht.*

Beispiel „Kupplungslamelle": Die in *Bild 4.21 a* vereinfacht dargestellte Lamelle einer Schaltkupplung ist nach dem Stanzen uneben, meist tellerförmig oder wellig. Sie darf im Kupplungspaket ohne Zusammendrückung nicht mehr als 2,4 mm Platz einnehmen. Deshalb müssen die Lamellen zur Prüfung durch einen Schlitz von 2,4 mm Höhe durch ihr Eigengewicht hindurchrutschen (b). Eine Lamelle mit 2,1 mm Dicke und 0,3 mm Ebenheitsabweichung wird dabei noch für „gut" befunden. Das ist von der Funktion her richtig, nicht aber von der Zeichnung her. Diese muss zur Ebenheitstoleranz ein Ⓜ bekommen (c). Der Prüfschlitz (b) verkörpert den wirksamen Grenzzustand.

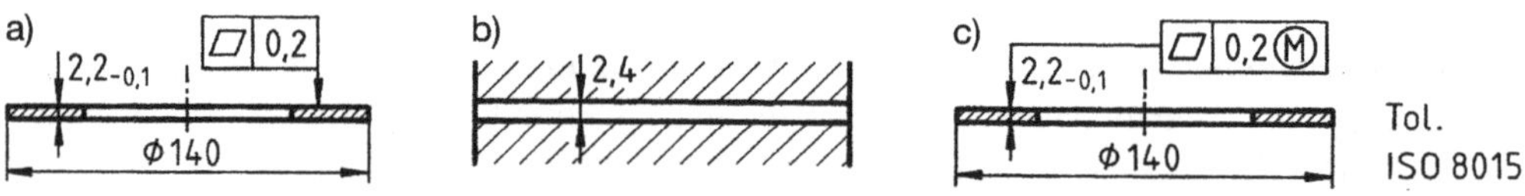

Bild 4.21: Prüfung einer Kupplungslamelle. a) ursprüngliche Zeichnung (Ausschnitt), b) Prüflehre, c) korrekte Zeichnung mit Maximum-Material-Bedingung und Tolerierungsgrundsatz

4.4.2 Eingrenzung der Anwendung

Bedeutung: Die folgenden Regeln umreißen den zulässigen und sinnvollen Anwendungsbereich der MMB.

Toleranzüberschreitung: Mit der MMB darf eine eingetragene Toleranz überschritten werden; das ist ungewohnt:

4-17 Toleranzüberschreitung: Die Maximum-Material-Bedingung gestattet an einem Größenmaßelement die Überschreitung einer mit Ⓜ gekennzeichneten *Form- oder Lagetoleranz*, die mit einem Längenmaß zusammen ein wirksames Grenzmaß *MMVL* bestimmt, und zwar um den Betrag, um den das *Längenmaß* von seiner *Maximum-Material-Grenze MML abweicht.*

Entscheidend ist, dass der wirksame Grenzzustand eingehalten wird. Das klingt noch ziemlich kompliziert. Wir stellen uns deshalb immer den wirksamen Grenzzustand als *Funktionslehre* vor und versuchen, uns den Sinn der MMB durch einen einfachen Wenn-Dann-Satz klarzumachen. Er beginnt mit dem *Maß,* von dem die Überschreitbarkeit der Form- oder Lagetoleranz abhängt. Für den Stecker in Bild 4.20 a hieß er: „*Wenn* der Stecker etwas dünner ist, *dann* darf er etwas krummer sein."

Toleranzarten und Geometrieelemente: Bereits am Flachstecker wurde sichtbar:

4-18 Toleranzarten: Die MMB wird nur auf *Form- und Lagetoleranzen* angewendet (abgesehen ggf. von der *zusätzlichen* Einbeziehung der beteiligten Maßtoleranz bei der Reziprozitätsbedingung, s. Kap. 4.4.4).

4-19 Geometrieelemente: Die MMB wird nur auf *abgeleitete* Geometrieelemente angewendet (Achsen, Symmetrieebenen u. Ä.), und zwar von *einfachen Größenmaßelementen* (Kreiszylindern, Parallebenenpaaren u. Ä.). Der Toleranzpfeil der Form- oder Lagetoleranz steht auf dem zugehörigen Maßpfeil des Größenmaßelements und zeigt damit eindeutig, welche Toleranzen zusammenwirken.

Von der Funktion her geht es um die *wirklichen* Flächen, nicht um die abgeleiteten Elemente. Einfache Größenmaßelemente sind jedoch immer gekennzeichnet durch *ein* Maß und eine Achse, Mittelebene o. Ä. (s. Tabelle 1.3, Kap. 1.4.3). Darauf wird rein formal die Form- bzw. Lagetoleranz eingetragen (vgl. Bild 4.20 und Bild 4.21). Für die MMB eignen sich daher nur die Toleranzarten, die auf abgeleitete Geometrieelemente anwendbar sind (vgl. Tabelle 2.1):

- „*Flachform*"-Toleranzen: Geradheit und Ebenheit;
- *Richtungs*toleranzen: Rechtwinkligkeit; seltener Parallelität und Neigung;
- *Orts*toleranzen: Position, Koaxialität und Symmetrie.

Sie haben meist „geradlinige" Toleranzzonen mit Grenzabweichungen gemäß Bild 4.10 (Kap. 4.3.2).

Hüllbedingung: Bild 4.20 macht klar, dass der wirksame Grenzzustand eine Erweiterung der *Hülle* darstellt (s. Kap. 1.4.3). Die Hülle hat stets das Grenzmaß *MML*, der wirksame Zustand aber *MMVL* = *MML* ± *t*. Daraus folgt:

> ***4-20 Einzelne Formtoleranz:*** Die MMB kann auf die *Form*toleranz eines *einzelnen* Geometrieelements nur angewendet werden, wenn dort *nicht* die Hüllbedingung herrscht.

Wenn die Hüllbedingung in Bild 4.20 gelten würde, wäre der Stecker in der Dicke auf *MML* = 2 mm begrenzt.

Lageabweichungen hingegen werden nie von der Hüllbedingung eingegrenzt (abgesehen von der Parallelität); hier ist es etwas anders:

> ***4-21 Lagetoleranzen und Hüllbedingung:*** Wird die MMB auf eine *Lagetoleranz* angewendet, so kann es manchmal sinnvoll sein, für das Geometrieelement, von dem die Achse bzw. Mittelebene *abgeleitet* wird, die Hüllbedingung vorzuschreiben, falls die Funktion des Elements das erfordert. Dasselbe gilt für mehrere Elemente mit *gemeinsamer Form*toleranzzone (s. Bild 4.23). Meistens aber ist die Hüllbedingung zusammen mit der MMB nur hinderlich.

In Bild 4.23 (s. Kap. 4.4.3) werden in zwei Bohrungen, die fluchten müssen (gemeinsame Geradheitstoleranz), jeweils Gleitbüchsen eingepresst; das erfordert die Hüllbedingung für die *einzelnen* Bohrungen.

Statistische Tolerierung: Die MMB und die Statistik haben ganz verschiedene Voraussetzungen bezüglich der ungünstigsten Toleranzkombination. Bei der MMB ist sie die Grundlage, während die Statistik sie als höchst unwahrscheinlich ansieht. Daraus ergibt sich folgende Regel:

> ***4-22 MMB und statistische Tolerierung:*** Wenn ein Maß und eine Form- oder Lagetoleranz durch die MMB verknüpft sind, dürfen ihre Toleranzen nicht gleichzeitig als *Einzeltoleranzen* in *einer* Maßkette statistisch gewertet werden; vielmehr wirkt sich ihre Toleranz*summe* wie ein *einziges* Kettenglied aus.

Passungen: Die MMB sollte nur dort angewendet werden, wo die Differenz zwischen *MMVL* und Istmaß tatsächlich als räumlicher Versatz genutzt werden kann, d. h. meist bei *Spielpassungen* oder bei elastischer Verformung wie beim Stecker von Bild 4.20. Ein *Gewinde* hingegen hat zwar Spiel, wirkt aber infolge der Kegeligkeit seiner Flanken in gewissem Maße zentrierend auf den Achsversatz. Hier ist die Anwendung der MMB nicht möglich; ein Gewinde ist ja auch kein einfaches Größenmaßelement.

4.4.3 Vorgehensweise zur Toleranzuntersuchung

Bedeutung: Wenn auf einer Zeichnung die MMB eingetragen ist, kann die Vorgehensweise helfen, die Bedeutung des Zeichens Ⓜ zu erfassen und die Folgen abzuschätzen.

Beispiel „Lochblech": Die Vorgehensweise wird an einem Lochblech mit einem einfachen Lochbild nach *Bild 4.22a* erläutert. Dessen Funktion besteht darin, dass zwei Stifte hindurchgehen müssen. Die Eintragung des Ⓜ ist provozierend unkorrekt (s. Regel 4-18), hier aber ausnahmsweise einmal *sinngemäß* vertretbar. Das Maß 50 ist ein *Abstandsmaß,* bei dem es keine Maximum-Material-Grenze gibt (s. Kap. 1.3.2); seine Toleranz entspricht einer Lagetoleranz (die korrekte Angabe als Positionstolerierung finden Sie in Bild 4.29b, Kap. 4.4.4). Wir greifen hier bewusst zu dieser Darstellung, um zunächst die praktische Aufgabe ohne formale Hürden herauszustellen. Der Lochabstand soll mit einer üblichen *Stecklehre* geprüft werden.

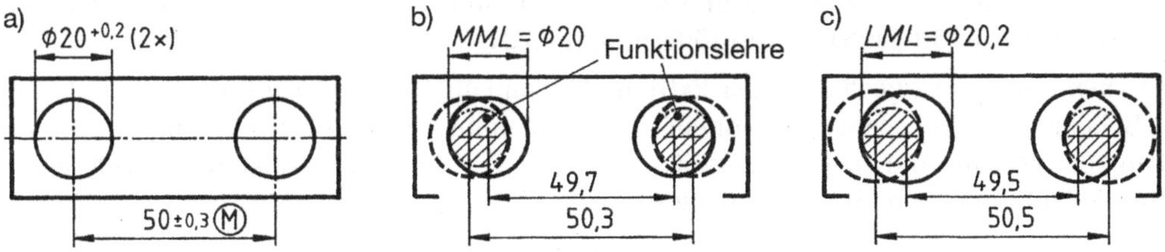

Bild 4.22: Beispiel „Lochblech" mit Maximum-Material-Bedingung. a) Zeichnung (Ausschnitt; nicht normgerecht!), b) Grenzgestalt mit Maximum-Material-Grenzmaßen und Funktionslehre dazu (wirksamer Grenzzustand), c) Grenzgestalt bei Minimum-Material-Maßen

Vorgehensweise: In die folgenden Schritte wird jeweils das Beispiel aus Bild 4.22 zur Erläuterung einbezogen.

① ***Form- oder Lagetoleranz:*** Die mit Ⓜ bezeichnete Toleranz wird auf die *Grenzabweichung* in Höhe des *eingetragenen* Toleranzwertes gesetzt. Da es bei der MMB stets um *abgeleitete* Geometrieelemente geht (s. Regel 4-19), bieten sich dazu die Grenzabweichungen nach Bild 4.10 (Kap. 4.3.2) an, d.h. *krumm, unterbrochen krumm, schief* oder *versetzt.*

Beim Lochblech ist *„versetzt"* maßgebend, und zwar in den zwei Grenzabständen 50,3 mm und 49,7 mm, Bild 4.22b.

② ***Maßtoleranz:*** Die beteiligten Größenmaßelemente werden auf die *Maximum-Material-Grenze MML* gesetzt und sind dabei *geometrisch ideal* (d.h. so, als ob sie der Hüllbedingung unterlägen).

Im Beispiel sind es zwei Größenmaßelemente mit je *MML* = Ø 20 mm.

③ ***Wirksamer Grenzzustand:*** Zum tolerierten Geometrieelement bzw. zu den Geometrieelementen wird das Gegenstück ermittelt, vorstellbar als *ideale Funktionslehre* mit dem wirksamen Grenzmaß *MMVL.*

Die beiden Löcher lassen den Raum für zwei Prüfbolzen frei (genau genommen sind es nur zwei schmale Prüfstege in Längsrichtung); deren Durchmesser lässt sich zu 19,7 mm berechnen. Sie passen im Grenzfall b soeben durch die Löcher hindurch. So werden Stecklehren seit Jahrzehnten gebaut.

④ ***Grenzgestalt:*** Das beteiligte Maß wird auf die entgegengesetzte Grenze *LML* gesetzt. Es empfiehlt sich, ggf. zum besseren Verständnis einen einfachen „Wenn-Dann-Satz" zu formulieren, beginnend mit dem Maß. Hier wird ermittelt, wie weit die mit Ⓜ bezeichnete Form- oder Lagetoleranz *erweitert* werden kann, ohne den wirksamen Grenzzustand zu verletzten.

Im Beispiel heißt das: „Wenn die Löcher etwas *größer* sind, dann kann ihr Abstandsmaß mehr abweichen." Bei Vergrößerung der Lochdurchmesser auf 20,2 mm kann sich der Achsabstand auf 50 ± 0,5 mm vergrößern, Bild 4.22 c.

(*Anmerkung:* Das ist noch nicht der Extremfall. Wenn die Löcher *gleichdickförmig* sind, was z. B. bei gebohrten Löchern in dünnem Blech vorkommen kann (s. Bild 1.19 h, Kap. 1.4.2), kann der *Achs*abstand noch etwas größer werden, vgl. Kap. 4.3.2. Das ist hier jedoch weder für die Funktion noch für die Lehrung von Belang.)

⑤ ***Kontrolle:*** Die Grenzgestalten sollten auf Zulässigkeit geprüft werden, denn die MMB betrifft nur die Paarungsfähigkeit an der Maximum-Material-Grenze.

Beim Lochblech ist das z. B. die *Innen*seite der Löcher. Auch könnte zusätzlich zu kontrollieren sein, ob der Werkstoff an den *Außen*seiten des Blechs noch dick genug ist. Ferner prüft die Funktionslehre nur die *Paarungsfähigkeit* der Löcher. Zusätzlich müssen die Lochdurchmesser G_u = Ø 20 mm und G_o = Ø 20,2 mm geprüft werden.

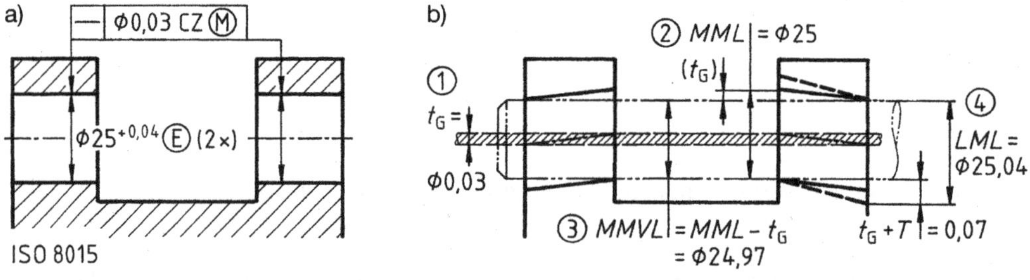

Bild 4.23: Schlittenführung auf einer Rundstange. a) Zeichnung (Ausschnitt), b) Auswirkung der MMB sowie Funktionslehre mit MMVL

Beispiel „Schlittenführung": Die beiden Bohrungen Ø 25 mm in *Bild 4.23* dienen dazu, einen Schlitten auf einer Rundstange zu führen. Sie müssen daher fluchten (s. Bild 2.22, Kap. 2.3.3). Die gemeinsame Toleranzzone für die Geradheit der Achsen ist mit „CZ" im

Toleranzrahmen vermerkt (s. Kap. 1.6.1). In die Bohrungen werden Gleitbüchsen eingepresst; daher ist hier die Hüllbedingung Ⓔ eingetragen. Die Bedeutung der MMB ergibt sich gemäß der obigen Vorgehensweise:

① *Gemeinsame Toleranzzone* t_G = Ø 0,03 mm mit *„unterbrochen krumm"* als Grenzabweichung der beiden Achsen.

② *MML* = Ø 25 mm für beide Bohrungen mit Hüllbedingung und größter Schiefstellung. (Anmerkung: Alle Durchmesser sind senkrecht zur gemeinsamen Achse eingetragen. Die daraus resultierenden Fehler sind vernachlässigbar, denn die Winkelabweichungen sind in Wirklichkeit sehr klein.)

③ *Wirksamer Grenzzustand* entspricht einem durchgehenden Prüfbolzen mit *MMVL* = *MML* - t_G = (25 − 0,03) mm = Ø 24,97 mm.

④ *Größte Bohrungsdurchmesser LML* = Ø 25,04 mm führen auf den Satz: „Wenn die Löcher etwas größer sind, dann können sie etwas schiefer stehen." Die größte Schiefstellung beträgt t_G + T = (0,03 + 0,04) mm = 0,07 mm, d. h., die gemeinsame Geradheitstoleranz erweitert sich auf diesen Betrag.

⑤ Es fragt sich, ob diese Schiefstellung zulässig ist, z. B. wegen Kantenpressung oder Verschleiß. Wenn ja, genügt es, die Fluchtung der Bohrungen mit einer Stecklehre gemäß Schritt 3 zu prüfen, außerdem die Bohrungsdurchmesser und (hier) die Hüllbedingung.

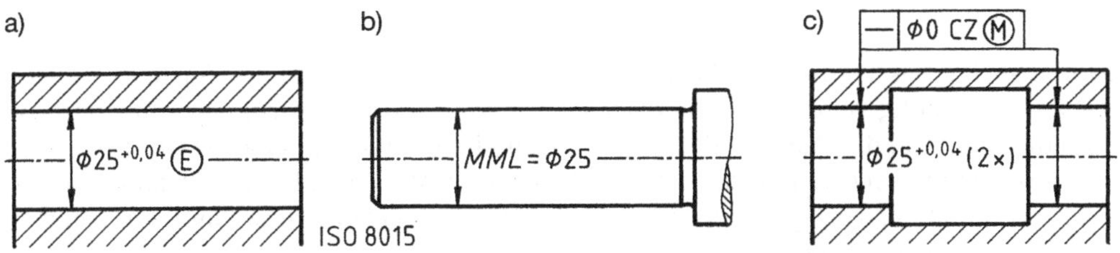

Bild 4.24: Zusammenhang zwischen Hüllbedingung und Maximum-Material-Bedingung.
a) durchgehende Bohrung mit Hüllbedingung, b) Prüfdorn dazu; c) abgesetzte Bohrung mit gleichbedeutender Tolerierung und gleichem Prüfdorn

Toleranzwert null: Eine Toleranz t = 0 gibt es grundsätzlich nicht – wohl aber mit der Maximum-Material-Bedingung. Das wollen wir im Anschluss an Bild 4.23 erläutern. Für eine durchgehende Bohrung mit *Hüllbedingung, Bild 4.24 a,* verkörpert der Prüfdorn (b) die Hülle mit *MML* = Ø 25 mm (s. Kap. 1.4.3). Das bedeutet, dass die Bohrung *keine* Formabweichungen haben darf, wenn sie überall auf der Maximum-Material-Grenze *MML* liegt. Eine solche Bohrung gibt es praktisch nicht. Sie wird immer etwas größer ausfallen: „Wenn sie etwas größer ist, darf sie etwas krumm oder unrund sein".

Ersetzen wir nun die durchgehende Bohrung durch eine abgesetzte (was oft besser und billiger ist) nach Bild 4.24 c, so gibt es dafür keine „gemeinsame Hülle" o. Ä., denn die Hülle bezieht sich immer nur auf ein *einzelnes* Geometrieelement. Als „Hülle" über *mehrere* Geometrieelemente fungiert aber der wirksame Grenzzustand. Mit einer Geradheitstoleranz t_G = 0 und der MMB wird das wirksame Grenzmaß *MMVL* = *MML* - t_G = *MML* = 25 mm; der Prüfdorn und der Wenn-Dann-Satz bleiben dieselben wie zuvor. In diesem Fall prüft der Dorn gleichzeitig sowohl die Hülle der einzelnen Bohrungen als auch ihre gemeinsame Fluchtung über den wirksamen Grenzzustand. Das Prinzip der Nulltoleranz mit MMB ist ebenso auf *Lage*toleranzen anwendbar (s. u. Bilder 4.27 d und 4.28). Bei *Form*toleranzen für *einzelne* Elemente (Geradheit, Ebenheit) bedeutet 0 Ⓜ dasselbe wie Ⓔ.

Beispiel „Zapfen“: Als weiteres Beispiel bringt *Bild 4.25 a* eine Lagetolerierung mit Bezug. Die Funktionslehre (b), entsprechend dem wirksamen Grenzzustand, liegt auf der Bezugsfläche A auf. Die Bohrung steht darauf exakt senkrecht und umschließt den Zapfen, der eine Schiefstellung von t_R = 0,1 mm und *MML* = Ø 10 mm hat, d. h., ihr Durchmesser ist *MMVL* = *MML* + t_R = Ø 10,1 mm. *Wenn* der Zapfen etwas dünner ist (*LML* = 9,95 mm), *dann* kann er etwas schiefer stehen, im Grenzfall bis $t_{R\,max} = t_R + T$ = (0,1 + 0,05) mm = 0,15 mm, Bild 4.25 c.

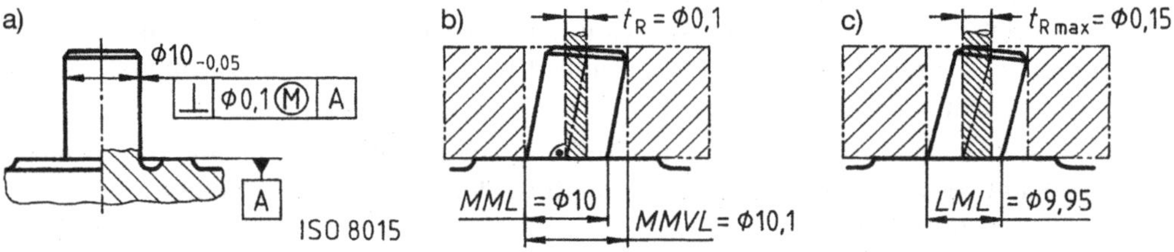

Bild 4.25: Zapfen an einem Spritzgussteil. a) Zeichnung mit MMB, b) Funktionslehre, c) extreme Rechtwinkligkeitsabweichung

Konstruktive Festlegung der MMB: Die Anregung, die MMB in die Zeichnung einzutragen, wird häufig vom Prüfwesen ausgehen. Aber auch der Konstrukteur sollte dort, wo die Funktion, d. h. die Paarung der Bauteile, von einem Maß und einer Form- bzw. Lagetoleranz gemeinsam bestimmt wird, von sich aus die MMB vorschlagen und dann mit dem Prüfwesen und der Fertigung absprechen. Die obige Vorgehensweise kann dabei helfen, die Auswirkungen zu erkennen.

4.4.4 Festlegung von Funktionslehren

Bedeutung: Der Schlüssel zum Verständnis der Maximum-Material-Bedingung (MMB) ist die Vorstellung von einer Funktionslehre, die den verfügbaren Raum für die Werkstückgestalt umschließt und den wirksamen Grenzzustand verkörpert. (Das besagt nicht, dass eine solche Lehre tatsächlich gebaut werden muss.) Die letzten Beispiele zeigten bereits, wie sich die Gestalt der Funktionslehre aus den Regeln der MMB ergibt. Dieses Vorgehen wird nun systematisch auf verschiedene Randbedingungen ausgedehnt, mit Regeln versehen und mit weiteren Beispielen verdeutlicht. Dabei wird nur die *Idealgestalt* der Lehre ermittelt, bestehend aus Geometrieelementen mit Nennmaßen in exakter Form und Lage. Die *Toleranzen* einer wirklichen Prüflehre werden hier nicht behandelt. Sie liegen in aller Regel so, dass keine unzulässigen Werkstücke für gut befunden werden können, d. h., sie gehen von den Werkstücktoleranzen ab und sollten daher mindestens eine Größenordnung enger sein als diese [KeDu 07].

Gestalt der Funktionslehre: Die Grundregel für alle Funktionslehren lautet:

> ***4-23 Funktionslehre für MMB:*** Sie verkörpert am *tolerierten* Element den *wirksamen Grenzzustand* mit *MMVL* (s. Regel 4-14) für alle Toleranzarten (s. Regeln 4-18 und 4-19). Bei *Lage*toleranzen verkörpert sie außerdem am *Bezugs*element das *anliegende ideale Gegenelement* (s. Regel 1-40, Kap. 1.5.3). Alle Elemente der Funktionslehre stehen in exakten geometrischen Verhältnissen zueinander.

Funktionslehre für ein Bezugselement: Es gibt generell zwei Möglichkeiten:

a) Das Bezugselement ist eine *ebene Fläche* (oder auch eine gerade Kante oder Linie; s. Kap. 2.3.2). Dann verkörpert die Lehre das *anliegende Gegenelement.*

b) Der Bezug ist die *Achse eines Kreiszylinders* (Welle oder Bohrung; oder auch die Mittelebene von zwei Parallelebenen o. Ä.; s. Kap. 2.3.3). Die Prüflehre muss hier die Bezugsachse (o. Ä.) *korrekt* ermitteln. Für die *Bohrung* wäre das z. B. ein aufdehnender Dorn, für die *Welle* ein sich verengendes Futter. Solche Elemente sind jedoch mechanisch aufwendig. Ersetzt man den Dehndorn z. B. durch einen leicht konischen starren Dorn, so bleibt die Ermittlung der Achse unvollkommen. Viel einfacher aber ist die Funktionslehre, wenn sie z. B. an der Bezugsbohrung auch einen *starren* zylindrischen Dorn hat. Der unterliegt dann ebenfalls der MMB.

Bezugselement mit MMB: Voraussetzung dafür ist, dass der Bezug ein *abgeleitetes* Element (Achse, Mittelebene o. Ä.) ist. Beim Beispiel einer Bohrung geht das Spiel zwischen Bohrung und Prüfdorn in die Prüfung ein und vergrößert damit zusätzlich die größte zulässige Abweichung des *tolerierten* Elements. Das bedeutet, dass die MMB auch auf das Bezugselement angewendet wird:

> ***4-24 Funktionslehre für ein Bezugselement mit MMB:*** Wenn der Bezug eine *Achse, Mittelebene* o. Ä. ist, sollte das Ⓜ hinter dem Bezugsbuchstaben im Toleranzrahmen stehen. Die Funktionslehre verkörpert das *ideale Gegenelement* zum Bezugselement, d. h. dessen *wirksamen Grenzzustand* mit *MMVL.* Wenn für das Bezugselement keine eigene Formtoleranz eingetragen ist, so ist sein wirksamer Grenzzustand gleich seiner *Hülle* mit *MML.*

Das gilt auch dann, wenn das Bezugselement an sich nicht der Hüllbedingung unterliegt; so ergibt es sich aus DIN EN ISO 2692. (Anmerkung: Bilden *mehrere* solcher Bezugselemente *gemeinsam* einen Bezug, so geht ihre *Lage*toleranz in den wirksamen Grenzzustand ein, s. Bild 4.30).

Bei der Konstruktion der Funktionslehre beginnen wir zweckmäßig bei den Bezügen. Die folgenden Beispiele verdeutlichen die Regeln.

Beispiel „Stangenkopf": Die Schubstange in einer Fördereinrichtung für Stückgut, in *Bild 4.27a* ausschnittweise und vereinfacht dargestellt, ist mit einem relativ langen Schaft von Ø 30 mm in einem Hydraulikzylinder geführt. Der Kopf mit Ø 55 mm muss durch eine Öffnung mit Abstreifgummis hindurchgehen und hat daher etwas größere Toleranzen. Die Funktionslehre (b) umschließt ein Werkstück, das überall den Maximum-Material-Zustand hat und die Koaxialitätstoleranz t_{KO} = Ø 0,06 mm völlig ausnutzt. (Als Art der Grenzabweichung wurde *hier „versetzt"* gewählt nach Bild 4.10, Kap. 4.3.2; da der Schaft sehr lang ist, wollen wir hier eine Schiefstellung der Achse vernachlässigen. Der Versatz beträgt $t_{KO}/2$ = 0,03 mm, s. Kap. 2.6.1). Der Schaft ist das einzige Bezugselement A. Er unterliegt der Hüllbedingung (Ⓔ; sonst wäre eine Gleitführung kaum zu verwirklichen) und keiner Lagetoleranz. Somit ist er durch die Hülle mit MML_1 = Ø 30 mm begrenzt, sie wird von der Lehre verkörpert. Am tolerierten Element hat die Lehre den wirksamen Grenzzustand mit $MMVL = MML_2 + t_{KO}$ = (55 + 0,06) mm = Ø 55,06 mm. Beide Kreiszylinder liegen exakt koaxial zueinander. Bei der Ermittlung dieser Maße werden die Zeichen Ⓜ *nicht* berücksichtigt.

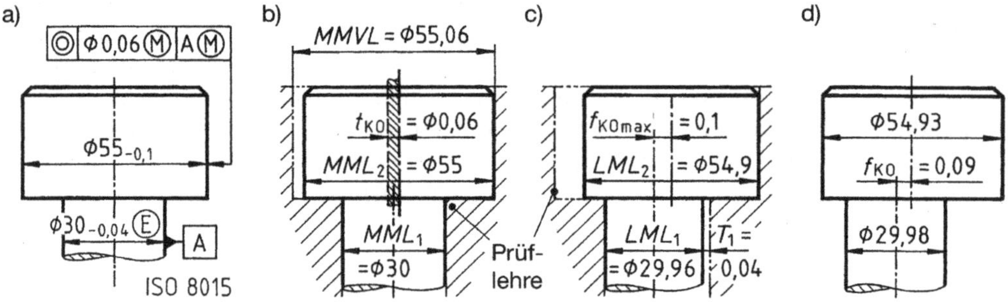

Bild 4.26: Stangenkopf mit MMB auch am Bezugselement. a) Zeichnungsausschnitt, b) Entstehung der Funktionslehre, c) Werkstück mit Minimum-Material-Grenzmaßen *LML* und größtem Achsversatz $f_{KO\,max}$, d) fragliches Werkstück mit Istmaßen

Stände im Toleranzrahmen hinter dem Bezugsbuchstaben A *kein* Ⓜ, so müsste die Lehre die Achse des Schaftes *korrekt* ermitteln, d. h., sie müsste hier z. B. wie ein Spannfutter konstruiert sein. Bei einer einfachen *starren* Funktionslehre dagegen kann sich der Schaft seitlich verschieben, wenn er kleiner ist als Ø 30 mm, im Grenzfall bis zur Maßtoleranz T_1 = 0,04 mm, Bild 4.27 c. Liegt der Kopf ebenfalls auf seiner Minimum-Material-Grenze LML_2 = Ø 54,9 mm, dann ergibt sich aus den angegebenen Maßen ein größter Achsversatz $f_{KO\,max}$ = 0,1 mm.

(*Anmerkung:* Entgegen früheren Vorstellungen sollten wir daraus nicht etwa eine „maximale Koaxialitätstoleranz" $t_{KO\,max}$ = Ø 0,2 mm berechnen. Sobald Ⓜ beim Bezug steht, ist die *Bezugsachse* für Koaxialität die Achse der *Funktionslehre* und nicht die *Ist*achse des Bezugselementes. $t_{KO\,max}$ bleibt $t_{KO} + T_2$ = Ø 0,16 mm; dem kann sich bei parallelem Schaft das Spiel am Schaft hinzuaddieren. Entscheidend ist stets sich vorzustellen, wie die Elemente innerhalb der Funktionslehre liegen können.)

Wesentlich ist, dass bei allen *Orts*toleranzen (Position, Koaxialität und Symmetrie) über die *Toleranzen* gerechnet wird und keinesfalls über die Abweichungen; denn die Grenzabweichung ist hier gleich der *halben* Toleranz *t*/2 (s. Kap. 2.6.1). Als „warnendes" Beispiel möge Bild 4.26 d dienen. Bei flüchtigem Hinsehen könnte man meinen, das Werkstück sei zulässig. Die Differenz zwischen *MML* und Istmaß, d. h. das Spiel, beträgt am

Kopf S_2 = 0,07 mm und am Schaft S_1 = 0,02 mm. Dieser Zugewinn von 0,09 mm darf aber *nicht* etwa mit der Abweichung f_{KO} = 0,09 verglichen werden. Vielmehr müssen wir so rechnen:

- *Toleranzsumme* $T_{ges} = t_{KO} + S_2 + S_1 = (0{,}06 + 0{,}07 + 0{,}02)$ mm = 0,15 mm
- *Grenzabweichung* $T_{ges}/2$ = 0,075 mm
- *Istabweichung* f_{KO} = 0,09 mm, d.h. das Teil ist Ausschuss.

Reziprozitätsbedingung: Das obige Beispiel soll als Anlass dienen, einen erläuternden Seitenblick auf die in Bild 4.20 c (Kap. 4.4.1) erwähnte Reziprozitätsbedingung (reciprocy requirement) zu werfen. Ein Stangenkopf mit Istmaßen gemäß *Bild 4.27 a* - keine Koaxialitätsabweichung, aber Kopfdurchmesser 55,06 mm - würde in die Funktionslehre b (es ist dieselbe wie in Bild 4.26 b) hineinpassen und wäre durchaus funktionsfähig. Trotzdem müsste er bei einer Zeichnung nach Bild 4.26 a wegen der Maßüberschreitung verworfen werden.

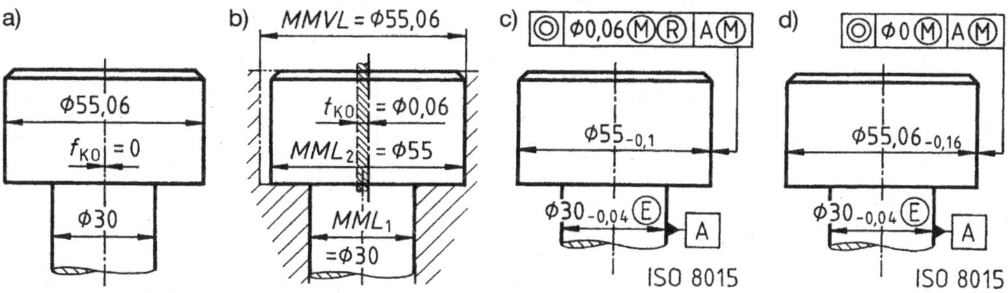

Bild 4.27: Varianten zum Stangenkopf in Bild 4.26. a) Werkstück mit Istmaßen, b) Funktionslehre aus Bild 4.26, auch für c und d gültig; c) Zeichnung mit Reziprozitätsbedingung, d) gleichbedeutende Zeichnung mit Nulltoleranz

Das Ⓡ in Bild 4.27 c lässt dagegen diesen Fall zu. Die Funktionslehre bleibt die gleiche wie bei b, denn ihre Maße werden ja ohne Ⓜ und Ⓡ berechnet. Lassen wir der Übersichtlichkeit halber einmal den Schaft und seine MMB außer Acht und betrachten nur den Zusammenhang zwischen *Kopfdurchmesser* und *Koaxialität*. Die verfügbare Toleranzsumme beträgt dann $t_{KO} + T_2 = (0{,}06 + 0{,}1)$ mm = 0,16 mm; sie kann nach Art eines „Toleranzenpools" frei verteilt werden:

> ***4-25 Reziprozitätsbedingung:*** Hier kann die *Summe* aus der mit Ⓜ Ⓡ bezeichneten Form- bzw. Lagetoleranz und der zugehörigen Maßtoleranz beliebig auf die beiden Toleranzen aufgeteilt werden. Die *Maß*toleranz darf jedoch nur zur *Maximum*-Material-Seite erweitert werden; die *Minimum*-Material-Grenze *LML* ist dagegen immer einzuhalten.

Sonst könnten der Kopfdurchmesser unbegrenzt kleiner als 54,9 mm und gleichzeitig der Achsversatz immer größer werden. Insgesamt werden die für die Fertigung zur Verfügung stehenden Toleranzen vergrößert, nach dem Satz: „*Wenn* der Kopf etwas kleiner ist, *dann* darf er etwas mehr abweichen; *wenn* er weniger Koaxialitätsabweichung hat, *dann* darf er etwas größer sein.“ Der Vorteil liegt darin, dass die (von der Funktion her unnötige) Prüfung des Kopf-Höchstdurchmessers Ø 55 mm entfällt.

Vergleich mit Nulltoleranz: Die Wirkung der Eintragung nach Bild 4.27 c ist dieselbe wie die der Angabe d mit einer „Nulltoleranz“ für die Lage t_{KO} = Ø 0 (vgl. Bild 4.24). Die Maximum-Material-Grenzmaße des Stangenkopfes sind jetzt gleich den Maßen der Prüflehre (b). Die Toleranz von 0,16 mm ist beim Maß 55,06 mm eingetragen: „*Wenn* der Kopf kleiner ist (maximal um 0,16 mm), *dann* wird t_{KO} größer (maximal bis 0,16 mm.)“ Der Unterschied zum Fall c besteht nur darin, dass d) weniger übersichtlich ist. Bei c) bekommt die Fertigung Hinweise darauf, wie die Toleranzen aufgeteilt werden könnten, bei d) aber nicht.

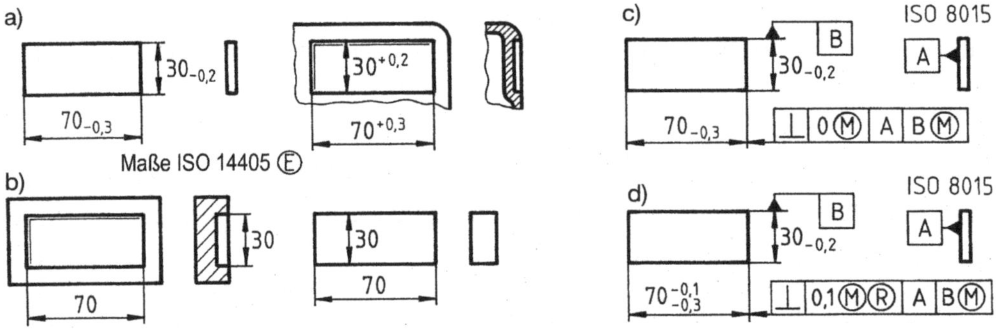

Bild 4.28: Prüfung eines Firmenschildes. a) unvollständige Zeichnung des Schilds und der zugehörigen Gehäusevertiefung (Ausschnitt), b) Funktionslehren für Schild und Vertiefung (mit Nennmaßen), c) korrekte Zeichnung mit Nulltoleranz, d) alternative Zeichnung mit Reziprozitätsbedingung

Rechteckplatte mit Nulltoleranz und Reziprozitätsbedingung: Ein weiteres Beispiel soll die Zusammenhänge noch deutlicher machen. Ein rechteckiges Firmenschild aus Kunststoff wird in eine passende Vertiefung im Gehäuse eingeklebt, *Bild 4.28 a.* Die Tolerierung dieser Zeichnungen ist unzureichend, weil die Eingrenzung der Rechtwinkligkeit fehlt. Da helfen weder das Hüllprinzip (s. Kap. 1.4.4, Bild 1.23) noch solche Sprüche, wie wir sie ab und zu in der Praxis hören („Das lernt man bei uns schon in der Lehrwerkstatt, dass der rechte Winkel stimmen muss“).

Wenn die beiden Elemente mit Lehren geprüft werden, die jeweils das ideale Gegenstück mit Maximum-Material-Grenzmaßen *MML* verkörpern (b), so ist das einfach und funktionsgerecht. Ein Blick auf das Schild (a) sagt uns: „Wenn das Schild wirklich überall *MML* hat, dann muss es exakt rechtwinklig sein, um in die Lehre hineinzupassen. Ist es etwas schmaler, kann es etwas schief sein, ebenso wenn es etwas niedriger ist. Bei der Prüfung muss es selbstverständlich auf seiner Fläche aufliegen.“ Genau diese Aussagen enthält die Tolerierung c. Der Toleranzpfeil und das Bezugsdreieck stehen jeweils auf dem Maßpfeil, d. h., damit sind die Symmetrieebenen gemeint. Diese interessieren an sich nicht; aber hiermit wird deutlich, welche Toleranzen über die MMB zusammenhängen (s. Regel 4-19, Kap. 4.4.2).

Diese Tolerierung überlässt es der Fertigung, wie sich die Abweichungen auf Breite, Höhe und Rechtwinkligkeit verteilen. Stattdessen können wir die Toleranzen auch anders vorgeben, z.B. wie bei d). Die Prüflehre hat dann in der Breite das Maß $MMVL = MML + t_R$ = (69,9 + 0,1) mm = 70 mm, d.h., sie sieht genauso aus wie zuvor (b). Würde das Ⓡ beim Breitenmaß fehlen, dann müsste das Grenzmaß MML = 69,9 mm eingehalten werden; das ist aber gar nicht erforderlich. Mit der Reziprozitätsbedingung ist das Ergebnis dasselbe wie bei c). Der Formenbauer bekommt jedoch den Hinweis, die Breite der Form etwa auf das Mittenmaß 69,8 mm einzurichten. Man könnte meinen, es sei einfacher, bei d) die Zeichen Ⓜ und Ⓡ einfach wegzulassen. Dann haben Sie engere Toleranzen, müssen zusätzlich den Winkel prüfen und sind trotzdem nicht sicher, ob das Schild passt, denn wegen der fehlenden Hüllbedingung könnte das Schild ja z.B. in der Längsrichtung krumm sein. Einer Lehrung gemäß b) entspricht diese Eintragung in keiner Weise.

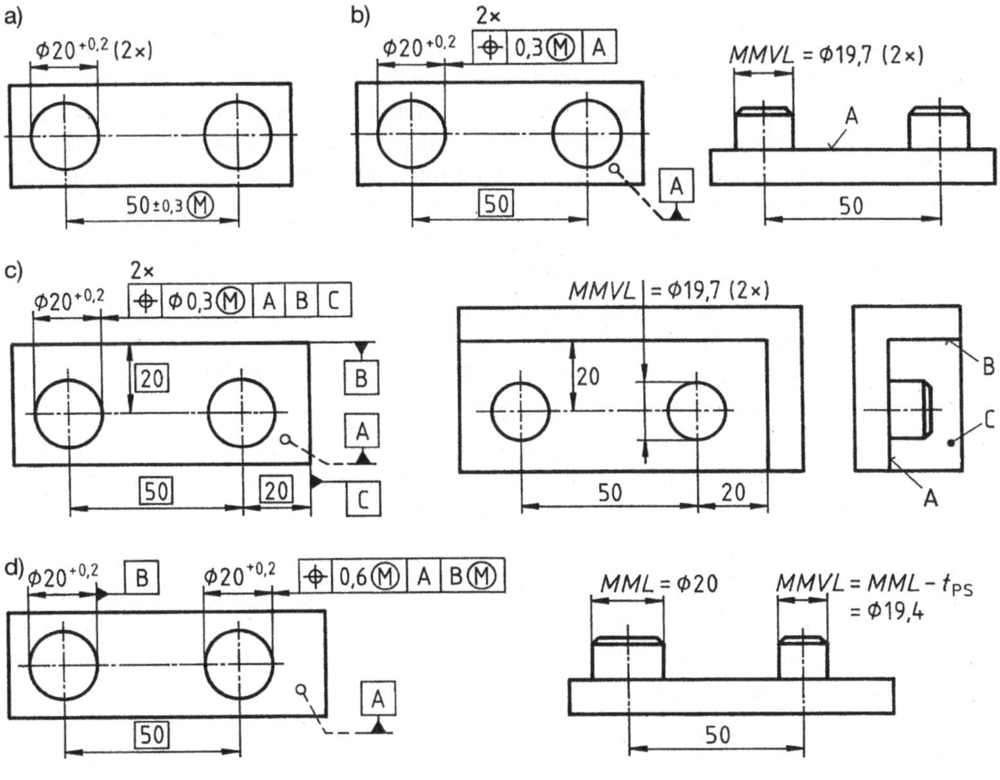

Bild 4.29: Prüfung von Lochbildern mit starren Lehren. a) schwimmendes Lochbild, nicht normgerecht toleriert (wie Bild 4.22 a), b) korrekte Positionstolerierung und Funktionslehre dazu; c) Lochbild mit vollständigem Bezugssystem und Lehre dazu; d) Lochbild ähnlich b, aber mit Bezugsbohrung, mit zugehöriger Lehre

Lochbild mit MMB: *Bild 4.29* variiert das Lochblech von Bild 4.22 (Kap. 4.4.3):

a) ***Nicht normgerechte Darstellung*** eines *schwimmenden* Lochbildes. Es besteht aus 2 Löchern, die mit einer Stecklehre geprüft werden (wie bei b).

b) ***Schwimmendes Lochbild*** mit Positionstoleranzen und primärem Bezug A (s. Kap. 2.6.2, Bild 2.47). So wird Fall a) korrekt toleriert. Jedes Loch hat eine Positionstoleranz

t_{PS} = 0,3 mm, d. h., insgesamt stehen wieder 0,6 mm Abstandstoleranz zur Verfügung. Die beiden Prüfzapfen haben Ø*MMVL* = *MML* - t_{PS} = (20 − 0,3) mm = Ø 19,7 mm. Das Blech muss auf der Fläche A aufliegen. Das ist an sich selbstverständlich, wird aber durch die Bezugsangabe eindeutig verlangt.

c) ***Lochbild mit Kantenbezug:*** Zusätzlich zu b) sind zwei der Blechkanten als Bezüge B und C angegeben, d. h., das Lochbild „schwimmt" nicht mehr. Die Toleranzzone ist hier kreiszylindrisch mit Ø 0,3 mm. Die Funktionslehre fasst mit den kreiszylindrischen Zapfen in die Löcher hinein, d. h., sie prüft die Toleranz rundum nach allen Richtungen gleichmäßig. Sie verkörpert außerdem die drei Bezüge A, B und C. Das Werkstück muss auf A aufliegen und an den Flächen B und C anliegen, während die Zapfen durch die Löcher gehen. Da die Bezüge keine abgeleiteten Geometrieelemente sind, kann darauf die MMB nicht angewendet werden.

d) ***Loch als Bezug:*** Das Lochbild ist schwimmend wie bei b). Hier ist jedoch das linke Loch als Bezugselement B gekennzeichnet; die gesamte Positionstoleranz t_{PS} = 0,6 mm ist am rechten Loch eingetragen. Da der Bezug ein abgeleitetes Element (Achse) ist, wird hierauf auch die MMB angewendet (andernfalls müsste die Stecklehre bei B einen aufdehnenden oder ggf. einen leicht konischen Zapfen haben). Damit ist die Wirkung die gleiche wie bei b), solange nur 2 Löcher zum Lochbild gehören (s. dagegen Bild 4.30). Die Funktionslehre sieht aber etwas anders aus; sie hat am Bezugsloch *MML* = Ø 20 mm, am tolerierten Loch *MMVL* = Ø 19,4 mm.

Anmerkung: Bild 4.29 d ist korrekt, solange das Werkstück *dünn* ist. Bei einer *dickeren* Platte wäre die *Rechtwinkligkeitstoleranz* t_R von Loch B zu A zu berücksichtigen, d. h., die Lehre hätte dann dort *MMVL* = *MML* - t_R (s. Bild 4.30). Die *gezeichnete* Lehre mit *MML* = Ø 20 *wirkt* so, als stünde am Loch B „t_R = Ø 0 Ⓜ zu A".

Auf entsprechende Weise lassen sich Funktionslehren für beliebig viele Löcher im Lochbild bauen, mit und ohne Bezüge. Dabei sind in der Regel kreiszylindrische Toleranzzonen nötig (s. Kap. 2.6.2). Der Fall d leitet zu den nächsten Beispielen über.

Lochbild mit Bezugsbohrungen und MMB: Im Gegensatz zu Bild 4.29 d gehören in *Bild 4.30 mehrere* Bohrungen als Lochbild zusammen und haben gemeinsam Bohrungen als Bezugselemente, die der MMB unterliegen. Der Übersichtlichkeit halber ist die Bemaßung mit den theoretischen Maßen weggelassen (s. dazu Kap. 2.6.2):

a) ***Lochbild mit zentraler Bohrung:*** Die 4 Flanschlöcher sind mit Positionstoleranzen t_{PS} = Ø 0,3 mm schwimmend zur Zentrierbohrung Ø 30 H7 (Sekundärbezug B) angeordnet; die Toleranzzonen stehen senkrecht zur Flanschfläche (Primärbezug A; s. Kap. 2.6.2, Bild 2.47). Die Funktionslehre (rechts) muss sich auf A auflegen. Die Bohrung B kann im Grenzfall *MML* = Ø 30 mm haben und um die Rechtwinkligkeitstoleranz t_R = Ø 0,1 mm schief stehen. Somit kann die Lehre hier nur das wirksame Grenzmaß *MMVL* = Ø 29,9 mm haben (vgl. Regel 4-23 und 4-24).

Wir erinnern hier nochmals an die Regeln 4-23 und 4-24 Auch wenn das Unabhängigkeitsprinzip (ISO 8015) gilt, gehen bei der MMB die wirksamen Maximum-Material-Grenzzustände der einzelnen Elemente von der *idealen Gestalt* mit Maximum-Material-Maßen *MML* aus; d. h., die Funktionslehre wird so gebildet, als wenn die einzelnen Größenmaßelemente der Hüllbedingung unterlägen.

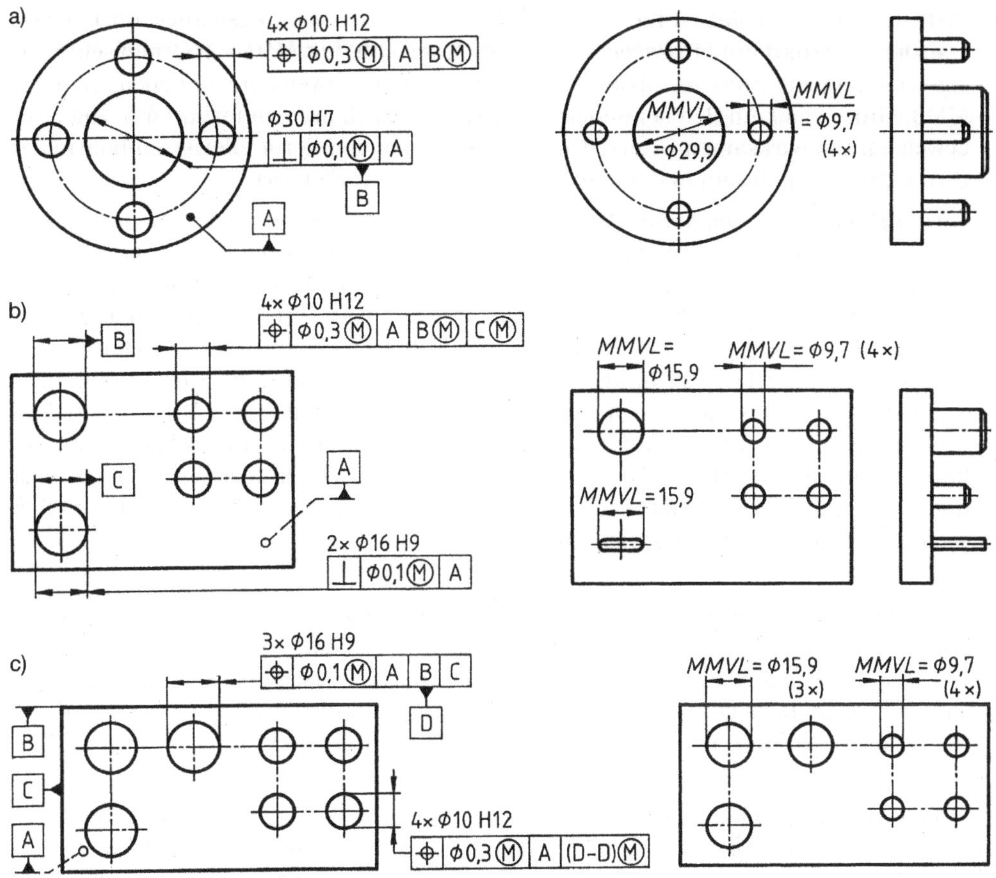

Bild 4.30: Lochbilder mit Bezugsbohrungen und MMB (theoretische Maße weggelassen), jeweils mit Funktionslehre dazu. a) Flansch mit zentraler Bohrung, b) Lochplatte mit Bezugssystem aus 2 Löchern, c) Lochplatte mit Lochbild als Bezug

Der Bezugsbuchstabe B hängt hier mit seinem Bezugsdreieck am Toleranzrahmen der Rechtwinkligkeitstoleranz t_R = Ø 0,1 mm. Das hat nach DIN EN ISO 2692 folgenden Grund:

4-26 Bezugselement mit MMB und Form- oder Lagetoleranz: Wenn ein Bezugselement der MMB und zusätzlich einer Form- oder Lagetoleranz unterliegt, die in den wirksamen Maximum-Material-Grenzzustand einbezogen wird, dann steht der *Bezugsbuchstabe* mit dem Bezugsdreieck am *Toleranzrahmen* dieser Form- oder Lagetoleranz (und diese steht auf dem Maßpfeil des Bezugselements).

b) ***Lochbild mit Bezugssystem:*** Das Lochbild besteht aus den 4 Bohrungen Ø 10 H12. Die Platte liegt auf der Hauptauflagefläche A auf; dann ist sie um den Sekundärbezug B drehbar. Die tertiäre Bezugsbohrung C legt das Werkstück mit dem Lochbild endgültig fest. (Die Bezugsbohrungen B und C könnten ihrerseits zusätzlich zu den Kanten der

Platte toleriert sein; das ist hier jedoch nicht dargestellt.) Das Gegenstück zur Bohrung C an der Lehre darf nur ein *flaches* Element (Schwertstift) mit *MML* = 15,9 mm senkrecht zur Linie B-C sein, weil der Abstand zwischen B und C Abweichungen haben kann. Die MMB wird sowohl auf den sekundären Bezug B als auch auf den tertiären Bezug C angewendet. Die wirksamen Grenzzustände der Bezüge und der 4 tolerierten Bohrungen Ø 10 werden gemeinsam in derselben Funktionslehre verkörpert.

c) ***Lochbild mit Bezugslochbild:*** Auch ein ganzes Lochbild kann als Bezug dienen. Das bedeutet, dass die Lage zweier Lochbilder *relativ zueinander* festgelegt wird (z. B. damit an einer Klappe das Scharnier und das Schloss in der richtigen Lage zueinander angenietet werden). Zunächst hat das Werkstück 3 Bohrungen Ø 16 H9, die durch die Positionstoleranzen Ø 0,1 Ⓜ mit einem vollständigen Bezugssystem zu den Flächen A | B | C festgelegt sind. (Deren Prüfung würde eine eigene Funktionslehre gemäß Bild 4.29 c erfordern; das ist hier aber nicht dargestellt.) Der Bezugsbuchstabe D hängt am Toleranzrahmen dieser 3 Löcher (s. Regel 4-26), d. h., alle drei zusammen bilden nun den Bezug D für die 4 Löcher Ø 10 H12, die ein eigenes Lochbild formieren. Deren Positionstoleranz hat den Primärbezug A sowie den Sekundärbezug D mit MMB. Im Toleranzrahmen steht aber (D-D) statt einfach D:

4-27 Mehrere Bezugselemente mit MMB und Lagetoleranz: Wenn mehrere Bezugselemente, die der MMB und zusätzlich einer Lagetoleranz unterliegen, *gemeinsam* und gleichberechtigt *einen* Bezug bilden, so werden die Bezugsbuchstaben im Toleranzrahmen in Klammern gesetzt, und das Ⓜ steht dahinter, um deutlich zu machen, dass alle Elemente der MMB unterliegen.

Wenn die beteiligten Elemente alle denselben Buchstaben D tragen, schreibt DIN EN ISO 2692 trotzdem (D-D) Ⓜ, um deutlich zu machen, dass es mehrere Bezugselemente gibt. Die gleiche Vorgabe macht auch die DIN EN ISO 5459 für die Kennzeichnung einer Gruppe mehrerer gleicher Bezugselemente als einen gemeinsamen Bezug. An diesem Werkstück kommen somit zwei verschiedene Bezugssysteme vor; jedes wird für sich geprüft. Das Bezugssystem A | D ist in sich vollständig, weil es das Lochbild 4 × Ø 10 H12 eindeutig festlegt. Die Funktionslehre greift gleichzeitig in die 3 Löcher Ø 16 und die 4 Löcher Ø 10 hinein, Bild 4.30 c rechts. Sie wirkt damit genauso, als wenn alle 7 Bohrungen ein gemeinsames schwimmendes Lochbild wären.

Gemeinsame Prüfung: In Bild 4.30 können die Bezugsbohrungen je nach ihrer Größe und Lage ein Spiel zur Funktionslehre aufweisen, d. h., die Lehre kann sich zu den Löchern verschieben. Diese Toleranzerweiterung darf aber nicht von jedem tolerierten Loch *einzeln* ausgenutzt werden, sondern nur gemeinsam vom gesamten Lochbild; sonst würden sich die Lochabstände innerhalb des Lochbildes zusätzlich vergrößern, und die Funktion des Lochbildes wäre gestört. Die beteiligten Löcher müssen daher mit einer *gemeinsamen* Lehre geprüft werden. Daraus ergibt sich folgende Regel:

4-28 Gemeinsame Prüfung mit MMB im Bezugssystem: Wenn *mehrere* Geometrieelemente *dasselbe* Bezugssystem haben, in dem die *Maximum-Material-Bedingung* auftritt, dann müssen alle *gemeinsam* geprüft werden, d. h. sie werden in *einer* gemeinsamen Funktionslehre erfasst.

Selbstbezug: Die Platte in *Bild 4.31 a* hat ein vollständiges Bezugssystem (vgl. Kap. 2.3.4, Bild 2.26 d). Die beiden gleichberechtigten Bezugslöcher Ø 10 H9 brauchen zudem eine Lagetolerierung zueinander (hier eine schwimmende Positionstolerierung, s. Kap. 2.6.2, Bild 2.47). Mit der MMB ist es möglich und einfacher, alle Löcher *gemeinsam* mit *einer* Lehre zu prüfen. Im Fall b sind die beiden Bezugslöcher gemeinsam als Bezug B definiert (s. Regeln 4-26 und 4-27). Das Bezugssystem mit B steht aber auch *im* Toleranzrahmen, obwohl die Löcher selbst den Bezug B bilden (wir nennen das „Selbstbezug"). Daraus folgt, dass alle Elemente mit demselben Bezugssystem, in dem die MMB vorkommt, gemeinsam in *einer* Lehre zu prüfen sind (s. Regel 4-28); trotzdem bleibt erkennbar, dass die beiden Löcher Ø 10 H9 eine wesentliche Funktion als Bezugslöcher haben. Die Wirkung der Tolerierung ist dieselbe wie im Fall a; das ist jedoch nur mit der MMB möglich.

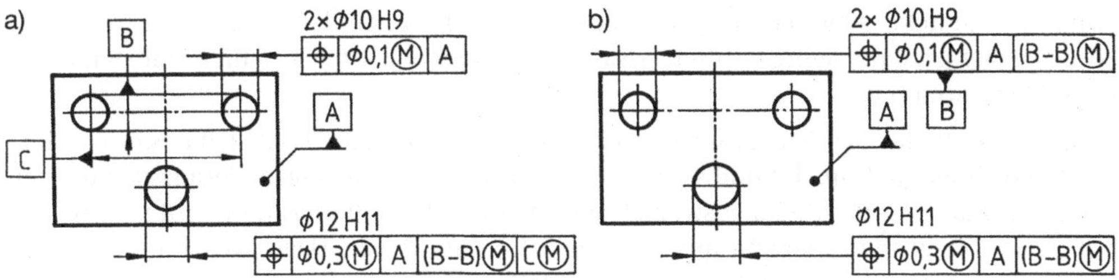

Bild 4.31: Lochplatte mit MMB (theoretische Maße hier nicht dargestellt). a) vollständiges Bezugssystem; b) Darstellung mit Selbstbezug der Löcher B (gleiche Wirkung wie a)

Bezugselement ohne Hüllbedingung: Das Beschlagblech für eine Fensterverriegelung, *Bild 4.32 a,* wird in eine Nut des Fensterrahmens eingelegt; durch den Schlitz fasst ein Verriegelungsbolzen. Das streifenförmige Halbzeug $20_{-0,2\,\text{mm}}$ breit hat zusätzlich eine Geradheitstoleranz t_G = 0,3 mm. Die Prüflehre in Bild 4.33 b entspricht den Regeln 4-23 und 4-24.

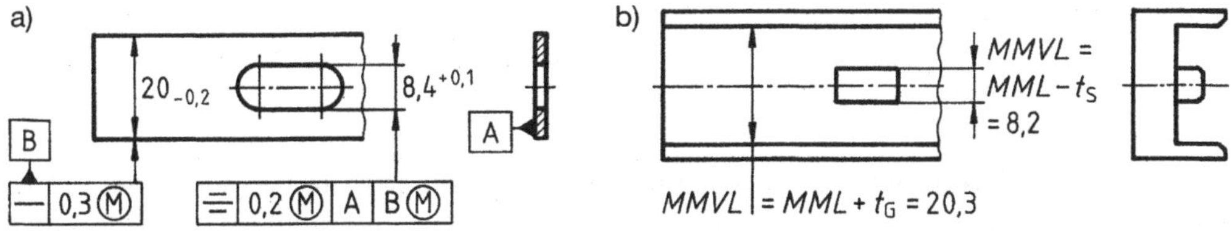

Bild 4.32: Prüfung eines Fensterbeschlagblechs. a) Zeichnung (Ausschnitt), Bezugselement mit Geradheitstoleranz und MMB; b) Prüflehre dazu

Zur Prüfung: Wenn in der Praxis eine mechanische Prüflehre nicht vorhanden bzw. zu teuer ist, lässt sich die MMB ebenso mit einem Messgerät prüfen. Übrig bleibt dann der Vorteil der Toleranzerweiterung gegenüber den eingetragenen Werten. Wenn die Software dafür nicht ausreichen sollte, kann man - zumindest vorläufig - das Ⓜ einfach vernachlässigen. Das Ergebnis liegt dann funktional auf der sicheren Seite, d. h., für gut befundene Werkstücke sind auf jeden Fall in Ordnung; es kann aber sein, dass als Ausschuss erklärte Teile tatsächlich noch in der Toleranz liegen und funktionsfähig sind.

4.5 Minimum-Material-Bedingung

4.5.1 Einführung

Unterschied zur Maximum-Material-Bedingung: Die MMB dient dazu, die *maximale* Ausdehnung eines Geometrieelements einzuschränken, um seine Fügbarkeit (Passungs- oder Paarungsfähigkeit) zu sichern (s. Kap. 4.4.1). Im Beispiel von *Bild 4.33 a* heißt das: „Wenn das Loch etwas *größer* ist, kann seine Position etwas *mehr* abweichen, und z. B. ein Bolzen als Gegenelement (nicht gezeichnet) passt noch hindurch." Die *Minimum*-Material-Bedingung, mit Ⓛ gekennzeichnet (**l**east **m**aterial requirement; deshalb kürzen wir sie LMB ab), hat dagegen die Aufgabe, die *minimale* Ausdehnung zu begrenzen, z. B. um eine Mindestwanddicke oder -bearbeitungszugabe zu sichern, Bild 4.33 b: „Wenn das Loch etwas *kleiner* ist, kann seine Position etwas *mehr* abweichen, und der Mindestabstand zum Rand bleibt erhalten."

Anmerkung: Die tatsächliche Mindestwanddicke s_{min}, Bild 4.33 c, lässt sich aus einer Maßkette berechnen (s. Kap. 4.2 und 4.3). Dabei geht hier auch die Formtoleranz t_E = 0,2 mm der Bezugsfläche A ein (bei b gestrichelt angedeutet), denn die Position wird vom Bezug, d. h. vom anliegenden Element aus gemessen (s. Kap. 2.6.2). Dagegen wird eine Formabweichung der tolerierten Bohrung bei der LMB nicht berücksichtigt (s. u. Regel 4-30).

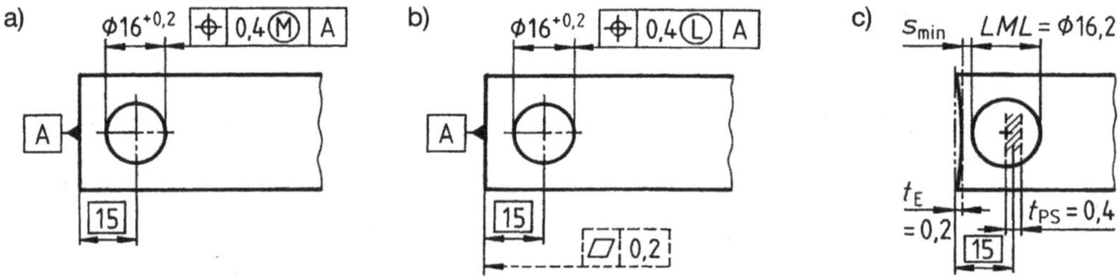

Bild 4.33: Verschiedene Materialbedingungen für eine Bohrungstolerierung. a) Maximum-Material-Bedingung; b) Minimum-Material-Bedingung zur Sicherung einer Mindestwanddicke, c) Ermittlung der Mindestwanddicke s_{min}

Beispiel „Hartstoffplatte": Das Beispiel in *Bild 4.34* lehnt sich an den „Flachstecker" in Bild 4.20 (Kap. 4.4.1) an. Ein Plättchen aus Hartstoff wird vorgeformt nach Bild 4.34 a und soll fertiggeschliffen werden. Dazu ist eine bestimmte Mindestdicke zwischen parallelen Flächen notwendig. Sie ergibt sich hier aus dem Minimum-Material-Grenzmaß *LML* = 2,8 mm und der Ebenheitstoleranz t_E = 0,1 mm als *wirksamer Minimal-Grenzzustand* mit $LMVL = LML - t_E$ = 2,7 mm. Daraus folgt die Bedeutung des Ⓛ: „Wenn die Platte etwas *dicker* ist, darf sie etwas *krummer* sein." Bei der Tolerierung a muss allerdings die Mindestdicke *LML* = 2,8 mm eingehalten werden, auch wenn die Platte ganz eben ist (f_E = 0).

Mit der *Reziprozitätsbedingung* (s. o. Regel 4-25) kombiniert, ist jedoch auch eine Über- bzw. Unterschreitung der Minimum-Material-Grenze zulässig, Bild 4.34 b. Jetzt heißt es zusätzlich: „Wenn die Platte nicht so uneben ist, darf sie etwas dünner sein." Entscheidend ist die Einhaltung des wirksamen Minimal-Grenzzustands.

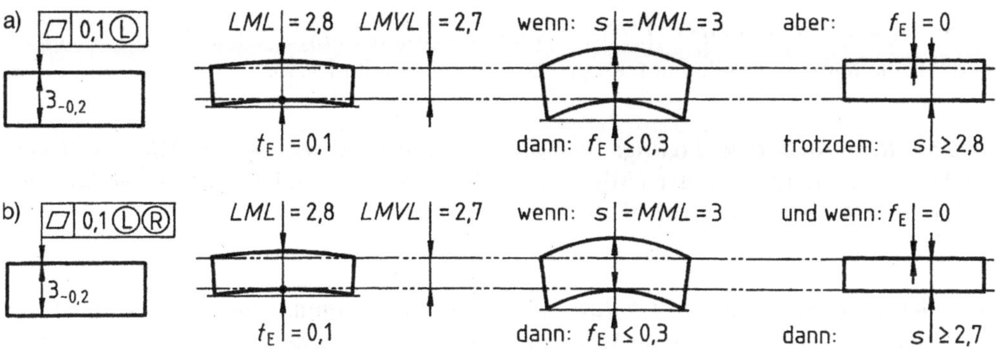

Bild 4.34: Minimum-Material-Bedingung an einer Hartstoffplatte (Tolerierung ISO 8015).
a) übliche Anwendung; b) mit zusätzlicher Reziprozitätsbedingung

4.5.2 Anwendung

Grundlage: Die Minimum-Material-Bedingung (LMB) wird unter den gleichen Voraussetzungen angewendet wie die Maximum-Material-Bedingung (s. Kap. 4.4.2).

Anwendungsregeln: Die folgenden Regeln entsprechen denen von Kap. 4.4.1 und 4.4.2 und sind daher knapp gehalten.

> ***4-29 Toleranzüberschreitung bei LMB:*** Die LMB gestattet die Überschreitung einer mit Ⓛ gekennzeichneten *Form- oder Lage*toleranz für ein *abgeleitetes* Geometrieelement um den Betrag, um den das zugehörige *Längenmaß* von seiner *Minimum*-Material-Grenze *LML* abweicht (vgl. Regeln 4-17 bis 4-19).

Dabei ist der wirksame Minimal-Grenzzustand einzuhalten:

> ***4-30 Wirksamer Minimal-Grenzzustand:*** Er hat die *geometrisch ideale* Gestalt des tolerierten Geometrieelements mit dem *wirksamen Minimal-Grenzmaß*:
>
> $$LMVL = LML \pm t \quad (+\text{ hier für „}Bohrung\text{“, } -\text{ für „}Welle\text{“!}) \tag{4.10}$$
>
> Dabei ist t die Form- oder Lagetoleranz des Geometrieelements.

Im Gegensatz zur MMB (s. Regel 4-14) hat die Formel umgekehrte Vorzeichen. Dieser Grenzzustand bildet eine *innere Grenzgestalt* im Werkstoff. Deshalb lässt er sich nicht einfach als Funktionslehre verkörpern und kann häufig nicht direkt geprüft werden. Meist erfordert die Prüfung ein Messgerät. (Anmerkung: Infolge der Idealgestalt entfallen die Probleme der Grenzgestalt, die bei der Hüllbedingung auf der Minimum-Material-Grenze entstehen können, s. Kap. 4.3.2.)

4-31 Bezugselement mit LMB: Die LMB kann (wie die MMB, s. Regel 4-24) auch auf ein abgeleitetes *Bezugs*element angewendet werden, s. Bild 4.35.

4-32 Reziprozitätsbedingung: Sie kann (entsprechend wie bei der MMB, s. Regel 4-25) *zusätzlich* auch bei der LMB angewendet werden (s. Bild 4.33 b). Dabei darf die *Maximum*-Material-Grenze *nicht* überschritten werden.

Beispiel „Zapfen": *Der Kunststoffzapfen in Bild 4.35 a* nimmt eine selbstschneidende Schraube auf; daher muss seine Wand oben mindestens 2 mm dick sein. Der wirksame Minimal-Grenzzustand *LMVL* (b) folgt aus *LML* = Ø 3,9 mm (geometrisch ideal, s. Regel 4-30) und t_{KO} = Ø 0,3 mm. Mit dem Mindestmaß LML_B = Ø 8,2 mm für das Bezugselement ergibt sich eine Mindestwanddicke s_{min} = 2 mm; sie kann hier direkt geprüft werden. Deshalb steht das Ⓛ im Toleranzrahmen auch beim Bezug B: „*Wenn* das Loch *kleiner* ist, kann der Achsversatz *größer* werden, und noch größer, wenn das *Bezugselement größer* ist"; die Mindestwandstärke bleibt dabei gesichert.

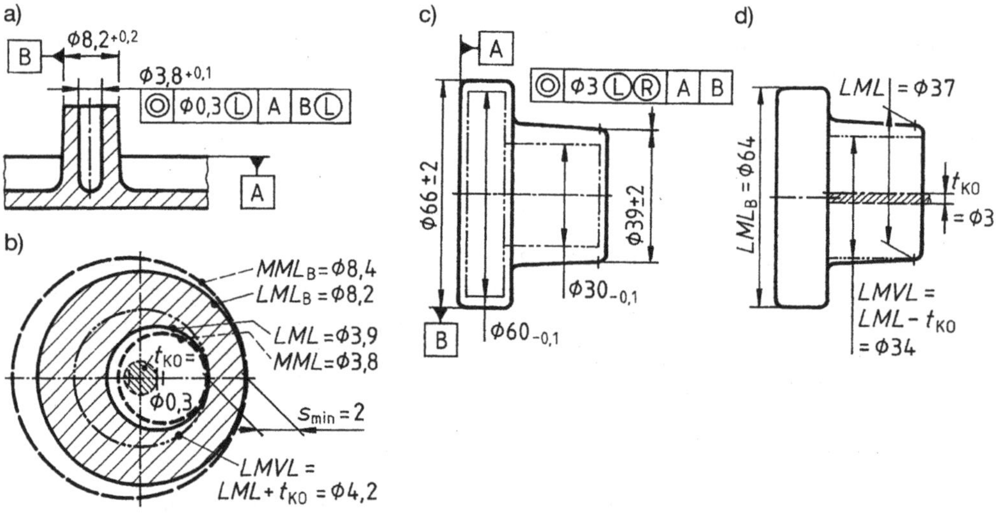

Bild 4.35: Minimum-Material-Bedingung. a) Zapfen für selbstschneidende Schraube, b) Ermittlung der Mindestwanddicke; c) Gussteil mit Fertigkontur, d) kleinstes Werkstück dazu

Beispiel „Gussteil": Das Gussrohteil in Bild 4.35 c braucht für das eingezeichnete Fertigteil an den Zylinderflächen eine Bearbeitungszugabe *RMA* = 2 mm (die Bearbeitung der Planflächen ist hier weggelassen). Die Gusstoleranzen für die Durchmesser und ihre Koaxialität sind eingetragen (vgl. Kap. 3.3.3, Regel 3-16). Daraus ergibt sich die Mindestgestalt für das Gussrohteil (d). Sie hat am Bezugselement LML_B = Ø 64 mm und am tolerierten Element den wirksamen Minimal-Grenzzustand *LMVL* = *LML* - t_{KO} = Ø 34 mm. Der rechte Absatz mit *LML* = Ø 37 mm darf die Koaxialitätstoleranz t_{KO} = Ø 3 mm ausnutzen; die Bearbeitungszugabe ist dabei stets gesichert: „*Wenn er größer* ist, kann er noch *mehr*

Achsversatz haben“. Wenn jedoch das *Bezugselement* B größer ist, darf der Versatz *nicht* größer werden, solange das Werkstück bei der Erstbearbeitung auf den Bezügen A und B (als „kurze“ Achse, s. Kap. 2.3.3, Bild 2.20) aufgespannt wird; denn dadurch bleibt die Bezugsachse B immer zentrisch zum Zylinder Ø66 ± 2 mm. Daher steht hier im Toleranzrahmen beim Bezug B kein Ⓛ. Wohl aber steht bei der Koaxialitätstoleranz Ø3 das Ⓡ der Reziprozitätsbedingung: *„Wenn* der Absatz *weniger* Versatz hat, darf er *kleiner* sein“ (im Grenzfall bis Ø34 mm)

(*Anmerkung:* Mit einer Nulltoleranz t_{KO} = Ø0 Ⓛ würde hier ein „Toleranzraum“ entstehen ähnlich wie in Bild 3.4, Kap. 3.3.2, jetzt aber mit eindeutigen Bezügen, oder wie in Bild 3.8, Kap. 3.3.4.)

4.6 Verknüpfung mit Oberflächenkennwerten

Bedeutung: Der Kontakt von Geometrieelementen oder Bauteilen im Sinne einer Anlage, Paarung oder Passung geschieht immer über die Oberflächen, ebenso ihre Prüfung. Die Feingestalt der Oberfläche haben wir bisher aus allen Betrachtungen über Form, Lage und Maß herausgehalten (s. Bild 1.3, Kap. 1.2.1). Die Beschreibung und die Prüfung von Oberflächen sind ein ebenso weites wie wichtiges Gebiet. Trotzdem können wir es hier nur ganz „oberflächlich“ streifen, aus folgenden Gründen:

- Eine eingehende Auseinandersetzung würde den Rahmen dieses Buches sprengen und von unserem Anliegen, die Form- und Lagetolerierung zu erläutern, ablenken.
- Zahlreiche Einzelnormen sind z. Z. in Überarbeitung. Gleichzeitig entsteht mit der „Geometrischen Produktspezifikation“ (GPS) ein einheitliches und umfassendes Normen-Gesamtkonzept.

Geometrische Produktspezifikation: Die GPS soll zur Schaffung durchgehender und kompatibler Normenketten führen, die u. a. für die einzelnen Toleranzarten die Definition der Toleranzzonen, die Eigenschaften der Geometrieelemente, die Abweichungen und Grenzabweichungen sowie die zugehörigen Messeinrichtungen und deren Kalibrierung festlegen [DI Ge 97, Gro 97, ISO/TR 14 638, DIN V 32 950]. Damit wird sich wohl künftig an den Bezeichnungen und Details der Form- und Lagetoleranzen noch manches ändern, am Prinzip aber wenig. Für die Oberflächenmessung sind damit insbesondere die dringend erforderlichen eindeutigen und vollständigen Festlegungen zu erwarten, s. Bild 4.36.

Einfluss der Abtastung und Filterung: Zwischen dem *wirklichen* Profil der Oberfläche am Werkstück und dem *erfassten* Profil liegen grundsätzlich die Abtastung und die Rechnerverarbeitung der Messdaten. Schon die Form und die Größe der Tastnadel „filtern“ die Oberfläche mechanisch, weil Elemente des Profils unterhalb einer bestimmten Größe unterdrückt werden. In noch stärkerer Weise wirkt sich die elektronische Filterung aus, z. B. zur Unterdrückung der *Welligkeit.* Diese steht zwischen der *Grob*gestalt (Makrogeometrie) mit ihren Form-, Lage- und Maßabweichungen und der *Fein*gestalt (Mikrogeometrie) mit der Rauheit.

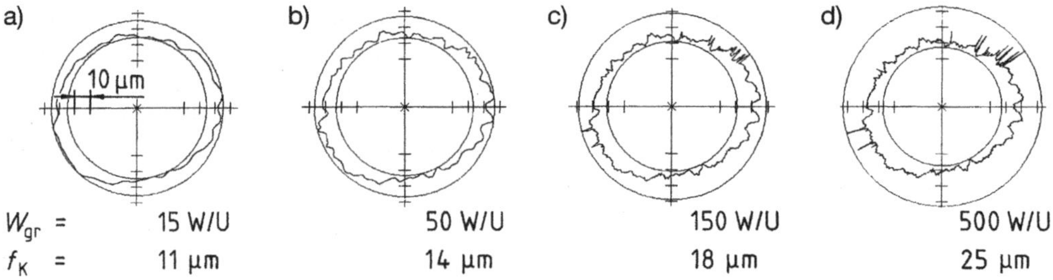

Bild 4.36: Auswertung einer Rundheitsmessung desselben Ringprofils mit vier verschiedenen Grenzwellenzahlen W_{gr}

Bild 4.36 zeigt das Ergebnis einer Rundheitsmessung in einer Bohrung (s. Kap. 2.2.4). Dasselbe erfasste Profil wurde bei vier verschiedenen Wellenfilter-Einstellungen ausgewertet. Die Grenzwellenlänge (Grenzwellenzahl) ist über die Anzahl W_{gr} der Wellen je Umdrehung (W/U) angegeben. Offensichtlich werden bei geringer Anzahl, d. h. bei großer Grenzwellenlänge (a), die Formabweichungen teilweise unterdrückt; als Rundheitsabweichung (s. Kap. 2.2.4) wird f_K = 11 µm ermittelt. Mit kleinerer Grenzwellenlänge steigt der berechnete Wert der Rundheitsabweichung stetig an; bei d) schlägt bereits die Rauheit auf das Ergebnis f_K = 25 µm durch. Eine verbindliche Aussage über die Rundheitsabweichung ist somit nur möglich, wenn die Messbedingungen eindeutig definiert sind.

In ähnlicher Weise wird auch die Messung von Lage- und Maßabweichungen beeinträchtigt. Sie geht von den höchsten Erhebungen des Oberflächenprofils aus und ist damit abhängig von der Anzahl und der Lage der Antastpunkte und ggf. von der Art, wie die Wirkung von „Ausreißern“ unterdrückt oder abgeschwächt wird. All das deuten wir hier nur qualitativ an, um das Problem aufzuzeigen. Darüber hinaus verweisen wir auf die Literatur (z. B. [DI Ge 97, WeGa 99]).

Zusammenhang von Rauheit mit Maß-, Form- und Lagetoleranzen: Grundsätzlich hat zunächst die Rauheit mit den Maß-, Form- und Lagetoleranzen nichts zu tun, denn letztere werden ja über die „Rauheitsspitzen“ gemessen. Abgesehen davon, dass die Messunsicherheit mit der Rauheit ansteigt (vgl. Bild 4.36), kann es jedoch nicht sinnvoll sein, bei engen Toleranzen und hohen Anforderungen an deren Einhaltung über die ganze Lebensdauer des Produktes eine beliebig große Rauheit zuzulassen.

Eine Faustregel (nach VDI/VDE 2601) besagt, bei Oberflächen ohne Funktionsanforderung solle die gemittelte Rautiefe $Rz \leq T/2$ sein. Dabei ist T die Maßtoleranz zwischen den beiden betroffenen Oberflächen, *Bild 4.37a.* Im Grenzfall b liegt der größte Materialanteil unterhalb der Minimum-Material-Grenze *LML.* Bei einer Belastung der Oberfläche durch Verschleiß oder hohe Pressung wird dann die Maßtoleranz bald unterschritten sein. Daher sollte man bei etwas höheren Anforderungen von $Rz \leq T/4$ ausgehen (c). *Tabelle 4.3* nennt einige weitere Richtwerte (in Anlehnung an [Ber 80]). Die „hohen“ Anforderungen beziehen sich z. B. auf Gleit- oder Wälzbahnen. Zumindest die Größenordnung von T lässt sich auch auf *Lage*toleranzen wie *Richtungs-* oder *Positions*toleranzen übertragen (letztere sind mit Maßtoleranzen eng verwandt, s. Kap. 2.6.2), während *Form*toleranzen wie *Rundheits-* und *Zylinderform*toleranzen bei hohen Anforderungen etwa bei $t = (1/2 \ldots 1/3) \cdot T$ liegen (s. Kap. 5.3.2, Regel 5-11).

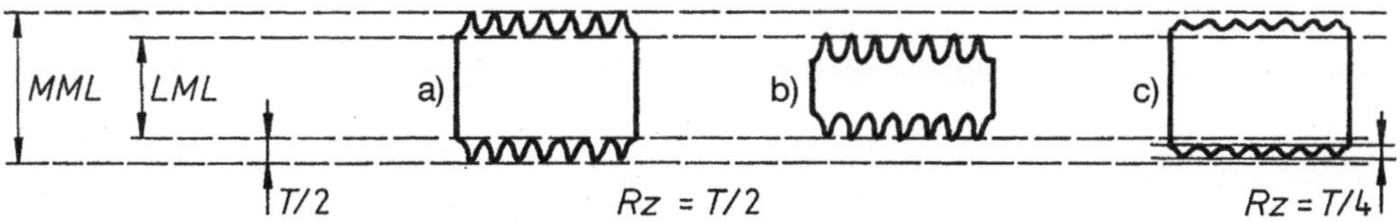

Bild 4.37: Veranschaulichung des Zusammenhangs zwischen gemittelter Rautiefe *Rz* und Maßtoleranz *T*. a) und b) für Oberflächen ohne Funktionsanforderungen (Grenzfälle), c) für etwas höhere Anforderungen

Tabelle 4.3: Anhaltewerte für das Verhältnis von Rauheits- und Maßtoleranzen

Oberflächenkennwert	Funktionsanforderungen			
	keine	gering	hoch	sehr hoch
Gemittelte Rautiefe *Rz*	$\leq T/2$	$\leq T/4$	$\leq T/10$	$\leq T/20$

Anmerkung: Wenn die Oberfläche mit Kennwerten nach DIN 4776 beschrieben wird, ist das Verhältnis $(R_K + R_{PK})/T$ maßgeblich für die Funktionsfähigkeit; dabei ist R_K die „Kernrautiefe" und R_{PK} die „reduzierte Spitzenhöhe". Dafür liegen noch keine gesicherten Zahlenwerte vor; angenähert können wir von $(R_K + R_{PK}) \approx Rz$ ausgehen. Generell weisen wir für den Zusammenhang zwischen der Funktionstauglichkeit einer Oberfläche und ihren Kennwerten auf die Richtlinie VDI/VDE 2601 hin.

5 Praktische Anwendung der Tolerierung

Für Leserinnen und Leser: *Das Schlusskapitel will Ihnen helfen, die Form- und Lagetoleranzen in Ihrer täglichen Arbeit einzusetzen. In Kap. 5.1 finden Sie zwei Vorgehensweisen, um die Bedeutung einer eingetragenen Toleranz zu verstehen und um zu einer vernünftigen Tolerierung zu kommen, ausgehend von den Funktionen eines Bauteils. Kap. 5.2 erzählt Ihnen etwas über den ebenso wichtigen wie unbeliebten Zusammenhang von Toleranzen und Kosten. Kap. 5.3 fasst die wesentlichen Fakten der Form- und Lagetolerierung in einer Reihe von Leitregeln zum toleranzgerechten Gestalten zusammen. Die beigefügten Beispiele aus der Praxis geben Ihnen eine Vorstellung davon, wie Sie den Anforderungen der Form- und Lagetolerierung in der konstruktiven Arbeit gerecht werden können (s. insb. Regeln 5-14 und 5-15); beim Qualitätsmanagement werden auch menschliche Toleranzen einbezogen. Kap. 5.4 zeigt Ihnen Beispiele für die Tolerierung von wirklichen Werkstücken.*

5.1 Vorgehensweisen zur Form- und Lagetolerierung

5.1.1 Interpretation von eingetragenen Toleranzen

Bedeutung: Immer wieder steht der Anwender vor der Frage, was eine eingetragene Form- oder Lagetoleranz bedeutet, z. B. bei der Fertigungs- und Prüfplanung oder bei der Durchsicht einer Kundenzeichnung. Dazu empfehlen wir die folgenden 7 Schritte mit ihren Checkfragen (sie wurden in gekürzter Form schon in Kap. 2.6.2 angedeutet). Auch wenn Sie selbst eine Toleranz eingetragen haben und sich darüber nicht ganz sicher sind, können Sie diese Schritte zur Überprüfung durchgehen. (Wenn es aber darum geht, ob eine Tolerierung generell sinnvoll ist, dann sollten Sie die Vorgehensweise in Kap. 5.1.2 heranziehen.)

Beispiel „Gelenkstück“: *Bild 5.1 a* ist ein vereinfachter Ausschnitt aus der Zeichnung für das geschmiedete Flanschstück einer Gelenkwelle. Es wird mit den Flächen A und B an einer Welle angeflanscht und nimmt in den Bohrungen Ø 25 H7 zwei Nadellager für das Gelenkkreuz auf. Gesucht ist die Bedeutung der drei Angaben in den Toleranzrahmen.

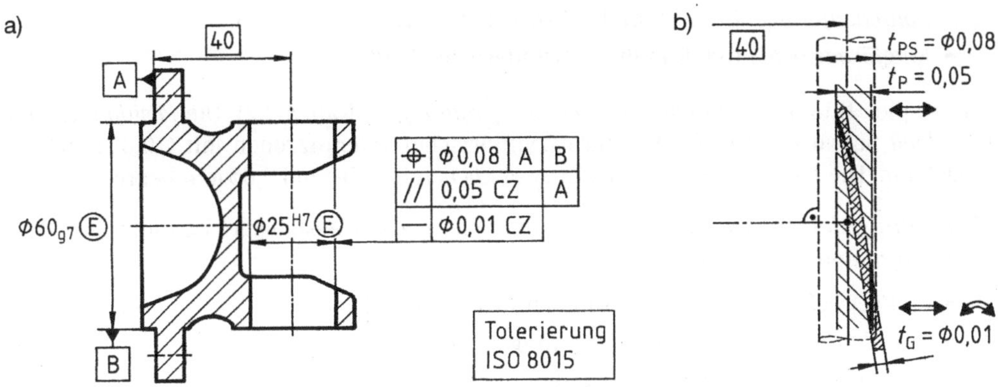

Bild 5.1: Flanschstück einer Gelenkwelle. a) Zeichnungsausschnitt (vereinfacht) mit Toleranzangaben, b) Veranschaulichung der drei Toleranzzonen dazu

Vorgehensweise: Die Reihenfolge der 7 Schritte ist logisch und daher gut zu merken. Bei jedem Schritt wird hier das obige Beispiel zur Verdeutlichung herangezogen.

① ***Toleranzart:*** Welche Toleranzart liegt vor? Das folgt aus dem *Symbol* im Toleranzrahmen (s. Kap. 2.1).

Im Beispiel sind es *Position, Parallelität* und *Geradheit.*

② ***Toleriertes Geometrieelement:*** Welches Geometrieelement ist toleriert? Das ergibt sich aus der Stellung des *Toleranzpfeils.*

- *Wirkliches* Geometrieelement (z. B. Fläche)?
- *Abgeleitetes* Element (Achse, Mittelebene)? Dann steht der Toleranzpfeil auf dem zugehörigen Maßpfeil (s. Kap. 1.6.1).

Im Beispiel betreffen alle drei Toleranzen die *Achsen* der beiden Bohrungen.

③ ***Bezug:*** Wo sind Bezüge? Das zeigen die *Bezugsbuchstaben* im Toleranzrahmen und am Bezugsdreieck.

- Bezug am *wirklichen* Geometrieelement?
- *Abgeleitetes* Element? Dann steht das Bezugsdreieck *auf* dem entsprechenden Maßpfeil (s. Kap. 1.6.2).

Für die *Position* (s. Kap. 2.6.2) wird die *Bezugsachse* aus einem Bezugssystem abgeleitet. Sie steht senkrecht auf der Flanschfläche A; ihr Ort ist die Mitte des Zentrierbunds B („kurze“ Achse, s. Kap. 2.3.3). Die *Parallelität* (s. Kap. 2.5.2) bezieht sich auf die *wirkliche* Flanschfläche A. Die *Geradheit* (s. Kap. 2.2.2) hat als Formtoleranz *keinen* Bezug.

④ ***Gestalt der Toleranzzone:*** Wie sieht die Toleranzzone aus? Sie entspricht dem tolerierten *Formelement* und der *Toleranzart.*

- Zwischen zwei *Ebenen* oder Linien?

- *Röhrchenförmig*? Dann steht das Ø-Zeichen im Toleranzrahmen.
- *Ringförmig* o. Ä.? (Bei Rundheit, Zylinderform, Lauf)

Im Beispiel, Bild 5.1 b, sind alle drei Zonen *geradlinig* (s. Kap. 4.3.2). Die *Position* und die *Geradheit* haben *röhrchenförmige* (kreiszylindrische) Toleranzzonen mit Ø 0,08 mm bzw. Ø 0,01 mm. Die *Parallelitäts*zone ist von zwei *Ebenen* im Abstand 0,05 mm begrenzt.

⑤ ***Bindung der Toleranzzone:*** Wie ist die Toleranzzone festgelegt? Das folgt aus den *Bezügen* und der *Toleranzart.*

- Frei *beweglich*? (Das ist bei Formtoleranzen der Fall.)
- Nur die *Richtung* festgelegt? (Richtungstoleranzen)
- *Ort und Richtung* festgelegt? (Ortstoleranzen)
- An eine *Drehachse* gebunden? (Lauftoleranzen)
- *Gemeinsame* Toleranzzone über mehrere Geometrieelemente? Dann steht „CZ“ im Toleranzrahmen.

Im Beispiel ist die Toleranzzone für *Geradheit* frei verschiebbar und drehbar, die für *Parallelität* parallel zum Flansch A verschiebbar. Die Mitte der kreiszylindrischen *Positions*zone liegt im exakten Abstand 40 mm von A und außerdem auf der von A und B gebildeten Achse. Die ersten beiden Zonen schließen die Bohrungsachsen als *gemeinsame* Zone ein (CZ); die Positionszonen liegen ohnehin am selben Ort.

⑥ ***Grenzabweichungen:*** Welche extremen Formen und Lagen kann das tolerierte Geometrieelement einnehmen?

- *Krumm, unterbrochen krumm, schief, versetzt*? (Geradlinige Toleranzzone, s. Kap. 4.3.2)
- *Gleichdickförmig, elliptisch*? (Ringförmige Toleranzzone, s. Kap. 4.3.2)
- Überschreitung möglich durch *Material-Bedingung?* (Kenntlich durch Ⓜ, s. Kap. 4.4, oder Ⓛ, s. Kap. 4.5)
- Ist im Grenzfall die *Funktion* noch *gewährleistet*?

Die letzte Frage ist die entscheidende. Bei den *Materialbedingungen* ist es für das Verständnis ratsam, einen *„Wenn-Dann-Satz“* zu formulieren; dabei beginnt man mit der beteiligten Maßtoleranz.

Die *Geradheits*toleranz Ø 0,01 mm sichert die Fluchtung der beiden Bohrungen. Die *Parallelitäts*toleranz 0,05 mm schränkt die größte Schiefstellung gegenüber der Flanschfläche ein. Die *Positions*toleranz Ø 0,08 mm begrenzt sowohl den Abstand zur Flanschfläche als auch den seitlichen Versatz der Bohrungsachse gegenüber der Hauptachse des Flanschstücks (± 0,04 mm).

⑦ ***Überlagerung:*** Überlagern sich u. U. mehrere Toleranzen so, dass eine davon überflüssig ist?

- Zum Beispiel *Ebenheit* in einer Rechtwinkligkeit enthalten?
- Zum Beispiel *Rundheit, Zylinderform* in der Hüllbedingung?
  Dazu sollte man sich die *Toleranzzonen* vorstellen und ggf. skizzieren.

Bild 5.1 b zeigt, dass keine der drei Toleranzen in einer anderen enthalten ist. Nur wenn z. B. die Positionstoleranz $t_{PS} \leq Ø\,0{,}05$ mm betrüge (statt Ø 0,08 mm), wäre darin die gemeinsame Parallelität $t_P = 0{,}05$ enthalten, bei $t_{PS} \leq Ø\,0{,}01$ mm auch die gemeinsame Geradheit $t_G = Ø\,0{,}01$ mm. Der Schritt 7 ist nur bei Bedarf heranzuziehen.

5.1.2 Methodik zur Form- und Lagetolerierung

Bedeutung: Der Konstrukteur hat die schwierige Aufgabe, seine Vorstellung von der Funktion eines Bauteils umzusetzen in eine Form- und Lagetolerierung, die diese Funktion sichert, dabei korrekt, vollständig und eindeutig ist und die Belange von Fertigung und Prüfung berücksichtigt. Er ist dabei in aller Regel auf die Unterstützung der Bereiche Fertigung und Prüfung und auf die gute Zusammenarbeit mit ihnen angewiesen (s. Kap. 1.2.1, Bild 1.6). Die folgende Methodik hilft Ihnen, den richtigen Weg zu finden. Wir haben versucht, sie für den praktischen Gebrauch auf die einfachste Form zu bringen. Auch hier dient ein durchgehendes Beispiel (Bild 5.2) zur Veranschaulichung. Die Schrittfolge kann auch nützlich sein, um eine eingetragene Toleranz zu hinterfragen.

Beispiel „Getriebedeckel": Der Deckel aus GGL, *Bild 5.2,* wird am Getriebegehäuse angeschraubt und zentriert (Ø 160 h6). Die Bohrung Ø 100 JS6 nimmt ein Kugellager auf, das als Festlager dient und Axialkräfte überträgt. Es wird mittels eines zweiten Deckels (nicht gezeichnet) an die linke Bundfläche der Lagerbohrung gedrückt.

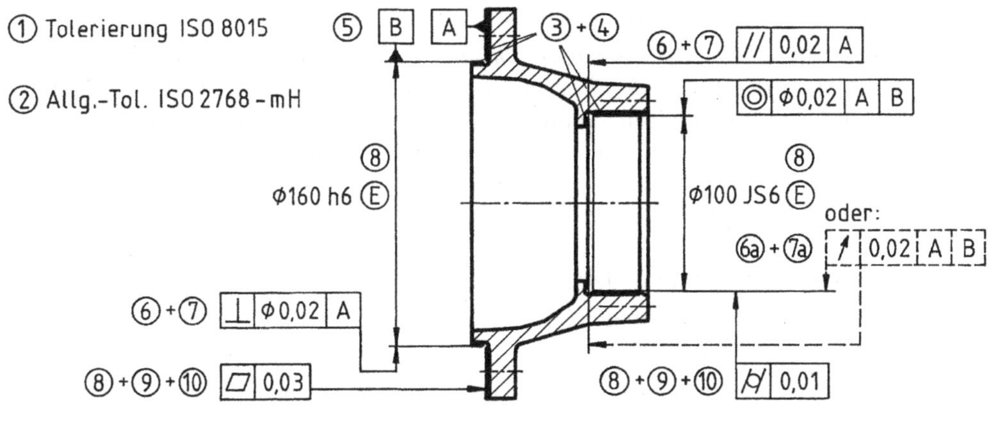

Bild 5.2: Getriebedeckel als Beispiel für eine methodische Form- und Lagetolerierung in 10 Schritten (eingekreiste Ziffern)

Vorgehensweise: Die Schrittfolge ist in Bild 5.2 durch eingekreiste Ziffern vermerkt.

① ***Tolerierungsgrundsatz:*** Welcher gilt?

- *Unabhängigkeitsprinzip?* Dann sollte „ISO 8015" eingetragen werden (s. Kap. 1.4.2).
- *Hüllprinzip?* Dann muss „Size ISO 14 405 Ⓔ" im oder am Schriftfeld stehen (s. Kap. 1.4.4).

② ***Allgemeintoleranzen:*** Welche Norm gilt? Das richtet sich nach den *Fertigungsverfahren* (s. Kap. 3).

- Welche *Toleranzklasse(n)?* („Werkstattübliche Genauigkeit", s. Kap. 3.1)
- Welche *Lücken* müssen ggf. geschlossen werden (s. Kap. 3.3.1)?

Im Beispiel wird ISO 2768 für die spanende Fertigbearbeitung zitiert mit den Toleranzklassen m (Maße und Winkel) sowie H (Form und Lage). Diese Norm ist im Wesentlichen vollständig (bis auf Stufenmaße, s. Kap. 3.2).

③ ***Funktionswichtige Elemente:*** Welche Geometrieelemente sind *wesentlich* für die *Funktion* des Bauteils? Jedes Element hat seine Funktion, sonst wäre es nicht vorhanden. Aber nur für die funktionswichtigen wird (in der Regel) eine Form- und Lagetolerierung vorgesehen, die die Allgemeintoleranzen einschränkt. Es ist *entscheidend wichtig,* diese Elemente zu *erkennen;* ggf. können sie in der Zeichnung markiert werden (vorläufig, nicht auf der Fertigzeichnung).

Beim Getriebedeckel sind es der *Flansch,* die *Zentrierung,* der *Lagersitz* und die *axiale Bundfläche* (durch dicke Linien hervorgehoben). (Die ebenfalls notwendige Positionstolerierung der Anschraubbohrungen ist hier weggelassen, s. Kap. 2.6.2).

④ ***Lagefunktionen:*** *Worauf kommt es an* bei den funktionswichtigen Elementen?

- Welches Element muss zu welchem „stimmen"?
- In welcher Weise (Art der Toleranz)?

Diese Fragen sind entscheidend für das weitere Vorgehen. Sie sollten möglichst *einfach* und *deutlich* beantwortet werden, damit die Aufgabe klar ist.

Für die Getriebefunktion muss die *Lagerbohrung* des Getriebedeckels *fluchten* (koaxial sitzen) zur *Zentrierung.* Die *Bundfläche* muss *parallel* zur *Flanschfläche* (bzw. senkrecht zur Achse der Zentrierung) liegen, damit das Kugellager nicht schief sitzt (seine Richtung wird durch den Bund bestimmt, weil es axial angezogen wird).

⑤ ***Bezug:*** Welches der funktionswichtigen Elemente bildet den Bezug? Dabei helfen folgende Teilfragen:

- Welches Element bestimmt die *Lage* (*Funktion*) des Bauteils?
- Auf welchem liegt das Bauteil bei der *Fertigung* auf?
- Ebenso bei der *Prüfung?*

  Alle drei Gesichtspunkte müssen berücksichtigt werden. Im Zweifelsfall hat die Funktion die höchste Priorität.
- Reicht das Bezugselement *allein* aus, oder braucht es eine Hauptauflagefläche als *Primärbezug* (Bezugssystem, s. Kap. 2.3.4)?

Die Lage des Getriebedeckels ist durch die *Zentrierung* und den *Flansch* bestimmt. Sie bieten sich als Bezugselemente an. Die Achse des Zentrierbundes ist viel zu kurz, um allein die Richtung des Deckels festzulegen; diese ergibt sich vielmehr aus dem Anliegen des Flansches am Getriebegehäuse. Somit wird der Flansch als Hauptauflagefläche zum Primärbezug A, die Zentrierung zum Sekundärbezug B (kurze Achse, s. Kap. 2.3.3). Die Bohrung und die Bundfläche sind dann die tolerierten Elemente.

⑥ ***Lagetoleranzart:*** Welche Lagetoleranz ist einzutragen?

- Am *tolerierten* Element? Das ergibt sich aus Schritt 4.
- Am *Bezugs*element? Wenn mehrere vorhanden sind, muss ihre Lage zueinander toleriert sein, insb. beim Bezugssystem. Dabei ist der Primärbezug als Bezug vorzusehen (s. Kap. 2.3.4, Regel 2-26).

Die Achse der *Lagerbohrung* wird *koaxial* zur Bezugsachse A | B, die *Bundfläche parallel* zur Flanschfläche A (oder stattdessen senkrecht zu A | B) toleriert. Alternativ (mit 6 a gekennzeichnet und gestrichelt) ist eine *Lauf*toleranz beider Flächen zur Achse A | B möglich. Im *Rund*lauf ist die Koaxialität mit annähernd gleichem Toleranzwert einbeschlossen (s. Kap. 2.7.2). Der *einfache Plan*lauf umfasst zwar nicht die Ebenheit der Bundfläche, wie es die Parallelität tut; aber die ringförmige Toleranzzone (s. Kap. 2.7.2) hat genau die gewünschte Wirkung, nämlich das Kugellager parallel zum Flansch zu halten.

Zusätzlich wird der *Zentrierbund rechtwinklig* zum Flansch A toleriert, und zwar die Achse, weil diese den Bezug B bildet. Auch wenn diese Rechtwinkligkeit kaum zu messen ist, sagt sie dem Fertigungsplaner, dass sie funktionswichtig ist; er wird daher die Flächen A und B in *einer* Aufspannung fertigen lassen. Damit ist die Rechtwinkligkeit gesichert.

⑦ ***Größe der Lagetoleranz:*** Welcher *Toleranzwert* wird eingetragen? Das ist eine der schwierigsten Fragen, für die es meist keine allgemeingültige Antwort gibt (s. Kap. 5.3.2, Regeln 5-10 und 5-11). Folgende Fragen kreisen sie ein:

- Wie *klein muss* die Toleranz sein, um die *Funktion* zu sichern? (Erfahrungswerte, Know-How; s. auch „statistisches Tolerieren", Kap. 4.2.2).
- Wie *groß muss* die Toleranz sein, damit sie wirtschaftlich und prozesssicher *gefertigt* werden kann?
- Ebenso bezüglich der *Prüfung*? Die Messunsicherheit muss eine Größenordnung kleiner sein als die Toleranz.

Im Beispiel sind für die Koaxialität und Parallelität jeweils 0,02 mm eingetragen (übliche Werte im Getriebebau), alternativ für den Lauf ebenso. Für das Bezugselement gilt als Richtwert „nicht größer als die kleinste darauf bezogene Lagetoleranz" (s. Kap. 2.3.1, Regel 2-10), d. h. 0,02 mm für die Rechtwinkligkeit.

⑧ ***Formgenauigkeit:*** Jedes *funktionswichtige* Element muss formtoleriert sein. Wo ist eine *Einzeleintragung* nötig?

- Wo ist die *Hüllbedingung* vorzuschreiben (bei ISO 8015)? (In der Regel bei allen einfachen Größenmaßelementen, d. h. Kreiszylindern und Parallelelementen.) Genügt sie für die Formtolerierung (Formabweichung ≤ Maßtoleranz)?
- *Bezugselemente:* Die Formtolerierung kann in der *Hüllbedingung* enthalten sein, ggf. auch in der *Allgemeintolerierung.* Trägt das Bezugselement eine Lagetoleranz, so kann die Formtoleranz auch darin einbeschlossen sein (z. B. Ebenheit einer Fläche in der Rechtwinkligkeit). Wenn das alles nicht der Fall ist, muss eine Formtoleranz eingetragen werden.
- *Tolerierte Elemente:* Wie zuvor. Wo bestehen zusätzliche Formanforderungen (z. B. bei Lagersitzen)?

Die *Hüllbedingung* ist bei der *Zentrierung* B und beim *Lagersitz* nötig. Die *Rundheit* der Zentrierung (von Zylinderform kann man wegen der Kürze nicht reden) ist in der Hüllbedingung und der Maßtoleranz $T = 0{,}025\,\text{mm}$ (s. Tabelle 1.1, Kap. 1.3.3) genügend begrenzt. Der *Wälzlagersitz* erfordert nach DIN 5425 eine zusätzliche Einschränkung der *Zylinderform*. Die *Ebenheit* der *Bundfläche* ist in der Parallelität einbeschlossen. (Beim Planlauf genügt es, dass die einzelnen Ringe, auf denen der Lauf gemessen wird, jeweils für sich auf $t_L = 0{,}02\,\text{mm}$ eben sind, s. Kap. 2.7.2.)

⑨ ***Formtoleranzart:*** Welche Formtoleranz ist einzutragen? Das folgt aus Schritt 8 und aus der Gestalt der betroffenen Geometrieelemente.

Im Beispiel sind es die *Zylinderform* der Lagerbohrung und *Ebenheit* des Flansches.

⑩ ***Größe der Formtoleranz:*** Welcher Formtoleranzwert ist einzutragen? Als Anhaltswert für *Bezugselemente* gilt Regel 2-11 (Kap. 2.3.1): „Nicht größer als die kleinste darauf bezogene Lagetoleranz."

Der Lagersitz erfordert nach DIN 5425 eine Zylindrizitätstoleranz t_Z. Man nimmt *einen* Grundtoleranzgrad (s. Kap. 1.3.3) *feiner* als den der Maßtoleranz, d. h. IT 5, und davon die halbe Maßtoleranz als t_Z. Das ergibt ziemlich genau 1/3 der vorhandenen Maßtoleranz $T = 0{,}022\,\text{mm}$. Dieser Wert liegt mit $t_Z = 0{,}008\,\text{mm}$ häufig schon an der Grenze des sicher Messbaren. Je nach Lagertyp rechnet man in der Praxis eher mit $t_Z \approx (1/2 \ldots 1/3)$ ċ T. Hier wurde $t_Z = 0{,}01\,\text{mm}$ eingetragen. Für den *Flansch* käme $t_E = 0{,}02\,\text{mm}$ in Frage. Das Gussteil neigt allerdings beim Abspanen zum Verziehen, deshalb wurde $t_E = 0{,}03\,\text{mm}$ gewählt.

⑪ ***Materialbedingung:*** Ergänzend sollte gemeinsam mit der Fertigung und der Prüfung überlegt werden, ob eine der Materialbedingungen eingetragen werden soll:

- *Maximum-Material-Bedingung* für größere Fertigungstoleranzen (s. Kap. 4.4)? Bei der Prüfung mit *starrer Lehre* ist sie unbedingt erforderlich.
- *Minimum-Material-Bedingung:* Zur Sicherung von Mindestbearbeitungszugabe oder -wanddicke (s. Kap. 4.5)?
- *Reziprozitätsbedingung* zusätzlich zur Erweiterung der Toleranzen und zur Vereinfachung der Prüfung (s. Kap. 4.4 und 4.5)?

Die Schritte 4 bis 10 müssen ggf. für mehrere Paare oder Gruppen von Geometrieelementen nacheinander durchlaufen werden. Wenn möglich sollte dabei derselbe Primärbezug beibehalten werden (s. Kap. 2.3.4, Regel 2-22).

Rechnerunterstützung: Die obige Methodik zeigt, wie vielfältig die Einflussgrößen und Möglichkeiten der Form- und Lagetolerierung sind. Der einzelne Konstrukteur ist dabei häufig ebenso überfordert wie ein Team aus Konstruktion, Fertigung und Prüfung. In der Zukunft werden daher rechnergestützte Ingenieursysteme zur umfassenden methodischen Unterstützung der Tolerierung unerlässlich sein. Sie befinden sich z. Z. in der Entwicklung; wesentliche Vorarbeiten dazu liegen bereits vor (z. B. [Web 92, Jör 94, Süt 95, Bac 97, Wan 97, Smi 98, Yin 98, Jor 01, Den 06]).

Beispiel „Kugelbolzen": Zur Anwendung der Methodik soll die vorhandene Tolerierung des in *Bild 5.3a* dargestellten Kugelbolzens aus einem Kraftfahrzeug-Lenkgetriebe (in Anlehnung an [DI An 01], 4. Aufl. 1987) überprüft werden. Der Bolzen wird mit dem Kegelsitz im Achshalter aufgenommen, mit einer Mutter festgeschraubt und mit einer zweiten gekontert. Über die Kugel fasst die Kappe eines Lenkhebels; der muss wegen der Lenk- und Federbewegungen kugelbeweglich sein.

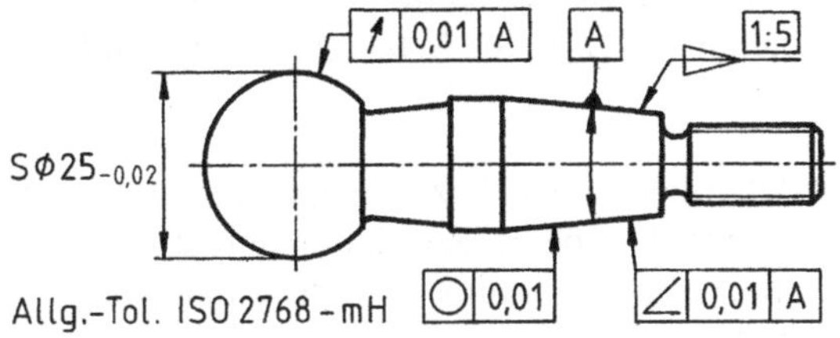

Bild 5.3: Kugelbolzen (vereinfacht) mit Form- und Lagetolerierung der funktionswichtigen Formelemente

① ***Tolerierungsgrundsatz:*** Da nichts eingetragen ist, gilt das *Unabhängigkeitsprinzip* (s. Kap. 1.4.2).

② ***Allgemeintoleranzen:*** ISO 2768 - mH (s. Kap. 3.2).

③ ***Funktionswichtige Elemente:*** Der Bolzen sitzt im *Kegel* fest; der Lenkhebel greift an der *Kugel* an.

④ ***Lagefunktion:*** Kugel und Kegel müssen *koaxial* sitzen.

⑤ ***Bezug:*** Der *Kegel* legt die Lage des Bolzens fest. Seine Achse A wird über einen offenen Maßpfeil gekennzeichnet (s. Kap. 2.3.3).

⑥ ***Lagetoleranzart:*** Die *Lauf*toleranz schließt die Koaxialität hinreichend genau ein, zumindest solange sie in der Rundlaufrichtung gemessen wird (annähernd, s. Kap. 2.7.2). Die Hauptrichtung des Lenkhebels liegt etwa senkrecht zur Bolzenachse A.

⑦ ***Größe der Lagetoleranz:*** t_L = 0,01 mm sichert die Funktion, erscheint aber im Hinblick auf die Funktion und die Beweglichkeit des Lenkgetriebes (Federung, Gummielemente u. a.) als unnötig eng. Solange der Bolzen auf einer Rundschleifmaschine in *einer* Aufspannung gefertigt wird, mag die Fertigung gesichert sein. Trotzdem sollte man nie mehr verlangen als unbedingt nötig. Offenbar wurden die Toleranzart und ihr Wert so gewählt, um mit *einer* Messung sowohl die Lage (Koaxialität) als auch die Form (s. u.) zu erfassen. Das ist prüfgerecht, gestattet aber keine funktionale Differenzierung nach Lage und Form.

⑧ ***Formgenauigkeit:*** Für den *Kegel* gibt es keine Hülle; er braucht somit eine Formtolerierung. Die *Kugel* gehört nach DIN EN ISO 14405 auch zu den Größenmaßelementen (s. Kap. 1.4.3 und Regel 1-22); jedoch fehlt hier beim Kugelmaß SØ25 - 0,02 das E. Somit wird lediglich die Rundheit der funktionswichtigen Kugelquerschnitte senkrecht zur Achse durch die Lauftoleranz eingeschränkt; diese erfasst aber nicht die gesamte Kugelform. Trotzdem dürfte die Kugel hiermit noch genügend formtoleriert sein, damit das Spiel klein und bei Lenkbewegungen gleichmäßig bleibt. (Beim heutigen Stand der Normung und Messtechnik wäre es ratsam, die Kugel mit der Hüllbedingung *oder* mit einer Flächenprofiltoleranz von 0,02 mm sowie mit einer funktionsgerechten Koaxialitätstoleranz von etwa 0,04 mm zu tolerieren.)

⑨ ***Formtoleranzart:*** Die *Kegel*form ließe sich mit einer Flächenprofiltoleranz erfassen (s. Kap. 2.4.3, Bild 2.31). Stattdessen stehen hier die leichter zu messenden Einzeltoleranzen für die *Rundheit* der Querschnitte und die *Neigung* der Mantellinien zur Achse (das ist genau genommen eine Lagetoleranz); in der Neigung ist die *Geradheit* der Mantellinien einbeschlossen.

⑩ ***Größe der Formtoleranz:*** Sie entspricht der auf den Kegel bezogenen Lauftoleranz t_L = 0,01 mm. (Stände da stattdessen eine wesentlich größere Koaxialitätstoleranz, dann wäre zu überlegen, welche Formtoleranzwerte für die genügend satte Anlage des Kegels in seinem Gegenstück erforderlich sind.)

⑪ ***Materialbedingung:*** Sie ist im Beispiel nicht vorhanden.

5.2 Toleranzen und Kosten

5.2.1 Übersicht

Bedeutung: Hinter allen betrieblichen Aktionen steht immer die Frage nach den Kosten und nach dem damit erzielten Nutzen, d. h. dem Nutzen-Kosten-Verhältnis. Die Tolerierung ist ein entscheidender Faktor für die *Funktionsfähigkeit* und für die *Herstellkosten* eines Werkstücks. Ohne auf Einzelheiten der Kalkulation, Betriebsabrechnung u. Ä. einzugehen, sollen hier die wichtigsten Zusammenhänge als Orientierungshilfe bewusst gemacht werden.

Kostenhyperbel: Je enger die Toleranz T eines Geometrieelements ist, desto höher sind die Kosten K für seine Herstellung. Dieser sehr globale Zusammenhang lässt sich ausdrücken in der Formel

$$K \sim \frac{1}{T^n} \tag{5.1}$$

mit dem Exponenten $n \approx 0{,}8 \ldots 1$. In grafischer Darstellung bildet diese Beziehung eine Hyperbel, *Bild 5.4 a,* d. h., mit abnehmender Toleranz gehen die Kosten nach unendlich. Eine so einfache Gleichung ist nur brauchbar, wenn wir beim *selben* Fertigungsverfahren in dessen *wirtschaftlichem* Bereich bleiben. Wird z. B. beim Drehen auf einer Universalmaschine die Maßtoleranz eines Wellenabsatzes um einen Grundtoleranzgrad verkleinert, wie von h9 auf h8, so verringert sich die Toleranz etwa mit den Faktor 0,63 (s. Tabelle 1.1,

Kap. 1.3.3), und die Kosten für den Absatz steigen etwa auf das 1,6fache. Im Bereich sehr enger Toleranzen ($T < 0{,}01$ mm) wird die Hyperbel ggf. noch steiler.

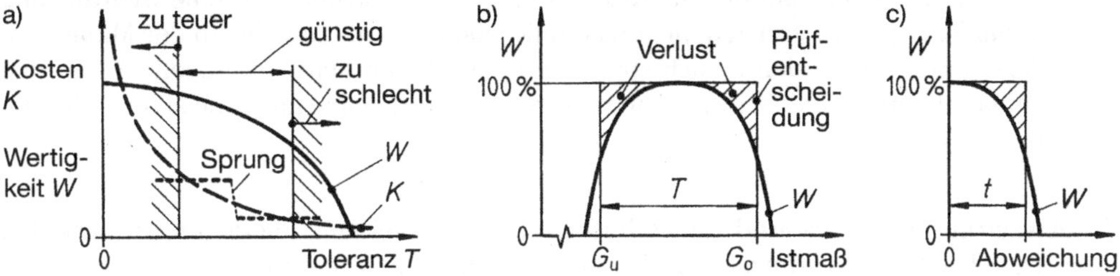

Bild 5.4: Zusammenhänge zwischen Toleranz T, Kosten K und funktioneller Wertigkeit *W*.
a) Übersicht, Kostenverlauf beim Bohren punktiert; b) Wertigkeit und Toleranzgrenzen; c) wie b, für Form- und Lagetoleranzen mit einseitiger Begrenzung

Nutzen-Kosten-Verhältnis: Den Kosten steht die technische Wertigkeit *W* gegenüber, d. h. der Grad der Funktionserfüllung. Mit *kleinerer* Toleranz nimmt *W* natürlich zu, aber degressiv, denn unterhalb eines bestimmten Wertes hat die Verringerung nur noch geringen Einfluss auf die Funktion (Kurve *W* in Bild 5.4 a). Gleichzeitig steigen dort die Kosten progressiv an, d. h., das Geometrieelement ist *zu teuer.* In diesen Bereich fallen die sog. „Angsttoleranzen", die vom Konstrukteur aus Unkenntnis oder zu großer Vorsicht zu eng festgelegt wurden.

Zu *größeren* Toleranzen hin gibt es leider keine exakte Grenze, bis zu der das Element voll funktionsfähig ist, bei geringfügiger Überschreitung aber schlagartig unbrauchbar wird. Die Wertigkeit nimmt vielmehr progressiv ab, während die Kosten nur noch wenig sinken. Hier ist das Nutzen-Kosten-Verhältnis ebenfalls schlecht. Dazwischen liegt der günstige Bereich der Tolerierung. Diese Betrachtung hat zunächst nur qualitative Bedeutung, weil sich die Wertigkeit nur schwer direkt mit den Kosten vergleichen lässt und die wirklichen Kostenkurven meist anders verlaufen.

Wertigkeit und Toleranzgrenzen: Bei der Prüfung wird eine geometrische Eigenschaft, z. B. ein Maß, für „gut" erklärt, wenn sie innerhalb der Toleranzgrenzen liegt, und für „Ausschuss", wenn sie außerhalb liegt, Bild 5.4 b. Eine solche Ja-Nein-Entscheidung ist unumgänglich; sie lässt jedoch den Eindruck entstehen, als ob *innerhalb* der Toleranzgrenzen die Wertigkeit 100 % und *außerhalb* sprungartig 0 % wäre. In Wirklichkeit nimmt die Funktionsfähigkeit von einem Optimalbereich innerhalb des Toleranzintervalls zu beiden Toleranzgrenzen hin erst langsam und dann progressiv ab (entsprechend Bild 5.4 a). Ein Formelement, das um 1 µm innerhalb der Toleranzgrenze liegt, ist in der Regel kaum besser als eins, das um 1 µm außerhalb liegt, d. h. letzteres ist auch noch nicht völlig funktionsuntauglich. (Anmerkung: *Taguchi* spricht hier von einer *Verlustfunktion,* die er u. a. mit einem Parabelverlauf annähert [ISO 10 205]. Der Wertigkeitsverlust entspricht in Bild 5.4 b der schraffierten Differenz zwischen der Wertigkeitskurve *W* und der 100 %-Geraden.)

Zielorientierte Fertigung: Bild 5.4 b zeigt nicht allein, wie schwierig Grenzentscheidungen sind. Es weist auch darauf hin, dass wir über die Einhaltung der Toleranzgrenzen hinaus anstreben sollten, die Istmaße möglichst im Optimalbereich oder *Zielbereich* des Toleranzintervalls zu halten. Die Fertigung sieht ihn wegen der Prozesssicherheit am liebsten in der Mitte („mittenzentrierte" Fertigung). Das entspricht häufig, aber nicht immer dem Optimum der Funktionsfähigkeit. Wenn es z. B. darum geht, eine Gleitführung mit minimalem Spiel zu erzielen, liegt das funktionelle Optimum nahe an der Maximum-Material-Grenze. Aus beiden Gesichtspunkten ist ein Kompromiss zu bilden. Wesentlich ist, über das alleinige Denken in Toleranzgrenzen hinauszugehen im Sinne einer zielorientierten Fertigung.

Übertragung auf Form- und Lagetoleranzen: Die bisherigen Überlegungen beruhten vorwiegend auf *Maß*toleranzen. Sie lassen sich sinngemäß unmittelbar übertragen auf *Lage*toleranzen mit *mitten*gebundener Toleranzzone, d. h. auf *Orts-* einschl. *Profil*toleranzen. Bei ihnen ist die Orientierung auf die Mitte bereits durch die Lage des Nennmaßes vorgezeichnet. Trotzdem sollte auch hier der funktionelle Optimalbereich überdacht werden. Die anderen Toleranzarten haben meist *einseitig* liegende Toleranzintervalle, deren untere Grenze null ist. Damit halbiert sich das Wertigkeitsdiagramm, Bild 5.4 c. Die Fertigung orientiert sich an der Nullgrenze; die am Werkstück entstehenden Abweichungen sind meist maschinen- bzw. prozessbedingt (s. auch Kap. 4.2.2).

5.2.2 Kostensprünge

Bedeutung: Berechnungen zur Minimierung von Kosten in Abhängigkeit von Toleranzen sind durchaus möglich. Ihre Ergebnisse bleiben aber zweifelhaft, solange sie auf Kostenhyperbeln ähnlich Bild 5.4 a beruhen. Der reale Kostenverlauf hängt nicht allein ab von Personal, Know-how, Fertigungsverfahren, Werkstoff und vorhandenen Einrichtungen, sondern vor allem auch von *Sprüngen* in der Kostenkurve.

Beispiel „Bohren": Bohrt man ein Loch mit einem Spiralbohrer, so entspricht es in der Regel einer Toleranzklasse H12 (bzw. dem Grundtoleranzgrad IT 12, s. Kap. 1.3.3), im günstigen Fall auch H11. Es wird nicht billiger, wenn man H14 vorschreibt; allenfalls kann es schlechter werden. Verlangt man aber H10, so muss man aufbohren und reiben. Die Kosten springen dabei etwa auf das Dreifache. Die Bohrung liegt dann in der Regel innerhalb H7, d. h., sie wird zwischen H10 und H7 wiederum nicht teurer (s. den gepunktet angedeuteten Verlauf in Bild 5.4 a).

Reale Kostenkurven: Sie setzen sich häufig aus Hyperbelstücken und Sprüngen zusammen. Beispielsweise kann ein Wellenabsatz mit Ø50 H10 bis H8 auf einer Universaldrehmaschine gefertigt werden; dabei steigen die Kosten etwa nach Gl. (5.1) an, *Bild 5.5 a*. Für H7 ist eine sehr gute Drehmaschine erforderlich oder aber eine Fertigbearbeitung durch Rundschleifen; letzteres bedeutet einen Kostensprung etwa auf das Dreifache. Die Schleifmaschine fertigt auch H6 bis H5, abermals mit ansteigenden Kosten. Für H4 ist eine Spezialmaschine nötig, die wieder entsprechend teurer ist.

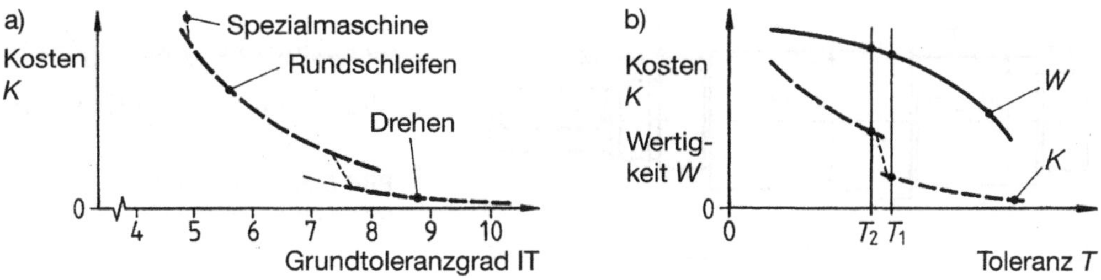

Bild 5.5: Sprungstellen in Kostenkurven: a) Beispiel einer Rundbearbeitung von Wellen; b) optimale (T_1) und ungünstige Toleranzlage (T_2)

Optimale Tolerierung: Dafür gelten zwei Grundsätze:

5-1 Sprungstellen: Eine Toleranz ist vom *Nutzen-Kosten-Verhältnis* her *optimal*, wenn sie dicht *oberhalb* einer Sprungstelle liegt.

Die Toleranz T_1 in Bild 5.5 b verbindet eine relativ hohe Wertigkeit *W* mit geringen Kosten *K*. Die nur geringfügig kleinere Toleranz T_2 erhöht die Wertigkeit kaum, die Kosten aber drastisch. Dazu muss allerdings die betriebsinterne Lage der Sprungstellen bekannt sein.

5-2 Maschinenauswahl: Die Toleranz sollte stets so *groß* vorgeschrieben werden, wie die *Funktion* es *zulässt*, damit die Fertigung eine optimale Maschinenauswahl treffen kann.

Wenn eine Toleranz *fertigungsabhängig* vereinbart wurde, sollte man die Gründe dafür festhalten (z.B. im Besprechungsprotokoll). Dann lassen sie sich bei einer späteren Fertigungsumstellung nachvollziehen und ggf. entsprechend korrigieren. Andernfalls schleppen sich – wie die Praxis oft lehrt – einmal eingetragene Werte grundlos über Generationen fort.

Beispiel „Getriebewelle": Die in *Bild 5.6* vereinfacht dargestellte Welle aus S355J0 (einem üblichen Wellenstahl) zeigt, wie durch die unbemerkte Überschreitung einer Sprungstelle unnötige Kosten entstehen können. Die Welle wird in kleiner Serie gefertigt. Der Konstrukteur hat den größten Durchmesser mit 158 mm festgelegt; dabei ist er von einem Halbzeug mit Ø 160 mm ausgegangen. Der Arbeitsvorbereiter aber sieht, dass er für die als Allgemeintoleranz angegebene Rauheit $Rz = 25\,\mu m$ *zwei* Zerspanungsschnitte („Schruppen" und „Schlichten") braucht. Bei Ø 160 mm betrüge das vorhandene Aufmaß 1 mm abzüglich der Halbzeugabweichungen für Maß, Rundheit, Geradheit sowie für die Koaxialität der Stirnzentrierungen; das ist zu wenig. Also sieht er Ø 170 mm vor; da das aber nicht auf Lager ist, wird Ø 180 mm verwendet. Der Materialmehrverbrauch gegenüber Ø 160 mm liegt bei 26,5 %; hinzu kommt die unnötige Zerspanarbeit.

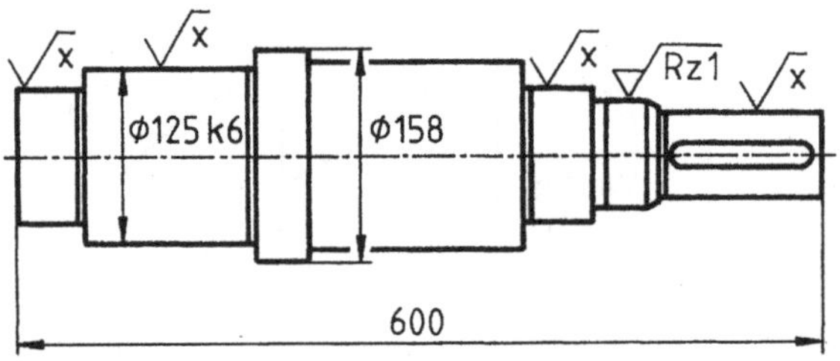

Bild 5.6: Getriebewelle (vereinfacht) als Beispiel für eine ungünstige Tolerierung

Der Sprung entsteht hier durch den Halbzeugdurchmesser in Kombination mit der Rauheitstoleranz. Allgemeintoleranzangaben können nicht an allen Stellen durchdacht werden. Allerdingt fragt man sich, ob wirklich alle weniger funktionswichtigen Flächen „geschlichtet“ sein müssen. Der Wellenbund Ø 158 mm hat nur die Funktion eines seitlichen Anschlags. Also reicht für seine Mantelfläche eine „Schruppqualität“ mit $Rz = 100$ oder 160 μm völlig aus; dann genügt 1 Schnitt. Es wäre auch möglich, den Bund roh zu lassen mit Ø 160 mm, solange die mögliche Restunwucht oder das Aussehen nicht stört. Die Arbeitsvorbereitung sollte ihrerseits eine solche Tolerierung auch nicht einfach hinnehmen, sondern *gemeinsam* mit der Konstruktion eine bessere Lösung suchen.

Vorgehensweise zur Ermittlung von Kostensprüngen: Die Lage von kostenbestimmenden Sprungstellen hängt von einer Reihe von Einflussgrößen ab (z. B. Produktart und -größe, Werkstoff, Qualitätsanforderungen, Maschinenausrüstung und -zustand). Sie ist in der Regel betriebsspezifisch. Der Betrieb muss daher die Sprungstellen selbst ermitteln und sollte sie dann den Mitarbeitern in Konstruktion und Fertigung bewusst machen. Dazu dienen die folgenden 5 Schritte.

Beispiel „Lochfertigung“: In einem Betrieb der Elektrogerätetechnik ist die Fertigung von Blechgehäusen mit zahlreichen Löchern ein häufiger und kostenrelevanter Arbeitsgang. Die Kosten für die Löcher sollen minimiert werden. Das Beispiel wird zur Erläuterung in die Vorgehensweise einbezogen.

① ***Geometrieelemente:*** Aus dem Produktspektrum werden häufig *wiederkehrende, kostenbestimmende* Geometrieelemente ermittelt.

Tabelle 5.1: Ausschnitt aus einer Relativkostentabelle für Bohrungen, mit Angabe der Fertigungsverfahren

Durchmesser	Werkstoff	Blechdicke 2 mm				Blechdicke 3 bis 6 mm			
		H14	H11	H9	H7	H14	H11	H9	H7
Ø5	Al	1 l		3 lar		1,2 b	1,7 ba	3 br	4 bar
	St, Ms			3,5 ”		1,5”	2 ”	3,5 ”	4,5 ”
	CrNi	1,6 b	2 ba	4	4,5 bar	2 ”	3 ”	5,5 bar	6 ”
Ø16	Al	1 l		3,5 lar	4 lar	3,5 ba		6 bar	6,5 bar
	St, Ms			4 ”	4,5 ”	5,5 ”		8 ”	8,5 ”
	CrNi	4 b	5,5 ba	7,5 bar	8 bar	7,5 ”		10 ”	10,5 ”

a = aufbohren, b = bohren, l = lochen, r = reiben

Im Beispielsfall sind es *kreisrunde Löcher* mit Ø 2, 5, 10 und 16 mm (*Tabelle 5.1*, in Anlehnung an [Sul 79], enthält davon nur Ø 5 und Ø 16 mm), die in Bleche zwischen 2 und 6 mm Dicke aus Aluminium, Stahl, Messing und Chrom-Nickel-Stahl eingebracht werden mit den Toleranzklassen H14, H11, H9 und H7.

② ***Modellwerkstück:*** Ein Modellwerkstück mit dem zu kalkulierenden Formelement wird festgelegt. Es soll möglichst *einfach* sein, um die Kalkulation zu erleichtern, muss aber andererseits in *Gestalt, Größe* und *Werkstoff* den realen Produkten möglichst *nahe* kommen, damit die vorhandenen Einrichtungen in typischer Weise benutzt werden.

Hier ist es eine *quadratische Blechplatte* mit 100 mm Seitenlänge und *5 Löchern.*

③ ***Kalkulation:*** Für die verschiedenen Varianten und Einflussgrössen des Modellwerkstücks werden die Kosten durch *Kalkulation,* ggf. auch durch *Versuche* ermittelt. Zweckmäßig stellt man sie als *Relativkosten* dar, indem man die jeweiligen Kosten auf die *billigste* (oder auch auf die häufigste) Ausführung bezieht. Damit sind die Werte übersichtlicher sowie unabhängig von Preisschwankungen.

Die *billigsten* Bohrungen in Tabelle 5.1 mit dem Kostenfaktor 1 sind spanlos ge**l**ocht (Zeichen 1) bei Blechen aus Al, St oder Ms (korrekt: CuZn) mit 2 mm Dicke; sie haben die Toleranzklassen H14 oder H11. Bei H9 muss man nach dem Lochen **a**ufbohren (a) und **r**eiben (r); der Relativkostenfaktor steigt dabei auf 3 bis 3,5. CrNi-Stahl lässt sich nicht lochen, sondern nur **b**ohren (b), für H11 mit Aufbohren; das Gleiche gilt generell für Blechdicken von 3 bis 6 mm (zwischen diesen Dicken war kein nennenswerter Kostenunterschied feststellbar, daher wurden sie zusammengefasst). Die Tabelle enthält nur die Lohn- und Gemeinkosten, nicht die Materialkosten; deshalb sind St und Ms gleich teuer. In einem Betrieb, der z. B. keine Lochstanze hat oder dessen Werkstücke wegen ihrer Größe bzw. Form nicht gelocht werden können, würde das Ergebnis anders ausfallen.

④ ***Besprechung:*** Die *Ergebnisse* aus Schritt 3, ihre *Bedeutung* und ihre zweckmäßige *Darstellung* werden zwischen Fertigung, Qualitätsmanagement und Konstruktion besprochen.

Im Beispiel liegen die wesentlichen Sprünge zwischen den Toleranzklassen H11 und H9, ferner zwischen den Blechdicken 2 und 3 mm sowie zwischen Al/St/Ms einerseits und CrNi andererseits. Weiterhin können Vorzugswerte festgelegt oder die Verwendung anderer Werte (z. B. H10) untersagt werden. Eine Zahlentabelle wie Tabelle 5.1 wird übersichtlicher, wenn man z. B. sich wiederholende Werte nur *einmal* in ein vergrößertes Feld schreibt (wie z. B. beim Kostenfaktor 1), anstatt alle Felder mit Zahlen zu füllen. Oft ist eine *grafische* Darstellung einfacher zu erfassen als eine Tabelle.

⑤ ***Arbeitsblätter:*** Die Ergebnisse werden möglichst *übersichtlich* in Arbeitsblättern zusammengefasst. Dazu gehören ggf. *Anwendungshinweise, Gültigkeitsgrenzen, Leitregeln* und *Beispiele.* Nützlich sind auch *Gegenbeispiele* im Sinne von günstig/ungünstig.

Das gesamte Vorgehen ist mit Aufwand verbunden. Wie bei allen Rationalisierungsmaßnahmen muss zunächst einmal etwas investiert werden. Das zahlt sich aber in aller Regel bald aus.

5.3 Leitregeln zum toleranzgerechten Gestalten

Bedeutung: Die Leitregeln in den folgenden drei Teilkapiteln fassen wesentliche Inhalte des Buches kurz und merkfähig zusammen (daher auch die vielen eingeklammerten Querverweise), ergänzen sie durch zusätzliche Gesichtspunkte und erläutern sie mit Beispielen. Sie haben den Zweck, dem Anwender, insb. dem Konstrukteur, die Ziele der Form- und Lagetolerierung sowie Möglichkeiten zu ihrer Realisierung bewusst und anschaulich zu machen. Leitregeln sind „Wegweiser", aber keine starren „Vorschriften". Sie können manchmal auch im Widerspruch zueinander oder zu anderen Regeln des Konstruierens, Fertigens und Prüfens stehen. Dann müssen die beteiligten Mitarbeiter abwägen und Kompromisse bilden (wie es in einer kooperativen Produktentwicklung laufend geschieht).

5.3.1 Zum Aufbau von Bemaßung und Tolerierung

Vollständigkeit und Eindeutigkeit: Eine technische Zeichnung muss ein Werkstück vollständig und eindeutig beschreiben („spezifizieren"), sonst ist sie als Grundlage für Fertigung und Qualitätsmanagement unbrauchbar (s. Kap. 1.1).

5-3 Vollständigkeit und Eindeutigkeit: Dazu muss eine Zeichnung in der Regel enthalten:

- Form- und *Lagetolerierung* (s. Regel 5-5),
- vollständige *Allgemeintoleranzen* für Form und Lage,
- Angabe des *Tolerierungsgrundsatzes* (s. Regel 5-4).

Wesentlich bei der *Form- und Lage*tolerierung sind z.B. Positionstoleranzen mit vollständigem Bezugssystem (s. Kap. 2.3.4 und Regel 5-8) für funktionswichtige Geometrieelemente anstatt „einfacher" Maßtoleranzen; erst damit ergibt sich eine eindeutige Prüfvorschrift. Die meisten *Allgemein*toleranznormen sind in der Form- und Lagtolerierung nicht vollständig (s. Kap. 3.3.1); die Lücken – oft betreffen sie Symmetrie und Koaxialität – müssen unbedingt geschlossen werden (s. Kap. 3.3.2), z.B. durch zusätzliche Angaben oder „Anleihe" bei ISO 2768 (s. Kap. 3.2.3).

Tolerierungsgrundsatz: Er legt fest, ob *Form*abweichungen von einfachen Größenmaßelementen (Kreiszylinder, Parallelebenen u.Ä.) grundsätzlich *immer* durch die Maßtoleranz begrenzt sind (*Hüllprinzip,* s. Kap. 1.4.4), oder ob diese Forderung nur dort verlangt und durch Ⓔ sichtbar gemacht wird, wo es nötig ist (*Unabhängigkeitsprinzip*, s. Kap. 1.4.2 und 1.4.3).

5-4 Tolerierungsgrundsatz: Wenn ein Betrieb sich nicht restlos darüber klar ist, sollte er sich für das *Unabhängigkeitsprinzip* entscheiden. Eine besondere Kennzeichnung ist dann *nicht zwingend* erforderlich, da nach DIN EN ISO 8015 (2011-09) automatisch das Unabhängigkeitsprinzip gilt, sofern keine anderen Angaben oder Festlegungen gemacht werden. Wegen der Klarheit und Eindeutigkeit – insbesondere nach den Änderungen der ISO 8015 – *empfiehlt* es sich aber, *„Tolerierung ISO 8015"* im oder am Zeichnungsschriftkopf zu vermerken. Hinter jedem Passmaß sollte dann ein Ⓔ stehen, um hier die Hüllbedingung zu definieren.

Die Hüllbedingung mit Ⓔ sichert die Passungsfähigkeit von Größenmaßelementen, insb. bei kreiszylindrischen Spielpassungen (s. Kap. 1.4.3). Sollte ein Unternehmen, wie in der Vergangenheit nach der zurückgezogenen DIN 7167, generell eine Hüllbedingung für *alle* kreiszylindrischen Flächen und gegenüberliegenden Parallelflächen und damit das *Hüllprinzip* fordern, muss nun die Angabe „Size ISO 14405 Ⓔ" anstatt „Tolerierung DIN 7167" auf der Zeichnung stehen. Zwar gilt dann für alle Größenmaßelemente der Standardspezifikationsoperator Ⓔ. Da dieser aber nicht am Einzelelement eingetragen wird, ist die Passfunktion nicht erkennbar. Daher unterbleibt – wie die Praxis zeigt – häufig die funktionsnötige Prüfung der „Hülle". Beim *Unabhängigkeitsprinzip* ist allerdings die Information und Schulung der Mitarbeiter, insb. der Konstrukteure und der Messtechniker erforderlich, damit das Ⓔ korrekt eingetragen und geprüft wird.

Funktionswichtige Geometrieelemente: Jedes Geometrieelement hat seine Funktion (oder mehrere), sonst wäre es gar nicht vorhanden. *Wesentlich* für die Funktion eines Bauteils sind aber meist nur wenige Geometrieelemente.

5-5 Funktionswichtige Elemente: Form- und Lagetoleranzen sollen nur *so weit wie unbedingt notwendig* eingetragen werden, d. h. in der Regel nur für *funktionswichtige* Elemente (alle anderen fallen unter Allgemeintoleranzen). Sie sollen *unmittelbar zueinander bemaßt und toleriert* sein und sich ebenso *prüfen* lassen.

Bei konsequenter Anwendung dieser Regel lassen die eingetragenen Form- und Lagetoleranzen unmittelbar die funktionswichtigen Flächen erkennen (im Gegensatz zu üblichen Zeichnungen, die oft mit undifferenzierten Maßangaben übersät sind).

Beispiele für direkte Bemaßung und Tolerierung: *Bild 5.7a* ist zunächst ein „klassisches" Gegenbeispiel. Es stellt einen Ausschnitt aus einem komplizierten Kunststoff-Schaltelement dar. Weder ist zu erkennen, worauf es „ankommt" (s. Kap. 5.1.2), noch wie der in der Luft liegende Punkt zu messen ist (er entspricht der Tolerierung des Gegenelements). Die Positionstolerierung (b) dagegen legt die wichtigen Elemente direkt fest und gibt eine eindeutige Prüfanweisung. Da jetzt nur *eine* Toleranz vorhanden ist, kann diese etwa so groß sein wie die Toleranzsumme bei a).

Die Funktion der Kontaktfeder in *Bild 5.8a* besteht darin, dass der linke Schenkel mit der Federnase in einen Schlitz einrastet; bei einer Zusammendrückung auf 19 mm muss am rechten Federschenkel eine Kraft $F = 5 \pm 1$ N wirken. Die Kante rechts darf dabei in der Höhe um 2 ± 1 mm gegenüber der Federnase verschoben sein. Zeichnung a ist für die Fertigung nötig. Die Prüfung all der (nur teilweise dargestellten) geometrischen Eigenschaften ist äußerst mühsam und erfasst trotzdem die Funktion nur indirekt. Daher wurde *zusätzlich* die Prüfskizze b erstellt. (Der sekundäre Bezug B ist die Mittelebene der Feder parallel zur Zeichenebene; er ist hier nicht normgerecht skizziert.) Außerdem ist eine weitere Prüflehre vorstellbar, um die Außenkontur der ungespannten Feder zu kontrollieren (nicht dargestellt).

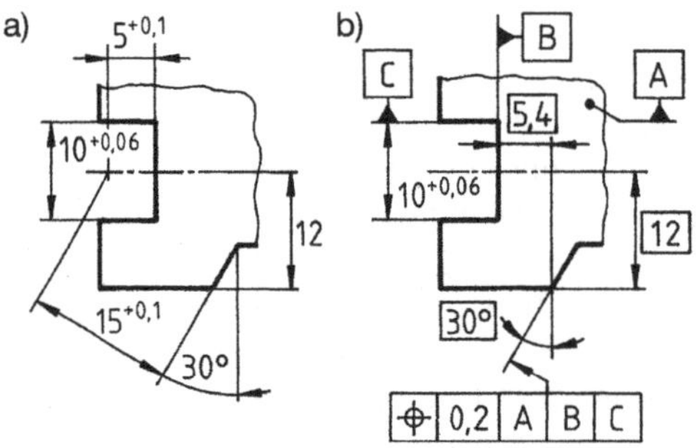

Bild 5.7: Schaltelement (Ausschnitt). a) unbrauchbare Tolerierung, b) funktions- und prüfgerecht toleriert

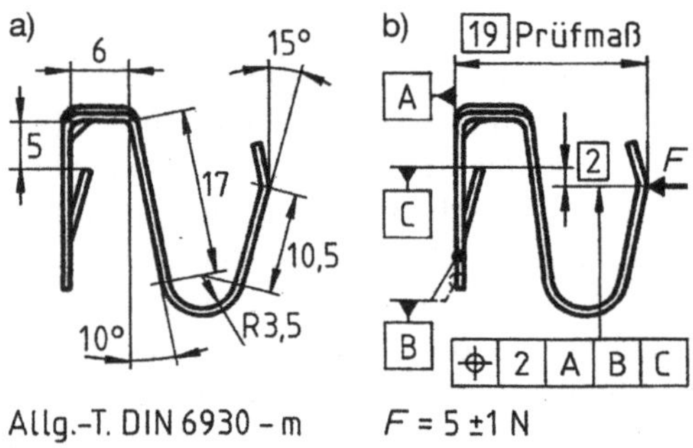

Bild 5.8: Kontaktfeder. a) Fertigungszeichnung (Ausschnitt), b) funktionsgerechte Prüfzeichnung

Ein weiteres Beispiel für eine Bemaßung auf Umwegen ist die Nut für einen Wellensicherungsring, *Bild 5.9a* (hier einmal ohne Form- und Lagetoleranzen). Funktions- und montagewichtig sind nur die *rechte* Schulter der Nut und der Wellenabsatz; so sollte auch bemaßt werden (b). Bei gleicher Schließtoleranz kann die Abstandstoleranz jetzt verdoppelt werden.

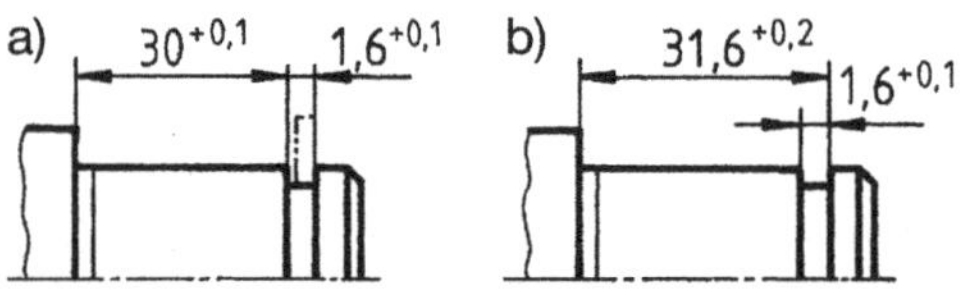

Bild 5.9: Wellenabsatz mit Nut für Sicherungsring. a) unnötige Maßkette, b) funktionsgerecht bemaßt

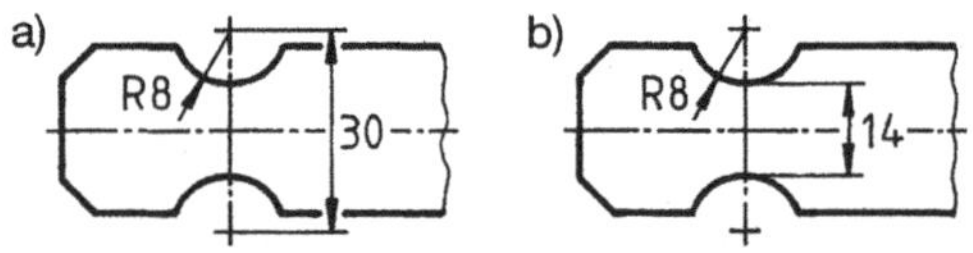

Bild 5.10: Stanzteil (Ausschnitt). a) Entstehung der Kontur, b) funktions- und prüfgerechte Bemaßung

Prioritäten: Die obigen Beispiele weisen bereits auf die nächste Regel hin:

> ***5-6 Prioritäten:*** Die Tolerierung muss *funktions-, fertigungs- und prüfgerecht* sein, d. h., sie muss den Belangen *aller* drei Bereiche entsprechen. Im Zweifelsfall aber sind die Prioritäten in dieser Reihenfolge zu gewichten, d. h., die *Funktionsfähigkeit* hat die *höchste* Priorität.

Ein Bauteil muss seine Funktion erfüllen; dem muss sich letztlich alles andere unterordnen. Der Werker oder Maschineneinrichter soll die Zeichnungsangaben unmittelbar umsetzen können; falls etwas umgerechnet werden muss, ist das eher noch dem Prüfer zuzumuten. Andererseits kann bei schwierigen Fällen die Frage helfen: „Wie prüfen wir das?" Die Antwort darauf hat schon häufig auf eine sinnvolle Toleranzeintragung geführt.

Das zeigt wieder, wie wichtig eine Zusammenarbeit der Betriebsbereiche bei der Toleranzfestlegung, der Zeichnungsfreigabe u.a.m. ist.

Die Bemaßung des Stanzteils in *Bild 5.10a* entspricht der Entstehung des Teils, das zwischen zwei Bolzen geführt wird, und damit fertigungsgerecht auch der Herstellung des Stanzwerkzeugs. Funktion und Prüfung verlangen aber die Bemaßung b.

Bezugselemente: Die eindeutige Lage eines Werkstücks bei der Prüfung ergibt sich aus den Bezugselementen und den daraus gebildeten Bezügen (s. Kap. 2.3):

5-7 Bezugselemente: Dafür sollte man Geometrieelemente wählen, von denen die Lage des Bauteils im eingebauten Zustand, d.h. bei der *Funktion*, bestimmt wird. Bei der *Fertigung* und der *Prüfung* sollte das Werkstück möglichst auf denselben Bezugselementen aufliegen, und zwar hinreichend sicher. Sie müssen daher untereinander *lagetoleriert* sein (s. Kap. 2.3.1, Regel 2-10) sowie *formtoleriert* (s. Regel 2-11) mit Toleranzwerten, die nicht größer sein sollten als die kleinste darauf bezogene Lagetoleranz.

Nicht immer ist es möglich, den Regeln 5-6 und 5-7 kompromisslos zu entsprechen. Wenn z.B. eine *Welle* zwischen Spitzen gedreht und geschliffen wird, so ist eine Prüfung zwischen Spitzen sowohl *fertigungsgerecht* (weil so gemessen wird, wie gefertigt wurde) als auch *prüfgerecht* (z.B. kann man Lauf oder Koaxialität mit einer Messuhr prüfen). *Funktionsgerecht* aber ist das nicht, denn die Stirnzentrierungen haben an der montierten Welle keine Funktion mehr. Hier gilt es abzuwägen. Bei mechanischer Messung sind die Spitzen, bei einem Messgerät jedoch die Lagersitze als Bezugselemente zu bevorzugen.

Bezugssysteme: Die Lage eines Werkstücks wird bei der Fertigung und der Prüfung durch mehrere Bezugselemente festgelegt; sie bilden gemeinsam ein Bezugssystem (s. Kap. 2.3.4). Es ist hilfreich sich vorzustellen, wie das Werkstück in einer Vorrichtung aufgenommen wird, und danach die verschiedenen Bezüge einzutragen:

5-8 Bezugssysteme: Bezüge sind in Rangfolge aufzuführen, d.h., man beginnt mit dem *wichtigsten* Bezug, der die *Hauptrichtung* des Bauteils bestimmt; er wird der *primäre* Bezug. Er sollte möglichst für *alle* Lagetoleranzen beibehalten werden (soweit das der Funktion entspricht), damit das Werkstück in *einer* Aufspannung gefertigt und geprüft werden kann.

Damit vermeidet man die Summierung von Abweichungen, die entsteht, wenn man von einem Bezugselement auf ein anderes übergeht. Die Hauptrichtung ist z.B. bei einem plattenartigen Werkstück die Grundfläche, bei einer Welle die Hauptachse. Achsen von kreiszylindrischen Elementen, deren Länge viel *kürzer ist* als ihr Durchmesser („kurze" Achse, s. Kap. 2.3.3), brauchen grundsätzlich eine senkrecht zur Achse liegende Planfläche als Primärbezug (s. Kap. 5.1, Bild 5.1, u.a.).

Beispiel „Baugruppe": Bei Baugruppen sollten die Kontaktflächen, von denen die Lage der einzelnen Bauteile abhängt, unmittelbar zueinander toleriert werden. *Bild 5.11a* zeigt eine Gruppe im zusammengebauten Zustand, die aus Trägerkörper, Schalter und Frontplatte besteht. Dabei muss die Schaltwelle koaxial zur Bohrung der Frontplatte liegen, damit die Montage möglich ist und der Schaltknebel (nicht gezeichnet) zur Skale auf der Frontplatte passt. Solche Anordnungen finden sich an zahlreichen Geräten; die dargestellte Gruppe wurde der Übersichtlichkeit halber so stark vereinfacht, dass sie kaum mehr als das Prinzip zeigt.

Der *Trägerkörper*, in Bild 5.11 c einzeln dargestellt, liegt auf einem Gestell auf; er trägt links den Schalter (b) und rechts die Frontplatte (d). Für den Trägerkörper bietet sich zunächst (nach Regel 5-7) seine Fußfläche als Bezug an. Da es aber auf die Lage zwischen Schalter und Frontplatte ankommt, die Lage zum Gestell aber weniger wichtig ist, werden die Kontaktelemente zum Schalter als Bezugselemente gewählt, damit die Kontaktelemente zur Frontplatte dazu (nach Regel 5-5) unmittelbar toleriert werden können. (Man könnte auch von den Kontaktelementen zur Frontplatte ausgehen; hier sollte die sichere Messbarkeit entscheiden.) Der Trägerkörper wird zur Messung auf die Hauptfläche A aufgelegt, an die Kante B und zuletzt an den seitlichen Anschlag C herangeschoben. Der Fuß und die Elemente, die die Frontplatte tragen, sind sämtlich mit Positionstoleranzen zum Bezugssystem A | B | C festgelegt. (Anmerkung: Theoretische Maße haben wir weggelassen.)

Der *Schalter* b hat gleichfalls drei ebene Flächen als Bezüge (rechts D, unten E, hinten F). Die *Frontplatte* d liegt auf der Hauptfläche G sowie unten auf der Kante H auf. Seitlich wird sie durch die Nut I gehalten (das ist mit viel kleinerem Spiel möglich als eine Festlegung über die seitlichen Kanten). Trotzdem bilden sich in einer Baugruppe immer Maßketten (s. Kap. 4.1 und 4.2). Sie lassen sich verkürzen, wenn es gelingt, *durchgehende* Bezugselemente zu verwenden, die mehrere Bauteile gleichzeitig erfassen, Bild 5.11 e. Der Schalter wird hier durch die Schaltwelle und eine „Nase", die Frontplatte direkt auf der Schaltwelle und mit einem weiteren Element („Nase", Stift o. Ä., nicht gezeichnet) festgelegt.

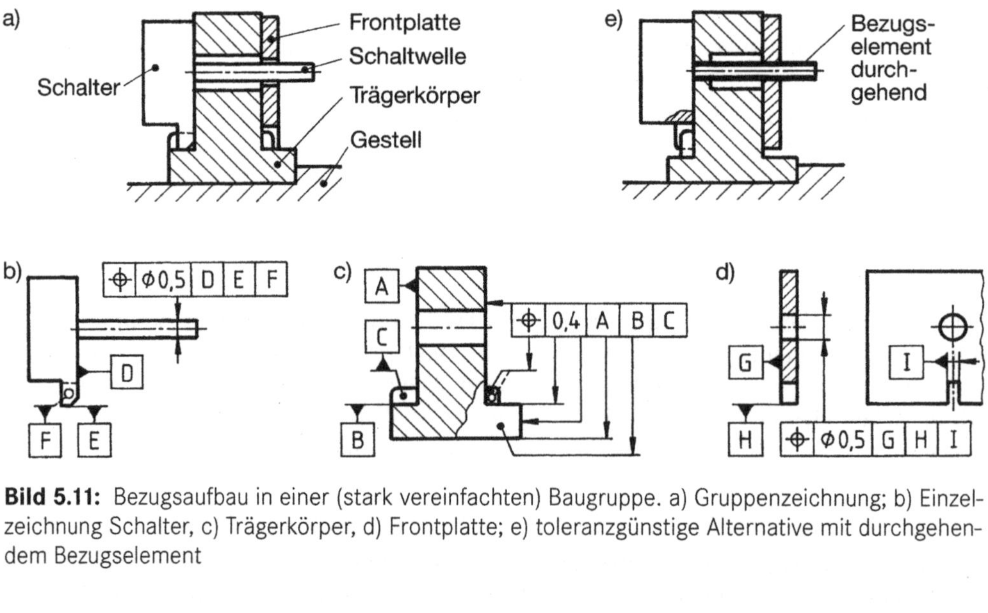

Bild 5.11: Bezugsaufbau in einer (stark vereinfachten) Baugruppe. a) Gruppenzeichnung; b) Einzelzeichnung Schalter, c) Trägerkörper, d) Frontplatte; e) toleranzgünstige Alternative mit durchgehendem Bezugselement

Anmerkung: Die Abweichungen der kompletten Baugruppe ergeben sich aus den Einzelteilen. Falls eine Toleranz in die *Gruppenzeichnung* eingetragen wird, ist anzugeben, wie sie geprüft wird und was bei Überschreitung geschieht (z. B. Rundlauf für die Achse eines Elektromotors; bei Überschreitung ist der Motor Ausschuss).

Nicht-formstabile Teile: Alle bisherigen Betrachtungen zu Form- und Lagetoleranzen beruhen auf der idealisierten Vorstellung von *starren* Teilen, d. h. solchen, die sich unter der Wirkung von Eigengewicht, Eigenspannungen, Aufspann- oder Messkräften nicht merkbar verformen. In manchen Fällen ist aber diese Voraussetzung nicht vertretbar, z. B. bei einem flachen Deckel, einem dünnwandigen Blechgehäuse oder einer schlanken Führungsleiste (s. Kap. 4.3.3, Bild 4.15). Solche Bauteile passen sich elastisch an ihre weitaus formsteiferen Gegenstücke an:

5-9 Nicht-formstabile Teile: Verformbare Bauteile, die an formsteifen Teilen befestigt werden, werden zur Prüfung auf einem geometrisch hinreichend genauen und formsteifen Gegenstück aufgespannt. Auf der Zeichnung steht *„ISO 10 579 - NR"* (**n**on-**r**igid, nicht-formstabil), s. *Bild 5.12.* Die Art der Aufspannung muss auf der Zeichnung angegeben werden. Dann gelten *alle* eingetragenen Form-, Lage- und Maßtoleranzen im *aufgespannten* Zustand, ausgenommen solche, bei denen Ⓕ („Freier-Zustand-Bedingung") hinter dem Toleranzwert im Toleranzrahmen steht.

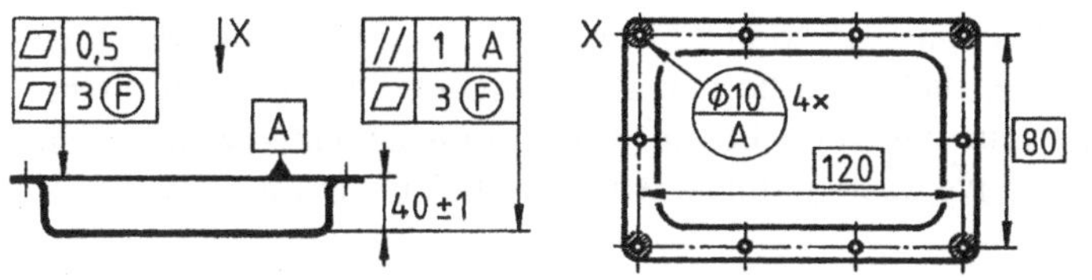

ISO 10579-NR
(nicht formstabil)
Aufspannung auf A an
4 Stellen mit Schrauben
M6, Anzugsmoment
M_A = 1,2 ± 0,3 Nm

Bild 5.12: Nicht-formstabiler Kunststoffdeckel mit Tolerierung nach ISO 10 579, Aufspannbedingung und Bezugsstellenangabe

(*Anmerkung:* Die Feder in Bild 5.8 ist auch ein nicht-formstabiles Teil; die Zeichnung b könnte ebenfalls mit ISO 10 579 gekennzeichnet werden. Allerdings geht die Angabe der Federkraft über eine übliche Zeichnung hinaus.)

Beispiel „Kunststoffdeckel": Der Flansch des Deckels in *Bild 5.12* ist nach dem Vakuumziehen in der Regel uneben, insb. verwunden. Beim Anschrauben an das viel steifere Gehäuse gleicht sich zumindest die Verwindung wieder aus. Damit der Deckel hinreichend dicht ist, darf er dann höchstens noch 0,5 mm Ebenheitsabweichung haben. Zur Prüfung wird er an 4 Bezugsstellen (s. Kap. 1.6.2) der Flanschfläche A mit einem definierten Anzugsmoment festgeschraubt; die freibleibenden Teile des Flanschs werden z. B. mit einer Messuhr abgetastet. Die Parallelität der Bodenfläche wird in derselben Aufspannung gemessen, ebenso das Maß 40 ± 1 mm (anders ist es kaum messbar). Um den Verzug in Grenzen zu halten, ist für den Flansch und die Bodenfläche zusätzlich eine Ebenheitstoleranz t_E = 3 mm im freien Zustand vorgegeben.

Übersichtlichkeit: Abschließend noch eine Regel zur Zeichnungsdarstellung:

> ***5-10 Übersichtlichkeit:*** Alle Angaben zur Spezifikation *eines* Geometrieelements (Maß, Maßtoleranz, Formtoleranz, Lagetoleranz, Bezugskennzeichnung, Oberflächenangaben) sollen möglichst *übersichtlich* und *nahe beieinander* zu finden sein (z.B. in derselben Ansicht, soweit machbar).

Die Vielzahl von notwendigen Angaben führt heute leider dazu, dass wir manchmal die Bauteilkontur selbst kaum noch finden. Darum ist es wichtig, die Angaben möglichst gut zusammenzuhalten. Es kann auch zweckmäßig sein, für bestimmte Angaben (z.B. Bezugsstellen) eine zusätzliche (ggf. verkleinerte) Ansicht hinzuzufügen.

5.3.2 Zur Wirtschaftlichkeit der Tolerierung

Zahlenwerte für Form- und Lagetoleranzen: Der größte Teil dieses Buches beschäftigt sich mit der qualitativen Handhabung der Tolerierung. Ihre Wirtschaftlichkeit hängt aber in erheblichem Maße von der quantitativen Seite ab, d.h. von den Toleranzwerten (s. Kap. 5.2.1). Die Grundregel dazu heißt:

> ***5-11 Toleranzwert:*** Jede Toleranz sollte *so groß* sein, wie die *Funktion* es irgend *zulässt*. Allerdings gibt es keine exakte Grenze, bei deren Überschreitung das Teil unbrauchbar wird (d.h. nicht funktionsfähig, nicht montierbar, zu geringer Abnutzungsvorrat bei vorhersehbarem Verschleiß). Eine aus Vorsicht oder Unkenntnis zu eng gewählte Toleranz verursacht jedoch progressive Kosten und ist wirtschaftlich unverantwortlich.

Toleranzempfehlungen für *Maß*toleranzen bei unterschiedlichen Funktionsanforderungen finden sich in zahlreichen Handbüchern. Für *Form- und Lagetoleranzen* dagegen gibt es bisher kaum etwas dergleichen. Das liegt daran, dass ihre Zahlenwerte oft nicht einmal firmenintern bekannt sind, geschweige denn sich verallgemeinern und auf andere Fälle übertragen lassen. Dem Anwender bleiben daher im Zweifelsfall nur folgende Wege offen:

- ***Nachmessung:*** An einer Reihe von funktionsfähigen Werkstücken werden die entsprechenden Abweichungen gemessen. Die Toleranz t wird so festgelegt, dass die Abweichungen im prozesssicheren Bereich bleiben (s. Kap. 4.2.2; 1,5fache Abweichung als grober Anhaltswert). Es ist allerdings möglich, dass dieser Wert zu eng ausfällt, nämlich wenn bisher genauer gefertigt wurde als nötig.
- ***Versuche:*** Die Ermittlung von funktionswichtigen Toleranzgrenzen durch Versuche ist teuer; enge Toleranzen sind es auch. Dazwischen ist ggf. ein Kompromiss zu suchen. Je größer die Fertigungsserie ist, desto mehr lohnt sich eine Untersuchung. Bei Einzelfertigung wird sich die Tolerierung neben der Erfahrung eher am fertigungstechnisch Machbaren orientieren.

Für eine optimale Tolerierung sind neben der Funktion auch fertigungsbedingte *Sprünge* bei der Abhängigkeit der *Kosten* von der Toleranz zu beachten (s. Kap. 5.2.2, Regel 5-1).

Relative Zahlenwerte: Im Vergleich mit vorhandenen Maßtoleranzen lässt sich häufig abschätzen, in welcher Größenordnung sinnvolle Form- und Lagetoleranzen liegen können:

- ***Formtoleranzen:*** Unter der *Hüllbedingung* (s. Kap. 1.4.3) steht für Formabweichungen nur die Differenz zwischen Istmaß und Maximum-Material-Grenze (Hülle) zur Verfügung, d. h. im Grenzfall die Maßtoleranz T, im Mittel aber nur *etwa* $T/2$. Die Eintragung einer *zusätzlichen* Formtoleranz ist daher ab $t \approx T/2$ sinnvoll. Lagersitze mit hohen Ansprüchen verlangen $t \approx T/3$ (Wälzlager nach DIN 5425; Gleitlager ähnlich). Etwa gleiche Werte gelten auch für die *Fluchtung* (gemeinsame Geradheit oder Koaxialität) von mehreren Lagersitzen (s. Kap. 2.3.3).
- ***Lagetoleranzen:*** *Positions*toleranzen sind mit Maßtoleranzen eng verwandt (s. Kap. 2.6.2); ihre Toleranzwerte sind daher vergleichbar groß. Auch bei anderen Lagetoleranzen haben wir häufiger festgestellt, dass ihre Toleranzwerte in der gleichen Größenordnung liegen wie die Maßtoleranzen der entsprechenden funktionswichtigen Formelemente (z. B. *Rund-* und *Planlauf von* Wellenelementen, *Parallelität* von Distanzbüchsen zwischen Getriebeelementen, *Symmetrie* von Passfedernuten zur Achse, s. Bild 2.50 d, Kap. 2.6.4). Wenn jedoch die Maßtoleranz T bereits eine Lagetoleranz umfasst (z. B. bei der Parallelität), liegen einzeln eingetragene Werte t für diese Lagetoleranz in der Größenordnung wie Formtoleranzen ($t \approx T/2$ bis $T/3$).

Die *untere Grenze* wird nicht allein durch die Fertigungseinrichtungen, sondern auch durch die Messunsicherheit der Geräte bestimmt [DI Ge 97]. Wenn eine gemessene geometrische Eigenschaft mit Sicherheit im zulässigen Bereich liegen soll, muss von der eingetragenen Toleranz die Messunsicherheit abgezogen werden, und zwar doppelt, wenn dabei *zwei* Flächen angetastet werden. Deshalb muss die Toleranz mindestens um eine Größenordnung größer sein als die Messunsicherheit. Zusammengefasst ergibt sich die folgende Regel. Sie ist mit gewisser Vorsicht zu betrachten und deutet nur Größenordnungen an, ist aber besser als „freie Fantasie“, solange keine anderweitig gesicherten Werte vorliegen.

5-12 Relative Toleranzwerte: Verglichen mit der *Maß*toleranz T für ein funktionswichtiges Geometrieelemente liegen (als grobe Anhaltswerte!) seine

- *Lage*toleranzen etwa in derselben Größenordnung wie T,
- *Form*toleranzen etwa bei T bis $T/2$, unter gleichzeitiger Hüllbedingung bei $T/2$ bis $T/3$. (Letztere Werte gelten auch für die Fluchtung von Lagersitzen sowie für Lagetoleranzen, die vorhandene Maßtoleranzen einschränken.)

Der Toleranzwert sollte – nach der „goldenen Regel der Messtechnik“ – mindestens das 10fache der *Messunsicherheit* betragen; Werte unter 10 µm sind daher generell kritisch zu betrachten.

Erweiterung von Allgemeintoleranzen: Allgemeintoleranzen sind globale Festlegungen, die keinesfalls an allen Stellen eines Werkstücks durchdacht werden können (s. Kap. 3.2.3, Bild 3.3). Sie werden in der Regel an funktionswichtigen Elementen durch einzeln eingetragene Toleranzen eingeschränkt (s. Regel 5-5). Sie können aber bei Bedarf auch erweitert werden:

5-13 Erweiterung von Allgemeintoleranzen: Einzeltoleranzen kann man an gezielten Stellen zur *Erweiterung* der Allgemeintolerierung verwenden, wenn die Fertigung dadurch günstiger (billiger oder sicherer) wird und die Funktion es gestattet.

Das kommt beispielsweise vor, wenn ISO 2768 zum Füllen von *Lücken* in anderen Normen verwendet wird (s. Kap. 3.3), ferner bei extrem *großen* Nennmaßen oder bei *manueller* Fertigung. In solchen Fällen sollte die Fertigung ihre Wünsche geltend machen.

Konstruktive Toleranzentfeinerung: Größere Toleranzen sind erreichbar z.B. über

- *Verkürzung* unnötiger *Maßketten* (s. Kap. 5.3.1, Bild 5.7 und Bild 5.9),
- *statistische* Berechnung von Maßketten (s. Kap. 4.2.2),
- *Materialbedingungen* (s. Kap. 4.4 und 4.5 sowie Regel 5-15).

Die folgende Leitregel greift jedoch darüber hinaus, denn sie betrifft den konstruktiven Gestaltungsprozess *vor* der Toleranzfestlegung. Die darin genannten Maßnahmen werden anschließend einzeln betrachtet.

5-14 Konstruktive Toleranzentfeinerung: Bevor der Konstrukteur eine enge Toleranz festlegt, sollte er versuchen, konstruktiv *größere* Toleranzen zu ermöglichen mittels folgender Maßnahmen:

- Wegfall von *Doppelpassungen,*
- *selbstanpassende* Bauweise,
- *Einstellbarkeit* von Elementen (einschließlich *Anpassen, Aussuchen* und *Zuordnen*).

Wegfall von Doppelpassungen: Das bedeutet, die „statische Bestimmtheit" eines Bauteils zu verwirklichen, d.h. es in jeder Verschiebe- und Verdrehrichtung nicht mehr als *einmal* festzulegen. Dann können die Toleranzen einzelner Formelemente wesentlich größer werden, wie die folgenden Beispiele zeigen.

- ***Inspektionsklappe:*** Wenn eine schwere Flügeltür so eingebaut wird, dass ihre Scharniere (nach relativ kurzem Gebrauch mit Erstverschleiß) *gemeinsam* tragen, dann ist das sinnvoll, damit bei der hohen Pressung und der schlechten Schmierung der Abnutzungsvorrat (bis die Tür am Boden schleift) groß genug ist. Bei der Inspektionsklappe in *Bild 5.13a,* die dreimal im Jahr betätigt wird, macht das aber keinen Sinn. Stattdessen sollte nur *ein* Scharnier senkrecht führen; das andere kann große Abstandstoleranzen haben (b).

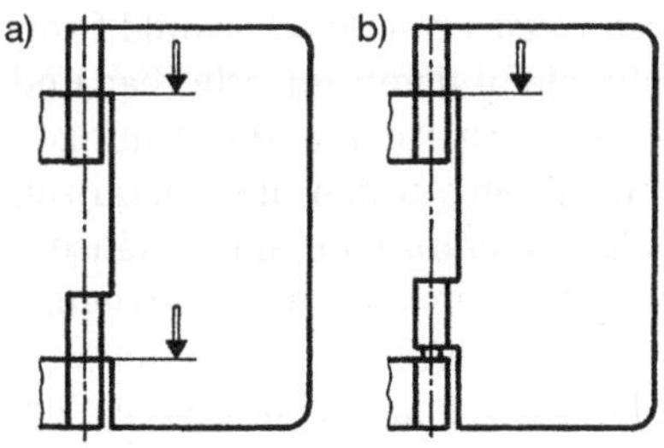

Bild 5.13: Inspektionsklappe. a) mit Doppelpassung, b) statisch bestimmt

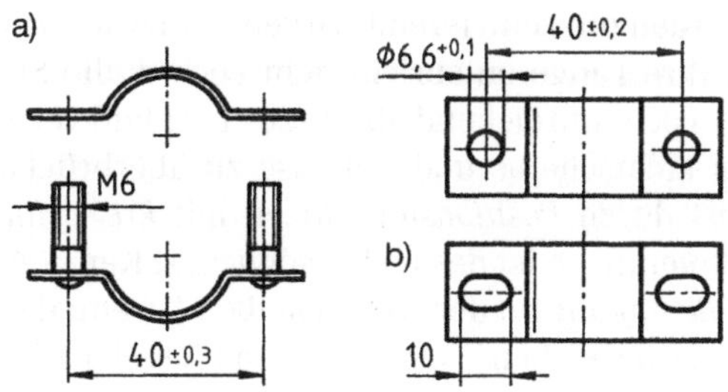

Bild 5.14: Schraubschelle. a) mit unnötig engen Toleranzen, b) mit Langlöchern im Oberteil

- ***Schraubschelle:*** Damit die Muttern der Rohrschelle in *Bild 5.14* genügend aufliegen, müssen die Abstände der Löcher und der Gewindebolzen ziemlich eng toleriert sein (a). Außerdem neigen die beiden Teile zum Verklemmen, wenn sie nicht parallel sitzen. Beides lässt sich vermeiden durch Langlöcher (b), die eine einwandfreie Schraubenauflage gewährleisten; die Lage beider Teile wird durch das Rohr bestimmt.
- ***Leuchtengehäuse:*** Eine LKW-Heckleuchte aus Kunststoff, in *Bild 5.15* stark vereinfacht gezeichnet, besteht aus dem Gehäuse a und der Lichtscheibe b. Letztere trägt unverlierbare Schrauben c, die in entsprechende Dome des Gehäuses fassen. Die Löcher in der Lichtscheibe haben die Kontur d, durch die die Schrauben eingedreht und gehalten werden. Sie bedingt eine für Kunststoffteile sehr enge Tolerierung (a und b). Ursachen für die schlechte Toleranzeinhaltung von Kunststoffen sind vor allem die Schwindung und die Quellung. Sie können in erster Näherung als gleich in Längs- und Querrichtung angenommen werden; die Rechtwinkligkeit des Lochbildes bleibt weitgehend erhalten.

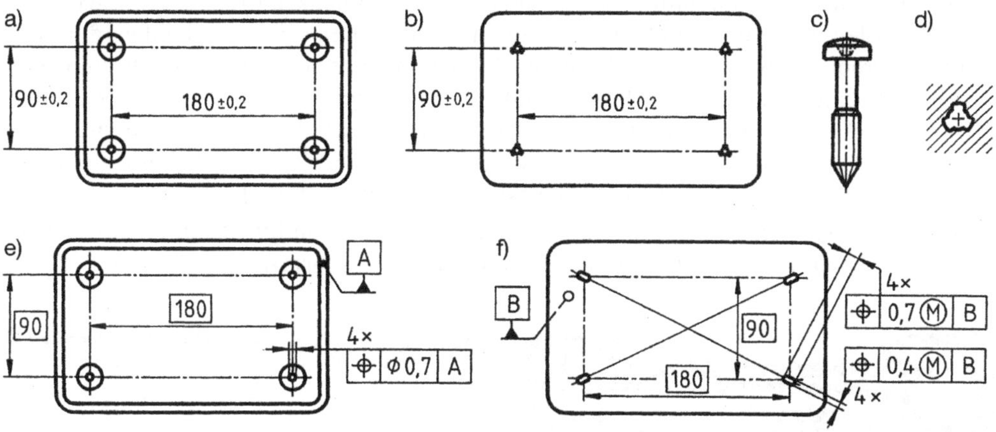

Bild 5.15: LKW-Heckleuchte (stark vereinfacht). a) Gehäuse mit engen Maßtoleranzen, b) Lichtscheibe dazu; c) Schraube zur Befestigung, d) Durchgangsloch in der Lichtscheibe; e) Gehäuse mit schwimmender Positionstolerierung; f) Lichtscheibe entsprechend, mit Langlöchern zum Ausgleich von Abweichungen und Maximum-Material-Bedingung

Daher wurden die zentrierend wirkenden Löcher (d) in *Langlöcher* mit dem Lochbild f verwandelt. Ihre Länge entspricht dem Loch d; die Schraube bleibt damit unverlierbar und deckt das Loch hinreichend ab. Dieses Lochbild vermag wesentlich größere Abweichungen zwischen Lichtscheibe und Gehäuse zu überbrücken. Außerdem wurden die Toleranzen vergrößert durch *Positions*toleranzen mit *kreiszylindrischer* Toleranzzone am Gehäuse e (bei Maßtoleranzen ist das nicht möglich, s. Kap. 2.6.2, Bild 2.45) und durch die *Maximum-Material-Bedingung* an der Lichtscheibe f („wenn die Löcher etwas größer sind, können sie etwas mehr abweichen", s. Kap. 4.4 und Regel 5-15). Die Bohrungen lassen sich dann auch einfach und funktionsgerecht mit einer Stecklehre (Funktionslehre) prüfen (s. Kap. 4.4.4). Beim Gehäuse, Bild 5.15e, ist dagegen die MMB nicht anwendbar, weil die Schrauben gegenüber den vorgefertigten Löchern kein Spiel haben.

Das Prinzip, Doppelpassungen wegzulassen, lässt sich auf zahlreiche andere Anwendungsfälle übertragen, z.B. auf Elemente, die als Tertiärbezüge wirken (vgl. Bild 2.26b und e, Kap. 2.3.4), oder auf die Verwendung von Schrauben mit *flacher* Kopfauflage statt Senkschrauben, die zentrierend wirken.

Selbstanpassende Bauweise: Darunter versteht man, dass sich ein Bauteil an ein formstabiles Gegenstück *elastisch, plastisch* oder *gelenkig anpasst* und von diesem in der gewünschten Form und Lage gehalten wird. (Bei elastischer Verformung bietet sich ggf. eine Tolerierung nach ISO 10 579 an, s. Regel 5-9.) Die folgenden Beispiele zeigen, wie vielfältig dieses Prinzip anwendbar ist.

- ***Gestanzte Leiterplatte:*** In einer Kraftfahrzeug-Heckleuchte trägt die zunächst aus einem Stück gestanzte Leiterplatte aus verzinktem Stahlblech, *Bild 5.16,* vier Glühlampen sowie den Mehrfachstecker mit den Anschlussleitungen (links unten). Sie wird auf einen Träger aus Kunststoff aufgelegt und mit ihm durch Stege, die zwischen den Leiterbahnen hochstehen und mittels Heizelementen aufgeschmolzen werden, „vernietet"; danach werden die schmalen Metallstege, die die Leiterbahnen noch verbinden, durchgetrennt. Problematisch sind die Positionsabweichungen zwischen der Platte und dem Träger in Längsrichtung. Die beiden Endteile der Leiterplatte sind deshalb nur über U-förmige Dehnelemente verbunden. Bei der Montage werden sie durch je zwei Führungsstifte am Träger (mit konischer Einführspitze) in die richtige Position zum Träger gebracht; die U-Elemente geben dabei elastisch oder plastisch nach.
- ***Scheinwerfergehäuse:*** Während sich oben das Blechteil dem Kunststoffteil anpasst, ist bei dem Scheinwerfer in *Bild 5.17* der Metallreflektor das formstabile Element.

Bild 5.16: Gestanzte Leiterplatte mit 4 Glühlampenfassungen, die sich über U-Dehnelemente und 4 Stifte an den Träger anpasst

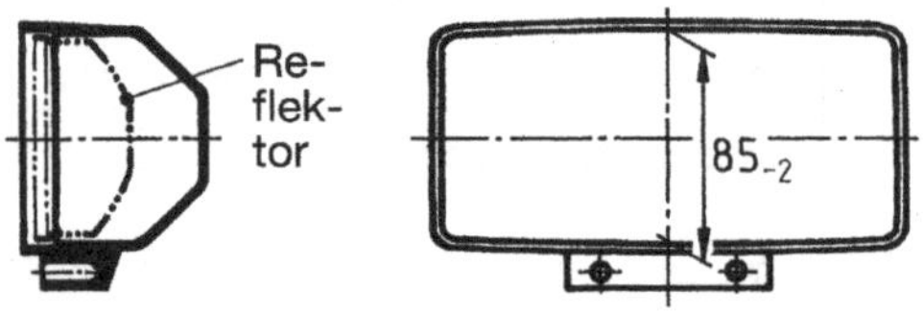

Bild 5.17: Kunststoff-Scheinwerfergehäuse, das sich dem Blechreflektor elastisch anpasst und von ihm gehalten wird (vereinfacht)

Die kritische Stelle des Kunststoffgehäuses liegt oben in der Mitte, wo es am wenigsten formsteif ist; dort neigt es zum Verziehen und zum Klaffen. Ein Maß (hier zwischen 2 Punkten zu messen, s. Kap. 1.3.1) mit ziemlich großer Minus-Toleranz sorgt dafür, dass das Gehäuse am Reflektor anliegt. Zur Prüfung bietet sich zusätzlich eine Lehre in Gestalt des Reflektors an, die (z.B.) unter Eigengewicht in das Gehäuse gleiten muss, damit es keinen zu großen Zugspannungen und damit einer Rissgefahr unterliegt (funktionsgerechte Prüfung, s. Regel 5-5).

- ***Trommelmagazin:*** Das in *Bild 5.18* nur als Prinzip skizzierte Trommelmagazin (nach [Wal 94]) wird über einen Positionierantrieb gedreht und durch einen Greifer beschickt, der in die einzelnen Fächer des Magazins hineinfasst. Das Bauprinzip a verlangt bei der Länge der Funktionskette unvertretbare enge Bauteiltoleranzen. Sie können um eine Größenordnung erweitert werden, wenn das Magazin beweglich gelagert wird (z.B. über federnde Stützen) und nahe beim Greifer mittels einer Rolle radial und (im Rahmen der Eigenelastizität) auch axial geführt wird.

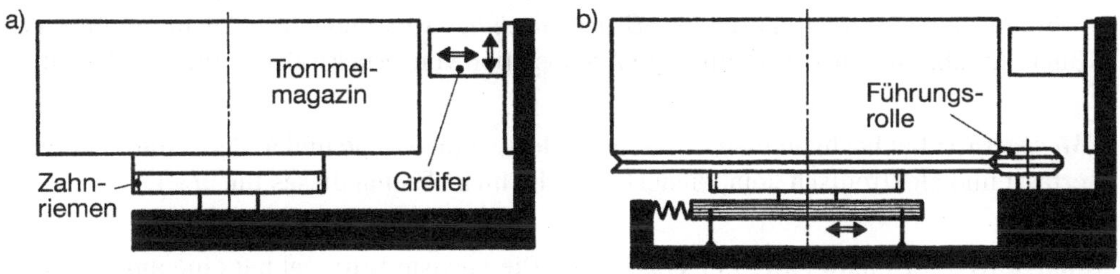

Bild 5.18: Magaziniervorrichtung (Prinzipdarstellung). a) zu enge Toleranzen erforderlich; b) Selbstanpassung des Trommelmagazins mittels beweglicher Lagerung und Führungsrolle dicht beim Greifer

- ***Mischergehäuse:*** Der geschweißte Mischbottich eines Schaufelmischers für Beton (nach [EhKL 07]) musste wegen der notwendigen *Fluchtung der Wälzlagersitze* für die Mischwellen auf einem Bohrwerk ausgebohrt werden und war daher sehr teuer. Das entfällt, wenn man einzeln fertiggedrehte Lagergehäuse an den Bottich anschraubt und *Pendelrollenlager* verwendet, die die Fluchtungsabweichungen ausgleichen. Auch wenn sie teurer sind als Zylinderrollenlager, wird der Bottich insgesamt wesentlich billiger.

Einstellen, Anpassen, Aussuchen, Zuordnen: Diese Prinzipien bilden die dritte Gruppe von Maßnahmen zur konstruktiven Verwirklichung größerer Toleranzen nach Regel 5-14. Sie überlappen sich teilweise und werden deshalb zusammen betrachtet. Dabei entstehen Produkte, die insgesamt genauer sind als ihre Einzelelemente; anders sind sie entweder überhaupt nicht oder zumindest nicht wirtschaftlich herstellbar. Gemeinsam ist diesen Prinzipien, dass sie mit Aufwand verbunden sind, ob manuell oder automatisiert. Er muss ggf. abgewogen werden gegenüber einer Fertigung mit engen Toleranzen. Die Beispiele deuten den Anwendungsbereich an.

- ***Kegelradgetriebe:*** Sie erfordern in der Regel eine axiale Einstellung beider Wellen, um die Geometrie des Zahneingriffs zu sichern. Das kann geschehen
  - durch *Einstellen über* Gewinde,

- durch *Anpassen* über das Abschleifen von Anlageflächen,
- durch *Aussuchen* von Passscheiben.

- ***Elektrohydraulische Servoventile:*** Um ein Spiel von 2 bis 3 µm zwischen Steuerkolben und Bohrung zu erreichen, werden beide Elemente *gemessen* und *zugeordnet.* (Dabei muss nicht nur das *Maß* geprüft werden, sondern auch die *Hülle.* Eine Gleichdickbildung von 3 µm kann leicht entstehen, vor allem beim spitzenlosen Schleifen, s. Kap. 1.4.3; damit ist das Spiel verschwunden und der Kolben klemmt.) Bei anderen Produkten wird zuerst die Bohrung gefertigt, gemessen und danach das Innenelement im Maß *angepasst.*

- ***Walzenlagerungen:*** Bei *Spinnmaschinen* wird z. T. eine Parallelität von 0,01 mm zwischen einer etwa 1 m langen Zylinderwalze und einer Führungsbahn verlangt. Das ist nur über eine *Justierung* der Walzenlager erreichbar. (Nach Aussage von erfahrenen Monteuren eignet sich dazu ein „gefühlvoller" Hammerschlag besser als eine Justierschraube, die nie ruckfrei arbeitet.) *Druckmaschinen* verwenden u. a. leicht exzentrische Büchsen, über deren Verdrehung die Achsposition von Druckwalzen eingestellt wird.

- ***Messgeräte:*** Bei hochgenauen Geräten werden geometrische und andere Abweichungen erfasst und elektronisch kompensiert. (Das ist nicht Thema dieses Buches.)

Konstruktive Erleichterung der Fertigung: Die nächste Leitregel hat eine ähnlich zentrale Bedeutung für die toleranzgerechte Gestaltung wie die vorige (Regel 5-14) und hängt unmittelbar mit ihr zusammen. Die Maßnahmen werden anschließend erläutert.

> ***5-15 Konstruktive Erleichterung:*** Der Fertigung sollte die Einhaltung insb. von engen Toleranzen möglichst erleichtert werden über folgende Maßnahmen:
> - Konstruktive *Versteifung* von Bauteilen,
> - *werkzeuggebundene* Fertigung eng tolerierter Elemente,
> - *schwindungs- und verzugsarme* Werkstoffe.

Konstruktive Versteifung: Jedes *räumlich* gestaltete Geometrieelement ist wesentlich formsteifer als ein ebenes. Das verringert Verzug, Nachfedern u. Ä. und verbessert damit die Einhaltung von Toleranzen, s. folgende Beispiele.

- ***Blechwinkel:*** Die Einhaltung der Neigungstoleranz in *Bild 5.19* wird entscheidend erschwert durch die Rückfederung des Bleches nach dem Biegen. Diese hängt nicht nur vom Biegeradius, sondern vor allem auch etwa von der 3. Potenz der Blechdicke und damit stark von der Dickenschwankung ab. Werden beim Biegen z. B. gleichzeitig Sicken in den Biegeradius gedrückt, so erhöht sich die Biegesteifigkeit um eine Größenordnung. Entsprechend verringern sich die Rückfederung und die einhaltbare Neigungstoleranz.

- ***Verrippung:*** Wenn eine Platte, in *Bild 5.20* von der Unterseite her gesehen, mit *rechteckigen* Rippen (a) versteift wird, so nützt das wesentlich gegen *Verbiegen*, aber fast nichts gegen *Verdrehung* und Verwindungsverzug. *Dreieckrippen* (b) dagegen erhöhen die Verdrehsteifigkeit etwa um den Faktor 50 bis 100 und helfen damit entsprechend zur Einhaltung einer Ebenheitstoleranz.

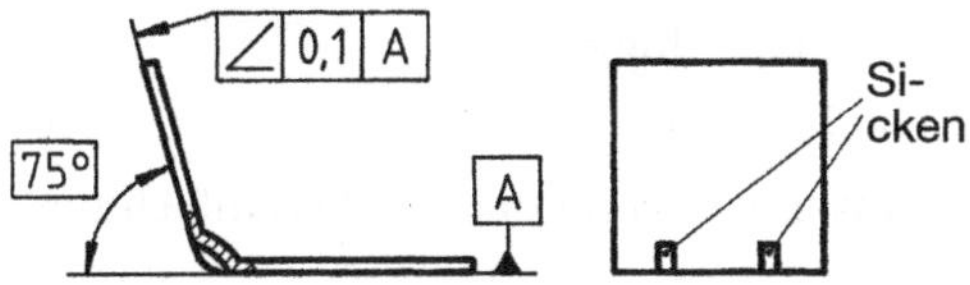

Bild 5.19: Blechwinkel mit Versteifungssicken zur Einhaltung der Neigungstoleranz

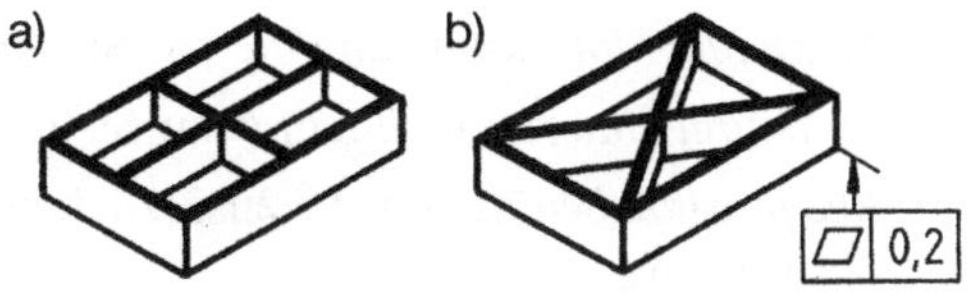

Bild 5.20: Kunststoffplatte mit Versteifungsrippen. a) nur gegen Durchbiegung, b) auch gegen Torsion wirksam

Werkzeuggebundene Fertigung: Hier geht es darum, den *Versatz* zwischen Werkzeugelementen und die dadurch verursachten Abweichungen auszuschalten, z. B. durch folgende Maßnahmen:

- *Gießen, Spritzgießen, Schmieden, Sintern:* Eng tolerierte Elemente werden in *eine* Formhälfte gelegt (bzw. in *einen* Kern o. Ä.), aber nicht zwischen Formteile, die sich gegeneinander bewegen können.
- *Folgestanzen:* Eng tolerierte Elemente werden in *einer* Station, d. h. in *einer* Operation gefertigt.

Schwindungs- und verzugsarme Werkstoffe: Je weniger ein Werkstoff in der Form und nach dem Ausformen schwindet, desto besser hält er Toleranzen ein (s. Regel 5-15), beispielsweise:

- *Kunststoffe* mit geringem Schwindungskennwert, d. h. niedriger Toleranzklasse (s. DIN 16 742).
- Jede *Füllung* von Kunststoffen oder *Verstärkung* mit Fasern behindert die Schwindung.
- *Grauguss* schwindet nur etwa halb so viel wie Stahlguss, weil der Graphit die Schwindung behindert. (Deshalb sind auch seine Allgemeintoleranzen deutlich kleiner.)

Materialbedingungen: Die letzte Leitregel in diesem Teilkapitel betrifft die Erweiterung von bereits eingetragenen Toleranzen für die Fertigung über Materialbedingungen. Sie kommen immer dann in Frage, wenn die *Funktion* nicht von der Einhaltung *einzelner* Toleranzen abhängt, sondern gemeinsam von mehreren Toleranzen an *einem* Werkstück. Bei der heutigen technischen Entwicklung, wo immer engere Toleranzen gefordert werden, ist die Ausschöpfung dieser Reserven zunehmend wichtig. Die Möglichkeiten dazu sind in der Praxis aber noch zu wenig bekannt und vertraut. Wir fassen daher die in Kap. 4.4 und 4.5 dargelegten Methoden in folgender Weise zusammen:

5-16 Materialbedingungen: Immer dann, wenn eine *Maß*toleranz für ein einfaches Größenmaßelement (Kreiszylinder, Parallelflächen) und eine *Form-* bzw. *Lage*toleranz *gemeinsam* ein funktionswichtiges Maß (Paarungsmaß, Schließmaß, *wirksames Grenzmaß*, s. Kap. 1.3.3) bestimmen, können eingetragene Toleranzen überschritten werden, solange das wirksame Grenzmaß bzw. der *wirksame Grenzzustand eingehalten* werden. Dazu gehören:

- *Maximum-Material-Bedingung* zur Sicherung der Fügefähigkeit,
- *Minimum-Material-Bedingung* zur Sicherung von Materialdicken,
- *Reziprozitätsbedingung* zur zusätzlichen Toleranzerweiterung und zur Vereinfachung der Prüfung.

- ***Maximum-Material-Bedingung:*** Die MMB (s. Kap. 4.4) gestattet es, eine eingetragene und mit Ⓜ gekennzeichnete *Form-* oder *Lage*toleranz zu überschreiten, wenn das zugehörige Maß von seiner Maximum-Material-Grenze *MML* abweicht. Die Paarung kann funktionsgerecht mit einer Lehre geprüft werden, die das Gegenstück unter Ausschöpfung der am Werkstück eingetragenen Toleranzen verkörpert, d. h. den *wirksamen Grenzzustand* (s. Kap. 4.4.4).
- ***Minimum-Material-Bedingung:*** Die Bedingungen für die LMB (s. Kap. 4.5) sind denen der MMB ähnlich. Hier kann die mit Ⓛ markierte *Form-* oder *Lage*toleranz überschritten werden, wenn die Maßtoleranz nicht auf der Minimum-Material-Grenze *LML* liegt, z. B. um eine Bearbeitungszugabe oder eine Mindestwanddicke zu sichern.
- ***Reziprozitätsbedingung:*** Sie kann zur MMB oder zur LMB hinzutreten. Das Zeichen Ⓡ gestattet zusätzlich die Überschreitung der *zugehörigen Maß*toleranz über die entsprechende Grenze *(MML* bzw. *LML)* hinaus, wenn die Form- bzw. Lagetoleranz nicht ausgeschöpft ist. Damit entfällt bei der MMB die gesonderte Prüfung des Maximum-Material-Grenzmaßes *MML;* geprüft wird nur die Paarung mit der Lehre sowie die Einhaltung der Minimum-Material-Grenze *LML* im Zweipunktverfahren. Entsprechend fällt bei der LMB die Prüfung von *LML* weg. (Eine Lehrung ist hier allgemein nicht möglich.)

5.3.3 Zum Qualitätsmanagement

Bedeutung: Die letzten Leitregeln betreffen organisatorische Gesichtspunkte, die bisher nur am Rande gestreift wurden. Hinter den technischen und wirtschaftlichen Problemen liegt außerdem noch ein ganz anderes und mindestens ebenso wichtiges Problemfeld, das im Wesen des *Menschen* begründet ist; das geht allerdings über das Thema dieses Buches hinaus.

Umstellung bisheriger Zeichnungen: Wenn ein Betrieb sich näher mit der Form- und Lagetolerierung beschäftigt, taucht bestimmt die Frage auf, wie er mit den bisherigen Zeichnungen verfahren soll, d. h. mit denen, nach denen produziert wird bzw. noch produziert werden kann (für Ersatzteile u. Ä.), in denen aber Form- und Lagetoleranzen gar nicht oder nur unzureichend eingetragen sind. Dafür ist anzuraten:

5-17 Zeichnungsumstellung: Wenn ein Werkstück *funktionsfähig* ist und an seiner bisherigen Fertigung und Prüfung *keinerlei Änderungen* vorgenommen werden, braucht die Zeichnung im Prinzip nicht geändert zu werden. Der *Wechsel* von Personal, Maschinen, Prüfeinrichtungen oder Lieferanten stellt jedoch in der Regel eine gravierende Änderung dar; dann sollte die Zeichnung *gründlich überarbeitet* werden, damit sie *vollständig* und *eindeutig* wird.

In bisherigen Zeichnungen fehlen in der Regeln viele Informationen (s. Kap. 1.1), die von erfahrenen Fertigungs- und Prüfleuten oder Lieferanten stillschweigend richtig ergänzt und umgesetzt werden. Bei einem Wechsel macht sich die mangelnde Vollständigkeit oder Eindeutigkeit schonungslos bemerkbar, vor allem wenn die Fertigung aus dem Haus verlegt wird. Eine neue *Werkzeugmaschine* hat andere Ungenauigkeiten als die vorige; sie muss nicht unbedingt in allen Punkten besser sein. Sie wirken sich besonders auf Form- oder Lageabweichungen aus, die häufig maschinenbedingt sind (s. Kap. 1.2.1). Auch die Anschaffung eines *Messgerätes* kann die Umstellung der Zeichnungen auslösen, wenn die Maschine beim Hüllprinzip sämtliche Hüllen überprüft und feststellt, dass sie z. B. bei 30 % der Werkstücke nicht eingehalten sind (an Stellen, wo sie gar nicht nötig sind, s. Kap. 1.4.4). Ein weiterer Anlass kann die *Zertifizierung* nach ISO 9000 ff. sein. Hier ist die Vollständigkeit und Eindeutigkeit von Zeichnungen ebenso Voraussetzung wie die Übereinstimmung von Zeichnung und Prüfverfahren (z. B. bei der Hüllbedingung oder bei der Prüfung mit starren Lehren und Maximum-Material-Bedingung, s. Kap. 4.4.4). In allen Fällen sollten Sie ein *Team* aus Konstruktion, Fertigung und Prüfung einsetzen und nach der *Methodik* aus Kap. 5.1.2 vorgehen.

Abweicherlaubnisse: Trotz aller Sorgfalt kommt es vor, dass eine auf der Zeichnung spezifizierte Toleranz bei der Fertigung überschritten wird. Abgesehen von vertraglichen Problemen, die wir hier ausklammern, stellt sich dann die Frage, ob das Teil noch funktionsfähig ist und über eine Abweicherlaubnis zugelassen werden kann. Dafür gilt:

5-18 Abweicherlaubnisse: Jede Toleranz muss so festgelegt sein, dass sie in der Fertigung *prozesssicher*, d. h. dauernd und möglichst ohne zusätzlichen Aufwand eingehalten werden kann. Abweicherlaubnisse dürfen allenfalls *Ausnahmen* sein. Die Verantwortlichkeit und Vorgehensweise für Abweicherlaubnisse sollten organisatorisch festgelegt sein; die Konstruktion muss daran mitwirken.

Der Konstrukteur weiß in der Regel am ehesten Bescheid über die funktionellen Auswirkungen einer Toleranz. Oft ist es entscheidend, nicht in Einzeltoleranzen zu denken, sondern die Einhaltung des *Paarungsmaßes* bzw. des *wirksamen Grenzzustandes* zu überprüfen, auch wenn keine Materialbedingung eingetragen ist (s. Kap. 5.3.2, Regel 5-16).

Zeichnungsänderungen: Nicht immer entspricht die Praxis der Regel 5-18. Es kam z. B. vor, dass bei einem Kunststoffteil auf der Zeichnung 150 ± 0,1 mm stand. Die Fertigung stellte achselzuckend fest, das sei nicht herstellbar, und produzierte seit Jahr und Tag mit ± 0,3 mm. Trotzdem war das Teil einwandfrei montierbar und funktionsfähig. Der Konstrukteur aber rechnete vor, dass er ± 0,1 mm verlangen musste. Er hatte zwar im Ansatz richtig gedacht, aber *arithmetisch* toleriert (s. Kap. 4.2.1) und die praktische Auswirkung des statistischen Tolerierens (s. Kap. 4.2.2) ignoriert (s. dazu auch das Beispiel der Übergangspassung in Kap. 1.3.4). Daraus folgt:

5-19 Zeichnungsänderungen: Wenn eindeutig nachgewiesen ist, dass ein Bauteil bei einer bestimmten Abweichung funktionsfähig ist, dann ist die Toleranz so zu ändern, dass *diese* Abweichung von der Fertigung verbindlich eingehalten wird.

Manche Konstrukteure scheuen diesen Schritt. Sie haben Angst, wenn sie ± 0,3 mm zugeständen, dann käme die Fertigung nächste Woche mit der Forderung nach ± 0,4 mm. Diese Angst ist jedoch grundlos. Wer ± 0,4 mm verlangt, muss auch nachweisen, dass das Werkstück *damit* funktionsfähig ist. Falls das zutrifft, sehen wir kein Problem, auf ± 0,4 mm zu ändern; andernfalls bleibt die Zeichnung, wie sie war.

Auf der anderen Seite zeigt dieses Beispiel, dass ein Konstrukteur, der aus übertriebener Vorsicht zu enge Toleranzen einträgt, im Zweifelsfall das Gegenteil von dem erreicht, was er beabsichtigt. Er will Sicherheit; wenn die Fertigung sich aber darüber einfach hinwegsetzt (wie im Beispiel), verliert er die Kontrolle völlig und erntet Unsicherheit.

Verantwortliche Zusammenarbeit: Die Grundlage aller betrieblichen Tätigkeiten ist die Zusammenarbeit. Das gilt in besonderem Maße für die Tolerierung:

5-20 Verantwortliche Zusammenarbeit: Die Verantwortung für die Zeichnungsangaben hat zwar die Konstruktion. Infolge der Zahl und der Art von einander widerstrebenden Anforderungen an die Tolerierung kann die Verantwortung jedoch nicht allein auf den Konstrukteur abgewälzt werden, sondern muss vor der Freigabe zur Produktion von allen betroffenen Bereichen (z. B. Konstruktion, Arbeitsvorbereitung, Produktion, Montage, Qualitätsmanagement, Verkauf, Einkauf) *gemeinsam abgesprochen* und *festgelegt* sowie *dokumentiert* (protokolliert) werden.

Die Dokumentation dient keineswegs dazu, später einen „Sündenbock" zu finden. Sie soll vor allem die *Gründe* enthalten, weshalb z. B. eine bestimmte Toleranz in dieser Weise festgelegt wurde. Dann kann man später die Entscheidung nachvollziehen und ggf. entsprechend neuen Rahmenbedingungen (z. B. Maschinenausrüstung) ändern.

Menschliche Probleme und Aufgaben: Die letzten Regeln und Beispiele machten deutlich, in welch entscheidendem Maße der betriebliche Erfolg von den *Menschen* und ihrem Verhalten abhängt. Lassen Sie uns dieses Kapitel abschließen mit einigen Leitregeln, die über den rein fachlichen Bereich hinausgreifen. Wir wollen sie nicht im Einzelnen begründen und vertiefen, sondern lediglich als Denkanstöße in den Raum stellen.

5-21 Menschliche Probleme: Hinter allen betrieblichen Problemen stehen immer auch *menschliche* Schwierigkeiten. Technische und organisatorische Probleme lassen sich niemals lösen, wenn sie nicht gleichzeitig auf der menschlichen Seite angegangen werden.

Hier liegt eine wesentliche Führungsaufgabe, Konflikte zu erkennen und auszugleichen sowie Teams optimal zusammenzusetzen.

5-22 ***Rationalisierung:*** Jeder Betrieb kann ungeahnte Rationalisierungsreserven erschließen, wenn er eine optimale Zusammenarbeit zwischen Konstruktion, Fertigung und Qualitätsmanagement aufbaut.

5-23 ***Verständnis:*** Voraussetzung jeder Kooperation ist, dass jeder Beteiligte *willens* und *in der Lage* ist, den Standpunkt und die Argumente des anderen zu *verstehen.* Dazu muss er zunächst *vorbehaltlos zuhören*, bevor er sie mit der eigenen Ansicht vergleicht.

Das ist besonders wichtig für Mitarbeiter aus der Konstruktion und der Fertigung, die naturgemäß die Tolerierung aus ganz unterschiedlicher Sicht angehen. Der Konstrukteur sieht zunächst vor allem die Funktion, der Fertiger die Herstellbarkeit.

5-24 ***Schulung:*** Menschliche Verhaltensweisen kann und muss man ausbilden und schulen. Mitarbeiterschulung in Menschenführung, Teamarbeit und Besprechungstechnik ist mindestens ebenso wichtig wie die in Form- und Lagetoleranzen.

Toleranz: Hier kommen wir auf den Grundbegriff zurück. Basis jeder Zusammenarbeit ist die Toleranz; das gilt für Menschen wie für Maschinenteile:

5-25 ***Toleranz:*** Toleranz heißt *anerkennen*, dass es *Abweichungen* gibt, und zwar bis zu einer bestimmten *Grenze.*

Das bedeutet, dass jeder Mensch das Recht hat, so zu sein wie er ist, bis zu einer bestimmten Grenze. Das besagt aber vor allem auch, dass jeder Einzelne *sich selbst* dasselbe Recht einräumen muss, nämlich so sein zu dürfen wie er ist. Er sollte sich selbst gegenüber genauso tolerant sein wie gegenüber anderen. Sogenannte „schwierige" Menschen sind oft solche, die *zu gut* sein wollen, d. h. die ihre eigenen Toleranzgrenzen zu eng setzen und dann feststellen, dass sie sie nicht einhalten können und ihren eigenen Ansprüchen nicht genügen. Daraus folgen Unzufriedenheit, Frustration und übergroße Empfindlichkeit gegenüber Kritik oder auch nur vermeintlicher Kritik von anderen:

5-26 ***Eigentoleranz:*** *Wer sich selbst gegenüber nicht tolerant ist, kann es auch anderen gegenüber nicht sein* und stört damit die Zusammenarbeit.

5.4 Anwendungsbeispiele aus der Praxis

Bedeutung: Die folgenden Beispiele entstammen Bauteilen aus der industriellen Praxis. Zwei Gründe zwingen uns allerdings, die Zeichnungen gegenüber den Originalteilen zu ändern:

- Die Komplexität der Originale lässt sich kaum auf einer Buchseite wiedergeben. Wir haben daher viele unwesentliche Geometrieelemente und Details stark vereinfacht oder weggelassen.
- Kaum ein Industriebetrieb möchte seine Zeichnungen und damit sein Know-how unmittelbar veröffentlicht sehen.

Trotzdem geben die Beispiele den Aufbau der Tolerierung und die Größenordnung der Toleranzwerte praxisnah wieder. Als Voraussetzung für die Tolerierung werden die Funktion der Teile, die funktionswichtigen Geometrieelemente und ihre erforderliche Lage zueinander stichwortartig erläutert (s. Vorgehensweise in Kap. 5.1.2), ebenso wichtige Merkmale der Form- und Lagetolerierung.

5.4.1 Werkstücke mit relativ einfacher Nenngeometrie

Bedeutung: Die folgenden Beispiele entsprechen Werkstücken, wie sie vor allem im Maschinenbau oder in der Gerätetechnik vorkommen.

Schalterblende: Mit ihr beginnt dieses Buch in Kap. 1; Bild 1.1 enthält dort eine unvollkommene Tolerierung. Die Blende aus Kunststoff wird an einem Großgerät gemäß Bild 1.15 (Kap. 1.4.1) in eine Trägerplatte eingelegt, die sie oben und unten umschließt. Die Blende liegt an der unteren Kante auf; seitlich hat sie reichlich Spiel. Durch die drei Löcher gehen Schaltachsen hindurch mit Schaltknebeln zum Einstellen von Maschinengrößen; die Blende trägt die zugehörigen Skalen. Die Blende wird durch einen Blendrahmen festgehalten, der ihre Kanten verdeckt.

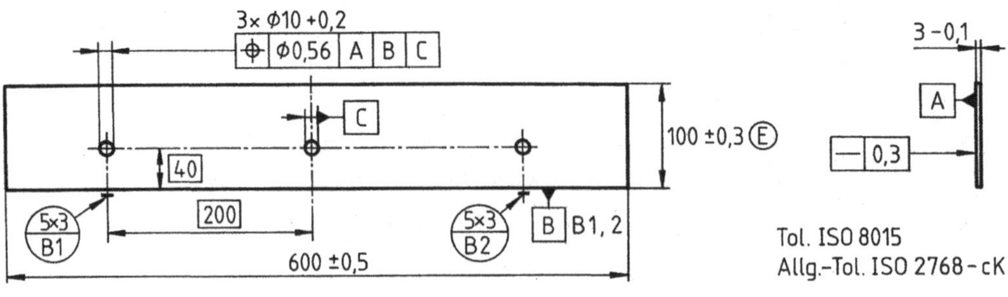

Bild 5.21: Schalterblende für ein Großgerät, entsprechend Bild 1.1 und 1.15

Funktionswichtig sind in *Bild 5.21* die 3 Löcher, die untere Auflagekante und (natürlich) die Hauptauflagefläche. Nur diese Elemente sind zu tolerieren. Es kommt darauf an, dass die Lochabstände untereinander und zur unteren Kante stimmen und dass sich die Blende in die Trägerplatte einlegen lässt.

Das ***Bezugssystem*** hat die Hauptauflagefläche als Primärbezug A und die untere Kante als Sekundärbezug B. Als Tertiärbezug C dient das mittlere Loch (alternativ könnte es auch die Mitte zwischen den beiden äußeren Löchern sein, s. Kap. 2.3.4).

Die ***Lage*** der beiden *äußeren* Löcher ist über Positionstoleranzen bestimmt. Statt der Maßtoleranz von ± 0,2 mm in beiden Richtungen (s. Bild 1.1), die in Diagonalrichtung eine Abweichung vom Nennort von 0,28 mm gestattet, ist eine kreiszylindrische Toleranzzone von Ø 0,56 mm eingesetzt, die bei gleicher Funktionsfähigkeit wesentlich größer ist (s. Kap 2.6.3, Bild 2.46). Die Lage des *Bezugsloches* C braucht an sich nur mit einer Positionstoleranz von der Kante B aus toleriert zu sein, mit einem Bezugssystem A | B. Trotzdem hat es hier dieselbe Tolerierung wie die anderen Löcher mit dem Bezugssystem A | B | C, obwohl es selbst „C“ ist. Zur Prüfung wird die Blende auf A aufgelegt und an B herangeschoben; die Lochmitte C bestimmt dann die Mittelebene. In dieser Aufnahme wird festgestellt, ob sich die drei tolerierten Löcher innerhalb ihrer Toleranzzonen Ø 0,56 mm befinden. Dabei kann das Loch C nur nach oben/unten verschoben sein; seitlich hat es ja selbst den Bezug C festgelegt. Der Sinn dieser Tolerierung ist, dass – deutlich sichtbar – alle Elemente mit demselben Bezugssystem in der derselben Aufspannung geprüft werden. Ferner ist hier nur *eine* Tolerierung eingetragen, nicht zwei verschiedene.

Die ***Formtoleranz*** für das Primärelement A ist nur eine Geradheitstoleranz in Höhenrichtung (s. Kap. 2.2.2, Bild 2.3). In Längsrichtung ist die Blende biegeweich und passt sich der Trägerplatte an. Der Einbau erfordert für das Maß 100 ± 0,3 mm die *Hüllbedingung* (s. Kap. 1.4.3). Darin ist die Geradheit der Kante B enthalten (max. Abweichung 0,6 mm, vgl. Bild 1.15). Ungünstig wäre eine konvexe Krümmung (s. Kap. 2.3.2, Bild 2.13 und 2.14). Die Trägerplatte wurde zunächst so umgestaltet, dass die Blende nur an zwei 5 mm kurzen Bezugsstellen B1 und B2 aufliegt. (Bei einer späteren Neugestaltung wurde auf die U-förmige Gestalt der Trägerplatte verzichtet und die Blende federnd an die Kante B gedrückt. Damit entfiel die Hüllbedingung; vgl. „Toleranzentfeinerung“, Kap. 5.3.2, Regel 5-14).

Im Vergleich zu Bild 1.1 zeigt Bild 5.21, wie gewöhnungsbedürftig eine vollständige und funktionsgerechte Tolerierung aussieht. Sie ist aber notwendig. Die methodische Tolerierung führte hier auch zu konstruktiven Verbesserungen.

Getriebewelle: Die Welle in *Bild 5.22* ist in zwei Kegelrollenlagern gelagert, die auf den Wellenzapfen Ø 30 k5 und Ø 40 k5 sitzen. Auf dem Schrumpfsitz Ø 50 u6 trägt sie ein Zahnrad. Auf dem rechten Wellenende Ø 32 js6 wird zunächst eine Büchse montiert, auf der ein Radialwellendichtring läuft. Später wird hier eine Kupplung mit einer Passfeder aufgesetzt. ***Funktionswichtig*** sind demnach die vier genannten Passsitze, die zugehörigen axialen Anschlagflächen und die Passfedernut.

Das ***Bezugssystem*** besteht aus der gemeinsamen Achse A-B der Lagersitze als Primärbezug und der funktionswichtigen axialen Anschlagfläche des rechten Lagers als Sekundärbezug C. Ein Tertiärbezug ist nicht nötig, weil außer der Passfedernut nur rotationssymmetrische Geometrieelemente vorliegen.

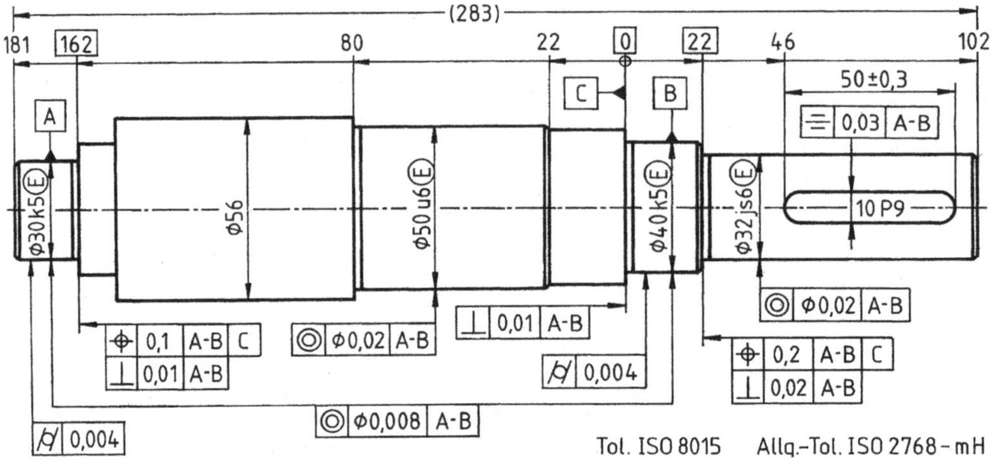

Bild 5.22: Getriebewelle

Die ***Lagetolerierung*** sorgt für die Fluchtung der Lagersitze (Koaxialität Ø 0,008 mit *gemeinsamer* Bezugsachse A-B, s. Kap. 2.3.3, Bild 2.22) und die Koaxialität der übrigen Sitze sowie für die Rechtwinkligkeit der Axialflächen. (Stattdessen kann man auch Lauf eintragen; das empfiehlt sich bei mechanischer Messung.) Die Symmetrie der Passfedernut enthält die Parallelität zur Achse in Längsrichtung und die Schiefstellung im Querschnitt (s. Kap. 2.6.4, Bild 2.50).

Je nach Art der Messung und Fertigung kann die Bemaßung und Tolerierung in *Längsrichtung* unterschiedlich aufgebaut sein. Wesentlich sind hier Positionstoleranzen statt Maßtoleranzen, weil sich die Stufenmaße sonst nicht eindeutig messen lassen. In Bild 5.22 sind alle Längsmaße auf die funktionswichtige Fläche C bezogen; nur die Länge der Passfedernut ist einzeln angegeben. Zusätzliche ***Formtoleranzen*** für Zylindrizität erfordern die Wälzlagersitze (s. Kap. 2.3.3, zu Bild 2.22).

Pressenplatte: Die Platte aus Grauguss, *Bild 5.23*, wird auf den vier Säulen einer hydraulischen Presse beweglich geführt. Sie ist stark vereinfacht dargestellt. In der Mitte wird das Presswerkzeug aufgebaut, in der Bohrung Ø 60 H7 zentriert und mit 4 Schrauben M16 festgehalten.

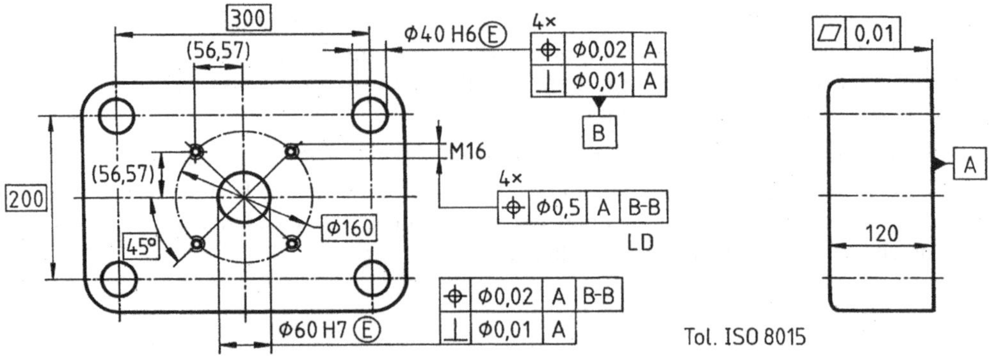

Bild 5.23: Platte für eine Vier-Säulen-Presse

Funktionswichtig sind die 5 Bohrungen, die 4 Gewindelöcher und die Aufspannfläche. Die ***Lage*** der 4 Führungsbohrungen Ø 40 H6 ist *relativ zueinander* wichtig, denn die äußeren Flächen der Platte haben keine wesentliche Funktion. Die Bohrungen müssen rechtwinklig zur Plattenfläche stehen. Die Zentrierbohrung Ø 60 H7 muss sehr genau zentrisch zu den Führungsbohrungen liegen.

Als primärer ***Bezug*** A dient die Aufspannfläche. Die 4 Führungsbohrungen sind mit einer *schwimmenden* Positionstolerierung von je Ø 0,02 zueinander festgelegt (s. Kap. 2.6.2, Bild 2.47). Sie würde auch eine Schiefstellung von 0,02 mm erlauben. Diese wird durch die zusätzliche Rechtwinkligkeitstoleranz Ø 0,01 eingeschränkt.

In die schwimmende Tolerierung könnte auch die Zentrierbohrung Ø 60 H7 einbezogen werden. Um diese aber möglichst genau mittig zu haben und um ein vollständiges ***Bezugssystem*** für weitere Geometrieelemente zu erhalten (von denen hier nur die Gewindelöcher dargestellt sind), wird aus den 4 Führungsbohrungen ein *gemeinsamer* Bezug B gebildet; deshalb steht das Bezugsdreieck am Toleranzrahmen (s. Bild 4.30, Kap. 4.4.4). Das Bezugssystem ist mit A | B nach allen Richtungen festgelegt, d. h. vollständig. Auf eine Erweiterung der Toleranzen über die Maximum-Material-Bedingung (MMB) wurde bewusst verzichtet, damit die Zentrierbohrung Ø 60 möglichst zentrisch sitzt. (Anmerkung: Die 4 Einzelachsen der Führungsbohrungen werden über die Pferchzylinder ermittelt, s. Kap. 2.3.3, während der gemeinsame Bezug B daraus über Gaußsche Ausgleichselemente gebildet wird.)

Die Lagetolerierung der 4 Gewindelöcher M16 trägt den Zusatz LD (**l**ower **d**iameter, Innendurchmesser, s. Kap. 1.6.1). Damit wird der *Kern*durchmesser für die Positionsprüfung herangezogen; das ist einfacher, aber weniger genau als eine Prüfung über den Flankendurchmesser (PD). Die in Klammern hinzugefügten Koordinatenmaße dienen zur Einrichtung des Koordinatenbohrwerks. Sie könnten alternativ auch als theoretische Maße eingetragen werden.

Eine ***Formtolerierung*** ist für den Primärbezug nötig (Ebenheit). Die Form der zylindrischen Bohrungen ist durch die Hüllbedingung hinreichend eingegrenzt.

Vorrichtungsdeckel: Der aus Stahl spanend gefertigte Deckel, *Bild 5.24,* wird mit 4 Schrauben M10 am Gehäuse einer Verstellvorrichtung angeschraubt. Er legt sich an der äußeren Flanschfläche A an und wird in der Rundzentrierung Ø 220 gehalten. Die Drehlage des Deckels wird durch einen Stift in der Bohrung Ø 6 festgelegt. In die drei größeren Bohrungen werden Zapfen eingepresst, die zum Getriebemechanismus gehören.

Funktionswichtig sind daher die vier mit H7 tolerierten Bohrungen, die Flanschfläche und die Rundzentrierung, außerdem die Anschraublöcher. Die linke Außenfläche des Deckels ist zwar von der Funktion her unwichtig, hier aber bei der Fertigung als Auflagefläche unumgänglich. Wichtig ist vor allem die ***Lage*** der vier H7-Bohrungen zur Rundzentrierung und untereinander sowie die Rechtwinkligkeit der drei größeren Bohrungen zur Flanschfläche.

Viele entsprechende Zeichnungen in der Praxis legen die Bohrungen von einem Achsenkreuz aus mit Maßtoleranzen fest. Die Prüfung muss aber dieses Achsenkreuz vom Werkstück aus finden, ausgehend von wirklichen Geometrieelementen. Dazu ist ein vollständiges ***Bezugssystem*** erforderlich. Der *Primärbezug* A legt die Hauptrichtung fest, der *Sekundärbezug* B den Mittelpunkt des Achsenkreuzes („kurze Achse“, s. Kap. 2.3.3, Bild

2.20). Den letzten Freiheitsgrad, die Drehung, nimmt der Fixierstift im Loch C als *Tertiärbezug* weg (vgl. Bild 2.26f, Kap. 2.3.4). C ist korrekt in Umfangsrichtung eingetragen, so wie der Bezug wirkt.

Die ***Lagetolerierung*** der Bohrungen erfordert *Positionstoleranzen*, wobei die Nennmaße als Koordinatenmaße eingetragen sind. Die Toleranzen sind hier tabellarisch aufgeführt. Das erhöht die Übersichtlichkeit, vor allem wenn viele Löcher dieselbe Toleranz haben. Die Positionstoleranz Ø0,05 für die drei größeren Bohrungen würde auch eine Schiefstellung von 0,05 mm zulassen, mehr als die Funktion zulässt. Das wird durch die zusätzliche Rechtwinkligkeitstoleranz Ø0,02 eingeschränkt. (Die Positionsabweichung hängt von der Positioniergenauigkeit des Koordinatenbohrwerks ab, die Rechtwinkligkeit aber von der Führungsgenauigkeit der Schlitten.) *Lochkreise* sollen nach ISO 1101 wegen der eindeutigen Messbarkeit nicht mit Maß-, sondern stets mit Positionstoleranzen versehen werden. Die Anschraubbohrungen Ø11 haben hier zur Vergrößerung der Fertigungstoleranz das Ⓜ der *Maximum-Material-Bedingung:* „Wenn das Loch etwas größer ist, kann seine Positionsabweichung etwas größer werden" (s. Kap. 4.4.2, Regel 4-17).

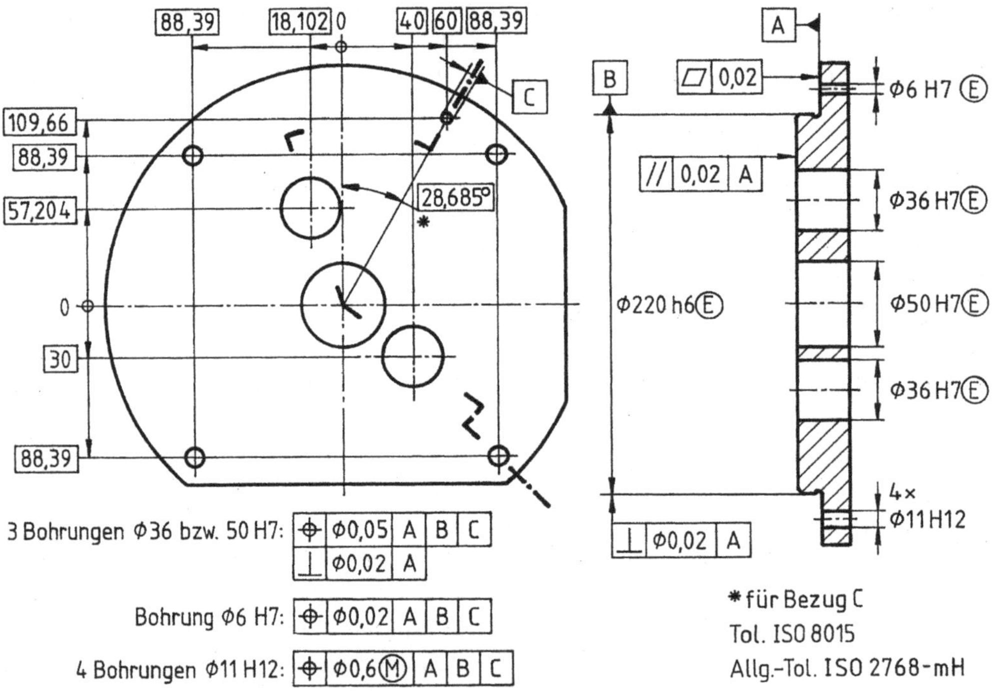

Bild 5.24: Deckel für eine Verstellvorrichtung

Die Lage der *Bezugselemente* zueinander braucht ebenfalls Lagetoleranzen. Die Rechtwinkligkeit des Sekundärbezugs B ist zum Primärbezug A toleriert. Der Tertiärbezug C trägt das volle Bezugssystem A | B | C, obwohl er selbst „C" ist. Das ist durchaus üblich. Die Fertigung bekommt damit einen Hinweis auf die nötige Genauigkeit der Position; die Toleranz selbst ist jedoch nur in radialer Richtung wirksam (vgl. Bild 5.21, Loch C). Die Parallelitätstoleranz von 0,02 mm für die linke Fläche des Deckels dient nur der Fertigung, weil der Deckel beim Bohren hier aufliegt.

Eine ***Formtolerierung*** ist für den Primärbezug nötig (Ebenheit). Die *Hüllbedingung* Ⓔ sichert die Funktionsfähigkeit der drei größeren Bohrungen und der Zentrierung und begrenzt gleichzeitig auch deren Form (s. Kap. 1.4.3). Die notwendige Ebenheit der linken Auflagefläche ist in der Parallelitätstoleranz 0,02 mm enthalten.

Schwenkklappe: Die geschweißte Klappe in *Bild 5.25* dient dazu, Filter in den Strahlengang eines optischen Gerätes einzuschwenken. Sie wird in den beiden Scharnierbohrungen Ø 8 auf einem Bolzen sowie seitlich zwischen den beiden Außenflächen der Scharnieraugen geführt. Im eingeschwenkten Zustand legt sich die untere Einfräsung (bei C) gegen eine Justierschraube. Die Filter werden mit zwei Schrauben M6 auf der bearbeiteten Fläche (im linken Bild unten rechts) befestigt.

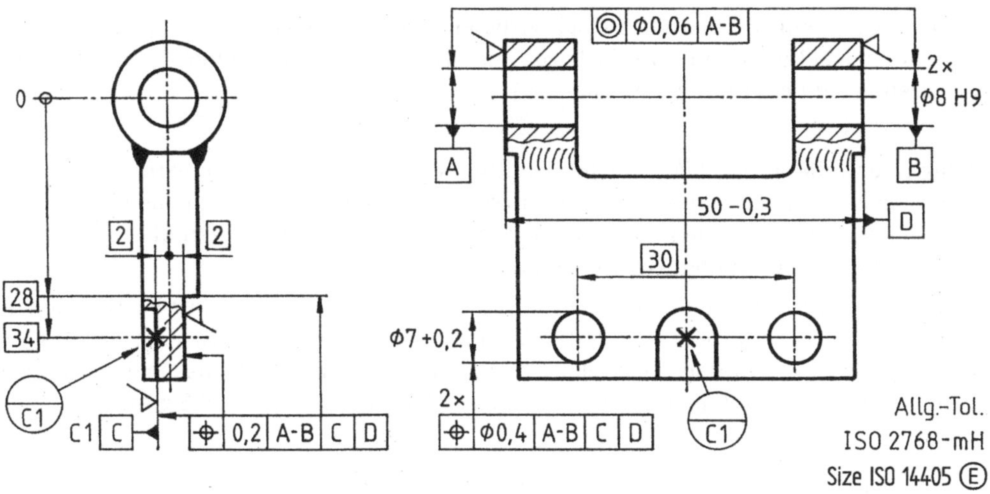

Bild 5.25: Schwenkklappe für ein optisches Gerät

Funktionswichtig sind die beiden Bohrungen Ø 8 (sie müssen fluchten), die Anschlagfläche (C) und die bearbeitete Anschraubfläche, in zweiter Linie die beiden Außenflächen der Scharnieraugen (sie haben deutliches Spiel) und die beiden Anschraubbohrungen Ø 7. Häufig finden wir, dass diese Elemente „einfach" mit Maßtoleranzen versehen werden. Die Prüfung, insb. mit einem Messgerät, erfordert je doch die eindeutige Definition, in welcher Richtung und von wo aus gemessen wird, d. h. ein vollständiges ***Bezugssystem***.

Die *Richtung* der Klappe wird wesentlich bestimmt durch die Halterung in den beiden Scharnierbohrungen: *Primärbezug* A-B. Als Freiheitsgrade bleiben jetzt nur noch die seitliche Verschiebung und die Drehung übrig. Die *Richtung* der Hauptebene ergibt sich aus dem *Sekundärbezug* C. Die Hauptebene liegt exakt 2 mm von der Bezugsstelle C1 entfernt. *Seitlich* wird die Klappe von den beiden Außenflächen geführt; das ergibt die Lage der Symmetrieebene D als *Tertiärbezug*.

Daraus folgt die eingetragene ***Lagetolerierung***. Die Anschraubfläche und die Anschraubbohrungen Ø 7 haben Positionstoleranzen (nach dem saloppen Satz: „Die Positionstolerierung ist eine eindeutig gemachte Maßtolerierung"). Ferner müssen die *Bezugselemente* toleriert werden. Die beiden Bohrungen Ø 8 müssen fluchten. Dazu dient eine Koaxialitätstoleranz mit der *gemeinsamen* (!) Achse A-B als Bezug. (Warum so und nicht anders, steht in Kap. 2.6.3 zu Bild 2.49 d und e. Möglich ist auch eine Geradheitstoleranz mit gemeinsamer Toleranzzone nach Bild 2.4 c in Kap. 2.2.2, vgl. auch Bild 5.30.) Der Bezug C wird nur durch einen Auflagepunkt C1 gebildet. Die *Positions*toleranzzone von 0,2 mm an der Einfräsung bei C1 liegt von der Hauptebene um das Nennmaß 2 mm entfernt mit ± 0,1 mm. Sie begrenzt damit praktisch nur die größte Schiefstellung der gesamten Fläche auf 0,2 mm (d. h., sie wirkt etwa so wie die Parallelitätstoleranz der Bezugsstellen A1 und A2 in Bild 5.28, s. dort).

Formtolerierung: In der Positionstoleranz von 0,2 mm für die bearbeiteten Flächen ist deren Ebenheit bzw. Geradheit mit 0,2 mm einbeschlossen. Auf der Zeichnung steht diesmal „Size ISO 14 405 Ⓔ". Also gilt das Hüllprinzip (s. Kap. 1.4.4), d. h. die Funktionsfähigkeit und die Form der Scharnierbohrungen sind durch die Hüllbedingung gesichert. (Hätten Sie das bemerkt? Das ist die Problematik des Hüllprinzips.)

(*Anmerkung:* Wenn wie hier der Primärbezug eine „lange" Achse ist (s. Kap. 2.3.3, Regel 2-18), können Sekundär- und Tertiärbezug auch vertauscht werden, ohne dass sich an der Auswirkung auf die Prüfung etwas ändert.)

Mitnehmerwelle: Die in *Bild 5.26* ausschnittweise wiedergegebene Welle trägt auf ihrem linken Ende eine axial verschiebbare Bronzeschnecke. Das hohe Drehmoment wird über vier Klauen übertragen, die in die Ausfräsungen der Welle hineingreifen. (Der rechte Teil der Welle mit Lagerung und Antrieb ist nur angedeutet.)

Funktionswichtig sind im betrachteten Teil der Sitz für die Schnecke, die vier Mitnehmernuten sowie die Lagersitze (A und B). Die Schnecke muss koaxial zur Wellenlagerung sein. Die Mitnehmernuten müssen sich relativ zueinander und zur Wellenachse in der richtigen Position befinden, damit die Klauen der Schnecke hinreichend gleichmäßig tragen.

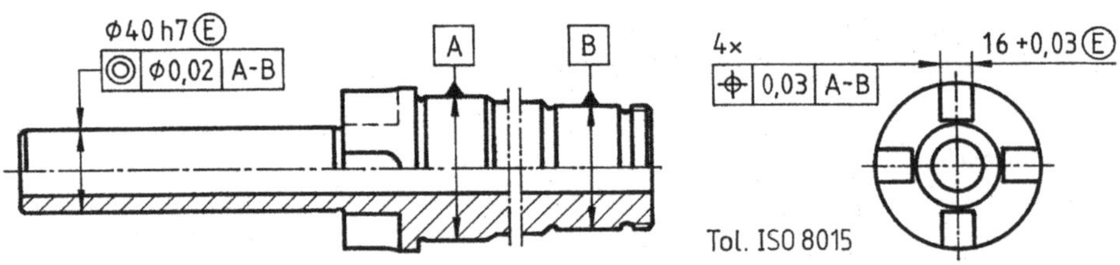

Bild 5.26: Mitnehmerwelle für eine Schiffswinde

Die ***Lage*** der Nuten wird am einfachsten beschrieben durch eine Positionstolerierung, die sich auf die Hauptachse A-B der Welle bezieht, in Umfangsrichtung aber „schwimmend" wirkt (entsprechend Kap. 2.6.2, Bild 2.47 e). Das Achsenkreuz, das die theoretische Lage der Nutmittelebenen beschreibt, ist dabei als exakt anzusehen (im Sinne der Regel 2-27, Kap. 2.4.1; falls daran Zweifel besteht, könnten wir in der Stirnansicht den Winkel 90° als theoretisches Maß im Kästchen mit dem Zusatz „4 ×" eintragen). Die axiale Verschiebbarkeit der Schnecke erfordert unbedingt die ***Hüllbedingung***, damit das Mindestspiel garantiert ist (s. Kap. 1.4.3), das gilt auch für die Mitnehmernuten. Die Tolerierung der Lagerstellen (Maß, Fluchtung, Hüllbedingung, Zylinderform) wurde hier weggelassen; sie entspricht Bild 5.22 (s. dort).

Halteblech: Das aus Blech geschnittene und gebogene Teil in *Bild 5.27* trägt eine Reihe von Schaltelementen im Inneren eines Haushaltsgerätes. Es liegt mit 5 abgebogenen Blechlappen (Al bis A5) auf einer Gehäusefläche auf. Die beiden seitlichen Haltelappen (D1 und D2, Abstand 412 mm) legen sich an zwei Gegenflächen an und werden mit zwei Schrauben dort festgezogen. Dabei können sich die Lappen ggf. etwas verformen. ***Funktionswichtig*** sind somit die sieben Lappen, die Befestigungslöcher sowie in der Hauptfläche alle Löcher und der rechteckige Durchbruch. Wesentlich ist die Lage der Löcher in der Hauptfläche relativ zum Gerät.

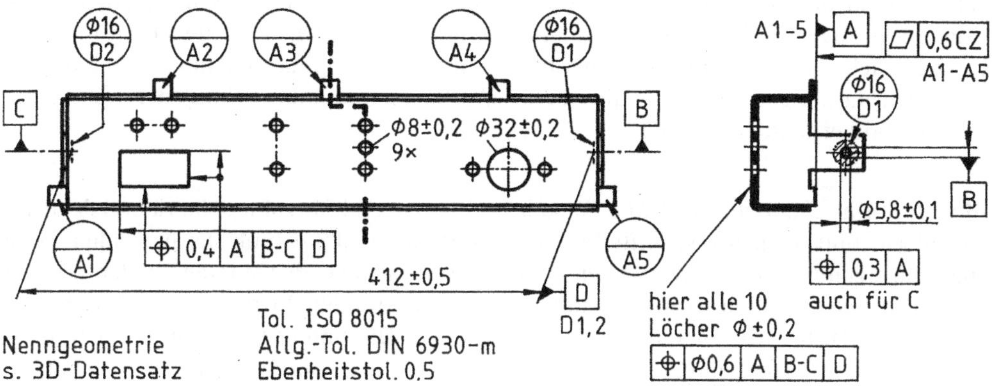

Bild 5.27: Halteblech für ein Haushaltsgerät

Bezugssystem: Die Hauptrichtung des Haltebleches ergibt sich aus den 5 abgebogenen Lappen; sie bilden den *Primärbezug* A mit 5 Bezugsstellen A1 bis A5. Diese sind am Bezugsrahmen A mit „A 1-5" vermerkt (s. Bild 1.42, Kap. 1.6.2). Der Ort des Bleches in Höhenrichtung ist durch die beiden seitlichen Löcher bestimmt; ihre Verbindungslinie ist der *Sekundärbezug* B-C. Die Bezugsbuchstaben B und C stehen links direkt auf den Achsen (entgegen Regel 1-59, Kap. 1.6.2); das ist zulässig, weil rechts das Bezugselement B eindeutig gekennzeichnet ist. Seitlich ergibt sich die Lage aus der Mitte zwischen den beiden Haltelappen. Der *Tertiärbezug* D steht auf dem Abstandsmaß 412 mm, das zwischen den beiden Bezugsstellen D1 und D2 auf einer Kreisringfläche Ø 16 gilt. Wenn sich die Haltelappen infolge Maßabweichungen elastisch verformen, entspricht die Lage des Haltebleches wegen seiner symmetrischen Gestalt immer noch hinreichend genau der Mitte zwischen D1 und D2.

Lagetolerierung: Die Löcher in der Hauptfläche sind sämtlich mit derselben Positionstoleranz versehen. Ihre Nennposition folgt aus dem 3D-Datensatz, eine Vorgehensweise, die sich zunehmend durchsetzt. Nur der rechteckige Durchbruch erfordert Positionstoleranzen in zwei Richtungen. Die Lage der Bezugslöcher B und C ist mit Position zur Primärfläche A toleriert, während für den Abstand der Haltelappen (D1 und D2) eine einfache Maßtoleranz genügt.

Formtolerierung: Die 5 Bezugsstellen des Primärbezugs sind in der gemeinsamen Ebenheit auf 0,6 mm begrenzt. Weitere einzelne Formtoleranzen sind nicht nötig, die Hüllbedingung auch nicht (trotz des Unabhängigkeitsprinzips nach ISO 8015), weil gestanzte Löcher praktisch keine Gleichdickbildung haben (vgl. Kap. 1.4.2, Bild 1.19) und somit die

Maßtoleranz ausreicht. Die ***Allgemeintolerierung*** nach DIN 6930 enthält jedoch *keine* Ebenheit s. Kap. 3.3.1, Tabelle 3.7); diese Lücke wird durch eine zusätzliche Allgemeinangabe „Ebenheitstoleranz 0,5" geschlossen.

5.4.2 Beispiele für komplizierter geformte Werkstücke

Bedeutung: Die folgenden Beispiele beruhen auf realen Werkstücken, die unregelmäßig geformt sind und sich in alle drei Dimensionen erstrecken, kurz „schwer anzufassen" sind. Der Aufbau der Tolerierung ist aber auch hier derselbe wie bei einfacheren Teilen. Es versteht sich, dass wir die Vorbilder hier sehr stark vereinfachen mussten. Trotzdem haben wir darauf geachtet, dass die Art des Werkstücks und das Prinzip der Tolerierung erhalten und erkennbar blieben.

Blechteil: Das „Stanzteil" in *Bild 5.28* steht stellvertretend für zahlreiche räumlich gestaltete Blech- und auch Kunststoffteile, z.B. in der Automobiltechnik. Es hat daher keine spezielle eigene Funktion. Wir wollen annehmen, dass es bei der Montage in den Löchern Ø6 und Ø8 festgehalten wird; dort und an einer dritten Stelle liegt es am Nachbarbauteil an. Im Loch Ø10 wird ein anderes Bauteil befestigt. Die untere Kontur muss sich in ein weiteres Teil mit Spiel einfügen lassen. Funktionswichtig sind daher die drei Löcher, die untere Kontur und die Auflagestellen.

Bezugssystem: In der Praxis finden sich immer wieder solche Zeichnungen, deren Bemaßung z.B. von einem eingezeichneten Achsenkreuz oder gar von einem Fahrzeug-Koordinatensystem ausgeht. Das ist zwar nicht falsch; aber eine eindeutige Prüfung ist nur möglich, wenn aus der Zeichnung hervorgeht, aus welchen *wirklichen Geometrieelementen am Werkstück* das Achsenkreuz abzuleiten ist bzw. wie diese Elemente zu den Fahrzeug-Koordinatenebenen liegen. Die sinnvolle Festlegung eines *vollständigen Bezugssystems* ist daher der wichtigste Schritt bei der Tolerierung. Davon hängen sowohl die Lagetolerierung als auch für die gesamte Bemaßung ab.

Auch unregelmäßige Teile haben in der Regel eine erkennbare Hauptebene bzw. Hauptrichtung, die sich als *Primärbezug* anbietet. Hier ergibt sich die Bezugsebene A aus zwei ringförmigen Auflagestellen Al und A2 sowie der Punktauflage A3, die jedoch in verschiedenen Abständen von A liegen. A legt die *Richtung* der Primärebene fest; ihr *Ort* ergibt sich aus den als theoretische Maße 5 bzw. 10 eingetragenen Abständen der Bezugsstellen von A (nur A2 liegt direkt in der Bezugsebene). Wir können uns vorstellen, dass das Teil an zwei runden Stützsäulen Ø12 bzw. Ø14 und einer Kugel, die mit Lehrengenauigkeit den angegebenen Abstandsmaßen entsprechen, anliegt. Ebenso legt das Messgerät das Teil softwaremäßig an.

Der *Sekundärbezug* B wird durch das Loch Ø6 gebildet. Ohne den Bezugsbuchstaben auf dem Maßpfeil des Loches wäre nicht klar, ob das *Loch* oder der *Durchzug* den Nullpunkt des Achsenkreuzes bildet. Die *Richtung* des Achsenkreuzes ist durch den *Tertiärbezug* C am Loch Ø8 mit dem theoretischen Winkel 14,036° gegeben. Er wurde aus den theoretischen Maßen 20 und 80 mm berechnet, denn er ist für das Messgerät am einfachsten zu verarbeiten. Die Fertigung braucht aber die Koordinatenmaße. Eine solche Doppelbemaßung ist bei theoretischen Maßen durchaus möglich, denn sie haben ja keine Toleranzen. Die Kennzeichnung des Winkels mit * sorgt für die Eindeutigkeit der Bezugsermittlung. (Das Bezugssystem entspricht dem in Bild 5.24 sowie in Bild 2.26 c, Kap. 2.3.4.)

Mit dem Bezugssystem A | B | C lässt sich die ***Lage*** beliebiger Geometrieelemente am Werkstück tolerieren. Hier sind es nur das Loch Ø 10 und die untere Kontur, die eine Linienprofiltoleranz mit begrenzter Toleranzzone (breite Strichpunktlinie) trägt. Die Nennkontur ergibt sich aus den theoretischen Maßen mit den Radien R10.

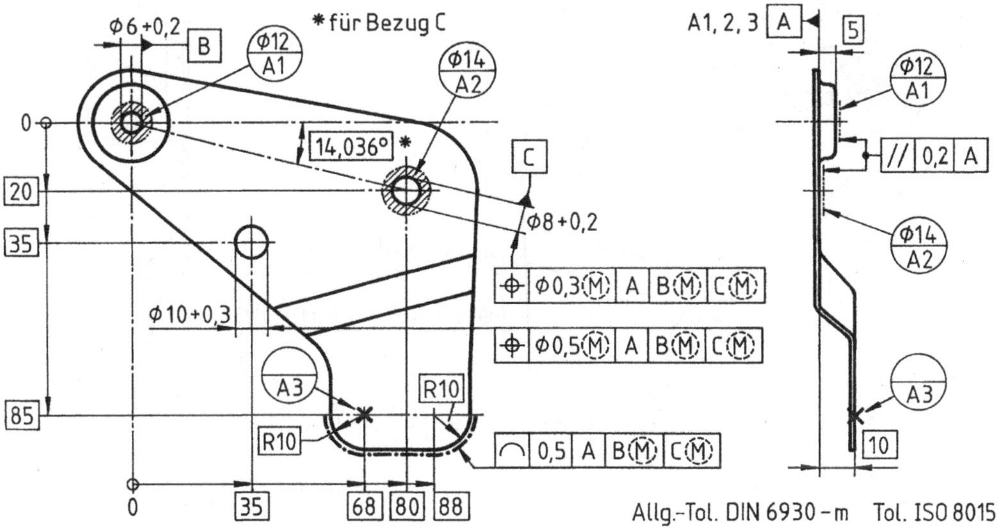

Bild 5.28: Blechteil aus der Automobiltechnik

Grundsätzlich ist auch die Lage der *Bezugselemente* und *Bezugstellen* zu tolerieren. Eine Rechtwinkligkeitstoleranz der Löcher B und C zu A entfällt, weil das Blech dafür zu dünn ist. Das Loch C muss im Abstand zu B toleriert werden. Eine Maßtoleranz ist dafür ungeeignet, weil die Löcher in verschiedenen Höhen liegen; die Prüfung braucht dazu einen Primärbezug als Messrichtung. Die kreiszylindrische Positions-Toleranzzone Ø 0,3 des Loches C kann hier nur in Richtung der Verbindungslinie B-C wirken (vgl. Bild 5.21 und Bild 5.24; alternativ könnte man auch eine Positionstoleranz 0,3 ohne Ø-Zeichen in Richtung der Verbindungslinie B-C als Abstandstoleranz eintragen).

Problematisch ist die Tolerierung der Lage der *Bezugsstellen* A1 bis A3, denn diese lassen sich ohne Anlage an ihre Gegenelemente (s. o.) praktisch nicht messen. Am einfachsten ist es, ihre hinreichende Auflage durch eine *Parallelitätstoleranz* zu A (0,2) zu sichern. Das bedeutet, dass bei der Anlage des Werkstücks an A1 bis A3 der verbleibende Spalt zwischen der wirklichen Bezugsstelle und der Anlagefläche der Prüflehre maximal 0,2 mm betragen darf. (Das lässt sich ggf. auch mechanisch mit einer Fühllehre prüfen.)

In der Großserienfertigung werden häufig starre Prüflehren (Absteckléhren, Funktionslehren) verwendet. Soweit es um abgeleitete Geometrieelemente (Achsen, Mittelebenen u. Ä.) geht, unterliegt ihre Prüfung den Regeln der ***Maximum-Material-Bedingung*** (s. Kap. 4.4). Für diesen Fall sind die gestrichelten Ⓜ in den Toleranzrahmen gültig. Die Funktionslehre verkörpert die 3 Auflagestellen A1, A2 und A3 (s. o.). In die Löcher B und C fassen kreiszylindrische Stifte hinein, deren *Lage* den theoretischen Maßen entspricht. Ihr *Durchmesser* hat das wirksame Grenzmaß *MMVL* = *MML* - *t* (s. Kap. 4.4.4), d. h. Ø6 mm (das Loch B hat keine Lagetoleranz) bzw. Ø7,7 mm (Positionstoleranz Ø0,3 mm; hier ist die kreiszylindrische Toleranzzone sinnvoll, denn die Funktionslehre legt den Bezug C fest und prüft gleichzeitig die Lage zu B).

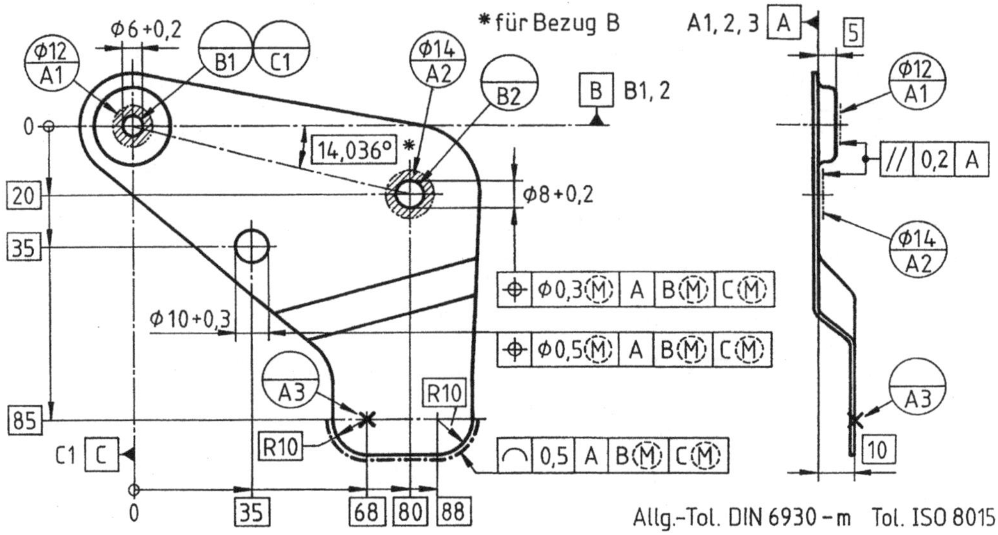

Bild 5.29: Dasselbe Blechteil wie in Bild 5.28, aber mit RPS-Bezugssystem

Alle Elemente, die *dasselbe* Bezugssystem haben, in dem ein Ⓜ auftritt, müssen *gemeinsam* geprüft werden (s. Kap. 4.4.4, Regel 4-28). Die Funktionslehre enthält daher hier auch die Kontur für die Linienprofiltoleranz. Sie verkörpert die Kontur mit Maximum-Material-Zustand (d. h. gegenüber der Nennkontur um 0,25 mm nach außen verschoben). Das Blechteil muss sich in diese Lehre einlegen lassen, und es muss sich darin so ausrichten lassen, dass im Bereich der Profiltoleranz der Abstand zwischen der Prüflehre und dem Werkstück nicht größer wird als 0,5 mm.

Auf eine ***Formtolerierung*** wurde hier verzichtet. Generell ist bei beliebig geformten Flächen oder Linien eine *Profiltolerierung* möglich, ähnlich wie bei der unteren Kante, jedoch ohne Bezüge bzw. wegen der Messung nur mit einem Primärbezug.

Das Bezugssystem in Bild 5.28 ist eindeutig, aber nicht sehr übersichtlich. Deshalb gibt *Bild 5.29* dasselbe Blechteil wieder, aber mit Bezügen entsprechend dem ***RPS-System*** (vgl. Bild 2.27 d, Kap. 2.3.4). Die Bezugsbuchstaben B und C stehen jetzt *direkt* auf den *Bezugsebenen.* Dadurch ist deren Lage leichter zu erkennen. Eindeutigkeit entsteht jedoch erst durch die Eintragung von *Bezugsstellen*, und zwar so, dass die *wirklichen* Geometrieelemente klar erkennbar sind. (Bei B1 ist es das *Loch*, nicht der Durchzug. Es wäre sinnwidrig, würde der Hinweispfeil hier wiederum auf das Achsenkreuz zeigen.) (Anmerkung: Von den Bezugsebenen A, B und C aus könnten ggf. zusätzlich theoretische Maße zum Fahrzeug-Koordinatensystem führen.)

Schneckengetriebe-Gehäuse: In dem Gussgehäuse, *Bild 5.30,* sind die Schneckenradwelle (oben) und die Schneckenwelle (unten) gelagert. ***Funktionswichtig*** sind zunächst die vier Wälzlagersitze. Sie müssen fluchten und den Achskreuzungswinkel von 90° einhalten. An den zugehörigen Gehäusestirnflächen liegen Gehäusedeckel an, die die Wälzlager axial abstützen. Die Stirnflächen müssen daher rechtwinklig zu den Achsen stehen. Ferner sollen die beiden Wellen parallel zur Fußfläche des Gehäuses sein.

Das ***Bezugssystem*** sollte so aufgebaut sein, dass die wichtigsten Geometrieelemente direkt zueinander toleriert werden können; das sind hier die beiden Wellen. Andererseits braucht die Fertigung eine hinreichend große und stabile Aufspannfläche, die ebenfalls Bezugselement sein sollte. Es gibt daher verschiedene Möglichkeiten für ein vollständiges Bezugssystem. Hier wurde die größte Stirnfläche am Gehäuse, die einen großen Getriebedeckel trägt, zum *Primärbezug* A gemacht. Damit bleiben noch drei Freiheitsgrade für das Gehäuse übrig, nämlich die Drehung auf A und die Verschiebung darauf in zwei Richtungen (vgl. Kap. 2.3.4, Regel 2-23). Der *Sekundärbezug* B-C legt die Richtung und die Höhe der zweiten Koordinatenebene fest. Diese geht durch die Achsen der beiden Lagerstellen B und C und steht senkrecht auf A; d. h., die Achse B-C wirkt hier nur in Höhenrichtung. Der letzte Freiheitsgrad, die seitliche Verschiebung parallel zu B-C, wird durch den *Tertiärbezug* D genommen Er ergibt sich aus der Achse des großen Gehäusesitzes Ø140.

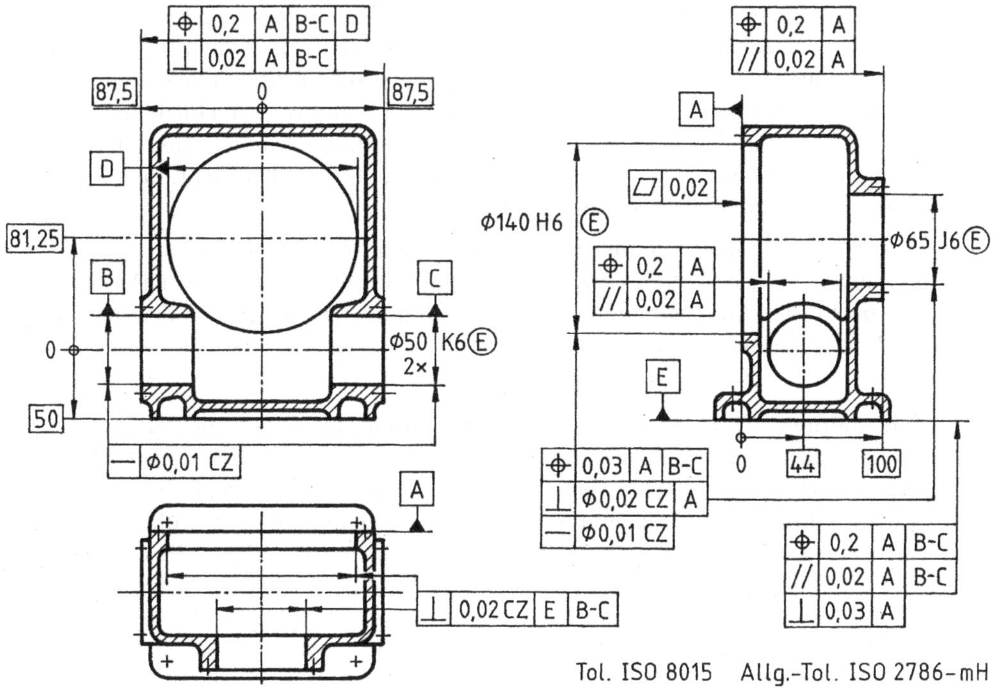

Bild 5.30: Gehäuse für ein Schneckengetriebe

Lagetolerierung: Die *Stirnflächen* an den Lagerstellen sind in ihrer *Position* weniger kritisch (Toleranzen 0,2, ganz oben) als in ihrer *Richtung.* Die Stirnflächen an der *Schneckenwelle* (unten) stehen rechtwinklig zu A und zu B-C (links oben, mit 0,02 eingetragen). Für die rechte Stirnfläche an der Schneckenradwelle ist vor allem die Parallelität zu A wichtig (rechts oben). Die Lagerung dieser Welle wird axial eingestellt. Daher ist der *Abstand* der *Schneckenachse* (B-C) zu A weniger wichtig als ihre *Parallelität* (Mitte). Zudem müssen jeweils die beiden Lagerstellen fluchten (hier mittels gemeinsamer Geradheit Ø0,01, vgl. Bild 2.4 c, Kap. 2.2.2).

Schwieriger ist die Lagetolerierung der *Schneckenradachse* (oben). Sie muss den Abstand zur Schneckenachse einhalten (Position 0,03, unten Mitte) und rechtwinklig zu A stehen (Ø0,02). Aus der Parallelitätstoleranz der Schneckenachse (0,02) und der Rechtwinkligkeitstoleranz der Schneckenradachse (ebenfalls 0,02) zu A folgt eine maximale Rechtwinkligkeitsabweichung des Achskreuzungswinkels von 0,04 mm. Das ist für den Schneckentrieb zu viel. Daher ist zusätzlich eine weitere Rechtwinkligkeitstoleranz direkt zwischen den beiden Achsen eingetragen (links unten) mit dem Bezug B-C. Die Rechtwinkligkeit von sich kreuzenden Achsen ist aber ohne Primärbezug nicht messbar. A ist hier unbrauchbar, weil die Schneckenradachse senkrecht zu A steht. Die Draufsicht links unten macht deutlich, weshalb die *Fußfläche* des Gehäuses als neuer Primärbezug E benutzt wird. Deren Lage ist zunächst rechts unten toleriert: Sie muss den Abstand zur Schneckenachse B-C einhalten, vor allem aber parallel zu dieser liegen, sowie rechtwinklig zu A. Von der wirklichen Fläche E ausgehend, lässt sich der Kreuzungswinkel direkt messen (s. Draufsicht).

Grundsätzlich können wir mehrere Bezugssysteme an einem Werkstück angeben. Allerdings muss das Werkstück für jedes System neu aufgenommen werden, bzw. das Messgerät muss erneut rechnen. Beim Getriebegehäuse muss die Rechtwinkligkeit der gemeinsamen Achse der Schneckenradlagerung zweimal, d. h. zu zwei verschiedenen Bezügen gemessen werden, nämlich zu A und zu E | B-C. Die Funktion erfordert das. Für die Fertigung kann hierbei die Frage problematisch werden, wie bei der Überschreitung einer der Toleranzen der Fertigungsprozess zu korrigieren ist.

Formtolerierung: Die *Ebenheit* aller genannten ebenen *Gehäuseflächen* ist in ihren Richtungstoleranzen einbeschlossen, außer bei A; dort ist sie einzeln angegeben. Die *Lagersitze* erfordern neben der *Hüllbedingung* zusätzliche *Zylinderformtoleranzen;* diese haben wir hier jedoch weggelassen (s. dazu Bild 5.22 und Bild 2.22, Kap. 2.3.3).

Steckeraufnahme: Das Kunststoffteil in *Bild 5.31* nimmt als Gegenstück einen Vielfachstecker auf. Dessen zehn Steckerstifte müssen in die entsprechenden Schlitze fassen, während der Steckerkörper in den schmalen Enden des Aufnahmeteils (Maße 12 und 45 mm) geführt wird. ***Funktionswichtig*** sind daher die Steckerschlitze und die Führungsflächen, in zweiter Linie auch die beiden Ausbuchtungen (Maße 20 und 25 mm). Die Schlitze müssen vor allem in der richtigen Lage zueinander sowie zu den Führungsflächen liegen. Die Gehäuseflächen liegen symmetrisch zu den Hauptebenen des Teils, abgesehen von der Ecke (rechts unten), die dazu dient, dass der Stecker nicht verdreht eingesteckt werden kann. (Die Steckeraufnahme ist nur ein Teil eines größeren Werkstücks; das ist hier jedoch weggelassen.)

Bezugssystem: Die eindeutige Messung erfordert ein vollständiges Bezugssystem. Die innere Grundfläche bildet den *Primärbezug* A. (Für das Messgerät ist das günstig; bei mechanischer Messung würde man dagegen lieber von einer äußeren Auflagefläche ausgehen.) Der *Sekundärbezug* B-C ist eine Ebene, die senkrecht zu A steht und durch die Mitten der beiden seitliche Paare von Führungsflächen geht. Die Innenmaße und die Bezüge sollen nur auf einer Messebene im Abstand 2 mm von A ermittelt werden. Damit entfällt die Wirkung von Formschrägen und Eckenverrundungen. Bei B wird die Mittelebene bzw. -linie über die ganze Länge des Größenmaßelements (Maß 12 ± 0,1) gebildet, während bei C nur der Bereich herangezogen werden kann, wo sich zwei Flächen bzw. Linien direkt gegenüber liegen. (Diese Mittellinie wird entsprechend Bild 2.21 c, Kap. 2.3.3, gebildet). Der *Tertiärbezug* D wird in gleicher Weise aus den beiden Stirnseiten (Maß 45 ± 0,1) ermittelt. Er stellt eine Ebene dar, die rechtwinklig sowohl zu A als auch zu B-C steht.

Positionstolerierung der Schlitze: Die 10 Schlitze sind mit Positionstoleranzen von 0,2 mm zum vollständigen Bezugssystem festgelegt, in Längs- wie in Querrichtung (links oben). Die erschreckend vielen Ⓜ der *Maximum-Material-Bedingung* dienen dazu, die recht engen Toleranzen möglichst zu erweitern. Es geht darum, dass der Steckerkörper in die Gehäuseführung (Maße 12 und 45) und die 10 Stifte in ihre Schlitze hineinpassen. Aus der Nenngeometrie und den eingetragenen Toleranzen ergibt sich der kleinste Raum, der dafür zur Verfügung steht, wenn alle Maße ihr Mindestmaß haben, d. h. wenn der „Maximum-Material-Zustand" vorliegt (s. Kap. 1.3.2). In ihrer idealen Lage zueinander bilden sie den „wirksamen Grenzzustand" (s. Kap. 4.4.1), der jedoch praktisch niemals vorkommt (s. Kap. 4.2.2). Wir können ihn uns verkörpert vorstellen als starre Prüflehre (Funktionslehre, s. Kap. 4.4.4).

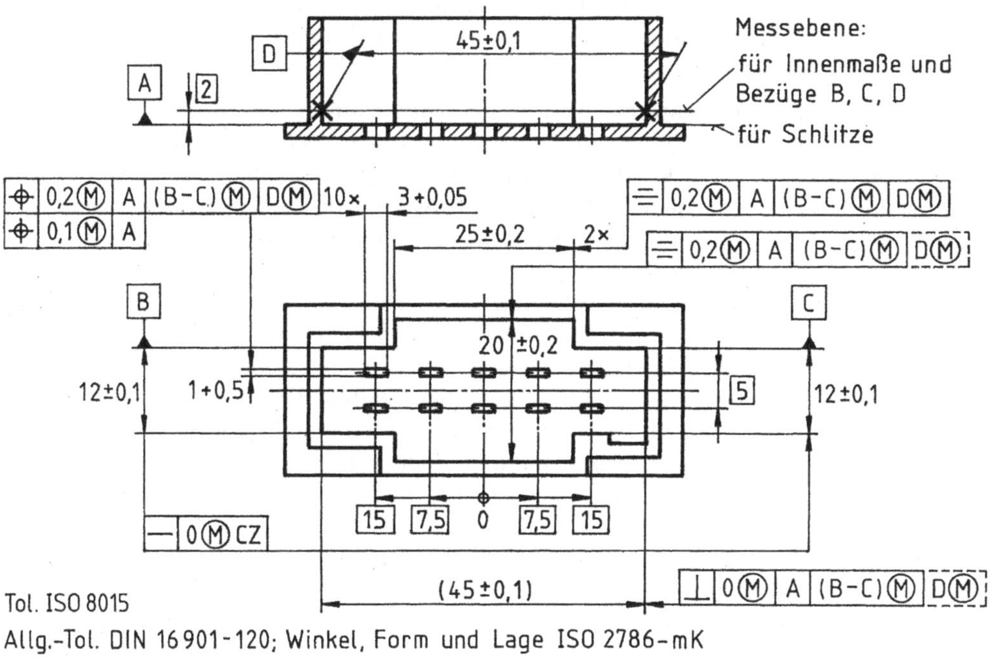

Bild 5.31: Aufnahmeteil für einen Vielfachstecker

Wenn nun der einzelne *Schlitz* im Rahmen seiner Maßtoleranzen etwas größer ausfällt, kann seine Mitte etwas mehr abweichen, und der Stift passt immer noch hinein - das besagt das Ⓜ hinter dem Positionstoleranzwert 0,2. Wenn die *Bezugselemente* B, C und D jeweils etwas größer sind als ihr Maximum-Material-Grenzmaß (Mindestmaß), dann können sich die Mittelebenen C-D bzw. D zusätzlich etwas gegenüber dem gesamten Lochbild der Schlitze verschieben, und der Steckerkörper passt immer noch hinein – das bedeuten die beiden Ⓜ bei den Bezugsbuchstaben. (Das Ⓜ kann im Toleranzrahmen nur bei *abgeleiteten* Bezugselementen, d. h. Achsen und Mittelebenen, stehen. Wenn aus mehreren gleichberechtigten Bezugselementen, die alle dem Ⓜ unterliegen, ein *gemeinsamer* Bezug gebildet wird, so werden die Bezugsbuchstaben in Klammern gesetzt, s. Regel 4-27, Kap. 4.4.4.)

Zusätzlich muss die Lage der Schlitze *relativ zueinander* noch genauer stimmen als zu den Bezügen. Dazu dient die zweite Positionstoleranz (links oben) von 0,1 mm, die nur den Primärbezug A hat, eine „schwimmende Tolerierung" (s. Kap. 2.6.2, Bild 2.47 c bis g). Sie wird für sich mit einer eigenen Funktionslehre geprüft, die nur die Schlitze und die Auflagefläche A umfasst. Auch hier wird natürlich wieder die Maximum-Material-Bedingung wirksam.

Lagetolerierung des Gehäuses: Die Flächen der *Ausbuchtung* (Maße 20 und 25) sind etwas gröber toleriert (± 0,2) als die Führungsflächen. Ihre Symmetrietoleranzen zu den Bezugsebenen werden abermals durch die Maximum-Material-Bedingung erweitert (rechts oben). Die zweite Symmetrietoleranz für die Querrichtung (auf dem Maß 20) braucht an sich den Bezug D nicht (gestrichelt). Wird er trotzdem hingeschrieben, so zeigt das nur an, welche Elemente das gleiche Bezugssystem haben (s. u.) Außerdem müssen die *Bezugsflächen* lagetoleriert werden. Die Formschräge von 0,5° ist im Längsschnitt (oben) nicht eingezeichnet. Sie liegt im Sinne von „Formschräge – " („minus") nur ins Material hinein (s. Kap. 3.3.3).

In der Draufsicht (unten) wird der *ungünstigste Fall* sichtbar: Wir gehen häufig von der Vorstellung aus, dass der kleinste Raum, der für den Steckerkörper zur Verfügung steht, von einem exakten Rechteck gebildet wird mit den Mindestmaßen 11,9 und 44,9 mm („Maximum-Material-Grenzmaße"). Dabei wird vergessen, dass die Mittellinien von B und C in ihrer Richtung (Fluchtung) abweichen können und dass zwischen B-C und D eine Winkelabweichung auftreten kann, auch bei Maximum-Material-Zustand; das würde auch vom Hüllprinzip nicht eingeschränkt (s. Kap. 1.4.4). Diese Abweichungen verringern den verfügbaren kleinsten Raum zusätzlich. Wenn wir tatsächlich von dem o. g. Rechteckraum ausgehen wollen, dann ist das nur möglich mit einer gemeinsamen Geradheitstoleranz 0 Ⓜ CZ für die Fluchtung von B und C (links unten; vgl. Bild 4.25, Kap. 4.4.3) sowie einer Rechtwinkligkeitstoleranz 0 Ⓜ zwischen den Stirnflächen und B-C (rechts unten, vgl. Bild 4.28, Kap. 4.4.4). (An sich wäre zwischen B und C eine gemeinsame *Ebenheit* einzutragen. Da sie aber nur in *einer* Messebene bestimmt wird, genügt hier auch die Geradheit.)

Diese Eintragungen wirken vielleicht recht verwirrend. Das Beispiel zeigt, welcher Aufwand nötig ist, um ein scheinbar einfaches Werkstück nach relativ einfachen geometrischen Vorstellungen eindeutig zu beschreiben. Die Prüfung mit der Maximum-Material-Bedingung ist im Grunde nicht schwierig, sie ist funktionsgerecht und ermöglicht größere Toleranzen, d. h., sie ist auch fertigungsgerecht. Ihre Prüfung beruht auf der Vorstellung, dass alle Elemente, die das gleiche Bezugssystem mit Ⓜ bei Bezügen haben, *gemeinsam* mit einer einzigen Funktionslehre geprüft werden (s. Kap. 4.4.4, Regel 4-28). In Bild 5.31 sind das alle Lagetoleranzen mit Ausnahme der schwimmenden Positionstolerierung; diese muss gesondert geprüft werden. Deshalb ist anzuraten, die gestrichelten Tertiärbezüge einzutragen. Mit dem Messgerät können diese Prüfungen in gleicher Weise vollzogen werden wie mit der Prüflehre.

Sonstige Tolerierung: An sich braucht die Primärbezugsfläche A auch eine *Formtoleranz* für Ebenheit; die haben wir hier aber weggelassen. Eine *Hüllbedingung* wird hier nicht eingetragen, weil die Funktion der Schlitze und des Gehäuses durch die Maximum-Material-Bedingung gesichert ist. Die *Allgemeintolerierung* für Kunststoffteile nach der alten DIN 16 901 (1982) enthält nur Toleranzen für Maße, aber weder für Winkel noch für Form und Lage. Damit die Zeichnung vollständig ist, wurden diese ergänzt aus ISO 2768 (Anmerkung: DIN 16901 wurde 2013 durch DIN 16742 ersetzt, s. Kap. 3.3.2).

Stützblech: Das Blechteil in *Bild 5.32* sitzt mit den vier Durchzügen Ø8 in vier entsprechenden Löchern einer Platte und wird dort festgeschraubt. In das Langloch 8×18 mm fasst ein Element hinein, das hier gegen Verdrehen gesichert wird. Das sind die ***funktionswichtigen*** Elemente; dazu kommen die Auflageflächen um diese Elemente. Alle diese Geometrieelemente müssen in den richtigen Abständen zueinander liegen, die Fläche um das Langloch zudem im richtigen Winkel. Die Außenkanten des Stützbleches sind dagegen unwichtig.

Das ***Bezugssystem*** hat die Auflageebene A als *Primärbezug*. Die vier Durchzüge sind relativ zueinander mit einer schwimmenden Positionstolerierung Ø0,2 festgelegt (rechts, vgl. Bild 2.47 e, Kap. 2.6.2). Alle vier bilden nun gemeinsam einen *zweiten Bezug* B. Das ergibt sich daraus, dass der Bezugsbuchstabe B direkt am Toleranzrahmen steht (vgl. Regel 4-26, Kap. 4.4.4). Damit ist das Werkstück im Raum bereits eindeutig festgelegt, d. h., das Bezugssystem ist mit A und B vollständig. Um anzuzeigen, dass der Bezug B aus mehreren gleichberechtigten Elementen mit Ⓜ gebildet wird, die steht in den Toleranzrahmen jeweils (B-B) Ⓜ (s. Regel 4-27, Kap. 4.4.4).

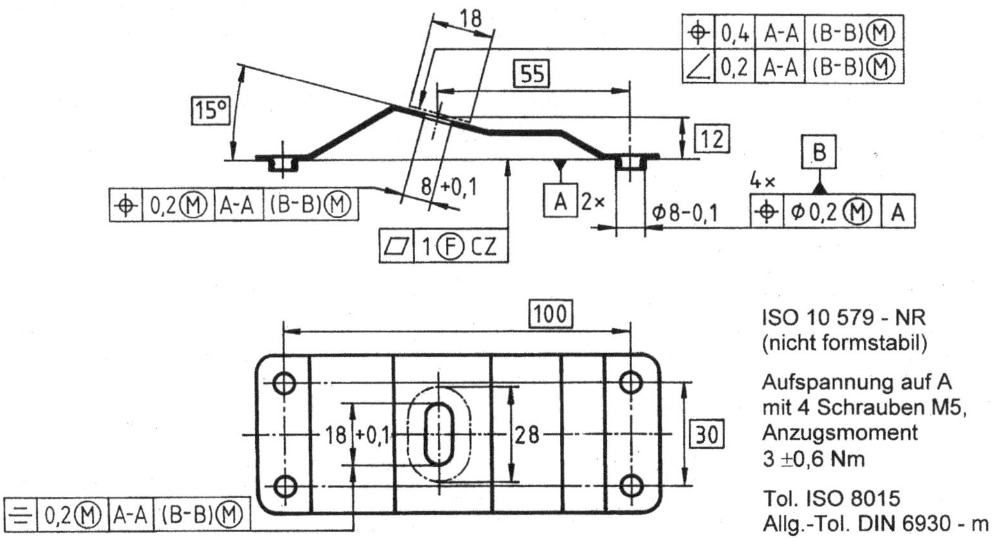

Bild 5.32: Stützblech

So etwas ist nur mit der *Maximum-Material-Bedingung* machbar. Das Verständnis dafür wird erleichtert durch die Vorstellung einer Funktionslehre mit vier Löchern, die den wirksamen Grenzzustand der vier Durchzüge mit Ø 8,2 mm verkörpert (s. Regeln 4-14 und 4-23, Kap. 4.4). Genau so sitzt das Blech im montierten Zustand in seiner Gegenplatte; alle vier Löcher bestimmen gemeinsam seine Lage. (Wenn wir es anders machen wollten, müssten wir einzelne Durchzüge als Bezugselemente bestimmen. Das wäre umständlicher zu messen, würde nicht der Funktion entsprechen und obendrein einen Teil der möglichen Toleranzen verschenken.)

Von diesem Bezugssystem aus ist die ***Lage*** von weiteren Geometrieelementen festgelegt. Das theoretische Maß 55 und der theoretische Winkel 15° bestimmen die Nennlage für das *Langloch.* Weil eine kreiszylindrische Toleranzzone nur für Achsen gilt, ist das Langloch in Längsrichtung mittels Position und in Querrichtung mittels Symmetrie toleriert, in beiden Fällen wieder mit der Maximum-Material-Bedingung.

(*Anmerkung:* In [ASM 94] gibt es dafür die *„Umgrenzungs-Bedingung"* oder Boundary-Bedingung, eine Erweiterung der Maximum-Material-Bedingung auf die Lage von beliebig geformten Durchbrüchen u. Ä., s. Kap. 6, Bild 6.7.)

Die „ovale" Fläche um das Langloch (schraffiert) ist in ihrer Höhe und Neigung mit der Positionstoleranz 0,4 eingegrenzt. Diese Toleranzzone würde auch eine Neigungsabweichung von 0,4 mm gestatten. Diese wird zusätzlich durch die Neigungstoleranz auf 0,2 mm verringert. Darin ist außerdem die Ebenheit der Fläche enthalten.

Das Bauteil besteht aus relativ dünnem Blech und neigt insbesondere zur Verwindung. Eine sichere Messung erfordert daher eine der Einbausituation entsprechende Aufspannung, d. h., die Behandlung als ***nicht formstabil*** nach ISO 10 579 (s. Kap. 5.3.1, Regel 5-9). Das Stützblech wird hier mit der Fläche A auf eine ebene Platte gelegt und in den vier Löchern festgeschraubt. (Alternativ ist eine Verwendung von Spannelementen unter Angabe der Spannkraft möglich.) Alle Toleranzen werden im aufgespannten Zustand geprüft, ausgenommen die gemeinsame Ebenheit von 1 mm für die Fläche A, die mit Ⓕ gekennzeichnet ist und deshalb im freien Zustand zu messen ist. Diese Toleranz sorgt dafür, dass das Stützblech bei der Montage nicht allzu sehr verformt werden muss. (Die Prüfung der Verwindung ist relativ einfach möglich: Wenn das Blech an drei „Ecken" lose aufliegt, darf die vierte nicht höher als 2 mm (!) über der Platte sein, s. Minimum-Bedingung, Regel 1-37, Kap. 1.5.2.)

6 Unterschiede der ASME-Normung gegenüber ISO

Normung: Neben der internationalen Normung von Form- und Lagetoleranzen nach ISO 1101 und weiteren Normen gab es in den USA seit Jahrzehnten den Standard ANSI Y 14.5 M (letzte Ausgabe 1982), der sich wesentlich von ISO unterschied. Er wurde 1994 durch ASME Y 14.5 M ersetzt und dabei in etlichen Punkten an ISO angeglichen (ebenso wie sich die ISO-Normung inzwischen an ASME angenähert hat). Trotzdem bestehen noch Unterschiede, teilweise in dem Sinne, dass ASME gegenüber ISO erweiterte Möglichkeiten bietet.

Bedeutung: ASME Y 14.5 M - 1994 ([ASM 94], im Text kurz „ASME" genannt) enthält auf 233 Seiten die gesamte Form- und Lagetolerierung (geometric tolerancing). Inzwischen liegt auch eine deutsche Übersetzung vor [ASM 98]. Da dieser Standard u. a. in der Automobilindustrie Anwendung findet, werden im Folgenden die wesentlichen Unterschiede zu ISO stichwortartig zusammengefasst. Vollständigkeit ist dabei weder möglich noch angestrebt. Die mit „p." (**p**age) bezeichneten Zahlen im Text sind Seitenzahlen des ASME-Standards bzw. der seitengetreuen deutschen Übersetzung. Die Hinweise mit „Kap." dagegen beziehen sich auf die Kapitel meines Buches.

Zeichnungsregeln: *Bild 6.1* macht Folgendes deutlich:

a) ***Maßdarstellung:*** *Maßlinien* (p. 5) werden für die Maßzahlen *unterbrochen. Maßzahlen* (p. 9) sind in der Regel von *unten* lesbar. *Maßhilfslinien* (p. 7/8) haben *Lücken* zu den zugehörigen Körperkanten sowie beim Kreuzen mit Maßlinien.

b) ***Steigende Bemaßung*** (p. 19): Maßpfeile fallen weg.

c) ***Grenzmaße:*** Statt Nennmaß mit Grenz*abmaßen* (hier Ø 20 ± 1) werden auch die Grenzmaße *direkt* eingetragen (in zwei verschiedenen Versionen).

d) ***Vereinfachte Lochdarstellung*** (p. 15/16): Es bedeutet (s. Skizze rechts):

- Ø 10 Durchgangsloch
- Ø 15 Sackloch, Tiefe 20 bis 20,8 ab Werkstückoberfläche
- Ø 22 Zylindersenkung, Tiefe 5 bis 5,5 ab Oberfläche.

e) ***Radius*** (p. 38): Die Toleranzzone liegt zwischen den beiden Grenzradien.

f) ***Kontrollierter Radius*** (controlled radius, p. 38): Die Toleranzzone ist dieselbe wie bei e, aber der Istverlauf der Kontur darf weder Abflachungen noch Wellen (Krümmungsumkehr) haben.

g) ***Statistische Tolerierung*** (p. 38, 45): Das Zeichen ST im Sechseckrahmen hinter einem tolerierten Maß oder einem Toleranzrahmen sagt, dass die Toleranz der statistischen Tolerierung unterliegt. (Dazu gehört eine Erläuterung.)

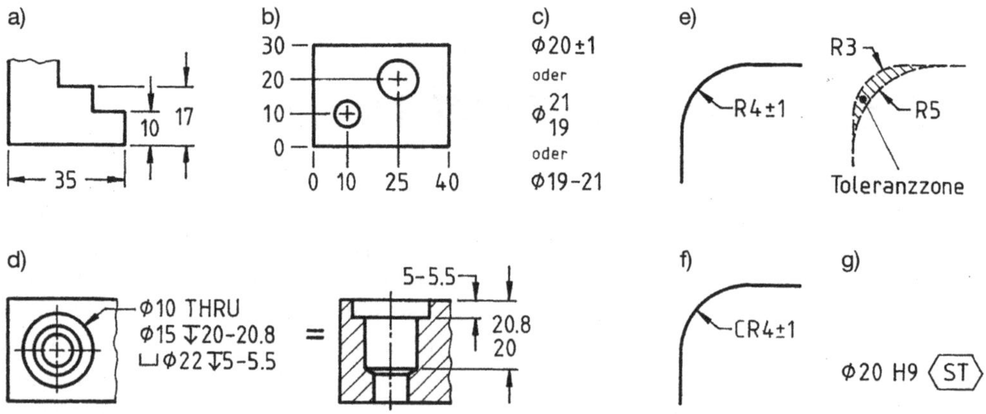

Bild 6.1: Zeichnungsdarstellung: a) Maßeintragung, b) steigende Bemaßung, c) Grenzmaßangabe; d) vereinfachte Lochdarstellung mit Bedeutung; e) Radius (mit Toleranzzone), f) kontrollierter Radius; g) statistische Tolerierung

Tolerierte Geometrieelemente: ASME schränkt die Art der tolerierbaren Geometrieelemente gegenüber ISO teilweise ein:

- *Ebenheit* gilt nur für *wirkliche* Geometrieelemente. Für *Mittelebenen* wird dagegen seltsamerweise das Geradheitssymbol verwendet (s. unter „Tolerierungsgrundsatz").
- *Position* und *Symmetrie* werden nur auf *abgeleitete* Elemente angewendet. Bei *wirklichen* Elementen weicht ASME auf das *Flächenprofil* aus (s. Bild 6.6 c).

Tolerierungsgrundsatz (p. 26/27): Generell gilt das *Hüllprinzip* (es heißt hier „Regel Nr. 1", „rule #1"). *Ausnahmen* davon sind:

- Für *Halbzeuge* (Bleche, Knüppel, Rohre usw.) und entsprechende unbearbeitete Flächen an Werkstücken gilt die Hüllbedingung *nicht.*
- Wenn an einem *Größenmaßelement* (feature of size, d.h. Kreiszylinder bzw. Parallelebenenpaar, p. 26) eine *Geradheitstoleranz für die Achse oder Mittelebene* eingetragen ist, wird damit die *Hüllbedingung aufgehoben* (anders als bei ISO!). Besteht das Größenmaßelement aus zwei *Parallelebenen,* dann toleriert die Geradheitstoleranz die *Ebenheit* der Mittelebene (s.o.).

Wenn sich die Geradheitstoleranz aber auf *wirkliche* Geraden bezieht (z.B. Mantellinien eines Kreiszylinders), bleibt die Hüllbedingung bestehen.

Der Vermerk (p. 195) „Perfect form at MMC not required" bedeutet das *Unabhängigkeitsprinzip,* entweder für die *gesamte* Zeichnung oder als Zusatz zum *einzelnen* Größenmaßelement (Hüllbedingung örtlich aufgehoben). MMC (maximum material condition) heißt „Maximum-Material-Zustand". Ggf. wird die Hüllbedingung am *einzelnen* Element eingeführt durch eine Geradheitstoleranz 0 Ⓜ für Achse bzw. Mittelebene.

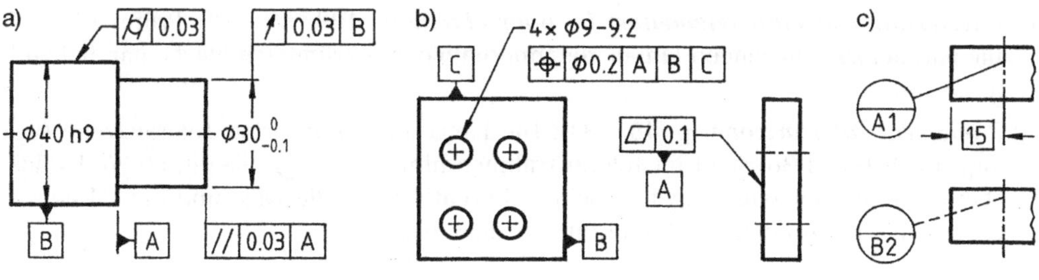

Bild 6.2: Eintragung von Form- und Lagetoleranzen. a) verschiedene Anbindungen von Toleranzrahmen; b) vereinfachte Lochtolerierung und Bezugsangabe; c) Bezugsstelle, sichtbar bzw. verdeckt

Toleranzpfeil (p. 49): Er wird meist seitlich rechts oder links aus dem Toleranzrahmen heraus geführt und steht schräg zum tolerierten Element (nach Art eines Hinweispfeils), *Bild 6.2 a.* Wenn jedoch eine Lagetoleranz nur in *einer* bestimmten Richtung wirkt (ohne kreiszylindrische Toleranzzone, s. dazu Bild 6.4 c), steht er auch bei ASME *senkrecht zur Toleranzzone* (vgl. Kap. 1.6.1, Regel 1-50).

Der Toleranzpfeil kann auch ganz entfallen; dann hängt der Toleranzrahmen direkt an einer *Hilfslinie* (Bild 6.2 a unten) oder steht *unter* einer *Maßangabe* (Bild 6.2 b). Bei den Toleranzarten, die sowohl *wirkliche* als auch *abgeleitete* Geometrieelemente betreffen können (das sind bei ASME nur *Geradheit* und *Richtungstoleranzen*), *muss* (wie bei ISO) klar unterschieden werden, ob der Toleranzpfeil mit dem entsprechenden *Maßpfeil* bzw. der Maßangabe *verbunden* ist (dann ist ein *abgeleitetes* Geometrieelement toleriert) oder *nicht* (*wirkliches* Element toleriert). Bei anderen Toleranzarten aber, wo keine Verwechslungsgefahr besteht, nimmt ASME die Stellung des Toleranzpfeils recht großzügig (s. die Lauftoleranz in Bild 6.2 a).

Bezugsdreieck: Bei *abgeleiteten* Elementen (z.B. Achse) steht das Bezugsdreieck *auf dem Maßpfeil* (wie bei ISO; bei ANSI war das früher anders), Bild 6.2 a. Generell kann es auch am Toleranzrahmen hängen, der zum Bezugselement gehört (b). Das wirkt so, als wenn das Bezugsdreieck dort stünde, wo der Toleranzpfeil endet.

Bezugsstellen (p. 72, 74): Eine *Linien*berührung, die parallel zur Zeichenebene liegt, wird durch eine Strich-Zweipunkt-Linie dargestellt, Bild 6.2 c (nicht durch Kreuze, vgl. Kap. 1.6.2, Bild 1.42). Der Hinweis*pfeil* entfällt. Ist die Hinweislinie *gestrichelt,* so liegt die Stelle in der Zeichnung *verdeckt* (hinten) - das ist sehr übersichtlich.

Besondere Toleranzangaben: *Bild 6.3* erläutert folgende Fälle:

a) ***Begrenzte Toleranzzone*** (p. 162): Die quadratische Prüffläche von 25 × 25 mm kann beliebig auf der tolerierten Fläche liegen.

b) ***Lagetoleranz ohne Formtolerierung*** (p. 187): Das Ⓣ besagt, dass nicht das wirkliche Geometrieelement, sondern nur das *tangential anliegende ideale Element* in der Toleranzzone liegen muss. Hier ist das eine ebene Platte, die nach der Minimumbedingung ausgerichtet wird (s. Kap. 2.2.1). Somit werden die Formabweichungen der wirklichen Fläche nicht erfasst.

c) ***Tolerierung von Linienelementen in einer Fläche*** (p. 188, 168): Die Prüfung betrifft alle parallel zu A liegenden Linien, die innerhalb der gekrümmten Fläche parallel zu B verlaufen.

d) ***Projizierte Toleranzzone*** (p. 48, 134): Die Länge der projizierten Toleranzzone (vgl. Kap. 1.6.1, Bild 1.36) steht im Toleranzrahmen hinter dem Ⓟ. Sie gilt ab Werkstückoberfläche auf der eingetragenen Seite. Alternativ kann die Lage und die (Mindest-) Länge mit einer breiten Strichpunktlinie bemaßt werden.

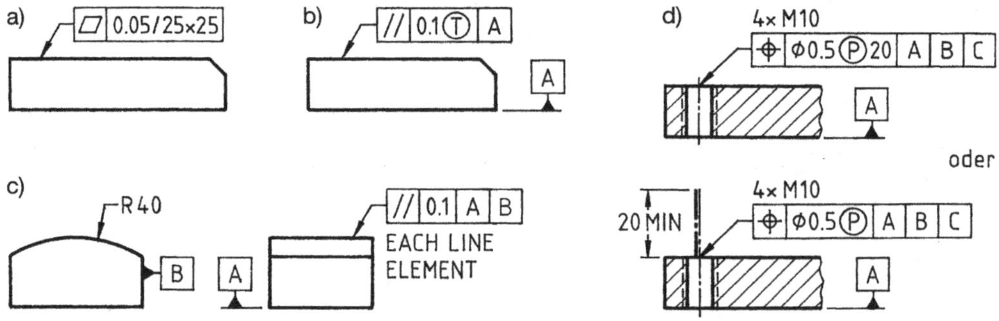

Bild 6.3: Besondere Toleranzangaben. a) begrenzte Toleranzzone, b) Lagetoleranz ohne Formtolerierung, c) Tolerierung von Linien innerhalb einer Fläche; d) projizierte Toleranzzone

Achsen bzw. Mittelebenen als tolerierte Elemente (p. 152): Anders als bei ISO wird das abgeleitete Element nicht aus einzelnen Querschnitten, sondern aus dem *anliegenden idealen Gegenelement* gebildet, wie bei Bezugselementen (s. Kap 2.3.3), z. B. bei einer Bohrung mittels eines spielfreien Bolzens (hier ist das meist einfacher und zudem funktionsgerecht). Damit sind ihre Formabweichungen nicht in der Lagetolerierung enthalten. Nur bei den Zeichen ◎ („concentricity") und ⌯ (Symmetrie) wird das abgeleitete Element aus einzelnen Querschnitten bzw. punktweise gebildet. Bei ihnen wird auch kein Ⓜ verwendet (s. u.). Wenn Ⓜ bzw. eine andere Messung verlangt wird, steht das *Positionszeichen* ⌖ für die beiden anderen Ortstoleranzen.

Spezielle Ortstoleranzangaben: *Bild 6.4* enthält drei Fälle:

a) ***Koaxialität mit Maximum-Material-Bedingung*** (p. 138, 142 ff.): Die 6 Ansenkungen sollen jeweils koaxial zu ihrer Bohrung liegen. Geprüft wird mit einer Stecklehre (Ⓜ). Statt Koaxialität wird daher Position eingetragen.

b) ***Konische Toleranzzone*** (p. 138): Die Toleranzzone hat an der Fläche C Ø 0,5 mm, an D Ø 1 mm (wegen des möglichen Bohrerverlaufs); dazwischen verläuft sie konisch. Zur Prüfung dient eine konische Stecklehre (entsprechend Kap. 4.4.4).

c) ***Bogenförmige Toleranzzone*** (p. 140): Sie liegt ± 0,02 mm zum idealen Radius R78 und ± 0,1 mm zum Schenkel des idealen Winkels 15°.

Kantenbezogene und schwimmende Positionstolerierung (p. 93 ff., 122 ff.): ASME verwendet Dutzende von Beispielen auf diese Tolerierung von Lochbildern:

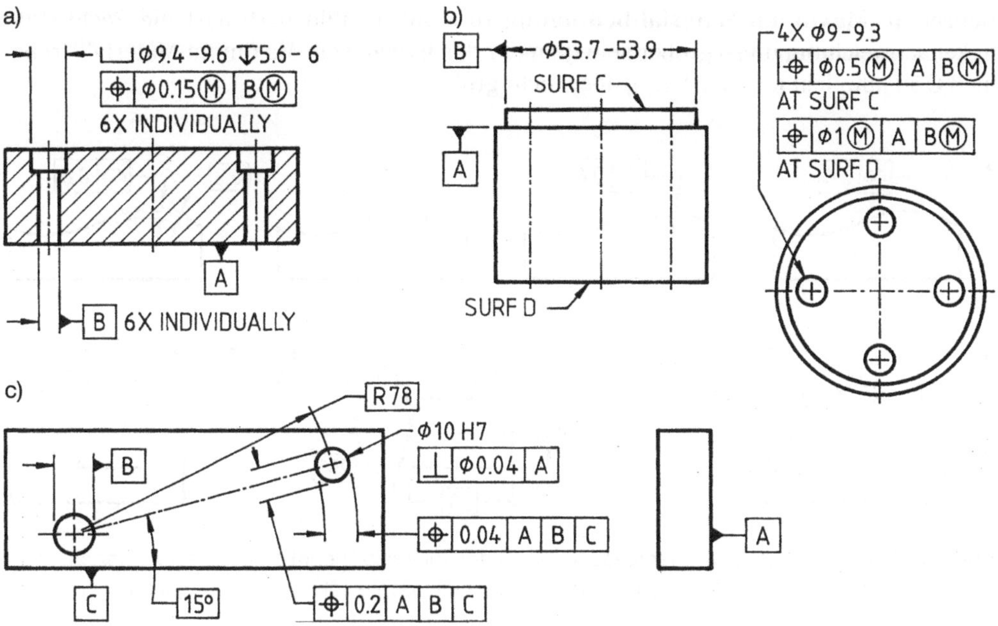

Bild 6.4: Spezielle Ortstoleranzangaben. a) Position im Sinne von Koaxialität, b) konische Toleranzzone, c) bogenförmige Toleranzzone

- *Pattern-locating* tolerance zone framework (PLTZF, sprich „Platzef": Das *kantenbezogene* System (s. Kap. 2.6.2) legt den Ort („Platz") der Toleranzzone fest.
- *Feature-relating* tolerance zone framework (FRTZF, sprich „Fritzef": Die *schwimmende* Tolerierung betrifft die relative Lage der Elemente zueinander („frei"). Hier tritt regelmäßig mindestens ein Primärbezug auf (vgl. Kap. 2.6.2).

Dazu dient der ***Verbund-Toleranzrahmen***, *Bild 6.5a*. Er hat 2 Zeilen mit einem *gemeinsamen ersten Feld* für das Toleranzsymbol (er wird nur für Positions- und Profiltoleranzen angewendet). Beide Zeilen haben dasselbe Bezugssystem, aber in der 2. Zeile können Bezüge entfallen, von hinten beginnend. Die 1. Zeile ist immer PLTZF. Die zweite ist FRTZF und hat einen kleineren Toleranzwert als die erste. Sie legt zwischen Bezug und toleriertem Element nur die *Richtung* fest; die theoretischen Maße, die den *Ort* festlegen, gelten hierfür jedoch *nicht*. Es kann sogar sein, dass beide Zeilen dieselben Bezüge haben. Dann lässt sich das Lochbild gemäß FRTZF nur *verschieben*, aber nicht *verdrehen*. (Wenn das 1. Feld des Rahmens jedoch *nicht* durchgeht, gilt jede Zeile für sich allein, wie es bei ISO generell ist.)

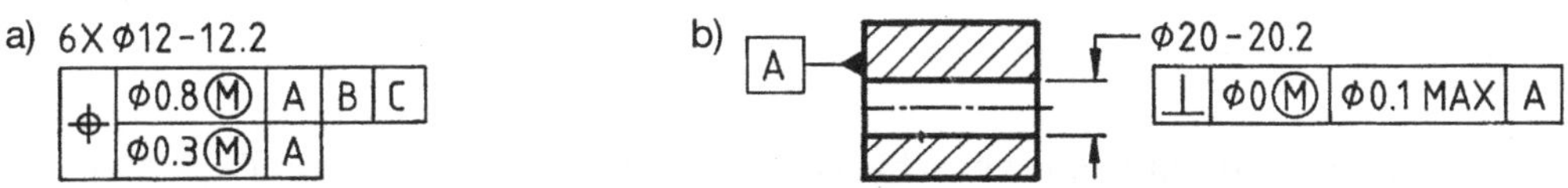

Bild 6.5: Besondere Toleranzrahmen. a) Verbundrahmen, b) begrenzte Maximum-Material-Bedingung

Begrenzte Maximum-Material-Bedingung (p. 186): In Bild 6.5b darf die Rechtwinkligkeitsabweichung umso größer sein, je mehr das Istmaß vom Maximum-Material-Grenzmaß Ø50 abweicht (s. Kap. 4.4.3), aber nicht größer als 0,1 mm.

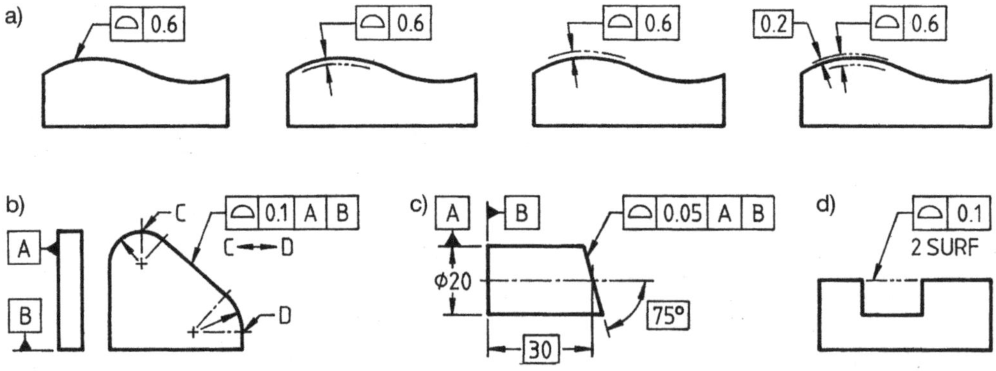

Bild 6.6: Profiltolerierung. a) verschiedene Lagen der Toleranzzone, b) begrenzte Toleranzzone; c) Position eines wirklichen Geometrieelements, d) gemeinsame Toleranzzone (Koplanarität)

Profiltoleranzen: Sie werden vielfältiger angewendet als bei ISO, *Bild 6.6:*

a) ***Nicht-mittige Toleranzzone*** (p. 164): Sie kann *einseitig* nach *innen* oder nach *außen* verschoben sein (gekennzeichnet durch schmale Strich-Zweipunkt-Linie und doppelten Toleranzpfeil) oder *beliebig* liegen (mit Bemaßung). (Die Strich-Zweipunkt-Linie darf nicht verwechselt werden mit der breiten Strichpunktlinie, die ISO zur Kennzeichnung einer begrenzten Toleranzzone benutzt, s. Kap. 1.6.1).

b) ***Begrenzte Toleranzzone*** (p. 166): Die Profiltoleranz gilt nur zwischen den Punkten C und D - eine sehr zweckmäßige Darstellungsweise, besser als die von ISO.

c) ***Position eines wirklichen Geometrieelements*** (p. 174): Die geneigte Stirnfläche ist eine *wirkliche* Ebene. Eine *Positions*toleranz wird aber nach ASME nur für *abgeleitete* Geometrieelemente verwendet. Deshalb greift man hier auf die *Flächenprofil*toleranz zurück.

d) ***Gemeinsame Toleranzzone*** (p. 171): Dieser Begriff und das Zeichen CZ existieren bei ASME leider nicht. Bei *ebenen* Flächen heißt die gemeinsame Toleranzzone *Koplanarität* (coplanarity). Hier wird statt der Ebenheit - die nur auf *einzelne* Geometrieelemente angewendet wird - wiederum das *Flächenprofil* benutzt; der Toleranzpfeil steht auf einer Strich-Zweipunkt-Linie *zwischen* den beteiligten Flächen. Außerdem wird die Zahl der Flächen angegeben, hier „2 surf(aces)" bzw. „2 Flächen". Bei anderen Toleranzarten kann man ggf. unter den Toleranzrahmen schreiben „2 surf sim." (2 surfaces simultaneously, 2 Flächen gemeinsam).

Umgrenzungsbedingung eines geschlossenen Profils („boundary control", p. 171): Die Maximum-Material-Bedingung kann nach ASME wie nach ISO nur auf einfache Größenmaßelemente (Kreiszylinder und Parallelebenenpaare) angewendet werden (s. Kap. 4.4.2). Die Umgrenzungsbedingung erweitert sie auf beliebig geformte Elemente. Die Kontur des

Durchbruchs in *Bild 6.7a* hat rundum eine Flächenprofil-Toleranzzone von 1,2 mm Breite. Sie steht senkrecht zum Primärbezug A; sonst aber ist das nur eine *Form*tolerierung. Die *Lage* des Durchbruchs muss den bei b schraffierten Umgrenzungsbereich frei lassen. Dieser ergibt sich folgendermaßen:

- Das *Nennprofil* des Durchbruchs bekommt die durch das Bezugssystem A | B | C definierte *Nennlage.*
- Der *Maximum-Material-Zustand* des Durchbruchs (kleinster Durchbruch) ist rundum um die *halbe Profiltoleranz,* d. h. um 0,6 mm, nach innen verschoben.
- Dieser kleinste Durchbruch darf sich allseitig um die *halbe Positionstoleranz,* d. h. um ± 0,25 mm, *verschieben,* aber *nicht verdrehen.*

Damit bleibt der schraffierte Bereich übrig, der in jedem Fall frei bleiben muss. Er kann mit einer Funktionslehre geprüft werden, die den Umgrenzungsbereich in der gezeichneten Lage verkörpert.

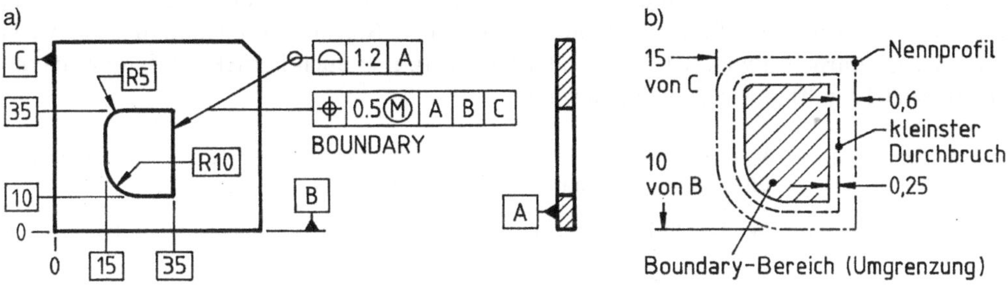

Bild 6.7: Umgrenzungsbedingung. a) Zeichnung mit geschlossenem Profil (Durchbruch), b) Umgrenzungsbereich

Literaturverzeichnis

Bedeutung: Das Verzeichnis enthält hauptsächlich die verwendeten *Quellen*. Es beabsichtigt nicht, eine umfassende Übersicht über die vorhandene Literatur zu geben. Bei Bedarf enthalten die zitierten Quellen zahlreiche weiterführende Literaturhinweise. Ferner wurde auf eine Übersicht von *Normen* und Richtlinien verzichtet. Diese sind im Text hinreichend angegeben; außerdem befinden sich derzeit zahlreiche Normen im Zustand des Entwurfs oder der Überarbeitung (s. [DI Ge 97] oder [Gro 97]). Das Buch berücksichtigt jeweils die im März 2012 gültige Ausgabe der Normen.

AbBM 90 Aberle, W., Brinkmann, H. und Müller, H.: Prüfverfahren für Form- und Lageabweichungen. 2. Aufl.: Beuth-Kommentare; Berlin, Köln 1990

ASM 94 ASME Y 14.5 M - 1994: Dimensioning and Tolerancing. ASME National Standard. New York 1994

ASM 98 Bemaßung und Tolerierung. Gegenüberstellung Originalfassung ASME Y 14.5 M - 1994, deutsche Übersetzung. Beuth: Berlin, Köln 1998

Bac 97 Bachschuster, S.: Architektur und Konzept zur Realisierung eines produktspezifisch erweiterbaren Konstruktionssystems. Diss. Univ. Erlangen-Nürnberg 1997

Ber 80 Bergmann, A.: Maß-, Form- und Lagetoleranzen. wt - Z. ind. Fert. 70/1980, S. 657-661

Den 06 Denzer, V.: Methodik zur funktions-, fertigungs- und prüfgerechten Bemaßung und Tolerierung. Dissertation Univ. Paderborn 2006

DI An 02 DIN, (Hrsg.): Anwendungen der Normen über Form- und Lagetoleranzen in der Praxis. 6. Aufl.: DIN Normenheft 7; Berlin, Köln 2002

DI Ge 97 DIN, (Hrsg.): Geometrische Produktspezifikation und -prüfung (GPS) - Maß, Form, Lage, Rauheit - Auswirkungen neuer ISO-Normen auf Konstruktion, Meßtechnik und Produktqualität. Referate der DIN-Tagung, Erlangen 1997

DI Lä 02 DIN, (Hrsg.): Längenprüftechnik 2. 5. Aufl.: DIN-Taschenbuch 197; Berlin, Köln 2002

EhKL 07 Ehrlenspiel, K., Kiewert, A. und Lindemann, U.: Kostengünstig Entwickeln und Konstruieren. 6. Aufl.: Berlin 2007

Gro 97 Grode, H. P.: Geometrische Produktspezifikationen und -prüfung. DIN-Mitt. 76/1997 Nr. 7, S. 478-492

Hen 99 Henzold, G.: Form und Lage. 2. Aufl.: Beuth-Kommentare; Berlin, Köln 1999

JoBa 05 Jorden, W. und Bartelt, R.: Koaxialitätsprüfung über Rundlaufmessung? Berichte der Mahr Akademie, Mahr GmbH, Göttingen 2005

JoBa 06 Jorden, W. und Bartelt, R.: Koaxialität statt Rundlauf prüfen? QZ 51/2006 H. 5, S. 76-79

Jör 93 Jörgensen-Rechter, S.: Rechnergestützte Analyse von Maß-, Form- und Lageabweichungen - ein Werkzeug zur Bauteiltolerierung. Fortschr.-Ber. VDI R. 20 Nr. 117; Düsseldorf 1994

Jor 91a Jorden, W.: Der Tolerierungsgrundsatz - eine unbekannte Größe mit schwerwiegenden Folgen. Konstruktion 43/1991, S. 170-176

Jor 91b Jorden, W.: Vollständigkeit und Eindeutigkeit technischer Zeichnungen mittels Form- und Lagetolerierung. Referate des Seminars „Toleranzen für Maß, Form und Lage - Voraussetzung für die Qualitätssicherung". Hrsg. Arbeitsbereich Konstruktionstechnik I, TU Hamburg-Harburg; Hamburg 1991

Jor 92 Jorden, W.: Die Grenzabweichung schafft Klarheit für Form- und Lagetoleranzen. QZ 37/1992, S. 42-46

Jor 01 Jorden, W., u. a.: Systemgerechte Definition der Werkstück-Grenzgestalt. VDI-Z 143/2001 H. 3, S. 78-80

KeDu 07 Keferstein, C. P. und Dutschke, W.: Fertigungsmesstechnik. 6. Aufl.: Wiesbaden 2007

Kle 07 Klein, B.: Prozessorientierte statistische Tolerierung. Renning 2007

Lei 48 Leinweber, P.: Toleranzen und Lehren. 5. Aufl.: Berlin 1948

Man 97 Mannewitz, F.: Prozeßfähige Tolerierung von Bauteilen und Baugruppen - ein Lösungsansatz zur Optimierung der Werkstattfertigung im Informationsverbund zwischen CAD und CAQ. Fortschr.-Ber. VDI R. 20 Nr. 256; Düsseldorf 1997

Mas 07 Masing, W.: Handbuch Qualitätsmanagement. 5. Aufl.: München 2007

Rot 92 Roth, K.: Physikalische und konstruktive Folgen der Längenveränderung von Teilen. Konstruktion 44/1992, S. 291-296

Smi 98 Schmidt, A.: Ein Ansatz zur ganzheitlichen Maß-, Form- und Lagetolerierung. Diss. Univ. Paderborn 1998

Süt 95 Schütte, W.: Methodische Form- und Lagetolerierung. Ein Werkzeug zur qualitätsgerechten Produktbeschreibung. Diss. Univ. Paderborn 1995

Sul 79 Schulze, C. G. u. a.: Referate Arbeitskreis Industrial Engineering, REFA-AKIE; München, Rottach 1979

Wal 94 Walczak, A.: Konstruktionsleitlinien als Hilfsmittel des Konstrukteurs zur Lösung extremer Anforderungen. Konstruktion 46/1994, S. 349-352

Wan 97 Wang, J.: Bauteilübergreifende Maß-, Form- und Lagetolerierung auf Basis eines objektorientierten Technologiemodells. Diss.TU Hamburg-Harburg 1997

Web 92 Weber, A.: Ein relationsbasiertes Datenmodell als Grundlage für die Bauteiltolerierung. Diss. Univ. Erlangen-Nürnberg 1992

WeGa 99 Weckenmann, A. und Gawande, B.: Koordinatenmesstechnik. München 2011

WeHu 01 Weckenmann, A. und Humienny, Z. (Hrsg.); u. a.: Geometrische Produktspezifikation (GPS). Kurs für Technische Universitäten. Erlangen usw. 2001

Yin 98 Yin, X.: Rechnerintegrierte wissensbasierte Form- und Lagetolerierung. Diss. Univ. Paderborn 1998

Sachwortregister

Häufig wiederkehrende Begriffe: Einige Begriffe werden bei allen betreffenden Toleranzarten in *Kap. 2* behandelt, das sind:

- Abweichung,
- Bezug,
- Bezugselement,
- einbeschlossene Toleranzarten,
- Grenzabweichung,
- Toleranzzone,
- toleriertes Geometrieelement.

Der Übersichtlichkeit halber sind sie im Sachwortverzeichnis nur dort aufgeführt, wo sie *zusätzlich* vorkommen oder wo besonders *wesentliche* Informationen dazu stehen.

A

B

C

D

E

F

G

N

O

P

Q

R

S

T

U

V

W

Z

HANSER

Konstruktion als Prozess

Hoenow, Meißner
Konstruktionspraxis im Maschinenbau
Vom Einzelteil zum Maschinendesign
4., aktualisierte Auflage
307 Seiten. 488 Abb.
€ 29,99. ISBN 978-3-446-44054-8

Auch als E-Book erhältlich
€ 23,99. E-Book-ISBN 978-3-446-43994-8

Dieses Lehrbuch beschäftigt sich mit der praktischen Umsetzung von Konstruktionsregeln und -beispielen in der täglichen Praxis des Maschinenbaukonstrukteurs. Veranschaulicht wird dieser Vorgang durch zahlreiche illustrierte Beispiele. Ausführungen zum Maschinendesign erweitern den Horizont des Lesers und erleichtern eine effektive Zusammenarbeit mit Designern.

So ist das Buch nicht nur als weiterführendes Lehr- und Übungsbuch für Studierende interessant; auch Berufseinsteiger und berufserfahrene Konstrukteure, die sich selten bearbeitete Teilbereiche in Erinnerung rufen möchten, profitieren davon.

Mehr Informationen finden Sie unter **www.hanser-fachbuch.de**

HANSER

Maschinenteile praxisgerecht gestalten

Hoenow, Meißner

Entwerfen und Gestalten im Maschinenbau

Bauteile – Baugruppen – Maschinen

4., neu bearbeitete Auflage

271 Seiten. 501 Abb. 30 Tab.

€ 26,99. ISBN 978-3-446-44340-2

Auch als E-Book erhältlich

€ 21,99. E-Book-ISBN 978-3-446-43995-5

Dieses Lehrbuch behandelt das Entwerfen und Gestalten von Bauteilen und Baugruppen übergreifend für den gesamten allgemeinen Maschinenbau.

Es wird der Konstruktionsprozess unter Berücksichtigung von Werkstoffen und Fertigungsverfahren beschrieben. Ziel ist es dabei, einen Weg zu finden, der die Vielzahl möglicher Lösungsvarianten einschränkt.

Dieser Prozess wird durch viele Abbildungen, Tafeln mit Erläuterungen, kritische Hinweise, Beispiele und Gegenüberstellungen unterstützt.

Mehr Informationen finden Sie unter **www.hanser-fachbuch.de**

HANSER

Gut konstruieren lernen!

Conrad
Grundlagen der Konstruktionslehre
Maschinenbau-Anwendungen und Orientierung auf Menschen
7., aktualisierte und erweiterte Auflage
640 Seiten
€ 36,–. ISBN 978-3-446-45321-0
Auch als E-Book erhältlich

- Vermittelt die wesentlichen Arbeitsschritte des methodischen Konstruierens anschaulich, praxisnah und erweitert um Anregungen für die Orientierung auf Menschen
- Erklärt Grundlagen und Prinzipien, um darauf aufbauend die Konstruktionsphasen Planen, Konzipieren, Entwerfen und Ausarbeiten verständlich zu machen
- Geht auf die Erwartungen der Produktnutzer und die Kompetenz der Konstrukteure ein
- Enthält praxisorientierte Beispiele, Fragen und Übungen mit Lösungen
- Für Studierende in der Ingenieurausbildung als auch für Praktiker geeignet

Mehr Informationen finden Sie unter **www.hanser-fachbuch.de**

HANSER

Alles klar auf einen Blick

Grollius

Technisches Zeichnen für Maschinenbauer

3., aktualisierte Auflage

190 Seiten. 179 Abb. 11 Tab.

€ 20,–. ISBN 978-3-446-44641-0

Auch als E-Book erhältlich

€ 15,99. E-Book-ISBN 978-3-446-44841-4

Technische Zeichnungen sind Dokumente, die in grafischer Form alle notwendigen Informationen für die Herstellung eines Einzelteils, einer Baugruppe oder eines kompletten Produkts zeigen. Das Lesen und Verstehen ebenso wie das Erstellen dieser Zeichnungen gehört zu den essentiellen Aufgaben eines Maschinenbauers und stellt eine notwendige Voraussetzung der Technik dar.

Dieses Lehrbuch erläutert die Grundlagen für die Erstellung von technischen Zeichnungen und die Dokumentation bis hin zur rechnergestützten Arbeit. Dabei spielt insbesondere die Normung eine wichtige Rolle, auf die entsprechend eingegangen wird.

Mehr Informationen finden Sie unter **www.hanser-fachbuch.de**

HANSER

Immer in Bewegung

Junge

Einführung in die Technische Strömungslehre

2., neu bearbeitete Auflage

318 Seiten. 112 Abb. 12 Tab.

€ 26,99. ISBN 978-3-446-44430-0

Auch als E-Book erhältlich

€ 21,99. E-Book-ISBN 978-3-446-44541-3

Dieses Lehrbuch erleichtert den Zugang zur Technischen Strömungslehre und zum Strömungsmaschinenbau auf der Basis von physikalischem Grundlagenwissen.

Ausgehend von Grundbegriffen, die aus der Physikausbildung weitgehend geläufig sind, werden schrittweise die komplexen Zusammenhänge für strömende Fluide entwickelt und anhand von zahlreichen Berechnungsbeispielen nachvollziehbar gemacht. Viele Übungsaufgaben helfen beim Verständnis der Zusammenhänge. Besonderer Wert wurde auf eine verständliche technische Darstellung und Bebilderung gelegt.

Mehr Informationen finden Sie unter **www.hanser-fachbuch.de**